青藏区耕地

农业农村部耕地质量监测保护中心　编著

中国农业出版社

北　京

图书在版编目（CIP）数据

青藏区耕地 / 农业农村部耕地质量监测保护中心编
著 . —北京：中国农业出版社，2022.8
ISBN 978-7-109-29637-4

Ⅰ.①青… Ⅱ.①农… Ⅲ.①青藏高原－耕地资源－
资源评价 Ⅳ.①F323.211

中国版本图书馆 CIP 数据核字（2022）第 116789 号

中国农业出版社出版
地址：北京市朝阳区麦子店街 18 号楼
邮编：100125
策划编辑：贺志清
责任编辑：贺志清　王琦瑢
版式设计：王　晨　责任校对：沙凯霖
印刷：北京通州皇家印刷厂
版次：2022 年 8 月第 1 版
印次：2022 年 8 月北京第 1 次印刷
发行：新华书店北京发行所
开本：787mm×1092mm　1/16
印张：22.5
字数：545 千字
定价：150.00 元

ISBN 978-7-109-29637-4

编 委 会

前　言

按照耕地质量等级调查评价工作总体安排部署，为全面掌握青藏区耕地质量状况，查清影响耕地生产的主要障碍因素，提出加强耕地质量保护与提升的对策措施与建议，2018—2020 年，农业农村部耕地质量监测保护中心（以下简称"耕地质量中心"）依据《耕地质量调查监测与评价办法》，应用《耕地质量等级》国家标准，组织西藏自治区、青海省、甘肃省、四川省和云南省 5 省（自治区）开展了青藏区耕地质量区域评价工作。

为全面总结青藏区耕地质量区域评价成果，推动评价成果为农业生产服务，耕地质量中心组织编写了《青藏区耕地》一书。本书分为五章，第一章青藏区概况。介绍了地理位置、行政区划、农业区划等基本概况，气候条件、地形地貌、植被分布、冰川与冻土、水文条件、成土母质等自然环境概况，耕地利用情况、区域主要农作物种植情况、农作物施肥情况、农作物灌溉情况、农作物机械化应用情况、农作物品种及其病虫害防治等农业生产概况，耕地主要土壤类型、分布与基本特性等耕地土壤资源概况，并对耕地质量保护与提升相关制度和基础性建设工作做了介绍。第二章耕地质量评价方法与步骤。系统地对耕地质量区域评价的每一个技术环节进行了详细介绍，具体包括资料收集与整理、评价指标体系建立、数据库建立、耕地质量评价方法、专题图件编制方法等。第三章耕地质量等级分析。详细阐述了青藏区耕地质量等级面积与分布、耕地质量等级特征，并有针对性地提出了耕地质量提升措施。第四章耕地土壤有机质及主要营养元素。重点分析了土壤有机质、全氮、有效磷、速效钾、缓效钾、有效铁、有效锰、有效铜、有效锌、有效钼、有效硼、有效硅 12 个耕地质量主要性状指标及变化趋势。第五章耕地其他指标。详细阐述了土壤 pH、灌溉能力、排水能力、耕层厚度、剖面质地构型、障碍因素等其他指标分布情况。

本书编写过程中得到了农业农村部计划财务司、农田建设管理司的大力支持。甘肃省耕地质量建设保护总站、云南省土壤肥料工作站、青海省农业技术推广总站、西藏自治区农业技术推广服务中心、四川省耕地质量与肥料工作总站参与了数据资料整理与分析工作，甘肃农业大学承担了数据汇总、专题图件制作工作，在此一并表示感谢！

由于编者水平有限，书中不足之处在所难免，敬请广大读者批评指正。

编　者

2021 年 12 月

目 录

第一章 青藏区概况

青藏区包括西藏自治区全部、青海省大部、甘肃省甘南藏族自治州及天祝藏族自治县、四川省西部和云南省西北部，共涉及 5 省（自治区）146 个县（县级市、区），土地总面积 224.52 万 km²，约占全国土地总面积的 23%。土地资源以草地为主，林地次之，耕地极少。耕地分布相对集中，主要分布在热量和水土条件较好的江河谷地与湖盆地带。青藏区耕地面积仅占到全区土地总面积的 0.47% 左右，占全国耕地面积的 0.79%，是全国耕地面积最小的一级农业区。青藏区以青藏高原为主体，青藏高原被称为"世界屋脊"，也是我国最大的高原。因此，本区是我国土地面积大而人口最少的一个农业区，也是世界最高的高原农业区。为掌握青藏区耕地质量的现状及其特点，摸清影响区域耕地生产的主要障碍因素，提出区域耕地质量保护与提升的对策措施与建议，西藏自治区、青海省、甘肃省、四川省和云南省按照《耕地质量等级》国家标准（GB/T 33469—2016），以土地利用现状图、土壤类型图、行政区划图叠加生成的图斑为评价单元，从立地条件、剖面性状、耕层理化性状、土壤养分状况、土壤健康状况和土壤管理 6 个方面综合评价了区域耕地质量，并进行了耕地质量等级划分。

第一节 地理位置与行政区划

一、地理位置

青藏区位于中国西部，以青藏高原为主体，东起横断山区，西抵喀喇昆仑山，南至喜马拉雅山，北达阿尔金山—祁连山。本区地处高寒冷地区，东西长 2 500km 以上，南北最宽处达 1 200km，地理坐标介于北纬 26°27′～39°12′ 和东经 78°23′～104°26′ 之间，是我国土地面积第二大的一个一级农业区，仅次于甘新区。

二、行政区划

根据中国综合农业区划和《耕地质量等级》（GB/T 33469—2016）的划分，本次青藏区耕地质量等级评价区域涉及 5 个省（自治区），共 146 个县（市、区），行政区划情况如表 1-1 所示。其中，西藏自治区涉及全部的 7 个市（地区），74 县（区）；青海省涉及 6 个自治州，27 县（县级市）；四川省涉及 3 个自治州，31 个县（县级市）；甘肃省涉及 2 个市（州），9 个县（县级市）；云南省涉及 2 个自治州，5 个县（县级市）。

表 1-1 青藏区行政区划

二级农业区	县（县级市、区）
藏南农牧区	城关区、达孜县、堆龙德庆县、林周县、墨竹工卡县、尼木县、曲水县、昂仁县、白朗县、定结县、定日县、岗巴县、吉隆县、江孜县、康马县、拉孜县、南木林县、聂拉木县、仁布县、萨迦县、桑珠孜区、谢通门县、亚东县、措美县、错那县、贡嘎县、浪卡子县、隆子县、洛扎县、乃东区、琼结县、曲松县、桑日县、扎囊县

（续）

二级农业区	县（县级市、区）
川藏林农牧区	黑水县、金川县、九寨沟县、理县、马尔康市、茂县、松潘县、汶川县、小金县、巴塘县、白玉县、丹巴县、道孚县、稻城县、得荣县、九龙县、康定市、理塘县、炉霍县、乡城县、新龙县、雅江县、木里藏族自治县、八宿县、边坝县、察雅县、丁青县、贡觉县、江达县、卡若区、类乌齐县、洛隆县、芒康县、左贡县、巴宜区、波密县、察隅县、工布江达县、朗县、米林县、墨脱县、索县、加查县、德钦县、维西傈僳族自治县、香格里拉市、福贡县、贡山独龙族怒族自治县
青甘牧农区	迭部县、合作市、临潭县、临潭县、碌曲县、夏河县、卓尼县、天祝藏族自治县、刚察县、海晏县、门源回族自治县、祁连县、共和县、贵南县、同德县、兴海县、德令哈市、都兰县、格尔木市、天峻县、乌兰县、河南蒙古族自治县、泽库县
青藏高寒地区	玛曲县、班玛县、达日县、甘德县、久治县、玛多县、玛沁县、称多县、囊谦县、曲麻莱县、玉树市、杂多县、治多县、阿坝县、红原县、壤塘县、若尔盖县、德格县、甘孜县、色达县、石渠县、措勤县、噶尔县、改则县、革吉县、普兰县、日土县、札达县、当雄县、安多县、巴青县、班戈县、比如县、嘉黎县、那曲县、尼玛县、聂荣县、申扎县、萨嘎县、仲巴县、双湖县

三、农业区划

青藏区内高大的山岭与切割程度不一的宽谷和许多湖盆及低山、丘陵相间分布，地域特征十分明显，高寒是本区主要的自然特点。由于地势高，热量不足，空气稀薄，太阳辐射强度大，农作物以青稞、小麦、马铃薯、油菜等耐寒性强的作物为主，谷类作物难以成熟。青藏区东部及南部海拔 4 000 m 以下地区可种植耐寒喜凉作物；最南部边缘河谷地带可种植玉米、水稻等喜温作物。本区光能资源丰富，是全国太阳辐射量最多的地区，日照时间长、气温日较差大，因而作物光合作用强度大，净光合效率高，易形成作物大穗、大粒和大块茎，有利于作物高产。根据发展种植业的自然条件和社会经济条件的相似性、农业结构与作物种植制度的相似性、农业发展方向和关键措施的相似性以及行政区划的相对完整性等原则，本次评价将青藏区划分为藏南农牧区、川藏林农牧区、青甘牧农区和青藏高寒地区 4 个二级农业区。

（一）藏南农牧区

该二级农业区位于青藏高原西南部，行政上包括西藏自治区 3 市（地区）34 个县（区）。该区偏北为雅鲁藏布江中游干、支流谷地，农业历史悠久，耕地集中，是西藏自治区的主要粮仓；偏南是喜马拉雅山北坡高原，以农牧交错为特点。藏南农牧区北部是西藏农业的精华所在，有许多宽阔的河谷，地形平缓，土层深厚，气候温凉，夏无酷暑，冬无严寒，日照充足，适合喜凉耐寒作物生长，宽谷两岸耕地密布，麦类作物尤其高产。交通便利，水肥劳力条件相对优越，耕地连片，作物较单一，有利于机械化耕作，并且光能丰富，土地自然生产潜力大，具有建成商品粮基地的良好条件。藏南农牧区南部属藏南高原，是农牧交错地带，其内陆湖盆和若干河流上源地势偏高，气温偏低，不适合作物和树木生长，土地资源基本上是天然草场，但其河流下切较深的地段，气温稍高，有引水灌溉条件，条、块状农区分布在牧区内，形成农牧交错局面。就整体而言，藏南高原地广人稀，气候严寒，耕地分散。

（二）川藏林农牧区

该二级农业区位于青藏高原东南部，包括横断山区及雅鲁藏布江大拐湾地区。行政上包括西藏自治区东南部的 4 市（地区）20 个县（县级市、区），四川西部的 3 州 23 个县（县级市），以及云南西北部的 2 州 5 县（县级市），共 3 省（自治区）的 9 个市（州）48 个县（县级市、区）。川藏林农牧区是青藏高原海拔最低、水热条件最好的高山峡谷区，山、河基本上是南北走向，北高南低，区内大多山高谷深，地势相对高差悬殊，农业垂直分布明显。一般在东部海拔 3 500m 至西部海拔 4 100m 以下的宽谷阶地以农为主，4 100～4 200m 的山地以林为主，3 500～4 200m 的高原、山地、河谷以牧为主，农林牧业镶嵌垂直交错分布，层次分明，呈立体布局。该区内宽谷少、峡谷多，耕地少而分散，扩大耕地的潜力不大，种植业的发展受到土地资源的制约。

（三）青甘牧农区

该二级农业区位于青藏高原东北部，包括柴达木盆地、青海湖以北的祁连山地、以南的海南台地及甘南高原，行政上包括青海省的 4 州 15 个县（县级市）和甘肃省的 2 市（州）8 个县（县级市），共 2 省的 6 个市（州）23 个县（县级市）。青甘牧农区地域宽广，垂直变化明显，自然环境比较复杂，尤其水、热条件各地差异明显。全区以牧业为主，牧农交错是本区的显著特点。该区种植业主要分布在海拔 2 800m 以下的黄河干、支流两岸阶地和湖盆地滩地。该区内东南部的海南、甘南等地区，属黄河干、支流谷地发育，海拔较低，水、热条件较好，是青甘牧农区的主要农业区。西部的柴达木盆地（海拔 2 600～3 200m 地区），虽然地形封闭，降水极少，气候干旱，风沙盐碱严重，但植物生育期光照充足，气温较高，昼夜温差大，又有南北高山冰雪融水可供灌溉，利于种植业发展。

（四）青藏高寒地区

该二级农业区是青藏高原的主体，占青藏区总面积一半以上，包括羌塘高原和诸大江河（黄河、长江、怒江、澜沧江、雅砻江等）的上源地区。行政上包括西藏自治区北部和西部的 4 市（地区）20 个县，青海省南部的 2 州 12 个县（县级市），四川省甘孜、阿坝两个藏族自治州北部的 8 个县，以及甘肃省的玛曲县，共 4 省（自治区）的 9 个市（州）41 个县（县级市）。青藏高寒地区是一个地高天寒、草场辽阔，以牧业为主的地区。该区内除海拔较低的东、西、南部边缘若干河谷和局部小气候条件较好的地方能种早熟青稞外，大部分地方均因为气温低，作物不能生长，利用高山草场放牧耐寒性较强的牦牛和藏羊，成为土地利用的唯一方式。

第二节 自然环境概况

一、气候条件

高寒是青藏区主要的自然特点，气候寒冷，作物生长期短。农区主要分布在海拔 2 000～4 000m 的谷地或高原，因气温低、蒸发弱，大部分地区偏旱，年降雨量不到 100mm，横断山脉地区较湿润，可达 500～800mm。青藏区全区年平均温度在 −4～8℃，大于 0℃活动积温为 1 500～2 900℃，大于 10℃积温为 500～2 100℃，无霜期 70～150d；多数地区最热月平均温度甚低，仅 10～17℃，但冬季温度不低，最冷月平均气温为 −2.8℃，比北京（−4.7℃）还高。全区大部分地方热量不足，海拔 4 500m 以上地区约占高原面积的 2/3，最热月平均温度低于 10℃ 甚至低于 6℃，无绝对无霜期。东部及南部海拔低于 4 000m 以下地区 ≥10℃ 积温可达 1 000～2 000℃，但本区光能资源丰富，日照充足，是全国太阳辐射量最多地区（西藏中西部年总辐射量达 753～837kJ/cm²），日照时间长（年日照时数达 2 600～3 200h，日照百分率 60%～70%），气温日较差大（平均 14～16℃）。

从二级农业区上看，藏南农牧区北部气候温凉，夏无酷暑（最热月均温 14～16℃），冬无严寒（最冷月均温 −1～4℃），日照充足（年日照时数 2 900～3 200h），无霜期 120～150d，年降雨量 400mm 左右；而其南部海拔较高区域（4 400～4 600m）气温偏低（最热月均温低于 10℃），海拔较低区域（4 100～4 500m）气温稍高，最热月均温 10～13℃，最冷月均温 −7～−4℃，无霜期 100～150d。川藏林农牧区是青藏高原海拔最低、水热条件最好的高山峡谷区，印度洋西南季风和太平洋东南季风从不同方向进入本区，致使区内降水一般由南向北、由东西两侧向内地递减，年降雨量一般 500～800mm，西南部边缘达 1 500mm 以上，气温地区差异大，垂直差异尤其突出。青甘牧农区因地域宽广，水、热条件各地差异明显；区域东南部因海拔较低，水、热条件较好；西部降水极少，气候干旱，风沙盐碱严重，光照充足，气温较高，昼夜温差大。青藏高寒牧区气候条件以高寒为主，最热月均温 5～12℃，但一般低于 10℃，有的甚至在 6℃ 以下，最冷月均温 −6～18℃，无绝对无霜期，但区内海拔较低的东、西、南部边缘若干河谷和部分区域的局部小气候条件相对较好。

二、地形地貌

青藏区以青藏高原为主体，青藏高原是我国最大的高原。这是一个由海拔 4 000～6 000m 的若干高大山岭和海拔 3 000～5 000m 的许多台地、湖盆和谷地相间组成的巨大"山原"，3 000m 以下地段只限于东部及南部的一些河地，不及全区总面积的 1/10。青藏区平均海拔在 3 500～5 000m，地势大致自西北向东南倾斜，西北部藏北高原海拔 4 500～5 000m，更高的阿里地区谷地达 5 000m 以上，故阿里地区被称为"高原上的高原"；高原中部黄河、长江上游地区海拔约 4 500m 左右，到东南部阿坝（四川）和甘南（甘肃）则降至 3 500m 左右。高原面起伏微缓，高原面上的山岭除少数比较高峻外，大多形态浑圆，坡度很少，相对高度只有几百米，有"远看似山，近看成川（平地）"之称。高原边缘的巨大山系，海拔多在 6 000～7 000m。高原北部的山脉主要有喀喇昆仑山、昆仑山，南部的山脉主要有喜马拉雅山、冈底斯山、念青唐古拉山。高原中部的山脉主要有唐古拉山和昆仑山山系的可可西里山、巴颜喀拉山等。喜马拉雅山是一条由多列平行山脉组成的弧形山系，长 2 400km，宽 200～300km，地势极为高耸，世界第一高峰珠穆朗玛峰海拔达 8 844.43m。在其周围 5 000 多 km² 内，7 000m 以上高峰 40 多座，8 000m 以上高峰在中国境内还有洛子峰（8 516m）、马卡鲁峰（8 463m）、卓奥友峰（8 201m）和希夏邦马峰（8 027m）4 座。青藏高原除东南部受河流切割，高原面散布于河间山岭顶部外，大部地区高原面都比较完整，代表白垩纪末至新第三纪长期侵蚀、剥蚀所夷平的准平原。

从各二级农业区上看，藏南农牧区位于青藏高原西南部，其北部为雅鲁藏布江中游干、支流谷地，有许多宽阔的河谷，地形平缓，土层深厚；南部是喜马拉雅山北坡高原，属藏南高原，其内陆湖盆和若干河流上源地势偏高，海拔大约 4 400～4 600m，谷地散布于河流下切较深的地段，海拔一般在 4 100～4 500m。川藏林农牧区位于青藏高原东南部，包括横断山区及雅鲁藏布江"大拐湾"区，区内大多山高谷深，地势相对高差悬殊，但其是青藏高原海拔最低、水热条件最好的高山峡谷区,山、河基本上是南北走向,北高南低,岭谷相间,地形破碎,相对高差巨大,岭谷高差一般可达 1 000~2 000m,同一条河谷,上、下游海拔也有很大差别;其东部 3 500~4 100m 以宽谷阶地为主,4 100~4 200m 以山地为主,3 500~4 200m 以高原、山地、河谷为主;区内宽谷少,峡谷多。青甘牧农区位于青藏高原东北部,包括柴达木盆地、青海湖以北的祁连山地和以南的台地、谷地以及甘南高原,海拔3 000m 以下为黄河干、支流两岸阶地和谷地、湖盆滩地分布地带,3 000~3 400m 为农牧过渡地带,3 400~4 300m 为纯牧区,4 300m 以上为高寒地带;区内东南部甘南等地区谷地发育,而西部柴达木盆地地势低陷(海拔 2 600~3 200m,四周群山环绕)。青藏高寒牧区是青藏高原的主体,占青藏区总面积一半以上,包括羌塘高原和诸大江河(黄河、长江、怒江、澜沧江、雅砻江等)的上源地区,其东部海拔一般在 3 500~4 000m,中西部一般在4 300~4 500m,区内海拔较低的东、西、南部边缘有若干河谷分布。

三、植被分布

高原的海拔高度、冻土及水热条件等对植被分布有深刻影响,其中水分状况的差异在很大程度上决定了植被的水平地带变化。随着整个高原从东南到西北湿度的减小,地带性植被依次为高寒荒漠、高山草原,以及高山灌丛和高山草甸。

(一)高寒荒漠

高原西北部海拔 5 000m 以上,气温低,降水量仅 50mm 左右,风力强大,植被稀疏,种类较少,高等种子植物不到 400 种。植被类型以垫状半矮灌木为主,覆盖度仅 5%~10%,形成匍匐半矮灌木高寒荒漠。植物种类以藜科和菊科为主,如垫状驼绒藜、藏亚菊等,植株高仅 15~20cm。硬叶薹草也是阿里北部高原最常见的植物,其间混生一些伏地水柏枝、麻黄等。这些植物都十分矮小,且多数呈坐垫状,或匍匐在地上生长,这是为了适应阿里北部高原的特殊气候。这里严寒、干旱、大风,植物的生长高度受到强烈抑制,因而它们的茎伏地伸展,由基部大量分枝,形成平贴于地表的或半球形的坐垫,垫内枝叶密实,使植物较少受到寒冻、过度水分消耗及强风的伤害。如伏地水柏枝高仅 1cm,而其枝叶平展可达 2m。

(二)高山草原

高山草原主要分布在青藏高原中部海拔 4 500m 以上的半干旱地区。植物抗寒、耐旱,表现为矮小、密丛生状态,形成了密丛矮禾草高寒草原。禾草高不过 20cm,以紫花针茅和异针茅为主,并混有低温密丛嵩草及垫状植物,但基本上不见灌木成片。垫状植物最常见的有垫状点地梅、蚤缀等。

高原上光能充足,空气稀薄,透明度高,紫外线强,有利于光合作用,可以促进蛋白质的合成,因此高山草原草群低矮,覆盖度较小,仅 20%~50%,产草量不高,但其蛋白质含量较高,牧草的营养成分高,加之草原面积辽阔,生产潜力很大,利于发展畜牧业。

(三)高山灌丛和高山草甸

在青海东南部、四川西北部和西藏东南部,以及喜马拉雅山地森林线附近地区,地形和缓,植被以高山灌丛和高山草甸为主。如青海的玉树和果洛地区,分布较大面积的高山草甸,主要由疏丛禾草、根茎密丛嵩草等组成。疏丛禾草生长茂密,植株高达 80~100cm,主要有西伯利亚披碱草、草地早熟禾、藏异燕麦、狐茅等。杂草种类繁多,多属毛茛科、蔷薇科、菊科和豆科等，它们花色艳丽，花期不一，季相多变。这类草甸中的禾草比较高大，夏季可作牧场，且可干贮冬用。在湖边和河漫滩低洼地区，常分布有小面积的沼泽化草甸，其中以莎草科的西藏嵩草占优势，常形成许多丘状草墩。草墩之间生长着中生或湿生禾草和杂类草。这种沼泽化草甸产草量较高，是高原上良好的冬季牧场。

四、冰川与冻土

（一）冰川

冰川是自然综合体的一个组成部分，其分布和特征深刻地反映当地的气候条件。珠峰北麓地区的一些大型山谷冰川雪线以下常有奇特的冰塔林，相对高30～50m，长可达3 000～7 000m，状如冰莹白洁的岩溶峰林，这在世界上只存在于喜马拉雅和喀喇昆仑山区。冰塔的形成是凹凸不平的冰面受热不均，因差别消融强烈发展的结果。珠峰地区纬度较低，夏季中午时太阳高度角达70°～85°，辐射强烈，且北坡降水少，比较干燥，有利于蒸发和升华。冰塔的塔顶湿度低，利于蒸发和升华，抑制了消融；塔谷湿度高，在强烈的太阳辐射下，消融快，这样增长了冰塔的高度。

喜马拉雅山北坡及青藏高原上的高山气温低，降水少，比较干旱；喜马拉雅山南坡比较温暖，降水丰沛，十分湿润。因而，两地所发育的冰川有比较大的差异。前者称为大陆性冰川，后者称为海洋性冰川。大陆性冰川的雪线高，往往高出森林线1 000m以上，如珠峰东北坡的东绒布冰川上，雪线高度为海拔6 200m，是目前已知的北半球雪线的最高值。由于这里的降水量少，大大限制了冰川发育的规模，而且冰温很低，融水量小，冰川移动慢，年平均运动速度30～100m/年。冰川的地质地貌作用较弱，粒雪层厚度仅1～2m，以下即见附加冰。反之，海洋性冰川则雪线低，较同纬度的大陆内部约低1 000m。如察隅的阿札冰川，雪线海拔只有4 600m，与纬度比它高10°的祁连山中段相似。粒雪层一般厚达20多m，冰温较高（接近0℃），冰内和冰下消融强烈，冰川作用活跃，冰川移动快，年平均运动速度达300～400m，冰川末端降到海拔2 500m左右，冰川下段已到达针阔叶混交林带内。阿札冰川所在的纬度为北纬29°，但冰川末端却比北纬44°的天山博格达山的冰川还要低，这是中国现代冰川非常特殊的现象，与喜马拉雅山东南段的湿润性季风气候有着密切关系。这两种不同性质的现代冰川分界线，大致从丁青与索县之间唐古拉山东段开始，向西南经嘉黎、工布江达、措美一线，基本与高原上森林分布的地理界线相一致。

（二）冻土

青藏高原是中国最广大的多年冻土分布区，也是世界上中低纬度地带海拔最高、面积最大的冻土区，仅唐古拉山与昆仑山间连续分布的冻土宽度就达550km。多年冻土层分布的最低海拔随纬度降低而逐渐升高，昆仑山西大滩为4 300～4 400m，长江河源地区4 500m，唐古拉山4 800～4900m，喜马拉雅山北坡5 000m，横断山脉地区5 200～5 800m。冻土层厚度可达数十米至百余米。如青藏公路经过的昆仑山垭口附近，冻土层厚度为140～175m，这是全国已知的多年冻土层最厚的地方。唐古拉山中附近的冻土厚度为70～80m。据推测，这种深厚的多年冻土应为高原大幅度整体抬升后第四纪冰期的产物。冻土的季节融化深度为1～4m，每年5月上中旬地表开始融化，8月下旬或9月上旬达到最大融化深度，9月下旬地表又开始冻结。高原气候严寒，有利于冻土的保存与发展，但短期暖气候可使季节融化深度加大，发生局部融化现象。多年冻土的局部融化，常形成特殊的冰缘地貌现象，如冻融滑塌、冻融泥流、冻胀裂缝、多边形土等。

五、水文条件

青藏区因地处许多大江大河上游，水资源非常丰富，河川径流总量约占全国的30%，但地区分布极不平均，取水难度大。青藏高原是亚洲主要河流的发源地，河流呈放射状分布，如长江、黄河、怒江、澜沧江、雅鲁藏布等，河流向东或东南流。河流在高原内部常循构造凹地而流，形成宽广河谷；在切穿山脉流向山前平原时，则形成险陡的峡谷。如藏南雅鲁藏布江，河谷宽广，到东经95°附近，折向南流，切断喜马拉雅山，作"之"字形弯曲，即雅鲁藏布江"大拐弯"，这里两岸高峰与谷底的相对高差达5 000~6 000m，江面最窄处不到8m，河床坡降很大，水流湍急，滩礁棋布，有的河段流速达16m/s以上。黄河和长江等大河上游都有宽广平坦的河谷和大片沮洳地。在径流高原边缘时，则横切山脉而成峡谷。这些河流上游受冰雪融水补给，地下水补给量也较多，故流量较稳定，上游落差巨大，水流湍急，水能蕴藏量极丰。在冈底斯山脉以北，唐古拉山与可可西里山以西的广大高原内部，为内流区域，面积约60多万km²。这里河流短而水量少，河水主要由冰雪融水补给，一年中多半时间冰结。

青藏高原上湖泊众多，以藏北高原和青海高原最为集中，是世界上最高的高原湖区。据统计，高原上的湖泊有1 500多个，总面积约3万km²，占全国湖泊总面积的40%，和长江中下游平原形成中国的两大稠密湖区。高原上的湖泊大都是内陆湖和咸水湖，如青海湖，面积4 583 km²，是中国最大的半咸水内陆湖。藏北的纳木错，湖面海拔4 718m，面积1 920 km²，是中国第二大咸水湖，也是世界海拔最高的大湖。

六、成土母质

成土母质是风化壳的表层，是原生基岩经过风化、搬运、堆积等过程于地表形成的一层疏松、年轻的地质矿物质，它是形成土壤的物质基础，是土壤的前身。青藏区因地形和环境的差异，成土母质复杂多样。根据地形地貌及物质来源和组成的差别，青藏区内成土母质可分为残积物、坡积物、洪积物、湖积物、河流冲（沉）积物、黄土母质等。

（一）残积物

岩石经过风化后，部分物质随水而分解流失，另有部分物质变得疏松，残留原地，即为残积物。残积物经过各种形式的搬运，可成为其他类型的堆积物。组成残积物的主要物质是具有棱角的石块和砂粒，其成分和生成它的岩石成分一致。基岩成分不同，残积母质的特性各异。主要分布在四川省阿坝藏族羌族自治州和甘孜藏族自治州、西藏自治区林芝市等地。

（二）坡积物

坡地上端的分水岭以及坡面受大雨或暴雨形成的片状水流的片蚀作用，将风化的碎屑物质冲刷搬运到斜坡的小凹地和下坡地段，因流速减缓而发生大量堆积，形成坡积物。广泛分布在青藏区山地与河谷地区。

（三）洪积物

洪积物是沟谷流水造成的沉积物。在暂时性山洪流出沟谷峡谷时，由于坡降突减，流路变宽，流速骤减，使上游集水区内侵蚀下来的碎屑物质很快堆积下来，这种物质称为洪积物。由于流水作用，易形成扇状堆积地形，面积大的称为洪积扇，面积小的称为洪积锥。青藏区的内部在干旱气候条件下，几乎所有的山地边缘都有洪积扇的分布，同时在新构造运动的影响下，可见洪积扇叠置的现象。

（四）湖积物

湖积物是湖海静水沉积物，颗粒细而均匀，质地黏重，具龟裂性质，色深暗，结构和层理不甚明显，呈现颗粒由湖岸向湖盆中心由粗变细的规律。湖泊边缘常可见到数级阶地，由黏土、粉砂等组成，多呈灰色，具锈斑，且由于湖泊内盐分不断积聚，湖滨阶地上多有盐化现象。主要分布在青海省海北藏族自治州、玉树藏族自治州和西藏自治区山南市等地。

（五）河流冲（沉）积物

岩石经过风化后，残留于地表的疏松物质，被雨水冲刷流入经常性流水的河流中，当砾石泥沙等碎屑物质在水中的含量超过了本身的负荷能力或因某种原因致河水流速减低而发生沉积，即为河流冲（沉）积物。冲（沉）积母质是青藏区农耕集中的地方，主要分布在甘肃省武威市和甘南藏族自治州，青海省海南藏族自治州、海西藏族蒙古族自治州和海北藏族自治州，西藏自治区"一江两河"地区。

（六）黄土母质

黄土是第四纪的一种特殊沉积物，除部分为风积的原生黄土外，大部分均为流水搬运而再沉积的次生黄土。黄土的颜色为淡黄色或暗黄色，质地轻且疏松多孔，通透性好。颗粒以粗粉粒为主，约占 50% 以上，易受侵蚀，有直立性，能形成很高的峭壁，柱状结构发达。主要分布在青海省海北藏族自治州和海南藏族自治州，黄土及次生堆积黄土（黄土状沉积物）常交叉分布，后者显著特征是具有层理，夹有粗至细砂薄层或条带，部分含有少量细砾、粗砂，固结程度差。

（七）第四纪红土

红土，或叫红色风化壳，是主要的第四纪风化残积成因的产物，虽然受现代生物气候的影响，仍然保持了古风化物的残留特性。红土发育在除碳酸盐类以外的各种基岩之上，广泛分布于高原山地，伴随地壳抬升，有的古红土已经抬升到更高的地段，在滇西北的香格里拉，古红土堆积物出现于海拔 3 300～3 500m 的残存高原面上。典型的红土在剖面形态及结构构造上都具有其本身一系列的特性，其富铝化作用强烈，黏粒中次生黏土矿物以高岭石、三水铝矿为主，以及少量蛭石，土体中铁、铝高度富集，呈酸性反应，质地偏黏，通体以黏粒和粉砂为主，主要出现在云南省迪庆藏族自治州。

第三节　农业生产概况

一、耕地利用情况

青藏区耕地总面积 1 067.56khm²，以旱地为主。其中，水田面积 47.30khm²，占全区耕地总面积的 4.43%；旱地面积 629.67khm²，占全区耕地总面积的 58.98%；水浇地面积 390.59khm²，占全区耕地总面积的 36.59%。

青藏区内各二级农业区不同耕地类型的面积情况如表 1-2 所示。从表 1-2 中可以看出，青藏区的耕地主要分布在川藏林农牧区、青甘牧农区和藏南农牧区 3 个二级农业区。其中，川藏林农牧区和青甘牧农区的耕地面积相对较大，分别为 362.19khm² 和 341.89khm²，共占到全区耕地总面积的 65.95%，且均以旱地为主，旱地面积分别占各二级农业区耕地总面积的 77.22％和 70.26％；青藏高寒地区耕地较少，仅 59.17km² ，占全区耕地总面积的 5.54％，也是以旱地为主，旱地在耕地中的比重高达 92.41％。另外，藏南农牧区耕地相对较多，其面积为 304.31km² ，占全区耕地总面积的 28.51％，但其主要以水浇地为主，水浇地在耕地中的比重达到 72.98％。

表 1-2　青藏区耕地类型及面积统计（khm²）

二级农业区	水田	水浇地	旱地	合计
藏南农牧区	27.15	222.09	55.07	304.31
川藏林农牧区	20.15	62.34	279.70	362.19
青藏高寒地区	—	4.49	54.68	59.17
青甘牧农区	—	101.67	240.22	341.89
总计	47.30	390.59	629.67	1 067.56

二、主要农作物种植情况

青藏区是我国主要牧区，耕地占本区土地总面积的比例不到 0.50％，并且农作物由于受海拔高度的影响，种植结构比较单一，主要以粮食作物为主。粮食种植以青稞、小麦为主，另有少量以油料为主的经济作物，油料种植以油菜为主。从二级农业区上看，藏南农牧区和川藏农林牧区是青藏区的主要农区，粮食产量约占青藏区粮食产量的 70％～80％，以青稞和小麦为主；在藏南边境地区的察隅、墨脱等县的部分地区，可种植水稻、玉米、茶叶、花生、大豆、烟草等作物，且可一年两熟，但范围很小。青甘牧农区和青藏高寒地区基本上是以畜牧业为主的地区，种植业主要集中在各二级农业区的边缘，即甘南、海南、海北等地的部分地区及西藏阿里地区的部分河谷地带，主要种植青稞、小麦、豌豆、油菜等作物，另外在部分冬春牧业营地也种植了青稞草、元根等饲料作物，但面积不大。

以西藏自治区和青海省为例，根据两省（自治区）2018 年统计年鉴表明，2017 年两省（自治区）农作物总播种面积为 817.31km² ，其中青海省农作物播种面积 558.58km² ，占两省（自治区）农作物总播种面积的 68.43％。在农作物总播种面积中，粮食作物播种面积 462.70km² ，占 56.61％，经济作物播种面积 208.85km² ，占 25.55％，另外还有少量的蔬菜和青饲料。虽然青海和西藏处在同一个种植区域内，但两者间有明显的区别，即青海省除种植谷物外，经济作物也有一定的比重，而西藏自治区则基本上以谷物生产为主，种植业结构较为单一，并且在种植业内部，结构也相对单一。在两省（自治区）462.70km² 粮食作物播种面积中，小麦和青稞播种面积达到 303.04km² ，占两省（自治区）粮食作物播种面积的 65.49％，其中青海有 131.24km² ，占到青海省粮食作物播种面积的 47.11％，西藏有 171.80km² ，占到西藏自治区粮食作物播种面积的 93.32％。即表明在小麦和青稞种植中，这两省（自治区）也有所区别，青海以小麦为主，小麦占到小麦和青稞播种总面积的 65.47％；西藏以青稞为主，青稞占到小麦和青稞播种总面积的 80.81％。其他粮食作物如玉米、豆类、薯类等种植面积在两省（自治区）中分布很小。同时，在两省（自治区）少量的经济作物中，种植种类也较为单一，主要以油菜为主。在两省（自治区）208.85km² 经济作物播种面积中，油料作物占 81.80％，只有极少量的花生和胡麻。

三、农作物施肥情况

由于青藏区农业种植的特点，全区主要农作物的施肥量总体上偏低，施肥量较大的地区主要集中在河谷的灌溉农田或耕作较集约的区域。据 2018 年统计年鉴表明，西藏自治区 2017 年化肥施用总量为 5.55 万 t，青海省 2017 年化肥施用总量为 8.7 万 t，四川省的甘孜、阿坝两州 2017 年化肥施用总量分别为 0.37 万 t 和 1.20 万 t。近年来，青藏区化肥施用总量总体呈下降趋势，且主要以氮磷肥施用为主。以西藏自治区为例，2014—2017 年西藏自治区施肥情况如表 1-3 所示，西藏自治区农作物化肥施用中以氮肥为主，磷肥次之，钾肥最少；化肥施用总量总体上呈下降趋势，2017 年较 2014 年下降了 4.71%，其中钾肥施用量的下降幅度最大，2017 年钾肥施用量较 2014 年下降了 39.91%，复合肥施用量呈增加趋势，2017 年较 2017 年增加了 11.80%。从氮、磷、钾肥施用比例上看，根据西藏自治区测土配方施肥结果表明，青稞的氮、磷、钾肥施用比例平均为 23：13：9，小麦的氮、磷、钾肥施用比例为 22：13：10，油菜的氮、磷、钾肥施用比例为 22：11：12。

表 1-3　2014—2017 年西藏自治区施肥情况统计

种类	2014 年	2015 年	2016 年	2017 年
化肥施用量（t）	58 208	60 303	59 094	55 464
氮肥（t）	20 386	20 377	19 462	18 106
磷肥（t）	11 102	11 643	11 959	10 391
钾肥（t）	5 620	5 452	4 884	3 377
复合肥（t）	21 100	22 831	22 789	23 590
平均化肥施用量（kg/hm²）	249	255	248	213

四、农作物灌溉情况

青藏区处于高寒区，干旱、少雨，温度偏低，但由于不同的山系、水流，形成了许多不同的小气候区，有的比较温暖、多雨，有的偏低温、干旱，有的可以引水灌溉，有的则靠天种养，同时，青藏区农田基本条件大都较差。因此，总体上青藏区灌溉能力不足。近年来，青藏区 5 省（自治区）加强了高标准基本农田建设，兴修水利，完善农田基础设施建设，改善了排灌条件。同样以西藏自治区为例，2017 年全区农田有效灌溉面积较 2014 年增加了 5.34khm²，增幅有 3.04%。

从 2017 年青藏区耕地质量调查表中可以发现，青藏区的灌溉水源主要有地表水、地下水、地表水＋地下水 3 种类型，其中，约 60% 左右的农作物灌溉水源类型为地表水，约 11% 的农作物灌溉水源类型为地表水＋地下水，灌溉水源类型为地下水的只有 0.5% 左右，还有约 29% 的农作物无灌溉水源。从灌溉方式看，青藏区的灌溉方式主要有漫灌、沟灌、喷灌、畦灌等方式，其中约 35% 左右的农作物灌溉方式为漫灌，约有 25% 为沟灌，约有 1% 左右为喷灌和畦灌，还有 35% 左右的农作物没有灌溉条件。另外，从灌溉能力上看，青藏区灌溉能力为充分满足的耕地约占全区耕地总面积的 5%；灌溉能力为满足的耕地约占全区耕地总面积的 31%，灌溉能力为基本满足的约占全区耕地总面积的 35%，而灌溉能力为不满足的约占全区耕地总面积的30％。

五、农业机械化应用情况

农业机械化是一项重要的农业基础建设，是农业现代化的物质基础和衡量农业现代化水平的重要标志。受山多田少、土地分散等多种因素的影响，青藏区农业机械化程度较低，但呈现出逐年发展提升的态势。以西藏自治区和青海省为例，根据两省（自治区）统计年鉴表明，2012—2017年两省（自治区）农业机械应用情况如表1-4所示。从表1-4中可以看出，两省（自治区）农业机械总动力呈现逐年递增趋势，但主要以小型拖拉机及手扶拖拉机为主，占到农业机械总动力的36.90％，而大中型农业机械动力只有小型农业机械动力的48.10％，进而表明，青藏区因耕地破碎、分散，农业机械主要以小型农业机械为主。另据统计资料表明，青海省全省农作物耕种收综合机械化率达到58.44％（全国为68％），其中主要农作物小麦（青稞）、油菜、马铃薯和玉米分别为80.58％、57.07％、39.06％和65.42％。

表 1-4　西藏自治区、青海省农业机械应用情况（万 kW）

项目	2012 年	2013 年	2014 年	2015 年	2016 年	2017 年
农业机械总动力	934.8	1 014.6	1 109.0	1 175.7	1 280.7	1 373.6
大中型拖拉机	103.2	120.7	154.9	171.0	198.1	243.8
小型拖拉机及手扶拖拉机	450.0	457.9	477.9	491.8	499.3	506.7
农用排灌动力	17.4	18.0	17.7	18.1	19.4	21.8
联合收割机	16.3	19.4	24.3	28.3	44.4	43.4

六、农作物品种及其病虫害防治

青藏区由于特殊的自然环境和立地条件，在西藏东南部及青海东部海拔4 000m以下地区可种植小麦、青稞、油菜、薯类等耐寒喜凉作物，从播种面积上看，主要以青稞和小麦为主。青稞在20世纪90年代以前，主要种植昆仑1号、藏青320、藏青325、藏青85、西马拉15、冬青6号、果洛等品种，而现在主要种植藏青2000、喜拉22、冬青18等品种。小麦在20世纪90年代以前主要种植阿勃、互助红、互麦11、甘麦8号、互麦12、高原338等品种（青海省志，1993），现在主要种植中麦175、高原437等品种。

1. 青稞病虫害防治　青稞的病害主要有青稞条纹病、青稞坚黑穗病、青稞条锈病、青稞白粉病等，主要虫害有西藏飞蝗、禾谷缢管蚜、伪土粉蚧、芒缺翅蓟马、鳃金龟、园林发丽蛃、喜马象、地老虎、夜蛾、黏虫、青稞毛蚊、齿角潜绳、郁金香瘿螨、麦长腿红蜘蛛等。相应的防治措施可采用引进和选育抗性品种，青稞育种主要是充分利用地方品种的耐病、耐虫性，同时针对条锈病、条纹病、黑穗病、蚜虫等问题，引进了矮秆齐、H.V.T等较好的抗原材料，育成了藏青320、喜拉19、藏青2000、喜拉22等具有较好的综合抗性品种。

2. 小麦病虫害防治　小麦的病害主要有小麦白秆病、小麦黄条花叶病、小麦条锈病、小麦腥黑穗病、小麦秆锈病、小麦雪霉叶枯病、小麦细菌性条斑病、小麦赤霉病等，虫害主要有西藏飞蝗、麦无网蚜、禾谷缢管蚜、伪土粉蚧、鳃金龟、园林发丽蛄、喜马象、地老虎、夜蛾、黏虫、齿角潜绳、郁金香瘿螨、麦长腿红蜘蛛等。相应的防治措施可采用引进和选育抗性品种或筛选引进化学农药，提高病虫害防治效果。

第四节　耕地土壤资源

青藏区以青藏高原为主体，海拔高度、冻土及水热条件对土壤的形成有深刻的影响，其中水分状况的差异在很大程度上决定了土壤的水平地带变化。大陆性气候和海洋性气候为青藏高原内部和南部边缘提供的成土条件迥然不同，因此青藏高原的土壤发育形成了大陆性荒漠土、草原土、草甸土和海洋性森林土两大系统。加之山地物质移动活跃，松散堆积层极薄，冰川退缩后出露的地面上冰碛物风化微弱，谷地盆地等低洼处包括湖泊干涸露出的地面上发育的土壤在很大程度上继承了母质的原始性状，由于有机体活动强度低，分解速度慢，腐殖质化作用弱，土层分化不明显，因而土壤具有年轻性。

一、主要土壤类型

青藏区耕地土壤共有 42 个土类、97 个亚类，如表 1-5 所示。其中，黑毡土、冷棕钙土、栗钙土、灰褐土、草甸土、褐土、棕壤、黑钙土、棕钙土、砖红壤、暗棕壤、潮土、黄棕壤、山地草甸土、冷钙土、草毡土、红壤、赤红壤、黄壤 19 个土类分布相对较广，面积均在 $10 km^2$ 以上。风沙土、草甸盐土、灰棕漠土、新积土、粗骨土、水稻土、灰钙土、寒钙土、沼泽土、紫色土、石灰（岩）土、棕色针叶林土、林灌草甸土、寒冻土、漠境盐土、黄褐土、黑垆土、灌淤土、灌漠土、冷漠土、寒漠土、灰化土、石质土 23 个土类在青藏区分布较少，占青藏区耕地面积的比例均在 1% 以下。

表 1-5　青藏区土壤类型

土纲	亚纲	土类	亚类
铁铝土	湿热铁铝土	砖红壤	黄色砖红壤
		赤红壤	黄色赤红壤
		红壤	典型红壤
			黄红壤
			红壤性土
	湿暖铁铝土	黄壤	典型黄壤
			黄壤性土
淋溶土	湿暖淋溶土	黄棕壤	典型黄棕壤
			暗黄棕壤
			黄棕壤性土
		黄褐土	黄褐土性土
	湿暖温淋溶土	棕壤	典型棕壤
			棕壤性土
	湿温淋溶土	暗棕壤	典型暗棕壤
	湿寒温淋溶土	棕色针叶林土	典型棕色针叶林土
			灰化棕色针叶林土
		灰化土	灰化土

（续）

土纲	亚纲	土类	亚类
半淋溶土	半湿暖温半淋溶土	褐土	典型褐土
			石灰性褐土
			淋溶褐土
			潮褐土
			燥褐土
			褐土性土
	半湿温半淋溶土	灰褐土	典型灰褐土
			淋溶灰褐土
			石灰性灰褐土
			灰褐土性土
钙层土	半湿温钙层土	黑钙土	典型黑钙土
			淋溶黑钙土
			石灰性黑钙土
	半干温钙层土	栗钙土	典型栗钙土
			暗栗钙土
			淡栗钙土
			盐化栗钙土
	半干暖温钙层土	黑垆土	黑麻土
干旱土	干温干旱土	棕钙土	典型棕钙土
			盐化棕钙土
	干暖温干旱土	灰钙土	典型灰钙土
			淡灰钙土
漠土	干温漠土	灰棕漠土	典型灰棕漠土
			灌耕灰棕漠土
初育土	土质初育土	新积土	冲积土
			典型新积土
		风沙土	草原风沙土
			荒漠风沙土
	石质初育土	石灰（岩）土	红色石灰土
			黑色石灰土
			黄色石灰土
			棕色石灰土
		紫色土	中性紫色土
			石灰性紫色土
		粗骨土	钙质粗骨土
			硅质岩粗骨土
			酸性粗骨土
			中性粗骨土
		石质土	钙质石质土

青藏区耕地

（续）

土纲	亚纲	土类	亚类
半水成土	暗半水成土	草甸土	典型草甸土
			石灰性草甸土
			潜育草甸土
			盐化草甸土
	淡半水成土	潮土	典型潮土
			脱潮土
			湿潮土
			盐化潮土
		林灌草甸土	典型林灌草甸土
		山地草甸土	典型山地草甸土
			山地草原草甸土
			山地灌丛草甸土
水成土	矿质水成土	沼泽土	草甸沼泽土
			典型沼泽土
			腐泥沼泽土
			泥炭沼泽土
盐碱土	盐土	草甸盐土	典型草甸盐土
			沼泽盐土
		漠境盐土	残余盐土
人为土	人为水成土	水稻土	潴育水稻土
			淹育水稻土
	灌耕土	灌淤土	典型灌淤土
		灌漠土	典型灌漠土
高山土	湿寒高山土	草毡土	典型草毡土
			棕草毡土
			薄草毡土
			湿草毡土
		黑毡土	典型黑毡土
			薄黑毡土
			棕黑毡土
	半湿寒高山土	寒钙土	暗寒钙土
			淡寒钙土
			典型寒钙土
		冷钙土	典型冷钙土
			暗冷钙土
			淡冷钙土
		冷棕钙土	典型冷棕钙土
			淋淀冷棕钙土
	干寒高山土	寒漠土	寒漠土
		冷漠土	冷漠土
	寒冻高山土	寒冻土	寒冻土

二、主要土类分述

(一) 黑毡土

1. 黑毡土的分布与基本特性 黑毡土属高山土土纲, 湿寒高山土亚纲, 是高寒湿润、半湿润区草甸植被下发育的具有强度 (生草) 腐殖质积累和弱度 (冻融) 氧化还原特征的高山土壤, 主要分布在青藏高原的东部和东南部。在青藏高原土壤垂直带谱中, 黑毡土一般处在草毡土之下; 在不同地区向下与棕色针叶林土、漂灰土、暗棕壤、灰褐土等山地森林土壤相接; 在藏南地区有的向下接冷钙土或冷棕钙土, 在甘肃则下接黑钙土, 且向下多呈镶嵌分布。在青藏高原土壤水平分布上, 从东南向西北, 黑毡土逐渐过渡为冷钙土。黑毡土垂直分布的高度在西藏为海拔 3 900~4 600m, 四川为海拔 3 500~4 200m, 云南为海拔 3 200~4 500m (滇北地区)。青藏区黑毡土耕地面积为 110.88khm², 占青藏区耕地面积的 10.39%。主要分布在西藏评价区和四川评价区, 其中在西藏评价区为 76.68khm², 四川评价区为 33.90khm², 云南评价区有极少量分布, 面积 0.30khm²。从二级农业区上看, 青甘牧农区没有分布, 藏南农牧区分布 49.82khm², 占青藏区黑毡土耕地面积的 44.93%; 川藏林农牧区分布 46.19khm², 占青藏区黑毡土耕地面积的 41.66%; 青藏高寒地区 14.87khm², 占青藏区黑毡土耕地面积的 13.41%。黑毡土所处地带为高原亚寒带半湿润、湿润气候, 在高寒条件下, 成土母质以物理风化为主, 化学风化弱, 母质风化释出的盐基物质少。黑毡土区的降水足以使数量不多的游离盐基淋失, 除碳酸盐类母质外, 一般土壤中无碳酸盐积累。黑毡土母质以花岗岩、片麻岩等中酸性结晶岩为主, 风化淋溶系数相对较高, 其中下部氧化锰明显积累。

2. 亚类分述 青藏区黑毡土包括典型黑毡土、薄黑毡土、棕黑毡土 3 个亚类。在各二级农业区上的分布情况如表 1-6 所示。

表 1-6　黑毡土亚类耕地面积统计 (khm²)

亚类	藏南农牧区	川藏林农牧区	青藏高寒地区	小计
典型黑毡土	35.28	38.26	13.15	86.69
薄黑毡土	0.72	2.00	0.32	3.04
棕黑毡土	13.82	5.93	1.40	21.15
总计	49.82	46.19	14.87	110.88

(1) 典型黑毡土 典型黑毡土广泛分布于平缓开阔的高原面和高山坡地, 在棕黑毡土分布区, 典型黑毡土主要分布在阳坡和高原面, 与阳坡的棕黑毡土构成组合; 在薄黑毡土分布区, 典型黑毡土又主要分布在阴坡, 与阳坡的薄黑毡土相组合。青藏区典型黑毡土耕地面积 86.69khm², 占青藏区黑毡土耕地面积的 78.19%, 分布于藏南农牧区、川藏林农牧区、青藏高寒地区 3 个二级农业区, 主要出现在西藏自治区的昌都地区, 另外, 西藏自治区的日喀则、那曲、林芝、山南地区和拉萨市以及四川的阿坝和甘孜两州也有分布。典型黑毡土剖面一般由毡状草皮层 (A_s)、腐殖质层 (A)、过渡层 (AB/BC) 和母质层 (C) 构成, 淀积层 (B) 发育不明显。典型黑毡土的有机质和活性腐殖质含量较高。据青藏区 2017 年耕地质量评价结果统计, 典型黑毡土的主要理化性状如表 1-7 所示。

表 1-7　典型黑毡土主要理化性状 （n＝9 556）

主要指标	范围	平均值	标准差	变异系数（%）
耕层容重（g/cm³）	0.95～1.68	1.32	0.12	9.09
pH	5.9～8.7	7.75	0.54	6.97
有机质（g/kg）	12.7～51.7	25.79	8.79	34.08
有效磷（mg/kg）	10.4～35.0	17.33	4.08	23.54
速效钾（mg/kg）	73～270	136	50.00	36.76

注：n 为评价单元个数。下同。

（2）薄黑毡土　薄黑毡土主要分布在黑毡土向冷钙土过渡的地段，并且多出现在阴坡，与阳坡分布的冷钙土（暗冷钙土）相结合；也会出现在气候偏干的阳坡或过度放牧的草原化地段，植被以草甸类型为主，土壤有机质积累和风化淋溶作用比典型黑毡土弱。青藏区薄黑毡土耕地面积 3.04khm²，占青藏区黑毡土耕地面积的 2.74%，分布于藏南农牧区、川藏林农牧区、青藏高寒地区 3 个二级农业区，主要出现在西藏自治区的日喀则、拉萨市、昌都和山南地区以及那曲地区。薄黑毡土的剖面构型为（As）-A-AB/BC-C。草皮层（As）退化，腐殖质层（A）发育明显。部分剖面有菌丝状或斑点状石灰淀积和强石灰反应。据青藏区 2017 年耕地质量评价结果统计，薄黑毡土的主要理化性状如表 1-8 所示。

表 1-8　薄黑毡土主要理化性状 （n＝350）

主要指标	范围	平均值	标准差	变异系数（%）
耕层容重（g/cm³）	0.91～1.64	1.25	0.12	9.60
pH	7.0～8.3	7.88	0.36	4.57
有机质（g/kg）	16.1～45.9	30.60	6.89	22.52
有效磷（mg/kg）	11.9～29.0	17.44	3.12	17.89
速效钾（mg/kg）	89～292	189	61.44	32.51

（3）棕黑毡土　棕黑毡土广泛分布于高山阴坡、荫蔽沟谷和森林郁闭线附近。青藏区棕黑毡土耕地面积 21.15khm²，占青藏区黑毡土耕地面积的 19.07%，分布于藏南农牧区、川藏林农牧区、青藏高寒地区 3 个二级农业区，主要出现在西藏自治区的林芝、昌都和山南三地区以及四川的阿坝和甘孜两州，另外在西藏自治区的那曲、日喀则、拉萨市也有少量分布。棕黑毡土剖面构型为（As）-A-AB-B（BC）-C。部分剖面已有发育明显的淀积层（B），个别剖面有埋藏腐殖质层，少数剖面中下部有铁锰斑纹或腐殖质、黏粒胶膜淀积特征，全剖面多无石灰反应。据青藏区 2017 年耕地质量评价结果统计，棕黑毡土的主要理化性状如表 1-9 所示。

表 1-9　棕黑毡土主要理化性状 （n＝3 158）

主要指标	范围	平均值	标准差	变异系数（%）
耕层容重（g/cm³）	1.07～1.64	1.30	0.08	6.15
pH	6.2～8.7	7.91	0.39	4.93

（续）

主要指标	范围	平均值	标准差	变异系数（%）
有机质（g/kg）	14.2~49.2	23.27	8.71	37.43
有效磷（mg/kg）	11.7~36.2	15.52	4.28	27.58
速效钾（mg/kg）	76~266	133	40.40	30.38

（二）冷棕钙土

1. 冷棕钙土的分布与基本特性 冷棕钙土又称山地灌丛草原土，属高山土土纲，半湿寒高山土亚纲，分布于西藏雅鲁藏布江中游及其支流拉萨河、年楚河，即"一江两河"流域。一般海拔 3 500~4 000m，下起河谷底部，最低海拔 3 300m，可与草甸土构成复区；在宽谷阴坡分布上限可达 4 200m。在冷棕钙土分布区东部，向上主要接黑毡土，西部则主要接冷钙土。青藏区冷棕钙土耕地面积为 100.71km²，占青藏区耕地总面积的 9.43%，仅分布于藏南农牧区，是藏南干温河谷特有的土类，也仅出现在西藏评价区。

2. 亚类分述 青藏区冷棕钙土包括典型冷棕钙土、淋淀冷棕钙土 2 个亚类。

（1）**典型冷棕钙土** 典型冷棕钙土分布在河谷谷坡下部和山麓洪积扇、台地和阶地，一般上接淋淀冷棕钙土（亚类），在部分坡度较缓的阳坡，向上直接与冷钙土相接。青藏区典型冷棕钙土耕地面积为 100.45km²，占青藏区冷棕钙土耕地面积的 99.74%。典型冷棕钙土区属高原温带半干旱气候，高原干温河谷稀疏灌丛草原下发育的典型冷棕钙土，具有弱度腐殖质积累和明显积钙特征，剖面构型为 A-（AB/B）-B_k-C 型。腐殖质层（A）较明显，耕种土壤的耕层（A_{11}）可呈灰色或棕灰色。典型冷棕钙土是藏南农牧区的主要耕地土壤资源之一。据青藏区 2017 年耕地质量评价结果统计，典型冷棕钙土的主要理化性状如表 1-10 所示。

表 1-10 典型冷棕钙土主要理化性状（n＝12 665）

主要指标	范围	平均值	标准差	变异系数（%）
耕层容重（g/cm³）	1.11~1.75	1.31	0.13	9.92
pH	6.4~8.4	7.79	0.46	5.91
有机质（g/kg）	13.7~35.4	19.76	3.71	18.78
有效磷（mg/kg）	10.2~22.9	14.71	2.54	17.27
速效钾（mg/kg）	73~144	94	10.66	11.34

（2）**淋淀冷棕钙土** 淋淀冷棕钙土主要分布在西藏贡嘎、桑日、乃东、谢通门等县海拔 3 800~4 000（4 200）m 的河谷或沟谷，多处于阴坡、窄谷陡坡。气候较典型冷棕钙土稍湿润，其腐殖质积累和脱钙作用也较典型冷棕钙土稍强。青藏区淋淀冷棕钙土耕地面积为 0.26km²，占青藏区冷棕钙土耕地面积的 0.26%。淋淀冷棕钙土基本剖面构型为 A-（AB）-B-C。土壤通体无或有弱石灰反应，无钙积层发育。据青藏区 2017 年耕地质量评价结果统计，淋淀冷棕钙土的主要理化性状如表 1-11 所示。

表 1-11 淋淀冷棕钙土主要理化性状（n＝12）

主要指标	范围	平均值	标准差	变异系数（%）
耕层容重（g/cm³）	1.21～1.29	1.27	0.03	2.36
pH	6.5～6.9	6.83	0.15	2.20
有机质（g/kg）	19.3～19.9	19.63	0.24	1.22
有效磷（mg/kg）	15.6～18.0	16.26	0.83	5.10
速效钾（mg/kg）	91～103	95	3.86	4.06

（三）栗钙土

1. 栗钙土的分布与基本特性 栗钙土属钙层土土纲，半干温钙层土亚纲，是温带半干旱草原地区干草原植被下形成具有明显栗色腐殖质层和钙积层的土壤。主要分布在侵蚀剥蚀中低山和丘陵台地，海拔在 2 100～3 500m 之间，成土母质主要为第四纪黄土和第三纪红土以及基岩风化物和风积沙等。青藏区栗钙土面积为 95.85khm²，占青藏区耕地总面积的 8.98%，只分布于青甘牧农区，也就是说只出现在青海和甘肃两个评价区。栗钙土剖面的发生层次分化明显，由腐殖质层（A）、钙积层（Bk）和母质层（C）3 个基本层段组成，但青海评价区由黄土母质发育的栗钙土其层次分化不很清晰。栗钙土的结构，表土大多以粒状结构为主，砂性强的表土呈单粒状结构，壤质黏土呈碎块状结构；心、底土多为块状结构。

2. 亚类分述 青藏区栗钙土包括典型栗钙土、暗栗钙土、淡栗钙土、盐化栗钙土 4 个亚类。

（1）典型栗钙土 典型栗钙土主要见于河谷地带的低山阳坡、半阳坡、阶地、洪冲积扇、青海湖滨滩地以及浅山地区。典型栗钙土是在草原植被下形成的土壤，出现部位的海拔跨度较大，在农业生产区出现在海拔 2 400～2 800m 之间，在环湖地区则出现在 3 000～3 400m 之间。青藏区典型栗钙土耕地面积为 38.45khm²，占青藏区栗钙土耕地面积的 40.11%，散布于青海、甘肃评价区各市（州）。典型栗钙土由栗色或灰黄色腐殖质层、灰白色钙积层和棕黄色母质层组成。剖面构型为 A-Bk-C，层次过渡明显。据青藏区 2017 年耕地质量评价结果统计，典型栗钙土的主要理化性状如表 1-12 所示。

表 1-12 典型栗钙土主要理化性状（n＝1 313）

主要指标	范围	平均值	标准差	变异系数（%）
耕层容重（g/cm³）	1.18～1.66	1.38	0.08	5.80
pH	8.0～8.7	8.42	0.13	1.54
有机质（g/kg）	10.1～47.3	26.93	5.31	19.72
有效磷（mg/kg）	9.0～35.3	21.99	3.33	15.14
速效钾（mg/kg）	96～300	162	21.15	13.06

（2）暗栗钙土 暗栗钙土是栗钙土向黑钙土过渡的亚类，主要分布在海拔 2 700～3 000m 的半浅、半脑山区和海拔较高的阶地、滩地，常与黑钙土、山地草甸土构成复区。成土母质为残积坡积物、冲积洪积物和黄土母质。青藏区暗栗钙土耕地面积为 48.36khm²，占青藏区栗钙土耕地面积的 50.46%。剖面构型以 A-Bk-C 型或 A-AB-Bk-Ck 型为主。暗栗钙

土在栗钙土中海拔最高，温度偏低，湿度偏大，但仍属于半干旱气候，土壤虽有淋溶，但仍较弱，土体均有石灰反应，具有少量假菌丝或不明显，钙化作用较弱。据青藏区 2017 年耕地质量评价结果统计，暗栗钙土的主要理化性状如表 1-13 所示。

表 1-13 暗栗钙土主要理化性状（n＝1 327）

主要指标	范围	平均值	标准差	变异系数（%）
耕层容重（g/cm³）	1.02～1.39	1.27	0.09	7.09
pH	7.9～8.7	8.38	0.14	1.67
有机质（g/kg）	12.7～51.9	30.43	6.03	19.82
有效磷（mg/kg）	8.1～43.0	20.78	5.93	28.54
速效钾（mg/kg）	123～257	162	20.01	12.35

（3）淡栗钙土 淡栗钙土是栗钙土类向干旱土纲棕钙土或灰钙土过渡的亚类。主要分布在低山丘陵的中、下部和浅山阳坡地带。淡栗钙土处于栗钙土类中气候较干旱的环境，成土母质多为风积、湖积、冲积、黄土物质和部分第三纪红土。青藏区淡栗钙土耕地面积为 8.76km²，占青藏区栗钙土耕地面积的 9.14%。淡栗钙土典型剖面呈 A_{hk}-B_k-C_k 型，表层腐殖质层和过渡层（A_{hk}），褐色或黄褐色，粉状或单粒结构，紧实，壤质大理石灰反应强。淀积层（B_k），明赤褐色或淡黄色，紧实，块状，层次过渡明显。据青藏区 2017 年耕地质量评价结果统计，淡栗钙土的主要理化性状如表 1-14 所示。

表 1-14 淡栗钙土主要理化性状（n＝244）

主要指标	范围	平均值	标准差	变异系数（%）
耕层容重（g/cm³）	1.02～1.41	1.23	0.12	9.76
pH	8.0～8.6	8.35	0.17	2.04
有机质（g/kg）	18.0～41.0	28.56	7.33	25.67
有效磷（mg/kg）	10.0～40.9	25.13	3.31	13.17
速效钾（mg/kg）	121～219	169	19.28	11.41

（4）盐化栗钙土 盐化栗钙土是栗钙土土类中具有盐化特征的亚类，主要分布在栗钙土、淡栗钙土地带中地势低洼、易溶盐在土体和地下潜水中聚集的地形部位，如湖泊外围、封闭或半封闭洼地、河流低阶地、洪积扇缘等，常与草甸栗钙土、盐渍土构成环状、条带状复域或复区。成土母质多为冲积、洪积或湖积物。盐分主要来源于成土母质和地表径流汇集。土壤形成既有钙土的腐殖质累积和钙积特征，又有可溶性盐聚积的盐化特征。青藏区盐化栗钙土耕地面积 0.28km²，占青藏区栗钙土耕地面积的 0.29%。盐化栗钙土剖面仍由腐殖质层、钙积层和母质层组成，但具有盐化特征，剖面构型为 A_z-B_{kz}-C 型。通体有石灰反应，钙积层明显，但直观上未见钙积新生体，地表因受干旱和地下水丰富的作用，常有季节性积盐现象。据青藏区 2017 年耕地质量评价结果统计，盐化栗钙土的主要理化性状如表 1-15所示。

表 1-15　盐化栗钙土主要理化性状（n＝4）

主要指标	范围	平均值	标准差	变异系数（%）
耕层容重（g/cm³）	1.25～1.25	1.25	0.00	0.00
pH	8.4～8.4	8.40	0.00	0.00
有机质（g/kg）	32.1～32.3	32.20	0.07	0.22
有效磷（mg/kg）	21.8～22.4	22.18	0.23	1.04
速效钾（mg/kg）	146～147	147	0.43	0.29

（四）灰褐土

1. 灰褐土的分布与基本特性　灰褐土属半淋溶土纲，半湿温半淋溶土亚纲。灰褐土与褐土在发生上有一定联系，但灰褐土区比褐土区更为干旱。灰褐土剖面以灰棕色或棕色为主，色泽不如褐土那样鲜艳，黏化作用也较弱，未形成明显的黏化层。灰褐土分布于干旱与半干旱地区的山地垂直带上，在青藏高原地区的河流两岸山坡和峡谷也有分布，海拔一般为1 600～3 200m，但在青藏高原南部可升至4 400m。灰褐土成土母质比较复杂，区域不同，其成土母质也有差异。灰褐土成土特征主要是有机质的积累、碳酸钙的淋淀及较弱的黏化。青藏区灰褐土耕地面积为91.10khm²，占青藏区耕地总面积的8.53%，分布于除云南评价区外的其余4个评价区，其中甘肃评价区分布有30.03khm²，占青藏区灰褐土耕地面积的32.96%；青海评价区分布有2.77khm²，占青藏区灰褐土耕地面积的3.04%；四川评价区分布有34.67khm²，占青藏区灰褐土耕地面积的38.06%；西藏评价区分布有23.63khm²，占青藏区灰褐土耕地面积的25.94%。从二级农业区看，在青藏区的4个二级区均有分布，具体情况见表1-16所示，其中在川藏林农牧区分布最多。

表 1-16　灰褐土耕地面积统计（khm²，%）

二级农业区	面积	百分比
藏南农牧区	0.32	0.35
川藏林农牧区	56.43	61.95
青藏高寒地区	2.54	2.79
青甘牧农区	31.81	34.91
总计	91.10	100.00

2. 亚类分述　青藏区灰褐土土类包括典型灰褐土、淋溶灰褐土、石灰性灰褐土、灰褐土性土4个亚类。各亚类灰褐土在不同二级农业区上的分布情况如表1-17所示。除灰褐土性土外，其余各亚类在青藏区的分布都相对较分散。

表 1-17　灰褐土亚类耕地面积统计（khm²）

亚类	藏南农牧区	川藏林农牧区	青藏高寒区	青甘牧农区	小计
典型灰褐土	0.32	13.46	—	0.43	14.21
淋溶灰褐土	—	6.16	0.47	14.72	21.35
石灰性灰褐土	—	33.12	2.07	16.66	51.85

（续）

亚类	藏南农牧区	川藏林农牧区	青藏高寒区	青甘牧农区	小计
灰褐土性土	—	3.69	—	—	3.69
总计	0.32	56.43	2.54	31.81	91.10

（1）典型灰褐土　典型灰褐土亚类是最接近灰褐土土类中心概念的亚类，具有灰褐土土类的典型特征。主要分布于西藏自治区，由于灰褐土的分布区较潮湿，雨量充沛，相对湿度大，故其脱硅富铝化程度弱于灰钙土。典型灰褐土因成土母质不同，其土壤颗粒组成也不同，多由花岗岩、石英云母片岩、凝灰岩、凝灰熔岩、粉砂岩、页岩、砂岩等风化物发育而成，土体构型为 A-B-C 型，层次发育明显，部分地区因水土流失严重，只见 B-C 或 AB-C 的层次组合。青藏区典型灰褐土耕地面积为 14.21km²，占青藏区灰褐土耕地面积的 15.60%，主要分布在川藏林农牧区，另外在藏南农牧区也有少量分布。据青藏区 2017 年耕地质量评价结果统计，典型灰褐土的主要理化性状如表 1-18 所示。

表 1-18　典型灰褐土主要理化性状（n＝1 848）

主要指标	范围	平均值	标准差	变异系数（%）
耕层容重（g/cm³）	1.04~1.63	1.35	0.10	7.41
pH	7.3~8.4	7.99	0.15	1.88
有机质（g/kg）	19.3~48.4	36.07	3.80	10.54
有效磷（mg/kg）	12.7~28.6	18.63	3.62	19.43
速效钾（mg/kg）	100~292	215	28.46	13.24

（2）淋溶灰褐土　淋溶灰褐土主要分布于降水较多及水分条件较好的地区，主要特征是碳酸钙淋溶作用较强，1m 土体内无石灰反应，不含碳酸钙或含量很低。青藏区淋溶灰褐土耕地面积 21.35km²，占青藏区灰褐土耕地面积的 23.43%，主要分布在川藏林农牧区、青甘牧农区两个二级农业区。在西藏和云南评价区没有淋溶灰褐土分布。淋溶灰褐土的地形部位主要集中于山地坡下、山地坡中；生产条件差，抗自然灾害能力弱，耕作层浅，综合肥力属中下水平。据青藏区 2017 年耕地质量评价结果统计，淋溶灰褐土的主要理化性状如表 1-19 所示。

表 1-19　淋溶灰褐土主要理化性状（n＝1 688）

主要指标	范围	平均值	标准差	变异系数（%）
耕层容重（g/cm³）	1.11~1.58	1.32	0.10	7.58
pH	6.6~8.4	7.91	0.42	5.31
有机质（g/kg）	19.3~46.3	31.96	6.10	19.09
有效磷（mg/kg）	7.7~38.2	20.15	4.69	23.28
速效钾（mg/kg）	88~462	184	52.26	28.40

（3）石灰性灰褐土　石灰性灰褐土分布于相对比较干旱的地区，青藏高原灰褐土地带中避风向阳阳坡峡谷，甘肃灰褐土地区的低山区。石灰性灰褐土的主要特征是全剖面石灰反应

强。青藏区石灰性灰褐土耕地面积为 51.85km²，占青藏区灰褐土耕地面积的 56.92%，主要分布在川藏林农牧区、青甘牧农区两个二级农业区，同样在西藏和云南评价区没有石灰性灰褐土分布，而在四川和甘肃评价区分布的石灰性灰褐土较多。据青藏区 2017 年耕地质量评价结果统计，石灰性灰褐土的主要理化性状如表 1-20 所示。

表 1-20　石灰性灰褐土主要理化性状（n＝872）

主要指标	范围	平均值	标准差	变异系数（%）
耕层容重（g/cm³）	1.01～1.58	1.23	0.11	8.94
pH	7.2～8.6	8.04	0.27	3.36
有机质（g/kg）	12.2～51.2	31.69	4.92	15.53
有效磷（mg/kg）	9.9～37.0	21.47	4.86	22.64
速效钾（mg/kg）	120～386	175	36.53	20.87

（4）灰褐土性土　灰褐土性土属发育微弱的幼年型灰褐土，其特征是腐殖质层比其他灰褐土薄，尚未形成明显的淀积层。而部分灰褐土性土因受侵蚀作用，地表没有腐殖质层，剖面构型为 A-（B）-C。灰褐土性土与相邻土壤呈插花分布。青藏区灰褐土性土耕地面积 3.69km²，占青藏区灰褐土耕地面积的 4.05%，仅分布在川藏林农牧区，主要出现在灰褐土带内地势陡峻、植被破坏或由其他因素造成的强流失地带，其中夹中量以上的砾石、粗砂或为砾质土，底土显示红色特征或红色与其他杂色混杂等。据青藏区 2017 年耕地质量评价结果统计，灰褐土性土的主要理化性状如表 1-21 所示。

表 1-21　灰褐土性土主要理化性状（n＝652）

主要指标	范围	平均值	标准差	变异系数（%）
耕层容重（g/cm³）	1.17～1.63	1.25	0.07	5.60
pH	7.9～8.2	8.10	0.07	0.86
有机质（g/kg）	29.9～41.9	35.48	3.03	8.54
有效磷（mg/kg）	12.6～28.0	22.12	2.99	13.52
速效钾（mg/kg）	182～269	213	17.52	8.23

（五）草甸土

1. 草甸土的分布与基本特性　草甸土属半水成土土纲，暗半水成土亚纲，是在冷湿条件下，直接受地下水浸润并在草甸植被下发育的土壤。其成土过程具有腐殖质累积的草甸化过程和氧化还原交替特征。草甸土区水分供应充足，植被生长繁茂，根系又深又密，每年为土壤提供了大量的有机残体，在土壤冻结后，分解缓慢且不彻底，因而在土壤中逐渐积累了很高含量的腐殖质。同时由于地下水位的周期性升降，土壤氧化还原交替进行，形成了锈色斑纹层。草甸土属较肥沃土壤，其所处地形平坦，地下水位较高，土壤水分充足，成土母质含有相当丰富的矿质养分，土体较深厚，适宜多种作物和牧草生长，并能获得较高产量。青藏区草甸土耕地面积为 89.49km²，占青藏区耕地总面积的 8.38%。从二级农业区上看，在藏南农牧、川藏林农牧区、青藏高寒地带、青甘牧农区 4 个二级区均有分布，具体情况如表 1-22 所示。

表 1-22　草甸土耕地面积统计（khm², ％）

二级农业区	面积	百分比
青甘牧农区	64.65	72.24
藏南农牧区	15.90	17.76
青藏高寒地区	5.43	6.08
川藏林农牧区	3.51	3.92
总计	89.49	100.00

2. 亚类分述　青藏区草甸土土类包括典型草甸土、石灰性草甸土、潜育草甸土、盐化草甸土4个亚类。草甸土各亚类在不同二级农业区的分布情况如表1-23所示。

表 1-23　草甸土亚类耕地面积统计（khm²）

亚类	青甘牧农区	藏南农牧区	青藏高寒地区	川藏林农牧区	小计
典型草甸土	60.73	7.94	2.84	2.37	73.88
石灰性草甸土	3.92	5.95	2.18	0.96	13.01
潜育草甸土	—	1.91	0.35	0.18	2.44
盐化草甸土	—	0.10	0.06	—	0.16
总计	64.65	15.90	5.43	3.51	89.49

（1）典型草甸土　典型草甸土具有草甸土土类的典型特征，剖面中不具白浆层和潜育层，通体无石灰反应。青藏区典型草甸土耕地面积73.88km²，占青藏区草甸土耕地面积的82.56％，在4个二级农业区均有分布，主要出现在甘肃评价区。成土母质主要为冲积物、洪冲积物、洪积物、坡残积物。土属包括草甸土、冲积耕种草甸土、冲积物、非石灰性洪冲积物、钙质冲积草甸土、高山草甸土、高山灌丛草甸土、耕种草甸土、耕种非石灰性冲积物、耕种非石灰性洪冲积物、亚高山草甸土等。据青藏区2017年耕地质量评价结果统计，典型草甸土的主要理化性状如表1-24所示。

表 1-24　典型草甸土主要理化性状（n=2 854）

主要指标	范围	平均值	标准差	变异系数（％）
耕层容重（g/cm³）	1.01～1.75	1.26	0.13	10.32
pH	6.2～8.7	7.89	0.57	7.22
有机质（g/kg）	14.0～46.2	26.36	7.98	30.27
有效磷（mg/kg）	9.0～43.7	19.04	5.75	30.20
速效钾（mg/kg）	73～254	148	41.34	27.93

（2）石灰性草甸土　石灰性草甸土所处的区域气候多属半干旱至荒漠气候，成土母质为石灰性冲积物或洪积冲积物，全剖面呈强石灰反应。青藏区石灰性草甸土耕地面积13.01km²，占到青藏区草甸土耕地面积的14.53％，在4个二级农业区均有分布，而甘肃和云南评价区没有石灰性草甸土分布。种植作物主要为青稞、小麦和豌豆。土属包括草甸土、冲积耕种草甸土、冲积物、非石灰性洪冲积物、钙质冲积草甸土、高山草甸土、

高山灌丛草甸土、耕种草甸土、耕种非石灰性冲积物、耕种非石灰性洪冲积物、亚高山草甸土等。据青藏区 2017 年耕地质量评价结果统计，石灰性草甸土的主要理化性状如表1-25 所示。

表 1-25　石灰性草甸土主要理化性状（n＝1 209）

主要指标	范围	平均值	标准差	变异系数（%）
耕层容重（g/cm³）	1.11～1.74	1.32	0.09	6.82
pH	6.3～8.7	7.85	0.59	7.52
有机质（g/kg）	12.2～43.4	24.48	5.81	23.73
有效磷（mg/kg）	9.2～31.5	16.56	5.01	30.25
速效钾（mg/kg）	77～480	139	47.75	34.35

（3）潜育草甸土　潜育草甸土多集中在雅鲁藏布江和怒江上游的宽河谷中。因受静水沉积的影响，西藏评价区的草甸土质地一般偏轻，并常出现砂砾夹层，铁锰锈斑量少。青藏区潜育草甸土耕地面积 2.44km²，占青藏区草甸土耕地面积的 2.73%，分布于藏南农牧区、川藏林农牧区 2 个二级农业区，仅在西藏评价区出现。成土母质主要为洪冲积物、洪积物、坡残积物。种植作物主要为青稞和麦类。据青藏区 2017 年耕地质量评价结果统计，潜育草甸土的主要理化性状如表 1-26 所示。

表 1-26　潜育草甸土主要理化性状（n＝184）

主要指标	范围	平均值	标准差	变异系数（%）
耕层容重（g/cm³）	1.13～1.48	1.30	0.06	4.62
pH	6.2～8.7	8.16	0.50	6.13
有机质（g/kg）	15.4～35.4	22.34	5.21	23.32
有效磷（mg/kg）	12.0～30.5	17.12	3.58	20.91
速效钾（mg/kg）	91～181	129	21.28	16.50

（4）盐化草甸土　盐化草甸土旱季地表有白色盐霜和灰白色盐结皮，有盐分表聚层出现，锈色斑纹层特征与石灰性草甸土相似。主要分布在藏北高原的湖盆、宽谷中，一般见于湖盆边缘、河岸低平地。母质为石灰性流水沉积物。青藏区盐化草甸土耕地面积 0.16km²，占青藏区草甸土耕地面积的 0.18%，分布于藏南农牧区和青藏高寒地区，仅在西藏评价区出现。种植作物主要为青稞、小麦和豌豆。据青藏区 2017 年耕地质量评价结果统计，盐化草甸土的主要理化性状如表 1-27 所示。

表 1-27　盐化草甸土主要理化性状（n＝17）

主要指标	范围	平均值	标准差	变异系数（%）
耕层容重（g/cm³）	1.23～1.31	1.26	0.03	2.38
pH	8.0～8.3	8.11	0.09	1.11
有机质（g/kg）	17.9～25.1	23.22	2.13	9.17

（续）

主要指标	范围	平均值	标准差	变异系数（%）
有效磷（mg/kg）	12.2~20.2	17.39	2.63	15.12
速效钾（mg/kg）	85~177	109	36.65	33.62

（六）褐土

1. 褐土的分布与基本特征 褐土属半淋溶土土纲，半湿暖温半淋溶土亚纲，发育于排水良好的，具有弱腐殖质表层、黏化层，土体中有一定数量的碳酸盐淋溶与淀积的土壤，分布于川西、云南等横断山脉沟谷中，如金沙江、怒江、澜沧江的深切沟谷，在山地垂直带谱中出现燥褐土与石灰性褐土，在半湿润的山地垂直带谱中也出现典型褐土和淋溶褐土。青藏区褐土面积为 84.83khm²，占青藏区耕地总面积的 7.95%。各二级农业区的分布情况如表 1-28 所示，主要分布于川藏林农牧区、青藏高寒地区两个二级农业区，另外在藏南农牧区、青甘牧农区两个二级农业区只有少量分布。从评价区上看，除青海评价区外，其余 4 个评价区均有一定数量分布，其中在四川和西藏评价区分布最多，面积共有 81.31khm²，占青藏区褐土耕地面积的 95.85%。

表 1-28　褐土耕地面积统计（khm²，%）

二级农业区	面积	百分比
川藏林农牧区	65.30	76.99
青藏高寒地区	17.59	20.73
青甘牧农区	1.71	2.01
藏南农牧区	0.23	0.27
总计	84.83	100.00

2. 亚类分述 青藏区褐土包括典型褐土、石灰性褐土、淋溶褐土、潮褐土、燥褐土、褐土性土 6 个亚类。各亚类在二级农业区上的分布情况如表 1-29 所示。

表 1-29　褐土亚类耕地面积统计（khm²）

亚类	川藏林农牧区	青藏高寒地区	青甘牧农区	藏南农牧区	小计
典型褐土	17.57	17.29	1.61	0.23	36.70
石灰性褐土	21.33	0.15	0.10	—	21.58
淋溶褐土	10.80	0.13	—	—	10.93
潮褐土	0.10	—	—	—	0.10
燥褐土	8.00	0.02	—	—	8.02
褐土性土	7.50	—	—	—	7.50
总计	65.30	17.59	1.71	0.23	84.83

（1）**典型褐土** 典型褐土具有褐土土类的典型特征，剖面构型为 A-B_t-B_k-C_k 或 A_{11}-B_t-C_k。典型褐土的主要发生层是淡色腐殖质层及弱黏化土层，碳酸盐在剖面中发生淋移与累积，脱钙与黏化作用同时进行。成土母质以黄土为主，也有石灰岩风化物等其他岩类发育的

典型褐土。青藏区典型褐土耕地面积 36.70khm^2，占青藏区褐土耕地面积的 43.26%，4 个二级农业区均有分布，其中在川藏林农牧区和青藏高寒地区分布较多；主要出现在四川评价区，西藏和甘肃评价区也有少量分布。据青藏区 2017 年耕地质量评价结果统计，典型褐土的主要理化性状如表 1-30 所示。

表 1-30　典型褐土主要理化性状（n=829）

主要指标	范围	平均值	标准差	变异系数（%）
耕层容重（g/cm^3）	1.11~1.59	1.31	0.09	6.87
pH	6.7~8.4	7.68	0.42	5.47
有机质（g/kg）	19.3~49.3	37.25	6.32	16.97
有效磷（mg/kg）	14.7~32.7	20.97	3.34	15.93
速效钾（mg/kg）	103~248	187	25.78	13.79

（2）石灰性褐土　石灰性褐土主要形成于较新淀积的黄土层上，所处地区较干燥，年降水量在 450~500mm 之间，全剖面呈较强石灰性反应，土体中的石灰无明显淋移，其剖面构型为 A-B$_{(t)k}$-C$_k$，B$_t$ 层黏化较弱。青藏区石灰性褐土耕地面积 21.58khm^2，占青藏区褐土耕地面积的 25.44%，主要分布于川藏林农牧区，青藏高寒地区和青甘牧农区有少量分布；在西藏和四川评价区中出现较多，甘肃评价区中有少量存在。据青藏区 2017 年耕地质量评价结果统计，石灰性褐土的主要理化性状如表 1-31 所示。

表 1-31　石灰性褐土主要理化性状（n=2 519）

主要指标	范围	平均值	标准差	变异系数（%）
耕层容重（g/cm^3）	1.03~1.62	1.36	0.11	8.09
pH	6.2~8.2	7.53	0.49	6.51
有机质（g/kg）	30.9~53.2	40.05	3.84	9.59
有效磷（mg/kg）	13.3~33.3	22.38	3.50	15.64
速效钾（mg/kg）	114~276	189	32.51	17.20

（3）淋溶褐土　淋溶褐土黏粒悬迁黏化明显，具有明显黏化层，黏化层深厚，位于心土部位，黏化层的黏粒呈光学定向排列，结构体表面有胶膜包被，全剖面呈中性反应，为 A-B$_t$-C$_k$ 构型，有明显的褐土发生层段，具有棕壤向褐土发育的过渡特性。淋溶褐土在山地垂直带谱中多分布于海拔高起处，向山地棕壤过渡的地段，淋溶褐土分布区一般气候相对湿润，年降水量均在 600~800mm。青藏区淋溶褐土耕地面积 10.93khm^2，占青藏区褐土耕地面积的 12.88%，主要分布于川藏林农牧区，青藏高寒地区有少量分布；仅出现在西藏和四川评价区。据青藏区 2017 年耕地质量评价结果统计，淋溶褐土的主要理化性状如表 1-32 所示。

表 1-32　淋溶褐土主要理化性状（n=1 095）

主要指标	范围	平均值	标准差	变异系数（%）
耕层容重（g/cm^3）	1.16~1.63	1.42	0.10	7.04

（续）

主要指标	范围	平均值	标准差	变异系数（%）
pH	6.1～7.8	6.92	0.44	6.36
有机质（g/kg）	19.3～59.2	30.48	8.25	27.07
有效磷（mg/kg）	16.9～32.7	24.36	4.10	16.83
速效钾（mg/kg）	89～239	121	27.27	22.54

（4）潮褐土 潮褐土分布于山麓复合冲积扇平原，地形平坦、开阔，土体深厚，土体上部具褐土特征，但由于地下水的升降活动参与了成土过程，在剖面的底部可以见到由氧化还原交替作用所形成的锈色斑纹和小形铁子。潮褐土分布区的地下水前锋不及地表，土壤无盐化威胁，水质也良好，为山丘地区侧渗而来的淡水，宜于灌溉。青藏区潮褐土耕地面积0.10khm²，占青藏区褐土耕地面积的0.12%，分布于川藏林农牧区，仅出现在西藏评价区。潮褐土质地适中，以黏壤土及壤质黏土为主，有时也有砂黏夹层，是水分、养分及理化性状均较优良的土壤类型。加之地形平坦，土体深厚，潮褐土已成为重要的高产稳产土壤类型。据青藏区2017年耕地质量评价结果统计，潮褐土的主要理化性状如表1-33所示。

表1-33 潮褐土主要理化性状（n＝17）

主要指标	范围	平均值	标准差	变异系数（%）
耕层容重（g/cm³）	1.46～1.53	1.50	0.02	1.33
pH	6.2～6.3	6.23	0.05	0.80
有机质（g/kg）	37.0～40.1	38.54	0.97	2.52
有效磷（mg/kg）	24.8～26.9	26.03	0.49	1.88
速效钾（mg/kg）	135～155	149	6.68	4.48

（5）燥褐土 燥褐土是横断山脉中段峡谷区负垂直带谱下部焚风干热河谷的一个特殊褐土亚类。剖面具有高度的粗骨性和石灰性，没有明显的黏化特征，但黏粒矿物中的高岭石却占有一定的比例。剖面构型为A-B-C型。主要分布在四川、西藏、云南三省（自治区）接壤的横断山脉的焚风峡谷区。青藏区燥褐土耕地面积8.02khm²，占青藏区褐土耕地面积的9.45%，主要分布于川藏林农牧区，青藏高寒地区有极少量分布；出现在四川和云南评价区。据青藏区2017年耕地质量评价结果统计，燥褐土的主要理化性状如表1-34所示。

表1-34 燥褐土主要理化性状（n＝107）

主要指标	范围	平均值	标准差	变异系数（%）
耕层容重（g/cm³）	1.14～1.48	1.35	0.11	8.15
pH	6.7～8.3	7.72	0.39	5.05
有机质（g/kg）	24.5～51.2	42.88	5.76	13.43
有效磷（mg/kg）	17.5～36.4	25.51	4.37	17.13
速效钾（mg/kg）	111～199	149	22.91	15.38

（6）褐土性土 褐土性土是指褐土剖面中碳酸钙已开始分化脱钙，但尚未形成明显的黏

化特征的土壤。剖面呈 A-（B_k）-C 构型，广泛分布于褐土区的山丘地段。褐土性土是褐土发育的初期阶段，主要由于所处坡度陡峻，致使土体遭剥蚀后，长期处于成土的初期阶段，母质特征明显。青藏区褐土性土耕地面积 7.50khm²，占青藏区褐土耕地面积的 8.85%，分布于川藏林农牧区；出现在四川和西藏评价区。据青藏区 2017 年耕地质量评价结果统计，典型褐土的主要理化性状如表 1-35 所示。

表 1-35　褐土性土主要理化性状（n＝806）

主要指标	范围	平均值	标准差	变异系数（%）
耕层容重（g/cm³）	1.10～1.53	1.27	0.08	6.30
pH	7.1～8.2	7.86	0.26	3.31
有机质（g/kg）	31.5～46.5	39.63	3.60	9.08
有效磷（mg/kg）	10.7～33.2	24.06	3.55	14.75
速效钾（mg/kg）	119～234	196	28.08	14.33

（七）棕壤

1. 棕壤的分布与基本特性　棕壤属淋溶土土纲，湿暖温淋溶土亚纲。棕壤是在湿润暖温带落叶阔叶林下形成的土壤，淋溶作用较强，黏土矿物处于硅铝化脱钾阶段，土壤呈酸性、盐基饱和度较高，具有明显的黏化特征。成土母质主要是中、酸性结晶岩风化物与非石灰性土状堆积物。四川盆地、云贵高原和青藏高原的山地垂直带谱中有广泛分布，四川盆地盆边山地，棕壤出现高度分布为 1 800～2 000（2 500）m 和 2 000（2 200）～2 700m，下接黄棕壤，上承暗棕壤或黑毡土；亚热带云贵高原的湿润山地，棕壤出现高度 2 400～3 500 m，下接黄棕壤，上承暗棕壤；在青藏高原和横断山地，棕壤出现高度在 3 100～3 600（3 700）m，均分布在黄棕壤之上。棕壤具有明显的淋溶与黏化、生物富集与分解及元素迁移的地球化学成土过程，其剖面构型为 A-B-C 型，具有明显的剖面发生层理。青藏区棕壤面积为 66.49khm²，占青藏区耕地总面积的 6.23%。主要分布于川藏林农牧区，藏南农牧区和青藏高寒地区也有少量分布，具体情况如表 1-36 所示。另外，从评价区上看，棕壤分布在四川、西藏和云南 3 个评价区。

表 1-36　棕壤耕地面积统计（khm²，%）

二级农业区	面积	百分比
川藏林农牧区	62.44	93.91
藏南农牧区	2.75	4.13
青藏高寒地区	1.30	1.96
总计	66.49	100.00

2. 亚类分述　青藏区棕壤包括典型棕壤、棕壤性土 2 个亚类。各亚类土壤在二级农业区上的分布如表 1-37 所示。

表 1-37　棕壤亚类耕地面积统计（khm²）

亚类	川藏林农牧区	藏南农牧区	青藏高寒地区	小计
典型棕壤	61.98	2.20	1.30	65.48

（续）

亚类	川藏林农牧区	藏南农牧区	青藏高寒地区	小计
棕壤性土	0.46	0.55	—	1.01
总计	62.44	2.75	1.30	66.49

（1）典型棕壤　典型棕壤是具有棕壤土类中心概念及典型性生态特征的亚类，广泛分布于山地、丘陵、台地、高阶地与山前洪积冲积扇形平原，剖面以棕色为主，尤以心土层更为明显，剖面分异明显，呈 A-B_t-C 构型，淋溶层之下有明显的黏淀层（B_t层）。青藏区典型棕壤耕地面积为 65.48khm²，占到青藏区棕壤耕地面积的 98.48%，主要分布在川藏林农牧区，藏南农牧区和青藏高寒地区也有少量分布；出现在除甘肃、青海外的其余 3 个评价区，在四川评价区中出现较多。典型棕壤呈微酸性反应，土壤交换性盐基量高，其黏粒矿物组成因成土母质和地区水热状况不同有一定差异。种植作物主要为青稞和其他经济作物，生产条件较好，综合肥力属较高水平。据青藏区 2017 年耕地质量评价结果统计，典型棕壤的主要理化性状如表 1-38 所示。

表 1-38　典型棕壤主要理化性状（n＝2 941）

主要指标	范围	平均值	标准差	变异系数（%）
耕层容重（g/cm³）	1.06～1.64	1.37	0.09	6.57
pH	5.1～8.4	7.24	0.59	8.15
有机质（g/kg）	19.8～53.5	39.96	6.67	16.69
有效磷（mg/kg）	14.0～35.2	23.67	3.90	16.48
速效钾（mg/kg）	66～248	160	40.35	25.22

（2）棕壤性土　棕壤性土是弱度发育阶段剖面分化不明显的一类棕壤。主要分布在剥蚀缓丘、低山丘陵、中山山坡及山脊，常与粗骨土、石质土镶嵌分布。青藏区棕壤性土的耕地面积为 1.01khm²，占青藏区棕壤耕地面积的 1.52%，分布于藏南农牧区、川藏林农牧区；仅出现在西藏评价区。成土母质多为花岗岩、片麻岩风化物，其次是石英岩、片岩、安山岩和无石灰性砂页岩风化物。棕壤性土的剖面土体较薄，其下为半风化岩。剖面构型为 A-（B）-C 或 O-A-（B）-C 型，原生矿物风化弱，土体中石质性或粗骨性强，剖面发育不明显。据青藏区 2017 年耕地质量评价结果统计，棕壤性土的主要理化性状如表 1-39 所示。

表 1-39　棕壤性土主要理化性状（n＝133）

主要指标	范围	平均值	标准差	变异系数（%）
耕层容重（g/cm³）	1.30～1.44	1.34	0.04	2.99
pH	7.0～8.4	7.71	0.52	6.74
有机质（g/kg）	19.3～46.2	32.69	7.66	23.43
有效磷（mg/kg）	16.8～32.5	21.86	5.00	22.87
速效钾（mg/kg）	98～235	179	37.25	20.81

（八）黑钙土

1. 黑钙土的分布与基本特性 黑钙土属钙层土土纲，半湿温钙层土亚纲，是发育于风成沙性母质的土壤，其主要特点是土壤中有机质的积累量大于分解量，土层上部有一黑色或灰黑色肥沃的腐殖质层，在此层以下或土壤中下部有一石灰富积的钙积层。青藏区黑钙土耕地面积为 56.21km²，占青藏区耕地总面积的 5.27%，仅分布于甘青牧农区；在青海和甘肃两评价区中出现，主要分布在祁连山北坡及祁连山东段北坡。成土母质多为冲积湖积或洪积物和黄土状物质。

黑钙土由 4 个明显的土层组成：①A_h层，即腐殖质层，一般厚 30～50cm，黑色或者暗黑色，多富含细沙，粒状或团粒状不显或微显石灰反应，pH7.0～7.5，向下呈逐渐过渡。②AB 层，即腐殖质过渡层，厚度约 30～40cm，灰棕色，黏壤土，小团块状，有石灰反应，pH7.5，可见到鼠穴斑，向下逐渐过渡。③B_k层，即石灰淀积层，厚度 40～60cm，灰棕色，块状，砂质黏壤土，土体紧实，可见到白色石灰假菌丝体、结核、斑块淀积物，有明显的石灰反应，pH8.0。④C_k层，即母质层，多为第四纪中更新统黄土状亚黏土，黄棕色，棱块状，含少量碳酸盐，有石灰反应。黑钙土其形成主要有两个过程：腐殖质累积与分解和碳酸盐的淋溶与淀积。

2. 亚类分述 青藏区黑钙土土类包括典型黑钙土、淋溶黑钙土和石灰性黑钙土 3 个亚类。

（1）典型黑钙土 典型黑钙土主要分布在祁连山北坡向阳山地，分布地区大都位于黑钙土带的中间部位，土壤有一定的淋溶，表层无石灰反应，剖面构型为 A-AB-B_k-C 型。母质层多为黄棕色或棕黄色黏壤土，棱块状结构，含少量碳酸盐。青藏区典型黑钙土耕地面积为 22.56km²，占青藏区黑钙土耕地面积的 40.14%，在甘肃评价区分布较多，青海评价区分布相对要少一些。据青藏区 2017 年耕地质量评价结果统计，典型黑钙土的主要理化性状如表 1-40 所示。

表 1-40 典型黑钙土主要理化性状（n＝702）

主要指标	范围	平均值	标准差	变异系数（%）
耕层容重（g/cm³）	1.08～1.59	1.35	0.14	10.37
pH	7.5～8.4	8.19	0.16	1.95
有机质（g/kg）	21.8～55.9	33.17	4.85	14.62
有效磷（mg/kg）	14.7～42.3	23.26	3.84	16.51
速效钾（mg/kg）	121～334	165	29.46	17.85

（2）淋溶黑钙土 淋溶黑钙土是黑钙土土类中所处地区气温最低、湿度最大的亚类，以其具有深位石灰反应和硅粉、铁锰斑与其他亚类相区别。剖面构型为 A-AB-B-C_k 型。青藏区淋溶黑钙土耕地面积为 5.22km²，占青藏区黑钙土耕地面积的 9.28%，主要分布在青海评价区。淋溶黑钙土表层腐殖质含量较高（5%～8%），碳酸盐的淋溶作用较强，在 1m 以下才有石灰反应。据青藏区 2017 年耕地质量评价结果统计，淋溶黑钙土的主要理化性状如表 1-41 所示。

表 1-41 淋溶黑钙土主要理化性状 （n＝192）

主要指标	范围	平均值	标准差	变异系数（%）
耕层容重（g/cm³）	1.30～1.66	1.42	0.12	8.45
pH	7.7～8.4	8.22	0.13	1.58
有机质（g/kg）	29.2～52.9	37.30	4.55	12.20
有效磷（mg/kg）	15.9～29.7	22.40	1.52	6.79
速效钾（mg/kg）	138～300	159	30.50	19.18

（3）石灰性黑钙土　石灰性黑钙土是黑钙土土类中湿度最小并向栗钙土过渡的亚类，以其全剖面具有明显石灰反应而与其他亚类区别。该亚类的形成除受生物气候条件影响外，还和局部地区碳酸钙的地表迁移聚积有关。剖面为 A-AB-B$_k$-C 型。青藏区石灰性黑钙土耕地面积为 28.43km²，占青藏区黑钙土耕地面积的 50.58%，在青海评价区分布较多，面积 20.80km²，甘肃评价区也有一定数量分布，面积 7.63km²。据青藏区 2017 年耕地质量评价结果统计，石灰性黑钙土的主要理化性状如表 1-42 所示。

表 1-42 石灰性黑钙土主要理化性状 （n＝599）

主要指标	范围	平均值	标准差	变异系数（%）
耕层容重（g/cm³）	1.02～1.62	1.30	0.13	10.00
pH	7.2～8.6	8.15	0.20	2.45
有机质（g/kg）	18.0～55.3	35.90	6.61	18.41
有效磷（mg/kg）	14.5～46.1	23.27	4.73	20.33
速效钾（mg/kg）	121～312	165	36.63	22.20

（九）棕钙土

1. 棕钙土的分布与基本特性　棕钙土属干旱土土纲，干温干旱土亚纲，是温带干草原地带的栗钙土向荒漠地带的灰漠土过渡的一种干旱土壤，它具有薄的腐殖质松软表层，其下为棕色弱黏化，铁质化的过渡层（B$_w$），在 0.5cm 深度内出现钙积层，并有石膏（有时还有易溶盐）在底部聚集。具有薄腐殖质与棕带微红色或微红带棕色土层和灰白色钙积层的土壤。青藏区棕钙土耕地面积为 47.80km²，占青藏区耕地总面积的 4.48%，仅出现在甘青牧农区；分布于青海评价区。棕钙土剖面构型为 A-B$_w$-B$_k$-C$_{kz}$。母质层因母质而异。残积坡积物常呈杂色斑块，有石灰质斑点条纹及石膏结晶。洪积物的沙砾常被石灰质膜包裹。

棕钙土的形成过程主要有腐殖质积累，石灰质、石膏和易容类盐的淋溶与淀积，弱黏化与铁质化。因此棕钙土有机质含量低，钙积作用强，钙积层在剖面中位置较高，呈碱性至强碱性反应，质地较粗，多属砂砾质、砂质和砂壤质、轻壤质，土体中钙质有较明显移动。

2. 亚类分述　青藏区棕钙土包括典型棕钙土和盐化棕钙土 2 个亚类。

（1）典型棕钙土　典型棕钙土具有棕钙土土类的典型特征，分布于接近典型栗钙土或淡栗钙土的地区。钙积层出现部位较深。青藏区典型棕钙土耕地面积为 38.09km²，占青藏区棕钙土耕地面积的 79.69%，仅分布在青海评价区。据青藏区 2017 年耕地质量评价结果统计，典型棕钙土的主要理化性状如表 1-43 所示。

表 1-43 典型棕钙土主要理化性状（n＝690）

主要指标	范围	平均值	标准差	变异系数（%）
耕层容重（g/cm³）	1.24～1.47	1.34	0.05	3.73
pH	8.0～8.7	8.41	0.12	1.43
有机质（g/kg）	11.0～32.9	17.70	3.39	19.15
有效磷（mg/kg）	9.7～36.6	21.34	3.98	18.65
速效钾（mg/kg）	74～330	159	33.80	21.26

（2）盐化棕钙土　盐化棕钙土主要分布于河谷湖盆外围阶地及洪积扇前缘，常与草甸棕钙土和碱化棕钙土组成复区，这些地区径流易于汇集，盐分也随水分聚积于土层中，因此盐化棕钙土含有较多的盐分。土壤的盐分组成一般以硫酸盐为主，有的则以氯化物为主，有的还含有少量碳酸盐。青藏区盐化棕钙土耕地面积为 9.71km²，占青藏区棕钙土耕地面积的 20.31%，也仅分布于青海评价区。据青藏区 2017 年耕地质量评价结果统计，盐化棕钙土的主要理化性状如表 1-44 所示。

表 1-44 盐化棕钙土主要理化性状（n＝145）

主要指标	范围	平均值	标准差	变异系数（%）
耕层容重（g/cm³）	1.24～1.47	1.37	0.06	4.38
pH	8.3～8.7	8.45	0.08	0.95
有机质（g/kg）	12.7～19.3	15.13	1.02	6.74
有效磷（mg/kg）	9.1～27.7	19.87	1.97	9.91
速效钾（mg/kg）	70～192	134	12.75	9.51

（十）砖红壤

1. 砖红壤的分布与基本特性　砖红壤属铁铝土土纲，湿热铁铝土亚纲，是热带雨林或季雨林中的土壤在热带季风气候下，发生强度富铝化作用和生物富集作用而发育成的深厚红色土壤，以土壤颜色类似烧的红砖而得名。砖红壤富铝化作用强烈，盐基成分大量流失，但生物积累作用旺盛。它是具有枯枝落叶层、暗红棕色表层和棕红色（10R5/6）铁铝残积 B 层的强酸性铁铝土。青藏区砖红壤耕地面积为 41.18km²，占青藏区耕地总面积的 3.86%，分布于藏南农牧区和川藏林农牧区，其中在藏南农牧区有 27.37km²，川藏林农牧区有 13.81km²，仅出现在西藏评价区。砖红壤的富铝化作用较强，风化度较深。砖红壤是高岭石和 Fe、Al 氧化物的指示黏土矿物。砖红壤的母质通常为数米至十几米的酸性富铝风化壳，具体岩性为各种火成岩、沉积岩的风化物和老的浅海沉积物。

砖红壤土体深厚，质地偏砂，耕作容易，宜种性广，但灌溉水源不足，常有干旱威胁，养分含量亦很低，特别缺磷、缺钾，作物生长欠佳，产量不高。

2. 亚类分述　青藏区砖红壤包括黄色砖红壤 1 个亚类。

黄色砖红壤主要分布在喜马拉雅山东段南翼海拔 500m 以下的低山山麓，成土母质主要是玄武岩、花岗岩、砂页岩的风化物，土体深厚，一般厚度在 1～3m，具有黄化特征，剖面构型为 A-Bₛ-Bᵥ-C 型。据青藏区 2017 年耕地质量评价结果统计，黄色砖红壤的主要理化性状如表 1-45 所示。

表 1-45　黄色砖红壤主要理化性状（n＝2 154）

主要指标	范围	平均值	标准差	变异系数（%）
耕层容重（g/cm³）	1.30～1.32	1.31	0.00	0.00
pH	7.1～7.9	7.58	0.20	2.64
有机质（g/kg）	24.3～44.2	30.61	5.58	18.23
有效磷（mg/kg）	16.2～23.6	19.49	1.16	5.95
速效钾（mg/kg）	104～132	117	6.85	5.85

（十一）暗棕壤

1. 暗棕壤的分布与基本特性　暗棕壤属淋溶土土纲，湿温淋溶土亚纲，是温带、寒温带湿润地区针阔叶混交林植被和气候条件下发育的山地森林土壤，分布于川西北和滇北的高山地区以及西藏高原东南部的深切河谷地区。暗棕壤的水平分布区多为低山和丘陵，垂直分布区山峰多在 2 000m 以上，山势险峻，一般坡度在 25°以上，成土母质多为花岗岩、片麻岩、千枚岩、板岩、灰质及砂砾岩风化残积、坡积物，也有少量黄土和红土母质存在。剖面构型大致是：A 层为枯枝落叶层，厚 5～10cm，为森林凋落物残体和半腐殖质体，松软湿润。A_1 层为腐殖质层，厚 10～30cm，暗灰或棕色，粒状或团状结构，多根系和孔隙。B 层为淋溶淀积层，棕色或黄棕色，核状或块状结构，紧实，有铁锰胶膜淀积物。C 层为半风化母岩碎屑与砂土混合物。暗棕壤具有良好的土壤物理性状，为作物的生长提供了优越的土壤环境条件。

青藏区暗棕壤耕地面积为 41.10khm²，占青藏区耕地总面积的 3.85%，主要分布在川藏林农牧区，其面积为 28.79khm²，占青藏区暗棕壤耕地面积的 70.04%，青甘牧农区、青藏高寒地区和藏南农牧区的面积分别有 10.65khm²、1.19khm²、0.47khm²，分别占比为 25.92%、2.90%、1.14%。从评价区上看，四川评价区分布最多，面积 18.65khm²，占青藏区暗棕壤耕地面积的 45.37%，甘肃、西藏和云南评价区分别有 10.65khm²、9.42khm²、2.38khm²，分别占比为 25.92%、22.93%、5.78%，青海评价区没有暗棕壤分布。

2. 亚类分述　青藏区暗棕壤只包括典型暗棕壤 1 个亚类。

典型暗棕壤具有暗棕壤土类的典型特征，成土条件和分布范围与土类基本相同，在土壤垂直带谱中尤为典型。典型暗棕壤亚类土层深厚，土体构型为 A_0-A_1-B-BC-C，表层为暗棕色或黑棕色，团粒结构。腐殖质明显向下渗透，产生较强的酸性淋溶，形成浅色的亚表层。淀积层发育明显，有黏粒和胶膜淀积，土壤通体呈酸性或微酸性反应。种植作物主要为青稞、马铃薯和其他经济作物。据青藏区 2017 年耕地质量评价结果统计，典型暗棕壤的主要理化性状如表 1-46 所示。

表 1-46　典型暗棕壤主要理化性状（n＝1 803）

主要指标	范围	平均值	标准差	变异系数（%）
耕层容重（g/cm³）	1.07～1.57	1.29	0.10	7.75
pH	5.2～8.4	7.52	0.69	9.18

（续）

主要指标	范围	平均值	标准差	变异系数（%）
有机质（g/kg）	14.8～52.4	36.11	6.24	17.28
有效磷（mg/kg）	10.7～36.1	22.77	3.99	17.52
速效钾（mg/kg）	66～261	171	46.67	27.29

（十二）潮土

1. 潮土的分布与基本特性　潮土属半水成土土纲，淡半水成土亚纲，是河流沉积物受地下水影响，并经长期旱耕而形成的一类半水成土，因有夜潮现象而得名。广泛分布于河谷平原、滨湖低地与山间谷地。潮土土层深厚，其土壤剖面层次构成一般由耕作层、氧化还原特征层及母质层所构成。耕作层是在河流冲积母质基础上，受旱耕影响最深刻的土层，沉积特征消失，结构性状改善，养分含量增加，由于受机具耕作的挤压作用，其下可分化出亚耕层。氧化还原特征层是在周期性干湿交替条件下，形成有锈色斑纹或有细小铁锰结核的心土或底土层。母质层仍保持河流冲积物沉积层理特征，或有少量锈色斑纹及蓝灰色潜育特征。青藏区潮土耕地面积为 37.26khm²，占青藏区耕地总面积的 3.49%。分布于藏南农牧区和川藏林农牧区，其中在藏南农牧区有 37.12khm²，占青藏区潮土耕地面积的 99.62%，川藏林农牧区有极少量分布，面积有 0.14khm²，占青藏区潮土耕地面积的 0.38%。从评价区上看，仅出现在西藏评价区。

2. 亚类分述　青藏区潮土包括典型潮土、脱潮土、湿潮土、盐化潮土 4 个亚类。除典型潮土在藏南农牧区和川藏林农牧区有分布外，其余各亚类均只在藏南农牧区分布，其中盐化潮土面积极小，仅 4.49hm²，可忽略不计，也不单独进行描述。

（1）典型潮土　典型潮土分布于暖温带半干旱、半湿润地区的冲积平原、河谷平原和盆地，在干旱区、高寒山区的河谷及湖盆边缘也有分布。受区域地形地貌与气候和水文地质条件的控制，典型潮土与相邻土壤组合或相间分布各异。典型潮土亚类具有潮土土类的典型形态特征，由于不同河系沉积物成因与属性差异，剖面形态不一。青藏区典型潮土耕地面积为 29.32khm²，占青藏区潮土耕地面积的 78.71%，主要分布于藏南农牧区，川藏林农牧区也有极少量分布；仅出现在西藏评价区。土属包括潮土、冲积物、冲积物潮土、均质壤土冲积物潮土、均质壤土洪冲积物潮土、石灰性冲积物、石灰性冲积物潮土、石灰性洪冲积潮土、石灰性洪冲积物潮土。据青藏区 2017 年耕地质量评价结果统计，典型潮土的主要理化性状如表 1-47 所示。

表 1-47　典型潮土主要理化性状（n＝2 693）

主要指标	范围	平均值	标准差	变异系数（%）
耕层容重（g/cm³）	1.11～1.75	1.31	0.14	10.69.
pH	6.5～8.7	7.73	0.51	6.60
有机质（g/kg）	14.5～27.1	19.82	2.81	14.18
有效磷（mg/kg）	10.4～28.5	14.62	2.36	16.14
速效钾（mg/kg）	75～139	97	12.57	12.96

（2）脱潮土　脱潮土是潮土向相邻非水成、半水成土演变的潮土亚类，分布地区与典型潮土相伴，处于地势相对高起部位，在地下水位大幅度下降的潮土区，也有脱潮土的存在。脱潮土除有潮土的耕作层、氧化还原特征层外，在心土层表现出褐土化发育的特征。脱潮土土体上部色泽鲜艳，浅棕色及黄棕色为主，底土层仍为灰棕色。土体上部黏粒及可溶性盐类有向下迁移在心土层淀积的迹象，使心土层色泽较鲜艳并显轻度黏化特征，有时在结构面和细孔隙间见有碳酸钙呈假菌丝状淀积。底土层受地下水活动影响，土体潮湿，仍具锈纹斑特征。青藏区脱潮土耕地面积为 4.61khm^2，占青藏区潮土耕地面积的 12.38%，也仅分布于藏南农牧区。一般无盐化威胁，熟化程度高，是平原地区高产稳产土壤类型。土属包括冲积物、冲积物脱潮土、洪冲积物、洪冲积物脱潮土、石灰性冲积物、石灰性冲积物脱潮土、石灰性河流冲积物、石灰性洪冲积物、石灰性洪冲积物脱潮土。据青藏区 2017 年耕地质量评价结果统计，湿潮土的主要理化性状如表 1-48 所示。

表 1-48　脱潮土主要理化性状（n＝593）

主要指标	范围	平均值	标准差	变异系数（%）
耕层容重（g/cm^3）	1.12～1.67	1.30	0.14	10.77
pH	6.5～8.3	7.64	0.41	5.37
有机质（g/kg）	14.3～27.2	20.28	3.34	16.47
有效磷（mg/kg）	11.1～20.6	16.47	1.80	10.93
速效钾（mg/kg）	78～136	97	10.38	10.70

（3）湿潮土　湿潮土是潮土向沼泽土或潜育土发育的一类过渡土壤类型，主要分布在地势低平的沿河低地、滨湖洼地，多与水稻土及沼泽土相间分布。湿潮土除具有潮土的剖面形态特征外，主要在土体下部有长期滞水条件下形成的潜育化特征层。因土壤所处地势低，地下水位在 1m 以内，土体长期受水渍作用，含水量高，色泽灰暗。青藏区湿潮土耕地面积为 3.32khm^2，占青藏区潮土耕地面积的 8.91%，仅分布于藏南农牧区。土属包括冲积物、冲积物湿潮土、洪冲积湿潮土、洪冲积物湿潮土、均质壤土冲积物湿潮土、砾体砂壤土冲积物湿潮土、石灰性河流冲积物、石灰性洪冲积湿潮土、石灰性洪冲积物湿潮土。据青藏区 2017 年耕地质量评价结果统计，湿潮土的主要理化性状如表 1-49 所示。

表 1-49　湿潮土主要理化性状（n＝395）

主要指标	范围	平均值	标准差	变异系数（%）
耕层容重（g/cm^3）	1.11～1.75	1.25	0.17	13.60
pH	6.5～8.3	7.82	0.37	4.73
有机质（g/kg）	15.3～25.3	21.33	2.70	12.66
有效磷（mg/kg）	10.4～19.7	15.28	2.16	14.14
速效钾（mg/kg）	76～139	107	16.58	15.50

（十三）黄棕壤

1. 黄棕壤的分布与基本特性　黄棕壤属淋溶土土纲，湿暖淋溶土亚纲。黄棕壤指在北亚热带落叶常绿阔叶林下，土壤经强度淋溶，呈强酸性反应，盐基不饱和的弱富铝化土壤。

青藏区黄棕壤耕地面积为 34.57km²，占青藏区耕地总面积的 3.24%，仅分布于藏南农牧区和川藏林农牧区，其余二级农业区无分布，其中川藏林农牧区面积为 31.00km²，占青藏区黄棕壤耕地面积的 89.86%；仅出现在云南、四川和西藏评价区，主要分布于四川盆地边缘山地和川西南山地等处。弱富铝化特征是黄棕壤的本质特征，土壤黏化特征是黄棕壤形成的重要特征之一，全剖面呈酸性反应。

2. 亚类分述 青藏区黄棕壤包括典型黄棕壤、暗黄棕壤、黄棕壤性土 3 个亚类。

（1）典型黄棕壤 典型黄棕壤亚类常与黄褐土、水稻土及各类初育土组成复域。典型黄棕壤主要由各种中、酸性基岩风化物发育形成，土体厚度 1m 左右，具有较完整的 A-B-C 发生层构型。典型黄棕壤元素迁移的共同特征是二氧化硅都表现为淋失，氧化铁、铝则相对累积，但随母质类型的不同而略有差异。青藏区典型黄棕壤耕地面积为 7.10km²，占青藏区黄棕壤耕地面积的 20.54%，分布在藏南农牧区和川藏林农牧区，面积分别有 3.57km² 和 3.53km²；出现在西藏和四川评价区。成土母质主要有玄武岩风化物，古浅海沉积物，花岗岩、砂页岩和凝灰岩等风化物。据青藏区 2017 年耕地质量评价结果统计，典型黄棕壤的主要理化性状如表 1-50 所示。

表 1-50 典型黄棕壤主要理化性状（n＝722）

主要指标	范围	平均值	标准差	变异系数（%）
耕层容重（g/cm³）	1.21～1.55	1.35	0.08	5.93
pH	6.0～8.3	7.62	0.47	6.17
有机质（g/kg）	22.8～43.3	37.33	4.55	12.19
有效磷（mg/kg）	16.0～34.8	20.92	3.69	17.64
速效钾（mg/kg）	97～193	130	20.68	15.91

（2）暗黄棕壤 暗黄棕壤所在的山地垂直带，多位于黄壤之上。成土母质主要为酸性结晶岩类风化物，次为石英岩及泥质岩类风化物。剖面构型为 A-B-C，A 层厚度 15～20cm，呈暗棕至黑棕色，多壤土质地，粒状结构，B 层厚 20～30cm，黄棕至棕黄色，棱块状结构，结构面可见铁质胶膜，质地稍黏；C 层厚度一般与 B 层相当，土色变浅，质地变轻，结构不明显，夹有多量母岩碎块。全剖面均较湿润。青藏区暗黄棕壤耕地面积为 24.74km²，占青藏区黄棕壤耕地面积的 71.56%，分布在川藏林农牧区；在云南评价区出现较多，面积有 24.20km²，四川评价区有极少量存在。据青藏区 2017 年耕地质量评价结果统计，暗黄棕壤的主要理化性状如表 1-51 所示。

表 1-51 暗黄棕壤主要理化性状（n＝601）

主要指标	范围	平均值	标准差	变异系数（%）
耕层容重（g/cm³）	1.12～1.50	1.38	0.09	6.52
pH	5.1～8.0	6.38	0.65	10.19
有机质（g/kg）	28.0～53.8	42.86	3.91	9.12
有效磷（mg/kg）	12.7～26.9	18.67	2.80	15.00
速效钾（mg/kg）	63～159	107	13.55	12.66

（3）黄棕壤性土　黄棕壤性土主要分布于黄棕壤土区，其母质基础同于典型黄棕壤亚类，但土壤的发育程度差，除酸化特征外，土壤的弱富铝化、黏化以及生物富集等特征均不够明显，剖面为 A-（B）-C 型。在黄棕壤土区植被覆盖差和坡度较陡的地段多有出现，常与粗骨土、石质土组成复区。青藏区黄棕壤性土耕地面积为 2.73km²，占青藏区黄棕壤耕地面积的 7.90%，分布在川藏林农牧区；仅在四川评价区存在。成土母质主要为千枚岩、黑色板岩和硅质页岩的残坡积物。由于分布的地势陡峻，水土流失十分严重，土层厚薄不匀，多为 30～50cm。主要特点是土体中含母岩碎块多，而母岩碎块的性质、形状及数量对土壤属性有一定影响。据青藏区 2017 年耕地质量评价结果统计，黄棕壤性土的主要理化性状如表 1-52 所示。

表 1-52　黄棕壤性土主要理化性状（n=13）

主要指标	范围	平均值	标准差	变异系数（%）
耕层容重（g/cm³）	1.39～1.43	1.40	0.01	0.71
pH	7.7～8.0	7.82	0.09	1.15
有机质（g/kg）	25.1～30.5	26.92	1.81	6.72
有效磷（mg/kg）	33.2～36.7	34.76	0.85	2.45
速效钾（mg/kg）	126～148	135	6.05	4.48

（十四）山地草甸土

1. 山地草甸土的分布与基本特性　山地草甸土属半水成土土纲，淡半水成土亚纲。它是指在森林线以内，在平缓山地顶部喜湿性草甸植被及草甸灌丛矮林下形成的一类半水成土，主要位于中山山顶平台及缓坡上部水湿条件较好的平缓部位。山地草甸土具有腐殖质积累明显，矿物风化缓慢，潜水氧化还原特征明显等特点。山地草甸土剖面一般较薄，在草皮层下，通常仅见薄层土壤，个别地段土层略较厚。剖面呈 A_s-A_h-C 或 A_s-A_h-C_u-C 构型。草毡层（A_s）厚薄不一，根系交织成网，松软，有弹性。腐殖质层（A_h）发育明显，厚约 30cm，呈暗棕色或暗黑色，团块状结构，疏松。底土母质层（C）分化不明显，棕色调为主，土质砂性，有较多半风化石砾及石块，潮湿，常见锈纹斑（C_u）及微量黏粒淀积物。山地草甸土质地轻，颗粒粗，且多含石砾。山地草甸土土体全量化学组成中均以硅、铝、铁的氧化物为主。土壤淋溶作用不强，但氧化铁略有迁移，而钙、镁、锰氧化物则表现微度富集。山地草甸土呈酸性反应，土壤盐基不饱和，但有时表土层趋饱和。山地草甸土土层薄，发育弱，但有机质含量高。

青藏区山地草甸土耕地面积为 26.69km²，占青藏区耕地总面积的 2.50%。4 个二级区均有分布（表 1-53），但仅出现在西藏、青海和四川评价区。

表 1-53　山地草甸土耕地面积统计（khm²,%）

二级农业区	面积	百分比
藏南农牧区	16.59	62.16
川藏林农牧区	0.49	1.84
青藏高寒地区	4.75	17.80

（续）

二级农业区	面积	百分比
青甘牧农区	4.86	18.20
总计	26.69	100.00

2. 亚类分述 青藏区山地草甸土土类包括典型山地草甸土、山地草原草甸土、山地灌丛草甸土3个亚类。各亚类分布情况见表1-54所示。

表1-54　山地草甸土亚类耕地面积统计（khm²）

亚类	藏南农牧区	川藏林农牧区	青藏高寒地区	青甘牧农区	小计
典型山地草甸土	—	0.49	—	0.85	1.34
山地草原草甸土	—	—	4.75	0.24	4.99
山地灌丛草甸土	16.59	—	—	3.77	20.36
总计	16.59	0.49	4.75	4.86	26.69

（1）**典型山地草甸土** 典型山地草甸土是山地草甸土土类的典型亚类，主要分布在中山顶部地形低平部位，在中山区地形平坦的梁顶及鞍部也有分布。土体一般在50cm以内，夹石砾及半风化岩块，底土层尤多。典型山地草甸土土体全量化学组成中均以硅、铝、铁的氧化物为主。土壤淋溶作用不强，但氧化铁略有迁移，而钙、镁、锰氧化物则表现微度富集。剖面各土层的黏粒硅、铁、铝氧化物含量及分子比率在剖面中并无明显分异。黏粒矿物大多以水云母为主，次为高岭石、蛭石及少量蒙脱石、绿泥石，南方山区为多水高岭石伴三水铝石，或伴少量水云母、伊利石、绿泥石、蛭石；山地草甸土土层薄，发育弱，但有机质积累量高。青藏区典型山地草甸土耕地面积为1.34km²，占青藏区山地草甸土耕地面积的5.01%，主要分布在川藏林农牧区、青甘牧农区；在青海和四川评价区中存在。据青藏区2017年耕地质量评价结果统计，典型山地草甸土的主要理化性状如表1-55所示。

表1-55　典型山地草甸土主要理化性状（n=100）

主要指标	范围	平均值	标准差	变异系数（%）
耕层容重（g/cm³）	1.22～1.49	1.37	0.07	5.11
pH	8.1～8.4	8.23	0.08	0.97
有机质（g/kg）	12.1～46.0	32.20	6.61	20.53
有效磷（mg/kg）	14.4～27.9	22.31	3.75	16.81
速效钾（mg/kg）	138～300	178	37.32	20.97

（2）**山地草原草甸土** 山地草原草甸土主要分布于中山平台缓坡部位，与典型山地草甸土环境条件相比，旱生草原植被成分增加，灌丛成分减少，土壤虽有腐殖质积累，且具浅薄的草根层及腐殖质层，但其腐解程度较低。青藏区山地草原草甸土耕地面积为4.99km²，占青藏区山地草甸土耕地面积的18.71%，主要分布在青藏高寒地区、青甘牧农区；仅在青海评价区中存在。山地草原草甸土一般无水土流失，植被生长量大，土壤潜在肥力较高，是良好的季节性放牧场。但若过度放牧，草场明显退化，垦为农用则易引起水土流失。据青藏

区 2017 年耕地质量评价结果统计，山地草原草甸土的主要理化性状如表 1-56 所示。

表 1-56　山地草原草甸土主要理化性状（n＝637）

主要指标	范围	平均值	标准差	变异系数（%）
耕层容重（g/cm³）	1.31～1.35	1.32	0.01	0.76
pH	7.8～8.5	8.06	0.16	1.99
有机质（g/kg）	20.9～38.2	33.05	3.77	11.41
有效磷（mg/kg）	11.1～25.3	14.71	2.16	14.68
速效钾（mg/kg）	133～480	262	44.88	17.13

（3）山地灌丛草甸土　山地灌丛草甸土的特点是草甸植被中杂有较多的灌木丛，有的以灌木占优势。山地灌丛草甸土腐殖质层深厚，有机质含量也高，有的心土层中见锈纹斑。青藏区山地灌丛草甸土耕地面积为 20.36khm²，占到青藏区山地草甸土耕地面积的 76.28%，主要分布在藏南农牧区、青甘农牧区；在西藏和青海评价区中存在，尤以西藏评价区分布最多，面积有 16.59khm²，占该亚类耕地面积的 81.48%。山地灌丛草甸土多含石砾，质地轻粗，全氮含量相应增高，交换性酸含量高，盐基不饱和。据青藏区 2017 年耕地质量评价结果统计，山地灌丛草甸土的主要理化性状如表 1-57 所示。

表 1-57　山地灌丛草甸土主要理化性状（n＝2 109）

主要指标	范围	平均值	标准差	变异系数（%）
耕层容重（g/cm³）	1.11～1.60	1.22	0.11	9.02
pH	7.2～8.4	7.83	0.31	3.96
有机质（g/kg）	16.0～56.4	25.54	5.88	23.02
有效磷（mg/kg）	12.8～31.0	17.95	3.73	20.78
速效钾（mg/kg）	80～330	120	36.17	30.14

（十五）冷钙土

1. 冷钙土的分布与基本特性　冷钙土属高山土土纲，半湿寒高山土亚纲。冷钙土区以冷凉半干旱气候为主。成土母质为多种岩石的残积物、坡积物、冰碛物、河湖沉积物。冷钙土存在正在发育明显的腐殖质层（A）和钙积层（B_k），剖面构型为 A-B_k-C 型。A 层多呈棕色或灰棕色，结构为屑粒状或粒状、团块状或块状，厚度 10～20cm，全体剖面有双腐殖质层，可能与堆积覆盖有关。B_k 层出现部位一般紧接在 A 层之下，也有深至 80cm 的，钙积形态特征以菌丝状为主。

青藏区冷钙土耕地面积为 19.84khm²，占青藏区耕地总面积的 1.86%。分布于藏南农牧区、青藏高寒地区，其在藏南农牧区有 17.70khm²，占青藏区冷钙土耕地面积的 89.19%，青藏高寒地区有 2.14khm²，占青藏区冷钙土耕地面积的 10.81%；仅在西藏评价区中存在。冷钙土区的温度条件优于寒钙土，具有一定强度的腐殖质积累过程。冷钙土区的光温条件较好，主要限制因素是干旱缺水，风蚀和鼠虫危害严重，保水肥力弱，土壤氮、磷养分缺乏。

2. 亚类分述　青藏区冷钙土包括典型冷钙土、暗冷钙土、淡冷钙土 3 个亚类。各亚类的分布情况如表 1-58 所示。

表 1-58 冷钙土亚类耕地面积统计 (khm²)

亚类	藏南农牧区	青藏高寒地区	小计
暗冷钙土	1.43	0.07	1.50
淡冷钙土	—	0.95	0.95
典型冷钙土	16.27	1.12	17.39
总计	17.70	2.14	19.84

（1）典型冷钙土　典型冷钙土主要分布在西藏自治区的日喀则、阿里和山地地区海拔 4 000～4 500m 的高原和亚高山地带。典型冷钙土具有发育明显的腐殖质层（A）和钙积层（B_k），剖面构型为 A-B_k-C 型。青藏区典型冷钙土耕地面积为 17.39km²，占青藏区冷钙土耕地面积的 87.66%，分布在藏南农牧区和青藏高寒地区。其矿石风化程度较深，植被为热带稀树灌草山地，母岩为片麻岩。一般土层深厚，在解决干旱、发展灌溉的条件下，是十分宝贵的土地资源，是发展粮经作物和热带水果、冬旱蔬菜的极好地方，很有开发价值。据青藏区 2017 年耕地质量评价结果统计，典型冷钙土的主要理化性状如表 1-59 所示。

表 1-59 典型冷钙土主要理化性状 (n＝1 457)

主要指标	范围	平均值	标准差	变异系数（%）
耕层容重（g/cm³）	1.12～1.43	1.27	0.05	3.94
pH	6.6～8.7	8.18	0.28	3.42
有机质（g/kg）	15.4～33.7	23.47	3.85	16.40
有效磷（mg/kg）	10.4～21.2	15.65	2.73	17.44
速效钾（mg/kg）	80～183	116	20.77	17.91

（2）暗冷钙土　暗冷钙土是冷钙土向黑毡土过渡的亚类，主要分布在西藏雅鲁藏布江流域的日喀则和山地地区，海拔 4 100～4 600m，多分布于阴坡，与阳坡的典型冷钙土相组合。在向黑毡土过渡地段，它又分布于阳坡，与阴坡的薄黑毡土相组合。暗冷钙土的腐殖质积累作用较典型冷钙土强，而钙积作用减弱。基本剖面构型为 A-（AB）-B_k-C 型。青藏区暗冷钙土耕地面积为 1.50km²，占青藏区冷钙土耕地面积的 7.56%，主要分布在藏南农牧区和青藏高寒地区。其以半干旱寒冷气候为主，因其分布海拔高，气候干寒，降水少，暖季短，寒冻和低温持续时间长，多用作夏季放牧地；由于土层薄、颗粒粗，土壤肥力较低。据青藏区 2017 年耕地质量评价结果统计，暗冷钙土的主要理化性状如表 1-60 所示。

表 1-60 暗冷钙土主要理化性状 (n＝230)

主要指标	范围	平均值	标准差	变异系数（%）
耕层容重（g/cm³）	1.16～1.34	1.25	0.05	4.00
pH	6.6～8.3	7.99	0.21	2.63
有机质（g/kg）	19.3～34.9	28.91	4.31	14.91

（续）

主要指标	范围	平均值	标准差	变异系数（%）
有效磷（mg/kg）	15.6～20.5	18.50	1.26	6.81
速效钾（mg/kg）	81～199	106	19.04	17.96

（3）淡冷钙土　淡冷钙土是冷钙土向冷漠土过渡的亚类，集中分布在西藏阿里地区日土、噶尔、札达等县的象泉河和噶尔河流域。因气候近于干旱类型，腐殖质积累作用弱，腐殖质层发育差，土表常有孔状结皮。青藏区淡冷钙土耕地面积为0.95khm²，占青藏区冷钙土耕地面积的4.78%，分布在青藏高寒地区。淡冷钙土地区气候以半干旱寒冷气候为主。土壤剖面构型为A-B$_k$-C型。腐殖质层（A）发育明显，厚度15～25cm，多呈棕色或灰棕色。钙积层（B$_k$）一般紧接在A层之下，厚30～60cm，碳酸钙淀积形态呈斑点状、苗丝状，少数呈霜粉状或斑块状，有的在A层下部即有钙积特征，直至底层；B$_k$层呈棕色、黄棕色或橙色。钙积层发育状况取决于成土母质，即富钙母质发育的钙积层明显，层位高，在表层之下即可见斑块状石灰淀积；少钙母质发育的钙积层发育不明显，仅在砾石背面出现石灰膜。据青藏区2017年耕地质量评价结果统计，淡冷钙土的主要理化性状如表1-61所示。

表1-61　淡冷钙土主要理化性状（n=77）

主要指标	范围	平均值	标准差	变异系数（%）
耕层容重（g/cm³）	1.27～1.42	1.34	0.04	2.99
pH	7.4～8.2	7.91	0.23	2.91
有机质（g/kg）	16.6～28.2	18.35	2.60	14.17
有效磷（mg/kg）	18.6～20.5	19.28	0.48	2.49
速效钾（mg/kg）	169～197	181	7.05	3.90

（十六）草毡土

1. 草毡土的分布与基本特性　草毡土属高山土土纲，湿寒高山土亚纲，主要分布在青海青南高原的玉树藏族自治州、果洛藏族自治州及北部祁连山地，西藏的那曲、日喀则、昌都和山地地区，四川川西高原的甘孜和阿坝两州。草毡土地带为高原寒带半湿润、湿润气候。草毡土所处地形部位，主要是高原剥夷面和高山及高原山丘坡面。成土母质主要是花岗岩、片麻岩、砂岩、页岩、板岩、千枚岩及碳酸盐岩等的残积—坡积物、冰碛物、冰水沉积物和湖积物，高原东北部还有黄土状物质，在川西尚有第三纪红土物质。草毡土剖面由毡状草皮层（A$_s$）、腐殖质层（A）、过渡层（AB/BC）和母质层（C）组成。土体中下部常夹有多量石块和砾石。草毡土是密生高山矮草草甸的湿润土体，分布于原面平缓山坡，表层有厚3～10cm不等的草皮，植被根系交织似毛毡状，轻韧而有弹性，大都用作夏季牧场。

青藏区草毡土耕地面积为19.29khm²，占青藏区耕地总面积的1.81%，在四个二级农业区中均有分布（表1-62），出现在青海、四川和西藏评价区。

表 1-62 草毡土耕地面积统计 （khm²，%）

二级农业区	面积	百分比
藏南农牧区	3.01	15.59
川藏林农牧区	5.09	26.40
青藏高寒地区	7.74	40.10
青甘牧农区	3.45	17.91
总计	19.29	100.00

2. 亚类分述 青藏区草毡土主要包括典型草毡土、棕草毡土、薄草毡土、湿草毡土 4 个亚类，湿草毡土的面积极小，只有 1.08 hm²，可忽略不计。各主要亚类分布情况见表 1-63 所示，其中薄草毡土的面积约为 0.06km²，也可忽略不考虑，因此不单独进行描述。

表 1-63 草毡土亚类耕地面积统计 （khm²）

亚类	藏南农牧区	川藏林农牧区	青藏高寒地区	青甘牧农区	小计
典型草毡土	1.73	5.01	6.08	3.12	15.94
棕草毡土	1.22	0.08	1.65	0.33	3.28
薄草毡土	0.06	—	—	—	0.06
总计	3.01	5.09	7.73	3.45	19.28

（1）典型草毡土 典型草毡土是高寒草甸植被下发育的代表性土壤类型，广泛分布于平缓开阔的高原面和山丘坡面，典型草毡土与棕草毡土的复合区主要分布于阴坡。典型草毡土主要分布于青海省的玉树、果洛、海北和海西，四川省的阿坝和甘孜两州，西藏自治区的那曲、日喀则、昌都、山地地区和拉萨市。青藏区典型草毡土耕地面积为 15.94km²，占青藏区草毡土耕地面积的 82.68%，在 4 个二级农业区均有分布；仅在青海、四川和西藏评价区存在。典型草毡土剖面由毡状草皮层（As）、腐殖质层（A）、过渡层（AB/BC）和母质层（C）组成。土属包括高山草甸土、高山草原土、基性岩类风化物坡残积、泥质岩类风化物坡残积、酸性岩类风化物坡残积、中性结晶岩类风化物坡残积、中性岩类风化物坡残积、紫红色岩类风化物坡残积。据青藏区 2017 年耕地质量评价结果统计，典型草毡土的主要理化性状如表 1-64 所示。

表 1-64 典型草毡土主要理化性状 （n＝1 397）

主要指标	范围	平均值	标准差	变异系数 （%）
耕层容重 （g/cm³）	1.05~1.57	1.31	0.05	3.82
pH	6.0~8.6	8.02	0.32	3.99
有机质 （g/kg）	15.8~55.7	31.30	7.23	23.10
有效磷 （mg/kg）	10.9~36.1	15.97	4.12	25.80
速效钾 （mg/kg）	82~495	218	76.92	35.28

（2）棕草毡土 棕草毡土主要分布于草毡土地带南部或在垂直带中下部的阴坡，所处地形部位坡度较大。成土环境较阴湿，植被为高寒低矮灌丛草甸群，因成土过程有灌丛参与，

草皮层的紧密度减小，在灌丛密集地段，草皮层变薄或不连续，与灌丛枯枝落叶层交错分布，形成 A_s（O）-A-AB-BC 型剖面。由于地处阴坡，棕草毡土的冻层较发育，有的即使在暖季仍可以在土表以下 30～50cm 处见到冻层。土体中常有铁锈斑纹特征和鳞片、片状结构。青藏区棕草毡土耕地面积为 3.28khm²，占到青藏区草毡土耕地面积的 17.01%，也是在 4 个二级农业区都有分布；同样仅在青海、西藏和四川评价区中存在。据青藏区 2017 年耕地质量评价结果统计，棕草毡土的主要理化性状如表 1-65 所示。

表 1-65 棕草毡土主要理化性状（n＝400）

主要指标	范围	平均值	标准差	变异系数（%）
耕层容重（g/cm³）	1.16～1.40	1.28	0.07	5.47
pH	7.1～8.4	7.70	0.39	5.06
有机质（g/kg）	18.9～54.6	24.49	5.78	23.60
有效磷（mg/kg）	11.7～23.4	14.72	2.88	19.57
速效钾（mg/kg）	88～288	135	45.42	33.64

（十七）其他土类

1. 红壤 面积为 15.81khm²，占青藏区耕地总面积的 1.48%，分布于川藏林农牧区和藏南农牧区，包括典型红壤、黄红壤、红壤性土 3 个亚类，其中黄红壤的面积最大，有14.21khm²，占青藏区红壤耕地面积的 89.90%。质地构型主要为薄层型，主要分布的地形部位为河流宽谷阶地、山地坡下和山地坡中。

2. 赤红壤 面积为 15.62khm²，占青藏区耕地总面积的 1.46%，分布于川藏林农牧区和藏南农牧区，包括黄色赤红壤 1 个亚类。质地构型主要为上紧下松型、上松下紧型和松散型，主要分布的地形部位为山地坡下和山地坡中。

3. 黄壤 面积为 14.29khm²，占青藏区耕地总面积的 1.34%，分布于川藏林农牧区和藏南农牧区，包括典型黄壤、黄壤性土 2 个亚类，其中以典型黄壤为主，其面积13.61khm²，占青藏区黄壤耕地面积的 95.26%。质地构型主要为紧实型、上紧下松型和松散型，主要分布的地形部位为山地坡下和山地坡中。

4. 风沙土 面积为 8.39khm²，分布于川藏林农牧区、藏南农牧区和青甘牧农区，包括草原风沙土、荒漠风沙土 2 个亚类，以荒漠风沙土为主，其占青藏区风沙土耕地面积的比例为 79.40%。质地构型主要为紧实型、上紧下松型、上松下紧型和松散型，主要分布的地形部位为河流低谷地、河流宽谷阶地、洪积扇前缘、山地坡下。

5. 草甸盐土 面积为 7.91khm²，只分布于青甘牧农区，包括典型草甸盐土、沼泽盐土2 个亚类，以沼泽盐土为主，其占青藏区草甸盐土耕地面积的比例为 99.73%。质地构型为紧实型和上松下紧型，主要分布的地形部位为河流低谷地、河流宽谷阶地。

6. 灰棕漠土 面积为 6.56khm²，只分布于青甘牧农区，包括典型灰棕漠土、灌耕灰棕漠土 2 个亚类，以灌耕灰棕漠土为主，其占青藏区灰棕漠土耕地面积的比例为 98.59%。质地构型为紧实型、上松下紧型和松散型，主要分布的地形部位为河流低谷地和河流宽谷阶地。

7. 新积土 面积为 6.26khm²，分布于川藏林农牧区、藏南农牧区和青甘牧农区，包括冲积土、典型新积土 2 个亚类，以冲积土为主，其占青藏区新积土耕地面积的比例为 95.70％。质地构型为上紧下松型、上松下紧型和松散型，主要分布的地形部位为河流宽谷阶地、洪积扇中后部和湖盆阶地。

8. 粗骨土 面积为 5.79km²，分布于川藏林农牧区和藏南农牧区，包括钙质粗骨土、硅质岩粗骨土、酸性粗骨土、中性粗骨土 4 个亚类，以中性粗骨土和酸性粗骨土为主，其分别占青藏区粗骨土耕地面积的 55.96％和 36.61％。质地构型为夹层型、紧实型和上松下紧型，主要分布的地形部位为山地坡中。

9. 水稻土 面积为 5.61km²，分布于川藏林农牧区和藏南农牧区，包括潴育水稻土、淹育水稻土 2 个亚类，其中潴育水稻土分布的面积较大，占到青藏区水稻土耕地面积的 68.45％。质地构型为薄层型、紧实型、上松下紧型，主要分布的地形部位为山地坡上和山地坡下。

10. 灰钙土 面积为 3.99km²，只分布于青甘牧农区，包括典型灰钙土、淡灰钙土 2 个亚类，以典型灰钙土为主，其占青藏区灰钙土耕地面积的 87.95％。质地构型为松散型，主要分布的地形部位为山地坡下。

11. 寒钙土 面积为 2.98km²，分布于藏南农牧区、青甘牧农区和青藏高寒地区，包括暗寒钙土、淡寒钙土、典型寒钙土 3 个亚类，以暗寒钙土和典型寒钙土为主，其分别占青藏区寒钙土耕地面积的 45.08％和 40.58％。质地构型主要为松散型，主要分布的地形部位为河流宽谷阶地、洪积扇中后部和山地坡下。

12. 沼泽土 面积为 2.70km²，在 4 个二级农业区都有分布，包括草甸沼泽土、典型沼泽土、腐泥沼泽土、泥炭沼泽土 4 个亚类，其中草甸沼泽土的面积较大，其占到青藏区沼泽土耕地面积的 67.21％。质地构型为薄层型和上松下紧型，主要分布的地形部位为河流宽谷阶地、洪积扇前缘、洪积扇中后部、湖盆阶地和山地坡下。

13. 紫色土 面积为 2.00km²，只分布于川藏林农牧区，包括中性紫色土、石灰性紫色土 2 个亚类，以中性紫色土为主，其占青藏区紫色土耕地面积的 72.67％。质地构型为薄层型，主要分布的地形部位为山地坡下、山地坡中。

14. 石灰（岩）土 面积为 1.77km²，只分布于川藏林农牧区，包括红色石灰土、黑色石灰土、黄色石灰土、棕色石灰土 4 个亚类，其中棕色石灰土的面积较大，其占青藏区石灰（岩）土耕地面积的 66.34％。质地构型主要为紧实型，主要分布的地形部位为山地坡下和山地坡中。

15. 棕色针叶林土 面积为 1.72km²，分布于川藏林农牧区和藏南农牧区，包括典型棕色针叶林土、灰化棕色针叶林土 2 个亚类，以典型棕色针叶林土为主，其占青藏区棕色针叶林土耕地面积的 96.50％。质地构型主要为薄层型、夹层型和紧实型，主要分布的地形部位为坡积裙、起伏侵蚀高台地、山地坡上、山地坡下和山地坡中。

16. 林灌草甸土 面积为 0.59km²，分布于川藏林农牧区和藏南农牧区，包括典型林灌草甸土 1 个亚类。质地构型主要为上松下紧型和松散型，主要分布的地形部位为洪积扇中后部和山地坡下。

17. 寒冻土 面积为 0.48km²，分布于川藏林农牧区、藏南农牧区和青甘牧农区，包括寒冻土 1 个亚类。质地构型主要为紧实型和上松下紧型，主要分布的地形部位为河流宽谷阶地和山地坡下。

18. 漠境盐土　面积为 0.47km²，分布于青藏高寒地区和青甘牧农区，包括残余盐土1个亚类。质地构型为紧实型和上松下紧型，主要分布的地形部位为河流宽谷阶地。

19. 黄褐土　面积为 0.44km²，只分布于青藏高寒地区，包括黄褐土性土1个亚类。质地构型为紧实型、上松下紧型、松散型，主要分布的地形部位为山地坡中。

20. 黑垆土　面积为 0.29km²，只分布于青甘牧农区，包括黑麻土1个亚类。质地构型为上松下紧型和松散型，主要分布的地形部位为山地坡下。

21. 灌淤土　面积为 0.21km²，只分布于青藏高寒地区，包括典型灌淤土1个亚类。质地构型为松散型，主要分布的地形部位为山地坡下。

22. 灌漠土　面积为 0.15km²，只分布于青甘牧农区，包括典型灌漠土1个亚类。质地构型为松散型，主要分布的地形部位为山地坡下。

23. 冷漠土　面积为 0.12km²，只分布于青藏高寒地区，包括冷漠土1个亚类。质地构型为紧实型，主要分布的地形部位为山地坡下。

24. 寒漠土　面积为 0.08km²，只分布于青甘农牧区，包括寒漠土1个亚类。质地构型为上松下紧型、松散型，主要分布的地形部位为山地坡下、山地坡中。

25. 灰化土　面积为 0.03km²，只分布于川藏林农牧区，包括灰化土1个亚类。质地构型为薄层型、上松下紧型，主要分布的地形部位为河流宽谷阶地和山地坡下。

26. 石质土　面积为 0.02km²，分布于川藏林农牧区和藏南农牧区，包括钙质石质土1个亚类。质地构型为上紧下松型，主要分布的地形部位为洪积扇中后部和山地坡下。

第五节　耕地质量保护与提升

青藏区海拔高、热量条件差、农作物生长期短、土壤肥力不能充分发挥作用等特点，限制了农业生产的发展，全区大多数地区宜牧不宜农，以致全区耕地资源紧缺，耕地后备资源严重不足。因此，青藏区各省（自治区）高度重视耕地质量的保护与提升。

一、耕地质量保护与提升制度建设

为贯彻落实国务院办公厅制定印发的《省级政府耕地保护责任目标考核办法》，确保耕地占补平衡，区内各级政府相继出台耕地保护责任目标考核办法。办法中明确各级政府是负责本行政区域内的耕地保有量和基本农田保护面积的第一责任人，并将耕地占补平衡工作作为对市级政府的重要考核内容纳入其中。为改善耕地环境，提高耕地质量，提升耕地产能，保障粮食安全，促进农业可持续发展，青藏区各省（自治区）相继制定了一系列具有可操作性的地方政策性文件，为耕地质量保护与提升提供了政策支持，有力地推动了耕地质量建设与管理工件。

西藏自治区1999年5月制订了《西藏自治区实施〈基本农田保护条例〉办法》，办法中明确要求稳定耕地面积，提高耕地质量，提出了耕地质量保护的责任和义务。甘肃省2011年制定了《甘肃省耕地质量管理办法》，为加强耕地质量保护和建设，促进农业可持续发展，办法中明确规定破坏耕地须承担的责任、惩罚标准，既为耕地质量管理者提供了执法依据，也提出了对破坏耕地者的警示，对保护耕地和保障甘肃省粮食安全起到了重要作用。

二、耕地质量监测评价基础性工作

(一) 耕地质量评价

为全面摸清耕地质量等级、分布、土壤养分状况、农田基础设施情况、存在的主要障碍因素，青藏区内 5 省（自治区）自 2002 年起相继开展了县域耕地地力调查与评价工作。通过评价，各县基本建立了县域耕地资源管理信息系统和数据库，编写了工作报告、技术报告和专题报告，并绘制了系列耕地地力评价成果图集，基本摸清了区内 5 省（自治区）耕地质量等级、分布状况和中低产田的障碍因素等，并提出了耕地合理利用、耕地质量提升的对策措施与建议，为有针对性开展耕地质量建设与管理奠定了坚实的基础和数据支撑。

2013 年，按照全国耕地质量评价工作总体部署和耕地质量保护项目绩效管理要求，为做好省级耕地质量汇总评价工作，推动评价成果在更大尺度上为农业生产服务，青藏区 5 省（自治区）又相继开展了省级耕地质量汇总评价工作。以省域行政区划所辖耕地为评价对象，县域耕地地力评价数据为基础，专项调查为补充，建立了规范化的省（自治区）级耕地资源管理信息系统和数据库，科学地评价了辖区内耕地地力水平与主要粮食作物生产能力，建立了省级耕地质量评价指标体系，提出了省级耕地质量建设与管理的对策与建议，为国家及省（自治区）级政府制定耕地质量保护和农业可持续发展政策提供了数据支撑。

(二) 耕地质量监测

耕地质量监测是耕地质量建设与保护的基础，建立耕地质量监测站，完善耕地质量监测体系，开展耕地质量动态监测，掌握耕地地力、土壤环境状况及其变化规律，可以为耕地改良与利用、污染耕地修复以及合理施肥等提供科学依据。青藏区内 5 省（自治区）土肥技术推广部门严格按照《耕地质量监测技术规程》的有关要求，监测田间作业情况、作物产量、施肥量，并在每年最后一季作物收获后、下一季作物施肥前采集各处理区耕层土壤样品，送有土壤肥料检测资质的机构检测，并形成耕地质量检测年度报告制度。截止 2019 年底，青藏区内共建立 12 个国家级耕地质量长期定位监测点，51 个省级监测点。其中，青海省国家级 4 个、省级 11 个，西藏自治区国家级 5 个、省级 10 个、自动远程土壤墒情监测站 7 个，甘肃省国家级 3 个，四川省省级 30 个、市县级 4 个。从数量上看，因青藏区耕地分布零散且破碎，耕地质量监测点相对较少，并且各监测点辐射面积较小，其代表性具有一定的局限性。

三、耕地质量建设

(一) 高标准农田建设

青藏区因耕地少，农田灌溉设施相对不足，粮食生产能力相对较弱，因此，近年来全区积极开展高标准农田建设工作，形成集中连片、设施配套、高产稳产、生态良好、抗灾能力强，并能与现代农业生产和经营方式相适应的基本农田。如青海省加强农田基础设施建设，大规模建设旱涝保收高标准基本农田，为有效提高全省粮食综合生产能力夯实了基础。截至目前青海省先后投资 24 亿元，建成高标准基本农田 120 万亩①，相继在大通和互助两县实施了国家级现代农业示范区旱涝保收高标准农田示范项目。西藏自治区 2015 年建成高标准

---

① 亩为非法定计量单位，1 亩＝1/15hm²≈667m²。——编者注

农田 26 万亩，到 2020 年建成 225 万亩高标准农田，仅 2016 年就投入财政资金 4.5 亿元，对涉及 33 个农业综合开发县实施土地治理高标准农田建设面积 17.61 万亩。高标准农田建设项目的实施，有效地改善了农业基础设施条件，提高了耕地的产能。

（二）耕地质量保护与提升

有机肥、绿肥、秸秆还田等技术是提高土壤有机质、培肥土壤最为直接有效的方式。近年来，青藏区大部分地区也都在推行各种形式的技术补贴政策，助推各项技术推广实施。如甘肃省，2016 年通过推广秸秆还田、施用商品有机肥、畜禽粪便堆沤腐熟还田、绿肥种植、盐碱地改良等技术，完成推广面积 2.47 万 hm^2，辐射带动全省实施秸秆还田技术 126.67 万 hm^2、700 万 t，商品有机肥施用 30.4 万 hm^2、733 万 t，畜禽粪便堆沤腐熟还田达到 123.87 万 hm^2、9 259 万 t，绿肥种植技术 12.8 万 hm^2、544 万 t，在提高了耕地质量的同时，保护了生态环境。而西藏自治区近年来也以高温堆肥、沤肥、腐熟剂技术为抓手，大力推广高温堆沤肥技术，全面提升全区耕地质量水平。青海省自 2010 年开始实施有机质提升补贴项目，实施总面积 17.89 万 hm^2，其中采用秸秆腐熟还田技术推广面积 10.20 万 hm^2，种植绿肥推广面积 2.27 万 hm^2，土壤改良培肥技术推广面积 1.87 万 hm^2，粮食作物增施有机肥技术推广面积 3.55 万 hm^2。项目实施后土壤理化性状逐步得到改善，据 2010—2015 年试验结果显示，土壤有机质平均提高 0.39～2.44g/kg，土壤容重平均降低 0.01～0.03g/cm^3，全氮提高 0.02～0.19g/kg，有效磷提高 0.7～3.6mg/kg，速效钾提高 5～19mg/kg，pH 降低 0.01～0.23。同时也取得了较好的经济效益，社会效益和生态效益也大幅提升。

第二章 耕地质量评价方法与步骤

以《耕地质量等级》（GB/T 33469—2016）为依据，综合考量青藏区耕地立地条件、剖面性状、耕层理化性质、土壤养分状况、土壤健康状况、土壤管理等因素，利用层次分析和模糊数学等方法建立青藏区耕地质量等级评价指标体系、隶属函数模型，以行政区划图、土壤图、土地利用现状图、地貌类型图等图件，叠加求交的方式建立青藏区耕地质量评价单元，采用综合指数法对耕地质量综合指数进行计算与耕地质量等级划分。

第一节 资料收集与整理

资料收集与整理主要围绕耕地质量评价指标体系所涉及的各项指标、野外调查数据、监测点土壤测试分析数据、空间数据库建库所需的图件资料以及各类自然和社会经济因素资料等，根据《耕地质量等级》（GB/T 33469—2016）要求和各项指标释义进行数据甄别与审核，确保基础数据的科学性和准确性。

一、软硬件及资料准备

（一）硬件、软件

硬件：计算机、GPS、扫描仪、数字化仪、彩色喷墨绘图仪等。

软件：主要包括 WINDOWS 操作系统软件，ACCESS 数据库管理软件，SPSS 数据统计分析应用软件，ArcGIS、Office 以及全国耕地资源管理信息系统等专业技术软件。

（二）资料与工具准备

收集了与耕地质量评价有关的各类自然和社会经济因素资料，主要包括野外调查、分析化验、基础图件、统计数据及其他资料等。

1. 野外调查资料与工具 野外调查资料主要包括采样地块的地理位置、自然条件、生产条件、土壤情况的记录表等，具体内容见表 2-1。

调查采样工具有铁锹、铁铲、圆状取土钻、螺旋取土钻、竹片、GPS、照相机、卷尺、铝盒、样品袋、样品箱、样品标签、铅笔、资料夹等。野外调查数据主要包括：统一编号、采样年份、省（自治区、直辖市）名称、地（市）名称、县（区、市、农场）名称、乡（镇）名称、村组名称、海拔高度、经度、纬度、土类、亚类、土属、土种、成土母质、地貌类型、地形部位、田面坡度、有效土层厚度、耕层厚度、耕层质地、耕层土壤容重、质地构型、常年耕作制度、地下水埋深、熟制、生物多样性、农田林网化程度、酸碱度、障碍因素、障碍层类型、障碍层深度、障碍层厚度、耕层土壤含盐量、盐渍化程度、盐化类型、灌溉方式、灌溉能力、水源类型、排水能力、有机质、全氮、有效磷、速效钾、缓效钾、有效铁、有效锰、有效铜、有效锌、有效硼、有效钼、有效硅、有效硫、主栽作物名称、年产量等。

表 2-1 耕地质量等级评价野外调查

统一编号		采样年份		—
地理位置	省（自治区、直辖市）名	地市名		县（区、市、农场）名
	乡镇名	村名		海拔高度（m）
	经度（°）	纬度（°）		—
自然条件	地貌类型	地形部位		田面坡度（°）
生产条件	水源类型	灌溉方式		灌溉能力
	排水能力	地下水埋深（m）		常年耕作制度
	熟制	生物多样性		农田林网化程度
	主栽作物名称	亩产（kg）		—
土壤情况	土类	亚类		土属
	土种	成土母质		质地构型
	耕层质地	障碍因素		障碍层类型
	障碍层深度（cm）	障碍层厚度（cm）		耕层土壤容重（g/cm³）
	有效土层厚度（cm）	耕层厚度（cm）		耕层土壤含盐量（%）
	盐渍化程度	盐化类型		土壤pH
	有机质（g/kg）	全氮（g/kg）		有效磷（mg/kg）
	速效钾（mg/kg）	缓效钾（mg/kg）		有效铜（mg/kg）
	有效锌（mg/kg）	有效铁（mg/kg）		有效锰（mg/kg）
	有效硼（mg/kg）	有效钼（mg/kg）		有效硫（mg/kg）
	有效硅（mg/kg）	铬（mg/kg）		镉（mg/kg）
	铅（mg/kg）	砷（mg/kg）		汞（mg/kg）

野外调查时填写耕地质量等级评价野外调查表（表2-1），除分析检测项外，都要求按标准填写，不能留空项，数据项值域符合规范（表2-2）。

表 2-2 耕地质量调查指标属性划分

调查指标	属性划分
成土母质	残积物、残坡积物、冲洪积物、冲积物、第四纪红土、第四纪老冲积物、风化物、河流冲积物、洪冲积物、洪积物、洪积物及风积物、湖冲积物、湖积物、湖相沉积物、黄土母质、坡残积物、坡堆积物、坡洪积物、坡积物
地貌类型	高原、山地、丘陵、盆地
地形部位	河流低谷地、河流宽谷阶地、洪积扇前缘、洪积扇中后部、湖盆阶地、坡积裙、起伏侵蚀高台地、山地坡下、山地坡中、山地坡上、台地
灌溉方式	沟灌、漫灌、喷灌、畦灌、无灌溉条件
水源类型	地表水、地下水、地表水＋地下水、无
熟制	一年一熟、一年两熟
主栽作物	青稞、油菜、小麦、马铃薯、玉米

（续）

调查指标	属性划分
有效土层厚度（cm）	≥100、60～100、≤60
耕地质地	中壤、重壤、砂壤、轻壤、砂土、黏土
土壤容重	适中、偏重、偏轻
质地构型	上松下紧型、松散型、紧实型、夹层型、上紧下松型、薄层型
生物多样性	丰富、一般、不丰富
清洁程度	清洁
障碍因素	酸化、瘠薄、无、盐碱、无障碍层次
灌溉能力	充分满足、满足、基本满足、不满足
排水能力	充分满足、满足、基本满足、不满足
农田林网化程度	高、中、低

统一编号：统一编号采用 19 位编码，由 6 位邮政编码、1 位采样目的标识、8 位采样时间、1 位采样组以及 3 位顺序号组成。

省（自治区、直辖市）名称、地（市）名称、县（区）名称、乡（镇）名称、村组名称、采样年份等依据行政区划图以及实地采样调查时间、地点填写。

经度、纬度、海拔高度：通过实地 GPS 定位读取数据。

土类、亚类、土属、土种：依据《中国土壤分类与代码》（GB/T 17296—2000）国家标准填写。

成土母质：依据土壤类型及成土因素填写。按照成土母质来源、成土因素及过程不同，将青藏区耕地成土母质归并为残积物、残坡积物、冲洪积物、冲积物、第四纪红土、第四纪老冲积物、风化物、河流冲积物、洪冲积物、洪积物、洪积物及风积物、湖冲积物、湖积物、湖相沉积物、黄土母质、坡残积物、坡堆积物、坡洪积物、坡积物 19 大类。

地貌类型：依据调查样点耕地所处的大地形地貌填写。分为高原、山地、丘陵、盆地 4 种类型。

地形部位：依据调查点耕地所处的地貌类型、等高线地形图、海拔高度，结合其位于地貌类型的部位进行判读。可归纳为河流低谷地、河流宽谷阶地、洪积扇前缘、洪积扇中后部、湖盆阶地、坡积裙、起伏侵蚀高台地、山地坡下、山地坡中、山地坡上、台地 11 种类型。

灌溉方式、水源类型、常年耕作制度、熟制、主栽作物名称、年产量依据实地调查填写。灌溉方式分为沟灌、漫灌、喷灌、畦灌、无灌溉条件；水源类型包括地表水、地下水、地表水＋地下水、无；熟制包括一年一熟、一年两熟；主栽作物主要有青稞、油菜、小麦、马铃薯、玉米。

酸碱度、有机质、全氮、有效磷、速效钾、缓效钾、有效铁、有效锰、有效铜、有效锌、有效硼、有效钼、有效硅、有效硫等依据野外调查样品分析检测填写。

有效土层厚度、耕层质地、土壤容重、质地构型、生物多样性、清洁程度、障碍因素、灌溉能力、排水能力、农田林网化程度等依据《耕地质量等级》国家标准附录青藏区耕地质量等级划分指标，并结合实地调查情况填写。

2. 分析化验耗材与设备　购买实验室分析测试需要的土壤标准物质，制备土壤参比样品，确定统一的分析方法。根据确定的分析测试项目，补充各类化学试剂、玻璃仪器等耗材。包括白色搪瓷盘及木盘、木锤、木滚、木棒、有机玻璃棒、有机玻璃板、硬质木板、无色聚乙烯薄膜、玛瑙研磨机（球磨机）或玛瑙研钵、白色瓷研钵、尼龙筛等。

3. 基础图件资料　基础图件资料主要包括省级土地利用现状图、土壤图、行政区划图、地形地貌图、地名注记图、交通线路图、河流水域图等。其中土壤图、土地利用现状图、行政区划图主要用于叠加生成评价单元图；地貌类型图、DEM 遥感影像图主要用于海拔高度及地形部位的提取与修正；地名注记图、道路图、河流水域图等用于成果图件编制。

4. 统计资料　收集了青藏各省（自治区）近 3 年的统计资料，包括人口、土地面积、耕地面积、主要农作物播种面积、粮食单产、总产、肥料投入等数据。

5. 其他资料　青藏各省（自治区）第二次土壤普查相关资料，包括土壤志、土种志、土壤普查专题报告等；县域耕地地力调查与质量评价成果资料；近年来农田基础设施建设、水利区划相关资料；耕地质量监测点数据及历年相关试验点土壤检测结果；耕地质量保护与提升相关制度和建设规划文件资料；优势农产品布局、种植区划文本资料等。

二、评价样点的布设

在进行样点布设时，通过土壤图、土地利用现状图和行政区划图叠加形成评价单元，根据评价单元的数量、面积、土壤类型、种植制度、种植作物类型、产量水平以及农业农村部耕地保护与质量提升任务清单下达给青藏各省（自治区）采样点数量，同时充分考虑点位的均匀性，最终确定采样点的位置，并在图上标注，形成采样点位图。遵循以下几条原则：

（1）大致按照每 667 hm^2 布设 1 个样点的标准进行布点，结合不同地形条件可在此基础上进行适当加密。

（2）样点具有广泛的代表性，兼顾各种地类、各种土壤类型。

（3）兼顾均匀性，综合考虑样点的位置分布，覆盖所有县域范围。

（4）结合测土配方施肥样点、耕地质量长期定位监测点数据进行样点布设，保证数据的延续性、完整性。

（5）综合考虑各种因素，做到顶层设计，合理布设的样点一经确定后随即固定，不得随意更改。

青藏区耕地面积 1 067.56khm^2，共布设了 1 884 个采样点，各二级农业区、评价区以及各土壤类型布设采样点情况如表 2-3、表 2-4 所示。

表 2-3　二级农业区与评价区评价样点分布情况

评价区域		耕地面积（hm^2）	采样点（个）
二级农业区	青甘农牧区	341 881.39	645
	川藏林农牧区	362 186.48	675
	藏南农牧区	304 311.49	461
	青藏高寒地区	59 177.28	103
	小计	1 067 556.64	1 884

（续）

评价区域		耕地面积（hm²）	采样点（个）
评价区	甘肃评价区	162 872.24	252
	青海评价区	193 507.65	419
	四川评价区	197 826.01	294
	西藏评价区	444 346.33	710
	云南评价区	69 004.41	209
	小计	1 067 556.64	1 884

表2-4　土类评价样点分布情况

土类	采样点（个）	土类	采样点（个）
新积土	399	水稻土	5
褐土	279	紫色土	5
栗钙土	227	棕色针叶林土	5
灰褐土	169	草毡土	4
棕钙土	138	高山草甸土	3
山地草甸土	118	寒钙土	2
黑钙土	111	黑垆土	2
棕壤	98	亚高山草原草甸土	2
黄棕壤	80	风沙土	1
红壤	65	寒漠土	1
灰棕漠土	38	红黏土	1
暗棕壤	32	冷钙土	1
草甸土	28	冷漠土	1
潮土	18	林灌草甸土	1
黑毡土	17	石灰（岩）土	1
亚高山草甸土	15	石质土	1
黄褐土	8	亚高山灌丛草甸土	1
黄壤	6	沼泽土	1

三、土壤样品检测与质量控制

（一）样品检测项目与方法

根据《农业部办公厅关于做好耕地质量等级调查评价工作的通知》（农办〔2017〕18号）中耕地质量等级调查内容的要求，土壤样品检测项目包括：土壤 pH、耕层土壤容重、有机质、全氮、有效磷、缓效钾、速效钾、有效态铜、锌、铁、锰、硼、钼、硫、硅。土壤样品各个检测项目的分析方法具体见表2-5。

表 2-5　土壤样品检测项目与方法

分析项目	检测方法	方法来源
土壤 pH	土壤检测第 2 部分：土壤 pH 的测定	NY/T 1121.2
耕层土壤容重	土壤检测第 4 部分：土壤容重的测定	NY/T 1121.4
有机质	土壤检测第 6 部分：土壤有机质的测定	NY/T 1121.6
全氮	土壤全氮测定法（半微量开氏法）	NY/T 53
有效磷	土壤检测第 7 部分：土壤有效磷的测定	NY/T 1121.7
缓效钾、速效钾	土壤速效钾和缓效钾含量的测定	NY/T 889
有效铜、锌、铁、锰	二乙三胺五乙酸（DTPA）浸提法	NY/T 890
有效硼	土壤检测第 8 部分：土壤有效硼的测定	NY/T 1121.8
有效硫	土壤检测第 14 部分：土壤有效硫的测定	NY/T 1121.14
有效钼	土壤检测第 9 部分：土壤有效钼的测定	NY/T 1121.9
有效硅	土壤检测第 15 部分：土壤有效硅的测定	NY/T 1121.15

（二）样品检测质量控制

1. 实验室基本要求　在样品分析过程中，实验室用水采用电热蒸馏、石英蒸馏或离子交换等方法制备，符合 GB/T 6682 的规定。常规检验使用三级水，配制标准溶液用水、特定项目用水符合二级水的要求。

2. 样品检测过程质量控制

①人员：对检测技术人员制定教育、培训、技能目标，确保检测人员技能满足检测工作要求。

②设备：制定检测计划并及时送检，检测完成后对校准的器具进行复核，检查校准数据是否符合使用要求，以确保量值的准确溯源。

③材料：试剂的纯度，试剂、药品在贮存过程中是否受到污染，实验用水是否达到要求；样品的状态符合标准要求，试样的数量要满足检测需要。

④方法：样品严格按照标准方法进行检测。

⑤环境：化验室具备防尘、防火、防潮、防振、隔热、控温、光线充足等基本要求。保证土壤样品各项化验在适合的环境条件下进行，使各项化验结果尽量接近实际值。满足检测工作和检测人员健康安全的要求。

3. 样品检测误差控制　省站统一采购标准物质发放至县级化验室，由县级定期采用标准物质对实验室系统误差进行检查和控制，不定期对检验人员或新上岗人员进行分析质量考核检查。检验人员定期采用标准物质对计量检测仪器和标准溶液进行期间核查。抽取部分县级化验室，通过发放盲样进行考核，以保证检测数据的准确性。

4. 检测后的数据检查　加强数据校核、审核工作。为确保数据准确无误，化验室建立健全管理制度，制订数据校核、审核工作程序，明确检测人员、校核人员、审核人员的职责，各负其责、各司其职，凡未经校审人员校审的数据暂视为无效数据，不能采用和上报。

5. 完善实验室管理制度　为保证检测项目严格按照质量控制体系有关规定进行，化验室制定了实验室安全卫生制度、试剂管理制度、实验室废弃物处理制度、样品管理制度、原子吸收操作规程、紫外可见分光光度计操作规程、电子天平操作规程、纯水仪操作规程、定氮仪操作规程、酸度计操作规程等相关规章制度及操作规程，并将各项规章管理制度以及主要仪器设备操作规程上墙公布明示，严格执行。

四、数据资料审核处理

青藏区耕地质量等级评价数据资料来源广，数据量大，涉及调查人员多，数据的可靠性和有效性直接影响到耕地质量评价结果的合理性、科学性。所以，数据资料的审核与质量把控显得尤为重要。数据资料审查处理主要包括空间数据和属性数据的审查。

（一）空间数据审查

以第二次全国土地调查土地利用现状图为基准，进行土壤图、行政区划图、地貌类型图等图层边界、坐标系的审查；对监测点，按照经纬度生成调查样点分布图，并与行政区划图中县名称进行匹配审查，保证监测点行政区划信息的正确性。

（二）属性数据审查

数据资料审核的方法包括人工检查和机器筛查，包括基本统计量、计算方法、频数分布类型检验、异常值的判断与剔除等，主要审查数据资料的完整性、规范性、符合性、科学性、相关性等。通过纵向审查快速发现缺失、无效或不一致的数据，通过横向审查轻松找出各相关数据项的逻辑错误，并进行修正，保证最后调查所得数据的完整性、一致性和有效性。

第二节　评价指标体系建立

一、指标选取的原则

评价指标是指参与评价耕地质量等级的一种可度量或可测定的属性，正确地选择评价指标是科学评价耕地质量的前提，直接影响耕地质量评价结果的科学性和准确性。青藏区耕地质量评价指标的选取主要依据《耕地质量等级》国家标准，综合考虑评价指标的科学性、综合性、主导性、可比性、可操作性等原则。

（1）科学性原则　指标体系能够客观地反映耕地综合质量的本质及其复杂性和系统性。选取评价指标应与评价尺度、区域特点等有密切的关系，因此，应选取与评价尺度相应、体现区域特点的关键因素参与评价。本次评价以青藏区耕地为评价区域，既需要考虑地形地貌、农田林网化程度等大尺度变异因素，又要选择与耕地质量相关的灌排条件、土壤养分、障碍因素等重要因子，从而保障评价的科学性。

（2）综合性原则　指标体系要反映出各影响因素主要属性及相互关系。评价因素的选择和评价标准的确定，要考虑当地的自然地理特点和社会经济因素及其发展水平，既要反映当前的、局部的和单项的特征，又要反映长远的、全局的和综合的特征。本次评价基于立地条件、土壤管理、养分状况、耕层理化性状、剖面性状、健康状况六方面构建了青藏区评价指标体系。

（3）主导性原则　耕地系统是一个非常复杂的系统，要把握其基本特征，选出有代表性的起主导作用的指标。指标的概念应明确，简单易行。各指标之间涵义各异，没有重复。选取的因子应对耕地质量有比较大的影响，如地形部位、土壤养分、质地构型和排灌条件等。

（4）可比性原则　影响耕地质量的各个因素都具有很强的时空变异，因而评价指标体系在空间分布上应具有可比性，选取的评价因子在评价区域内的变异较大，数据资料应具有较好的时效性。

（5）可获取性原则　各评价指标数据应具有稳定性及可获取性，易于调查、分析、查找或统计，有利于高效准确地完成整个评价工作。

二、指标选取方法及原因

根据指标选取的原则，针对青藏区耕地质量评价的要求和特点，以《耕地质量等级》（GB/T 33469—2016）为基准，按照"N＋X"方法，邀请土壤学、作物学、地理信息等专家及青藏区5省（自治区）耕地质量监测保护单位专业人员召开专题会，讨论青藏区耕地质量评价指标选择及建议，在农业农村部耕地质量监测保护中心指导下，对所选取的各评价指标与各省份专家进行会商，统一各方意见，综合考量各因素对青藏区耕地质量的影响，最终确定出耕地质量等级评价指标。

青藏区耕地质量评价指标共计16个，包括地形部位、灌溉能力、排水能力、耕层质地、质地构型、土壤容重、有效土层厚度、有机质、有效磷、速效钾、障碍因素、农田林网化程度、生物多样性、清洁程度、盐渍化程度、海拔。

运用层次分析法建立目标层、准则层和指标层三级层次结构，其中，目标层即青藏区耕地质量等级，准则层包括立地条件、剖面性状、耕层理化性状、土壤养分状况、土壤健康状况、土壤管理和盐渍化程度七个方面。

立地条件：包括地形部位、海拔和农田林网化程度。地形部位和海拔高度是重要的立地条件，对耕地质量有着重要的影响。地形部位是指地块在地貌形态中所处的位置，包括河流低谷地、河流宽谷阶地、洪积扇前缘、洪积扇中后部、湖盆阶地、坡积裙、起伏侵蚀高台地、山地坡下、山地坡中、山地坡上、台地等，青藏区地形部位丰富多样，不同地形部位的耕地在坡度、坡向、光温水热条件、灌排能力上差异明显，直接或间接地影响农作物的宜种性和生长发育；而不同海拔高度所造成的气候、土壤及水热条件的垂直地带性分布，对耕地质量也有较大的影响，影响着耕地耕种的难易程度；农田林网能够很好地防御灾害性气候对农业生产的危害，改善农牧业生产的微气候及土壤条件，维持农田生态系统的健康，对保证农业的稳产、高产有着较大的影响，同时还可以提高和改善农田生态系统结构与功能，增加农田生态系统抗干扰能力。

剖面性状：包括有效土层厚度、质地构型和障碍因素。有效土层厚度影响耕地土壤水分、养分库容量和作物根系生长；土壤剖面质地构型是土壤质量和土壤生产力的重要影响因子，不仅反映土壤形成的内部条件与外部环境，还体现出耕作土壤肥力状况和生产性能；障碍因素影响耕地土壤水分状况以及作物根系生长发育，对土壤保水和通气性以及作物水分和养分吸收、生长发育以及生物量等均具有显著影响。

耕层理化性状：包括耕层质地、土壤容重。耕层质地是土壤物理性质的综合指标，与作物生长发育所需要的水、肥、气、热关系十分密切，显著影响作物根系的生长发育、土壤水分和养分的保持与供给；容重是土壤最重要的物理性质之一，能反映土壤质量和土壤生产力水平。

土壤养分状况：包括土壤有机质、有效磷和速效钾。土壤的养分状况是耕地土壤肥力水平的重要反映，而土壤有机质是土壤肥力的综合反映，是评价耕地肥力状况的首选指标，有机质是微生物能量和植物矿质养分的重要来源，不仅可以提高土壤保水、保肥和缓冲性能，改善土壤结构性，而且可以促进土壤养分有效化，对土壤水、肥、气、热的协调及其供应起支配作用；土壤氮、磷、钾是作物生长所需的大量元素，对作物生长发育以及产量等均有显著影响，而土壤氮素营养与有机质含量具有较高的相关性，因此选择有效磷、速效钾为评价指标。

土壤健康状况：包括清洁程度和生物多样性。清洁程度反映了土壤受重金属、农药和农膜残留等有毒有害物质影响的程度；生物多样性反映了土壤生命力的丰富程度。

土壤管理：包括灌溉能力和排水能力。灌溉能力直接关系到耕地对作物生长所需水分的满足程度，进而显著制约着农作物生长发育和生物量；排水能力通过制约土壤水分状况而影响土壤水、肥、气、热的协调及作物根系的生长和养分的吸收利用等。

盐渍化程度：土壤盐渍化是土壤底层或地下水的盐分随毛管水上升到地表，水分蒸发后，使盐分积累在表层土壤中的过程。是易溶性盐分在土壤表层积累的现象或过程，也称盐碱化。盐渍土或称盐碱土，其分布范围广、面积大、类型多，主要发生在干旱、半干旱和半湿润地区。

三、耕地质量主要性状分级标准确定

20 世纪 80 年代，全国第二次土壤普查工作开展时，对耕地土壤主要性状指标进行了分级，经过 30 多年的发展，耕地土壤理化性状发生了较大变化，有的分级标准与目前的土壤现状已不相符合。所以本次评价在全国第二次土壤普查耕地土壤主要性状指标分级的基础上进行了修改或重新制定。

（一）第二次土壤普查耕地土壤主要性状分级标准

全国第二次土壤普查时期，制定了土壤 pH、有机质、全氮、碱解氮、有效磷、速效钾、有效硼、有效钼、有效锰、有效锌、有效铜、有效铁理化性状分级标准（表 2-6、表 2-7）。

表 2-6   全国第二次土壤普查耕地土壤主要性状分级标准

项目	一级	二级	三级	四级	五级	六级
有机质（g/kg）	≥40	30～40	20～30	10～20	6～10	<6
全氮（g/kg）	≥2.0	1.5～2.0	1.0～1.5	0.75～1	0.5～0.75	<0.5
碱解氮（mg/kg）	≥150	120～150	90～120	60～90	30～60	<30
有效磷（mg/kg）	≥40	20～40	10～20	5～10	3～5	<3
速效钾（mg/kg）	≥200	150～200	100～150	50～100	30～50	<30
有效硼（mg/kg）	≥2.0	1.0～2.0	0.5～1.0	0.2～0.5	<0.2	—
有效钼（mg/kg）	≥0.3	0.2～0.3	0.15～0.2	0.1～0.15	<0.1	—
有效锰（mg/kg）	≥30	15～30	5～15	1～5	<1	—
有效锌（mg/kg）	≥3.0	1.0～3.0	0.5～1.0	0.3～0.5	<0.3	—
有效铜（mg/kg）	≥1.8	1.0～1.8	0.2～1.0	0.1～0.2	<0.1	—
有效铁（mg/kg）	≥20	10～20	4.5～10	2.5～4.5	<2.5	—

表 2-7　全国第二次土壤普查耕地土壤酸碱度分级标准

项目	碱性	微碱性	中性	微酸性	酸性	强酸性
pH	≥8.5	7.5～8.5	6.5～7.5	5.5～6.5	4.5～5.5	<4.5

（二）本次评价耕地土壤主要性状分级标准

依据青藏区耕地质量评价 1 884 个调查采样点数据，对相关性状指标进行了数理统计，计算了各指标的平均值、中位数、众数、最大值、最小值、标准差和变异系数等统计参数（表 2-8）。经分析，当前耕地土壤相关性状指标的平均值、区间分布频率等较第二次土壤普查时期均发生了较大变化，原有的分级标准与目前的土壤现状已不相符合，在全国第二次土壤普查土壤理化性质分级标准的基础上，进行了修改或重新制定。制定过程与第二次土壤普查分级标准衔接，在保留全国分级标准级别值基础上，综合考虑作物需肥的关键值、养分丰缺指标等，再对原有的级别进行细分或归并，以便数据纵向、横向比较。

表 2-8　耕地质量主要性状描述性统计

项目	平均值	标准差	变异系数
pH	7.77	0.55	7.08
有机质（g/kg）	27.48	8.94	32.53
全氮（g/kg）	1.61	0.47	29.19
有效磷（mg/kg）	18.32	4.80	26.20
速效钾（mg/kg）	136.72	49.39	36.12
缓效钾（mg/kg）	800.25	238.43	29.79
有效铜（mg/kg）	2.95	7.42	251.53
有效锌（mg/kg）	1.51	1.17	77.48
有效铁（mg/kg）	21.67	8.57	39.55
有效锰（mg/kg）	17.50	6.63	37.89
有效硼（mg/kg）	0.98	0.63	64.29
有效钼（mg/kg）	0.21	0.20	95.24
有效硅（mg/kg）	187.90	63.97	34.04

以土壤有机质为例，本次评价可分为五级。考虑到青藏区耕地有机质含量大于 50g/kg 的样点只有 221 个，比例较小，而且土壤有机质含量大于 50g/kg 对青藏区耕地质量提升意义不大，因此，将有机质>40g/kg 列为一级；同时，考虑到土壤有机质含量在 20～30g/kg 的比例较高，占 35.66%，为了细分有机质含量对耕地质量等级的贡献，将 20～30g/kg 和 10～20g/kg 分别作为三级、四级（表 2-9、表 2-10）。

表 2-9　耕地质量等级评价土壤主要性状分级标准

分级标准	一级	二级	三级	四级	五级
有机质（g/kg）	>40.0	40.0～30.0	30.0～20.0	20.0～10.0	≤10.0
全氮（g/kg）	>2.5	2.5～2.0	2.0～1.5	1.5～1.0	≤1.0

（续）

分级标准	一级	二级	三级	四级	五级
有效磷（mg/kg）	>40.0	40.0～30.0	30.0～20.0	20.0～10.0	≤10.0
速效钾（mg/kg）	>200	200～150	150～100	100～50	≤50
缓效钾（mg/kg）	>1 200	1 200～1 000	1 000～800	800～600	≤600
交换性钙（mg/kg）	>2 000	2 000～1 000	1 000～250	250～100	≤100
交换性镁（mg/kg）	>200	200～100	100～50	50～25	≤25
有效硫（mg/kg）	>45	45～30	30～15	15～10	≤10
有效铁（mg/kg）	>15.0	15.0～10.0	10.0～5.0	5.0～2.5	≤2.5
有效锰（mg/kg）	>30.0	30.0～20.0	20.0～10.0	10.0～5.0	≤5.0
有效铜（mg/kg）	>2.0	2.0～1.0	1.0～0.6	0.6～0.2	≤0.2
有效锌（mg/kg）	>2.0	2.0～1.0	1.0～0.5	0.5～0.3	≤0.3
有效硼（mg/kg）	>2.0	2.0～1.0	1.0～0.5	0.5～0.3	≤0.3
有效钼（mg/kg）	>0.3	0.3～0.2	0.2～0.15	0.15～0.05	≤0.05
有效硅（mg/kg）	>230	230～115	115～70	70～25	≤25
全磷（g/kg）	>1.0	1.0～0.8	0.8～0.6	0.6～0.4	≤0.4
全钾（g/kg）	>25	25～20	20～15	15～10	≤10

表 2-10 耕地质量等级评价土壤酸碱度分级标准

分级标准	碱性	微碱性	中性	微酸性	酸性	强酸性
pH	≥8.5	7.5～8.5	6.5～7.5	5.5～6.5	4.5～5.5	<4.5

第三节　数据库建立

数据库建设工作是区域耕地质量评价的重要基础之一，是实现评价成果资料统一化、标准化及农业信息资料共享的重要基础。数据库是青藏区5省（自治区）土地利用现状、第二次土壤普查成果、耕地质量监测分析数据的整理、汇总，是集空间数据库和属性数据库的存储、管理、查询、分析、显示为一体的数据库，能够实现数据的快速更新及有效检索，能够为各级决策部门提供信息支持，大大提高了耕地资源管理及应用的信息化水平。

一、建库的内容与方法

（一）数据库建设的内容

数据库的建立主要包括空间数据库和属性数据库。

空间数据库包括道路、水系、采样点点位图、评价单元图、土壤图、行政区划图等。行政区划图以各省（自治区）提供的行政区划图进行边界拼接并进行拓扑错误检查后生成；耕地分布图利用土地利用现状图提取，并以行政区划为基准进行边界拼接和拓扑纠错；土壤图则同样以行政区划为基准，通过边界拼接和拓扑纠错获取；评价单元图则以耕地分布图、行政区划图、土壤图叠加生成；道路、水系通过土地利用现状图提取；耕地质量监测点位图通过耕地质量监测数据表中的经纬度坐标生成，并以行政区划进行位置校准。道路、水系通过土地利用现状图提取；空间数据库中5省（自治区）图件统一采用CGCS2000坐标系，1985年国家高程基础，1：50万比例尺。

属性数据库包括土地利用现状属性数据表、土壤样品分析化验结果数据表、土壤属性数据表、行政编码表、交通道路属性数据表等。通过分类整理后，以编码的形式进行管理。参照耕地资源管理信息系统数据字典以及本次评价提出的数据规范要求，明确数据项的字段代码、字段名称、字段短名、英文名称、释义、数据类型、量纲、数据长度、小数位及取值范围等内容，属性数据库的数据内容全部按照要求填写，最后统一为access的MDB格式。

（二）数据库建库的方法

耕地质量等级评价系统采用不同的数据模型，分别对属性数据和空间数据进行存储管理，属性数据采用关系数据模型，空间数据采用网状数据模型。青藏区耕地质量等级评价数据库建设流程主要包括：资料收集、资料整理与预处理、数据采集、属性数据审核、数据入库等。

资料收集：收集了青藏区5省（自治区）的1：50万或1：100万土地利用现状图、土壤图、行政区划图、地貌图等适量图层，90m数字高程数据产品，耕地质量等级调查点位数据。

资料整理与预处理：为提高数据库建设的质量，按照统一化和标准化的要求，对收集的资料进行规范化检查与处理。首先对青藏区5省（自治区）收集的数据资料按照区域汇总和数据库建设的要求进行投影变换和坐标配准，并对行政区划图进行边界拼接及拓扑纠错；同时，以青藏区行政区划图为基准，对所收集的各省（自治区）的土壤图、土地利用现状图进行校准，以耕地分布图、土壤图和行政区划图为基础进行叠加生成评价单元图。

属性数据审核，在数据提供单位系统甄别养分异常值和其他指标特异值的基础上，对各省的采样点位置进行了系统检查和处理，依照耕地资源管理信息系统的数据字典，对所有成果按相关要求建立属性数据库的字段；并将耕地质量监测点位按经纬度生成耕地质量监测点位图，对其土壤养分数据进行空间插值，利用不同方法将评价指标属性值赋值于评价单元。

数据入库，在所有矢量数据和属性数据质量检查后，进行属性数据与空间数据连接处理，并按有关要求形成所有成果的数据库。

空间数据图层标识码是要素属性表中的一个关键字段，空间数据与属性数据以此字段形成关联，完成对地图的模拟。这种关联使两种数据模型联成一体，可以方便地从空间数据检索属性数据或者从属性数据检索空间数据。在进行空间数据和属性数据连接时，在Arc Map环境下分别调入图层数据和属性数据表，利用关键字段将属性数据表链接到空间图层的属性表中，将属性数据表中的数据内容赋予图层数据中。技术流程图详见图2-1。

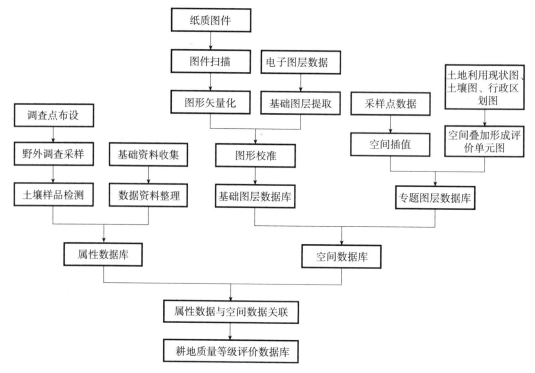

图 2-1　耕地质量等级评价数据库建立流程

二、建库的依据及平台

随着计算机的出现和发展，以计算机技术为核心的信息处理技术成为当代科技革命的主要标准之一，已广泛渗入到人类生产和生活的方方面面。地理信息系统（GIS）作为信息处理技术的一种，是以计算机技术为依托，以具有空间内涵的地理数据为处理对象，运用系统工程和信息科学的理论，采集、存储、显示、处理、分析、输出地理信息的计算机系统。其中最具有代表性的 GIS 平台是 ESRI 公司研发的 ArcGIS，由于 ESRI 具有深厚的理论及工程技术底蕴和强大的技术开发力量，在不断创新的同时对用户反馈的大量信息进行分析、整理，并对产品体系结构及技术进行优化和重构，使得 ArcGIS 在 GIS 行业保持领先地位。

数据库建设主要依据和参考县域耕地资源管理信息系统数据字典、耕地质量调查与质量评价技术规程、耕地质量等级国家标准等。建库工作采用 ArcGIS 平台、耕地资源管理信息系统。利用 ArcGIS 软件对电子版资料进行点、线、面文件的规范化处理和编辑处理，并将空间数据库的成果均表示为 ArcGIS 的点、线、面文件格式。属性数据库采用办公处理软件进行编辑处理。所有建库成果最后均导入耕地资源管理信息系统软件平台。为此，耕地质量评价选择了 ArcGIS 软件平台。

三、建库的引用标准

青藏区耕地质量等级评价数据库包括属性数据库和空间数据库，参照技术规范、标准和文件如下：

（1）《中华人民共和国行政区划代码》（GB/T 2260—2007）

（2）《基础地理信息要素分类与代码》（GB/T 13923—2006）

（3）分类编码通用术语（GB/T 10113—2003）

（4）《国家基本比例尺地形图分幅和编号》（GB/T 13989—2012）

（5）《全球定位系统（GPS）测量规范》（GB/T 18314—2009）

（6）《中国土壤分类与代码》（GB/T 17296—2009）

（7）《耕地质量等级》（GB/T 33469—2016）

（8）《县域耕地资源管理信息系统数据字典》（中国农业出版社）

四、建库资料核查

为保证数据的正确性和完整性，数据入库前应进行质量检查，建库数据核查包括以下数据检查处理：

（一）空间数据的审查

空间数据审查的重点是检查图件内容是否符合青藏区耕地质量等级评价和数据库建设要求等。

1. 空间数据坐标系及空间位置审查

查看各省（自治区）提供的各类矢量图件坐标系是否一致、比例尺是否统一、图形边界是否吻合。

2. 图形数据审查　主要以图形是否完整、提供的各类图形是否全部覆盖青藏区；图斑是否存在重叠、缝隙等拓扑错误，重叠图斑需要判断其归属，合并给出正确的图斑。缝隙错误如果细长，可能是由于图斑拼接不吻合、错位等因素造成，需要补齐缝隙，将其合并给接边最长的图斑。如果缝隙较大，需要确认其表示图斑要素，并赋予相应的值。

（二）属性数据的审查

属性数据是数据库的重要部分，它是数据库和地图的重要标志。检查属性文件是否完整，命名是否规范，字段类型、长度、精度是否正确，有错漏的应及时补上，确保各要素层属性结构完全符合数据库建设标准要求。属性数据审查主要对属性表中的数据结构、属性内容进行审查。如土壤图，审查其土类、亚类名称是否按国家标准命名，土壤代码是否与土壤图对应；土地利用现状图审查地类名称是否齐全、完整；行政区划图则审查地市名称、县（市、区）名称是否完整、规范；耕地质量监测数据是否表示规范、完整，化验数据的极值是否属于正常范围。

五、空间数据库建立

地理信息系统（GIS）软件是建立空间数据库的基础。空间数据通过图件资料获取或其他成果数据提取。对于收集到的图形图件必须进行预处理，图件预处理是为简化数字化工作而按一定工作设计要求进行图层要素整理与筛选的过程，包括对图件的筛选、整理、命名、编码等。经过筛选、整理的图件，通过数字化仪、扫描仪等设备进行数字化，并建立相应的图层，再进行图件的编辑、坐标系转换、图幅拼接、地理统计、空间分析等处理。

（一）空间数据内容

耕地质量等级评价地理信息系统空间数据库的内容由多个图层组成，包括交通道路、河流水库等基本地理信息图层；评价单元图层和各评价因子图层等，如河流水库图、土壤图、养分图等，具体内容及其资料来源见表 2-11。

表 2-11　空间数据库内容

序号	图层名称	图层属性	资料来源
1	河流、水库	多边形	全国基础地理数据库
2	等高线	线	地形图
3	交通道路	线	全国基础地理数据库
4	行政界线	线	全国基础地理数据库
5	土地利用现状	多边形	土地利用现状图
6	土壤类型图	多边形	土壤普查资料
7	土壤养分图 （pH、有机质、磷、钾）	多边形	采样点空间插值生成
8	土壤调查采样点位图	点	野外 GPS 人工定位
9	市、县、镇所在地	点	全国基础地理数据库
10	评价单元图	多边形	叠加生成
11	行政区划图	多边形	全国基础地理数据库

（二）数据格式标准要求

投影方式：高斯—克吕格投影，6 度分带。比例尺：1∶500 000。

坐标系：2000 国家大地坐标系，高程系统：1985 国家高程基准。

文件格式：矢量图形文件 Shape，栅格图形文件 Grid，图像文件 Jpg。

（三）基本图层的制作

基本图层包括水系图层、道路图层、行政界线图层、等高线图层、文字注记图层、土地利用图层、土壤类型图层、野外采样点图层等，数据来源可以通过收集图纸图件、电子版的矢量数据及通过 GPS 野外测量数据，根据不同形式的数据内容分别进行处理，最终形成坐标投影统一的 Shape file 格式图层文件。

1. 图件数字化　图纸图件可利用数字化仪进行人工手扶数字化或利用扫描仪和数字化软件进行数字化，数字化完后再进行坐标转换、编辑修改、图幅拼接等处理。

土壤图制作过程：

①扫描土壤图，精度 300dpi，存为 Jpg 格式。

②以土地利用现状图为基准，将土壤图校准，尽可能与土地利用现状图重叠好。

③以评价单元图层为底图，对照土壤图进行土壤属性的判读，并对较大图斑依据土壤类型界线进行图斑分割。

2. 电子版矢量数据的特征提取　土地利用现状图是在 Arc/Info 下制作的电子版数据，其中包含的信息十分丰富，首先必须了解属性表中各属性代码所代表的具体含义，然后将所需要的专题信息逐一提取，得到相应的专题数据。项目中所需的基础数据层如河流水系图层、交通道路图层、耕地图层等，从土地利用现状图数据库中提取，最后生成 Shape file 格式文件。

3. GPS 的数据转换 野外采样点的位置通过 GPS 进行实地测定，将每次测定的数据保存下来，然后将这些数据传至电脑并按转换的格式要求保存为文本文件，利用 GIS 软件转换工具将其转换为 Shape file 格式文件。

4. 坐标转换 地理数据库内的所有地理数据必须建立在相同的坐标系基础上，把地球真实投影转换到平面坐标系上才能通过地图来表达地理位置信息。青藏区耕地质量等级评价所有图层均采用 2000 国家大地坐标系，高斯—克吕格投影，6°分带。

（四）评价因子图层制作

评价因子养分图包括酸碱度、有机质、有效磷、速效钾。利用 ArcGIS 地统计分析模块，通过空间插值方法，将采样点检测数据分别生成 4 个养分图层，并将其转换为栅格格式。

（五）评价单元图制作

将土地利用现状图、土壤图和行政区划图三者叠加，形成的图斑作为耕地质量等级评价底图，底图的每一个图斑即为一个评价单元。叠加后每块图斑都有地类名称、土壤类型、权属坐落名称等唯一的属性。

由土地利用现状图、土壤图、行政区划图叠加形成的评价单元图会产生众多破碎多边形、面积过小图斑。为了精简评价数据，更好地表达评价结果，需要对评价单元中的小图斑进行合并，最终形成青藏区耕地质量评价单元图，图斑数为 73 155 个。在此基础上根据评价单元图数据结构添加内部标识码、单元编号等属性字段。

六、属性数据库建立

属性数据必须进行有机地归纳整理，并进行分类处理。数据通过分类整理后，必须按编码的方式进行系统化处理，以利于计算机的处理、查询等，而数据的分类编码是对数据资料进行有效管理的重要依据和措施。由此可建立数据字典，由数据字典来统一规范数据，为数据的查询提供接口。

（一）属性数据的内容

根据耕地质量等级评价的需要，确定建立属性数据库的内容，包括土地利用现状、土壤类型及编码、行政区划、河流水库、交通道路以及野外调查土壤样品检测结果等属性数据。属性数据库的构建参照省级耕地资源管理信息系统数据字典和有关专业的属性代码标准。属性数据库的数据项包括字段代码、字段名称、字段短名、英文名称、数据类型、数据来源、量纲、数据长度、小数位、值域范围、备注等内容。

（二）数据分类与编码

数据的分类编码是对数据资料进行有效管理的重要依据。编码的主要目的是节省计算机内存空间，便于用户理解使用。地理属性进入数据库之前进行编码是必要的，只有进行了正确的编码，空间数据库才能与属性数据库实现正确连接。编码格式采用英文字母数字组合或采用数字表示的层次型分类编码体系，它能反映专题要素分类体系的基本特征。

（三）建立数据编码字典

数据字典是数据库应用设计的重要内容，是描述数据库中各类数据及其组合的数据集合，也称元数据。地理数据库的数据字典主要用于描述属性数据，它本身是一个特殊用途的文件，在数据库整个生命周期里都起着重要的作用。它避免重复数据项的出现，并提供了查询数据的唯一入口。

（四）数据表结构设计

属性数据库的建立与录入可独立于空间数据库和 GIS 系统，根据表的内容设计各表字段数量、字段类型、长度等，可以在 ACCESS、DBASE、FOXPRO 下建立，最终统一以 DBase 的 DBF 格式保存，后期通过外挂数据库的方法，在 ArcGIS 平台上与空间数据库进行链接。

青藏区耕地质量等级评价建立的数据结构详见表 2-12 至表 2-17。

表 2-12　采样点点位图数据结构

字段名称	数据类型	字段长度	小数位
序号	数值	6	
统一编号	文本	19	
采样日期	日期	10	
省（自治区、直辖市）名	文本	16	
地市名	文本	20	
县（区、市、农场）名	文本	30	
乡镇名	文本	30	
村名	文本	30	
经度	数值	9	5
纬度	数值	9	5
土类	文本	20	
亚类	文本	20	
土属	文本	20	
土种	文本	20	
成土母质	文本	30	
地貌类型	文本	18	
地形部位	文本	50	
有效土层厚度	数值	3	
耕层厚度	数值	2	
耕层质地	文本	6	
质地构型	文本	8	
耕层土壤容重	数值	4	2
常年耕作制度	文本	20	
熟制	文本	20	
生物多样性	文本	20	

（续）

字段名称	数据类型	字段长度	小数位
农田林网化程度	文本	20	
酸碱度	数值	4	1
障碍因素	文本	16	
障碍层类型	文本	10	
障碍层深度	数值	3	
障碍层厚度	数值	3	
灌溉能力	文本	20	
灌溉方式	文本	8	
水源类型	文本	40	
排水能力	文本	20	
有机质	数值	5	1
全氮	数值	6	3
有效磷	数值	5	1
速效钾	数值	3	
缓效钾	数值	4	
有效铁	数值	6	1
有效锰	数值	5	1
有效铜	数值	5	2
有效锌	数值	5	2
有效硫	数值	5	1
有效硅	数值	6	2
有效硼	数值	4	2
有效钼	数值	4	2
铬	数值	4	
镉	数值	5	3
铅	数值	6	2
砷	数值	3	
汞	数值	4	2
主栽作物名称	文本	20	
年产量	数值	4	

表 2-13　评价单元图数据结构

字段名称	数据类型	字段长度	小数位
标识码	数值	6	
单元编号	文本	19	
省（自治区、直辖市）名	文本	16	

（续）

字段名称	数据类型	字段长度	小数位
地市名	文本	20	
县（区、市、农场）名	文本	30	
乡镇名	文本	30	
乡镇代码	数值	9	
地类代码	文本	4	
地类名称	文本	20	
计算面积	数值	12	2
平差面积	数值	12	2
土类	文本	20	
土类代码	数值	10	
亚类	文本	20	
亚类代码	数值	10	
土属	文本	20	
土属代码	数值	10	
土种	文本	20	
土种代码	数值	10	
地形部位	文本	50	
灌溉能力	文本	20	
排水能力	文本	20	
质地构型	文本	8	
耕层质地	文本	6	
有效土层厚度	数值	3	
农田林网化程度	文本	20	
障碍因素	文本	16	
生物多样性	文本	20	
清洁程度	文本	20	
土壤容重	数值	4	2
酸碱度	数值	4	1
有机质	数值	5	1
全氮	数值	6	3
有效磷	数值	5	1
速效钾	数值	3	
缓效钾	数值	4	
有效铜	数值	5	2
有效锌	数值	5	2
有效铁	数值	6	1
有效锰	数值	5	1
有效硼	数值	4	2

（续）

字段名称	数据类型	字段长度	小数位
有效钼	数值	4	2
有效硫	数值	5	1
有效硅	数值	6	2
F地形部位	数值	6	4
F灌溉能力	数值	6	4
F排水能力	数值	6	4
F质地构型	数值	6	4
F耕层质地	数值	6	4
F有效土层厚度	数值	6	4
F农田林网化程度	数值	6	4
F障碍因素	数值	6	4
F生物多样性	数值	6	4
F清洁程度	数值	6	4
F土壤容重	数值	6	4
F酸碱度	数值	6	4
F有机质	数值	6	4
F有效磷	数值	6	4
F速效钾	数值	6	4
综合指数	数值	6	4
质量等级	数值	2	
酸碱度分级	文本	20	
有机质分级	数值	2	
全氮分级	数值	2	
有效磷分级	数值	2	
速效钾分级	数值	2	
缓效钾分级	数值	2	
有效铜分级	数值	2	
有效锌分级	数值	2	
有效铁分级	数值	2	
有效锰分级	数值	2	
有效硼分级	数值	2	
有效钼分级	数值	2	
有效硫分级	数值	2	
有效硅分级	数值	2	

表 2-14　土壤图数据结构

字段名称	数据类型	字段长度	小数位
标识码	数值	6	

（续）

字段名称	数据类型	字段长度	小数位
省（自治区、直辖市）名	文本	16	
地市名	文本	20	
县（区、市、农场）名	文本	30	
乡镇名	文本	30	
村名	文本	30	
地类代码	文本	4	
地类名称	文本	20	
土类	文本	20	
土类代码	数值	10	
亚类	文本	20	
亚类代码	数值	10	
土属	文本	20	
土属代码	数值	10	
土种	文本	20	
土种代码	数值	10	
省土类名	文本	20	
省土类代码	数值	10	
省亚类名	文本	20	
省亚类代码	数值	10	
省土属名	文本	20	
省土属代码	数值	10	
省土种名	文本	20	
省土种代码	数值	10	

表 2-15　土地利用现状图数据结构

字段名称	数据类型	字段长度	小数位
标识码	数值	6	
单元编号	文本	19	
省（自治区、直辖市）名	文本	16	
地市名	文本	20	
县（区、市、农场）名	文本	30	
乡镇名	文本	30	
乡镇代码	数值	9	
权属名称	文本	30	
权属代码	数值	12	
坐落名称	文本	30	
坐落代码	数值	12	
地类代码	文本	4	

（续）

字段名称	数据类型	字段长度	小数位
地类名称	文本	20	
计算面积	数值	12	2
平差面积	数值	12	2

表 2-16　行政区划图数据结构

字段名称	数据类型	字段长度	小数位
标识码	数值	6	
省（自治区、直辖市）名	文本	16	
省（自治区、直辖市）行政代码	数值	2	
地市名	文本	20	
地市行政代码	数值	4	
县（区、市、农场）名	文本	30	
县（区、市、农场）代码	数值	6	
乡镇名	文本	30	
乡镇代码	数值	9	
村名称	文本	30	
村行政代码	数值	12	

表 2-17　行政区界线数据结构

字段名称	数据类型	字段长度	小数位
标识码	数值	6	
界线类型	文本	20	
界线代码	数值	10	
界线说明	文本	50	

（五）数据录入与审核

数据录入前应仔细审核，数值型资料应注意量纲、上下限，地名应注意汉字多音字、繁简体、简全称等问题，审核定稿后再录入。录入后还应仔细检查，有条件的可采取二次录入相互对照的方法，保证数据录入无误后，将数据库转为规定的格式，再根据数据字典中的文件名编码命名后保存在规定的子目录下。

第四节　耕地质量评价方法

目前，耕地质量评价大致可分为农业生产能力评价、土壤肥力评价、耕地适宜性评价、农用地分等定级与估计、基于农户认识的耕地质量评价5种类型。本次评价依据《耕地质量调查监测与评价办法》（农业部令2016年2号）、《耕地质量划分规范》（NY/T 2872—2015）

和《耕地质量等级》（GB/T 33469—2016），根据耕地质量指标选取的原则，选取影响耕地生产能力的因素，采取不同的数据处理方法为管理单元赋值，采用特尔斐法、模糊数学法、层次分析法等多种方法确定各指标隶属函数和权重，并通过累加法计算每个耕地资源管理单元的综合指数，用累积曲线法等方法划分耕地质量等级，最终完成青藏区耕地质量等级评价。

一、评价的原理

耕地质量评价是以耕地利用方式为目的，估算耕地生产潜力和耕地适宜性的过程，是根据所在地特定区域以及地形地貌、成土母质、土壤理化形状、农田基础设施等要素相互作用表现出来的综合特征，揭示耕地生产力的高低和潜在生产力。

目前，耕地质量评价的方法主要包括经验判断指数法、层次分析法、模糊综合评价法、回归分析法、灰色关联度分析法等。青藏区耕地质量等级评价是依据《耕地质量等级》国家标准，在对耕地的立地条件、养分状况、耕层理化性状、剖面性状、健康状况进行分析的基础上，充分利用地理信息系统（GIS）技术，通过空间分析、层次分析、综合指数等方法，对耕地地力、土壤健康状况和田间基础设施构成的满足农产品持续产出和质量安全的能力进行综合评价。

二、评价的原则

在评价过程中遵循以下原则：

（一）综合研究与主导因素分析相结合原则

综合研究是对耕地地力、土壤健康状况和田间基础设施等因素进行全面的研究、解析，从而更好地评价耕地质量等级。主导因素指影响耕地质量相对重要的因素，如地形部位、灌溉能力、排水能力、有机质含量等，在建立评价指标体系过程中应赋予这些因素更大的权重。因此，只有运用合理的方法将综合因素和主导因素结合起来，才能更科学地评价耕地质量等级。

（二）定性评价与定量评价相结合原则

耕地质量等级评价中，尽可能地选择定量评价的方法，定量评价采用模糊数学的方法，对收集的资料进行系统的分析和研究，对评价对象做出定量、标准、精确的判读。但由于部分评价指标不能被定量的表达出来，如地形部位、耕层质地等，需要借助特尔斐法或人工智能来定性评价。所以，耕地质量等级评价构建的是一种定性与定量相结合的评价方法。

（三）GIS 和 GPS 技术支持相结合原则

随着现代科学技术的发展与应用，GIS（地理信息系统）和 GPS（全球定位系统）技术已成为现代资源调查的有效手段，在耕地质量评价中得到广泛应用。青藏区耕地质量等级评价利用 GPS 技术对采样点位置进行精确定位，利用 GIS 技术构建耕地质量评价信息系统，综合运用空间分析、层次分析、模糊数学和综合指数等方法，对耕地质量进行快速、准确的评价。

（四）共性评价与专题研究相结合原则

青藏区耕地质量等级评价，既对青藏区现有耕地的地力水平、土壤健康状况和田间基础设施构成的质量状况，进行科学系统的评价，又充分考虑青藏区地形地貌、气候特点以及青藏区农业资源优势，对有特色的农产品种植区开展专题质量评价。青藏区由于空气比较干燥、稀薄，太阳辐射比较强，气温比较低，气候属高寒类型，主要农作物为耐寒、耐旱的青稞、小麦、豌豆等。本次评价依据调查样点数据，对长年种植的耕地进行点位评价。

三、评价的流程

本次评价以青藏区耕地为研究对象，依据《耕地质量等级》国家标准，运用GIS技术建立耕地质量等级信息系统，对收集的资料进行系统的分析和研究，综合运用空间分析、层次分析、模糊数学和综合指数等方法，对耕地质量等级进行综合评价，评价具体步骤如下：

①核定青藏区的范围，在土地利用现状图上提取耕地作为评价对象，并通过收集的数据资料，布设调查样点，采样并检测，建立耕地质量等级评价属性数据库。

②通过土壤图、行政区划图和土地利用现状图叠加形成评价单元图。

③对评价单元属性赋值，建立耕地资源管理信息系统。

④通过收集的数据资料、土壤样品重金属检测结果，对存在污染的耕地运用内梅罗综合污染指数方法进行污染评价，判定耕地的清洁程度，并提出耕地保护的方案及污染修复的建议。

⑤选取青藏区耕地质量评价指标，通过层次分析法确定各评价指标权重，采用特尔斐法确定各指标隶属度，建立耕地质量评价指标体系。

⑥计算耕地质量综合指数，划分耕地质量等级。通过对耕地质量等级结果的分析、验证，结合点位调查数据、评价指标属性以及专家建议，分析制约农业生产的障碍因素，并提出培肥改良的措施与建议（图2-2）。

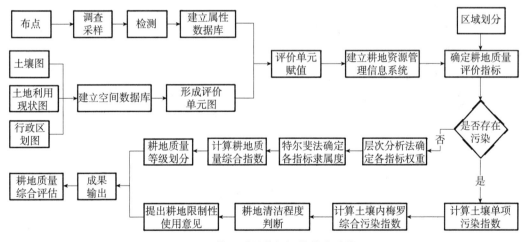

图2-2　耕地质量等级评价技术路线

四、评价单元确定

（一）评价单元选取原则

评价单元是由影响耕地质量的诸要素组成一个空间实体，是评价的最小单元。评价单元内耕地的基本条件、个体属性基本一致，不同评价单元之间既有差异又存在可比性。所以，评价单元的确定合理与否直接关系到评价结果合理性以及评价工作量的大小。经过查阅相关资料可知，评价单元的划分方法有叠置法、地块法和网格法：

1. 叠置法　即多边形法，将影响耕地质量同比例尺的相关要素图层进行叠置分析，形成封闭图斑，即得到评价单元。

影响耕地质量的图层包括土地利用现状图、土壤图、行政区划图等，叠置法既能克服土地利用类型在性质上的不均一性，又能克服土壤类型在地域边界上的不一致性问题。但多图层叠置后会生成许多小多边形，需要对图层中小于上图面积的单元进行合并。

2. 网格法　采用一定大小的规则网格覆盖评价区域范围，并形成等分单元，网格大小由地域的分等因素差异性和单元划分者的经验确定。

网格法的优点在于划分方法简单易行，形成的评价单元规整，没有细碎图斑。但青藏区地形地貌复杂，耕地分布没有明显规律，网格大小难以确定。此外，网格法会打破行政界线，不利于评价成果数据的应用管理。

3. 地块法　以底图上明显的地物界限或权属界线为基准，将耕地质量评价因素相对均一的地块划成封闭单元，即为耕地质量评价单元。

采用地块法划分评价单元，关键是底图的选择和对评价区域实际情况的了解，需深入实地，以镇、村为单位，在调查当地农业生产、耕地优劣状况基础上，在底图上勾绘形成，适用于小尺度范围的质量等级评价，其实地调绘工作量非常大，专业知识要求高。

青藏区耕地质量等级评价单元要综合地形地貌、土壤类型、土地利用现状等相关属性，同时为方便评价结果的统计分析及应用，本评价采用叠置法构建评价单元。

（二）评价单元形成

将土地利用现状图、土壤图和行政区划图三者叠加，形成的图斑作为耕地质量等级评价底图，底图的每一个图斑即为一个评价单元。叠加后每块图斑都有地类名称、土壤类型、权属坐落名称等唯一的属性。

由叠置法形成的评价底图会产生众多破碎的多边形。按照相关技术规范的要求，为了精简评价数据，更好地表达评价结果，需要对评价底图中的小图斑进行合并，最终确定青藏区耕地质量评价单元为 73 155 个（表 2-18）。在此基础上根据评价单元图数据结构添加标识码、单元编号等字段。

表 2-18　青藏区耕地质量评价单元数量

评价区	甘肃评价区	青海评价区	四川评价区	西藏评价区	云南评价区	合计
评价单元（个）	3 976	7 878	1 989	57 797	1 694	73 155
二级农业区	藏南农牧区	川藏林农牧区	青藏高寒地区		青甘牧农区	合计
评价单元（个）	37 313	23 138	2 959		9 745	73 155

（三）评价单元赋值

青藏区耕地质量等级评价单元图属性数据，包括现状地类、土壤类型、权属坐落以及评价指标、养分分级等，主要来源于点位数据、线性数据、矢量数据及外部数据表。

1. 点位数据　酸碱度、有机质、有效磷、速效钾等养分数据利用地统计学模型，分析数据的分布规律，选择不同的空间插值方法生成各指标空间分布栅格图，再与评价单元叠加分析，运用区域统计功能获取相关属性。

2. 线性数据 地形部位通过等高线地形图生成数字高程模型，同时参考青藏区地貌图以及调查点位数据判断。

3. 矢量数据 灌溉能力、排水能力、质地构型、耕层质地等依据省级耕地地力评价成果，通过空间位置获取。同时综合考虑调查点数据中的灌溉能力、排水能力、水源类型、灌溉方式、剖面构型、质地等属性进行赋值。

4. 外部数据表 行政区划名称及代码、土壤类型名称及代码、土地利用类型及代码等通过唯一字段关联行政区划图、土壤类型图、土地利用现状图数据表赋值。

五、评价指标权重确定

耕地质量等级评价中评价指标权重的确定对于整个评价过程起着重要作用，而权重系数的大小，反映了不同的指标与耕地质量间的作用关系，准确地计算各指标的权重系数，关乎到评价结果的可靠性与客观性。

确定评价指标权重的方法有专家打分法（特尔斐法）、层次分析法、多元回归法、模糊数学法、灰度理论法等。本次评价采用《耕地质量等级》（GB/T 33469—2016）中推荐的层次分析法，结合特尔菲法来确定各评价指标的权重。层次分析法就是把复杂的问题按照它们之间的隶属关系排成一定的层次，再对每一层次进行相对重要性比较，最后得出它们之间的一种关系，从而确定它们各自的权重。特尔斐法作为常用的预测方法，它能对大量非技术性的、无法定量分析的因素做出概率估算。

（1）首先是建立层次结构 对所分析的问题进行层层解剖，根据它们之间的所属关系，建立一种多层次的架构，利于问题的分析和研究。

青藏区耕地质量等级评价共选取了 16 个指标，依据指标的属性类型，建立了包括目标层、准则层、指标层的层次结构。目标层（A 层）即耕地质量，准则层（B 层）包括土壤管理、立地条件、养分状况、耕层理化性状、剖面性状、健康状况，指标层（C 层）即 16 个评价指标，详见表 2-19。

表 2-19 耕地质量等级评价层次结构

目标层		准则层		指标层	
		B1	土壤管理	C1	灌溉能力
				C2	排水能力
				C3	地形部位
		B2	立地条件	C4	海拔
				C5	农田林网化程度
		B3	土壤养分	C6	有机质
				C7	速效钾
A1	耕地质量			C8	有效磷
				C9	耕层质地
		B4	耕层理化性状	C10	土壤容重
				C11	盐渍化程度
				C12	有效土层厚度
		B5	剖面性状	C13	质地构型
				C14	障碍因素
		B6	健康状况	C15	生物多样性
				C16	清洁程度

（2）其次是构造判断矩阵　用三层结构来分析，采用特尔菲法，由青藏区 5 省（自治区）土壤肥料、生态环境、地理信息、植物营养、作物栽培、农业经济等相关领域的 15 位专家组成员分别就土壤管理（B1）、立地条件（B2）、养分状况（B3）、耕层理化性状（B4）、剖面性状（B5）和健康状况（B6）构成要素对耕地质量（A）的重要性做出判断，然后将各专家的经验赋值取平均值，从而获得准则层（B）对于目标层（A）的判断矩阵。在进行构成要素对耕地质量的重要性两两比较时，遵循以下原则：最重要的要素给 10 分，相对次要的要素分数相对减少，最不重要的要素给 1 分。同理，通过专家对评价指标之间相对准则层重要性的两两比较进行经验赋值，将各专家的经验赋值取平均值，即可分别获得指标层（C）对于准则层（B）的判断矩阵。

确定青藏区耕地质量等级评价指标权重，构造判断矩阵时，收集了地形地貌图、行政区划图、土壤图、土壤养分状况、耕地排灌条件等相关资料，在充分分析了青藏区 4 个二级农业区地形地貌、养分丰缺状况、排灌条件等特点的基础上，所有专家对准则层各构成要素以及指标层内各评价指标的重要性形成一个基本共识，再进行经验赋值。青藏区 4 个二级农业区判断矩阵如表 2-20 至表 2-47。

表 2-20　青藏高寒地区准则层判断矩阵

质量评价	立地条件	剖面性状	理化性状	土壤养分	健康状况	土壤管理	权重 W_i
立地条件	1.000 0	1.202 7	1.412 7	1.745 1	4.944 4	2.170 7	0.264 9
剖面性状	0.831 5	1.000 0	1.174 6	1.451 0	4.111 1	1.804 9	0.220 2
理化性状	0.707 9	0.851 4	1.000 0	1.235 3	3.500 0	1.536 6	0.187 5
土壤养分	0.573 0	0.689 2	0.809 5	1.000 0	2.833 3	1.243 9	0.151 8
健康状况	0.202 2	0.243 2	0.285 7	0.352 9	1.000 0	0.439 0	0.053 6
土壤管理	0.460 7	0.554 1	0.650 8	0.803 9	2.277 8	1.000 0	0.122 0

表 2-21　青藏高寒地区土壤管理层判断矩阵

土壤管理（B1）	灌溉能力（C1）	排水能力（C2）	权重 W_i
灌溉能力	1.000 0	1.444 4	0.590 9
排水能力	0.692 3	1.000 0	0.409 1

表 2-22　青藏高寒地区立地条件层判断矩阵

立地条件	地形部位	海拔	农田林网化	权重 W_i
地形部位	1.000 0	0.772 7	2.720 0	0.375 7
海拔	1.294 1	1.000 0	3.520 0	0.486 2
农田林网化	0.367 6	0.284 1	1.000 0	0.138 1

表 2-23　青藏高寒地区养分状况层判断矩阵

土壤养分	有机质	有效磷	速效钾	权重 W_i
有机质	1.000 0	1.121 2	1.608 7	0.397 8
有效磷	0.891 9	1.000 0	1.434 8	0.354 8

（续）

土壤养分	有机质	有效磷	速效钾	权重 W_i
速效钾	0.621 6	0.697 0	1.000 0	0.247 3

表 2-24 青藏高寒地区耕层理化性状层判断矩阵

理化性状	质地	容重	盐渍化程度	权重 W_i
质地	1.000 0	1.389 8	2.157 9	0.458 1
容重	0.719 5	1.000 0	1.552 6	0.329 6
盐渍化程度	0.463 4	0.644 1	1.000 0	0.212 3

表 2-25 青藏高寒地区剖面性状层判断矩阵

剖面性状	有效土层厚	质地构型	障碍因素	权重 W_i
有效土层厚	1.000 0	0.602 4	0.714 3	0.246 3
质地构型	1.660 0	1.000 0	1.185 7	0.408 9
障碍因素	1.400 0	0.843 4	1.000 0	0.344 8

表 2-26 青藏高寒地区健康状况层判断矩阵

健康状况	生物多样性	清洁程度	权重 W_i
生物多样性	1.000 0	1.311 1	0.567 3
清洁程度	0.762 7	1.000 0	0.432 7

表 2-27 藏南农牧区准则层判断矩阵

质量评价	立地条件	剖面性状	理化性状	土壤养分	健康状况	土壤管理	权重 W_i
立地条件	1.000 0	1.426 5	1.940 0	2.255 8	5.705 9	1.616 7	0.289 6
剖面性状	0.701 0	1.000 0	1.360 0	1.581 4	4.000 0	1.133 3	0.203 0
理化性状	0.515 5	0.735 3	1.000 0	1.162 8	2.941 2	0.833 3	0.149 3
土壤养分	0.443 3	0.632 4	0.860 0	1.000 0	2.529 4	0.716 7	0.128 4
健康状况	0.175 3	0.250 0	0.340 0	0.395 3	1.000 0	0.283 3	0.050 7
土壤管理	0.618 6	0.882 4	1.200 0	1.395 3	3.529 4	1.000 0	0.179 1

表 2-28 藏南农牧区土壤管理层判断矩阵

土壤管理	灌溉能力	排水能力	权重 W_i
灌溉能力	1.000 0	3.233 3	0.763 8
排水能力	0.309 3	1.000 0	0.236 2

表 2-29 藏南农牧区立地条件层判断矩阵

立地条件	地形部位	海拔	农田林网化	权重 W_i
地形部位	1.000 0	0.816 3	4.000 0	0.404 0

（续）

立地条件	地形部位	海拔	农田林网化	权重 W_i
海拔	1.225 0	1.000 0	4.900 0	0.494 9
农田林网化	0.250 0	0.204 1	1.000 0	0.101 0

表 2-30　藏南农牧区养分状况层判断矩阵

土壤养分	有机质	有效磷	速效钾	权重 W_i
有机质	1.000 0	1.384 6	2.142 9	0.456 9
有效磷	0.722 2	1.000 0	1.547 6	0.329 9
速效钾	0.466 7	0.646 2	1.000 0	0.213 2

表 2-31　藏南农牧区耕层理化性状层判断矩阵

理化性状	质地	容重	盐渍化程度	权重 W_i
质地	1.000 0	1.369 2	1.711 5	0.432 0
容重	0.730 3	1.000 0	1.250 0	0.315 5
盐渍化程度	0.584 3	0.800 0	1.000 0	0.252 4

表 2-32　藏南农牧区剖面性状层判断矩阵

剖面性状	有效土层厚	质地构型	障碍因素	权重 W_i
有效土层厚	1.000 0	0.809 0	1.358 5	0.336 4
质地构型	1.236 1	1.000 0	1.679 2	0.415 9
障碍因素	0.736 1	0.595 5	1.000 0	0.247 7

表 2-33　藏南农牧区健康状况层判断矩阵

健康状况	生物多样性	清洁程度	权重 W_i
生物多样性	1.000 0	1.262 3	0.558 0
清洁程度	0.792 2	1.000 0	0.442 0

表 2-34　川藏林农牧区准则层判断矩阵

质量评价	立地条件	剖面性状	理化性状	土壤养分	健康状况	土壤管理	权重 W_i
立地条件	1.000 0	1.465 5	1.888 9	2.297 3	6.071 4	1.888 9	0.299 3
剖面性状	0.682 4	1.000 0	1.288 9	1.567 6	4.142 9	1.288 9	0.204 2
理化性状	0.529 4	0.775 9	1.000 0	1.216 2	3.214 3	1.000 0	0.158 5
土壤养分	0.435 3	0.637 9	0.822 2	1.000 0	2.642 9	0.822 2	0.130 3
健康状况	0.164 7	0.241 4	0.311 1	0.378 4	1.000 0	0.311 1	0.049 3
土壤管理	0.529 4	0.775 9	1.000 0	1.216 2	3.214 3	1.000 0	0.158 5

表 2-35　川藏林农牧区土壤管理层判断矩阵

土壤管理	灌溉能力	排水能力	权重 Wi
灌溉能力	1.000 0	3.480 0	0.776 8
排水能力	0.287 4	1.000 0	0.223 2

表 2-36　川藏林农牧区立地条件层判断矩阵

立地条件	地形部位	海拔	农田林网化	权重 Wi
地形部位	1.000 0	1.024 7	4.150 0	0.451 1
海拔	0.975 9	1.000 0	4.050 0	0.440 2
农田林网化	0.241 0	0.246 9	1.000 0	0.108 7

表 2-37　川藏林农牧区养分状况层判断矩阵

土壤养分	有机质	有效磷	速效钾	权重 Wi
有机质	1.000 0	1.366 7	1.640 0	0.427 1
有效磷	0.731 7	1.000 0	1.200 0	0.312 5
速效钾	0.609 8	0.833 3	1.000 0	0.260 4

表 2-38　川藏林农牧区耕层理化性状层判断矩阵

理化性状	质地	容重	盐渍化程度	权重 Wi
质地	1.000 0	1.269 8	2.222 2	0.446 9
容重	0.787 5	1.000 0	1.750 0	0.352 0
盐渍化程度	0.450 0	0.571 4	1.000 0	0.201 1

表 2-39　川藏林农牧区剖面性状层判断矩阵

剖面性状	有效土层厚	质地构型	障碍因素	权重 Wi
有效土层厚	1.000 0	1.891 3	1.298 5	0.435 0
质地构型	0.528 7	1.000 0	0.686 6	0.230 0
障碍因素	0.770 1	1.456 5	1.000 0	0.335 0

表 2-40　川藏林农牧区健康状况层判断矩阵

健康状况	生物多样性	清洁程度	权重 Wi
生物多样性	1.000 0	1.259 3	0.557 4
清洁程度	0.794 1	1.000 0	0.442 6

表 2-41　青甘牧农区准则层判断矩阵

质量评价	立地条件	剖面性状	理化性状	土壤养分	健康状况	土壤管理	权重 Wi
立地条件	1.000 0	1.459 0	1.711 5	1.780 0	5.562 5	1.780 0	0.279 9
剖面性状	0.685 4	1.000 0	1.173 1	1.220 0	3.812 5	1.220 0	0.191 8

（续）

质量评价	立地条件	剖面性状	理化性状	土壤养分	健康状况	土壤管理	权重 W_i
理化性状	0.584 3	0.852 5	1.000 0	1.040 0	3.250 0	1.040 0	0.163 5
土壤养分	0.561 8	0.819 7	0.961 5	1.000 0	3.125 0	1.000 0	0.157 2
健康状况	0.179 8	0.262 3	0.307 7	0.320 0	1.000 0	0.320 0	0.050 3
土壤管理	0.561 8	0.819 7	0.961 5	1.000 0	3.125 0	1.000 0	0.157 2

表 2-42　青甘牧农区土壤管理层判断矩阵

土壤管理	灌溉能力	排水能力	权重 W_i
灌溉能力	1.000 0	2.800 0	0.736 8
排水能力	0.357 1	1.000 0	0.263 2

表 2-43　青甘牧农区立地条件层判断矩阵

立地条件	地形部位	海拔	农田林网化	权重 W_i
地形部位	1.000 0	0.858 8	2.920 0	0.398 9
海拔	1.164 4	1.000 0	3.400 0	0.464 5
农田林网化	0.342 5	0.294 1	1.000 0	0.136 6

表 2-44　青甘牧农区养分状况层判断矩阵

土壤养分	有机质	有效磷	速效钾	权重 W_i
有机质	1.000 0	1.250 0	1.666 7	0.416 7
有效磷	0.800 0	1.000 0	1.333 3	0.333 3
速效钾	0.600 0	0.750 0	1.000 0	0.250 0

表 2-45　青甘牧农区耕层理化性状层判断矩阵

理化性状	质地	容重	盐渍化程度	权重 W_i
质地	1.000 0	1.520 0	1.169 2	0.397 9
容重	0.657 9	1.000 0	0.769 2	0.261 8
盐渍化程度	0.855 3	1.300 0	1.000 0	0.340 3

表 2-46　青甘牧农区剖面性状层判断矩阵

剖面性状	有效土层厚	质地构型	障碍因素	权重 W_i
有效土层厚	1.000 0	0.785 7	1.320 0	0.330 0
质地构型	1.272 7	1.000 0	1.680 0	0.420 0
障碍因素	0.757 6	0.595 2	1.000 0	0.250 0

表 2-47　青甘牧农区健康状况层判断矩阵

健康状况	生物多样性	清洁程度	权重 W_i
生物多样性	1.000 0	1.291 7	0.563 6
清洁程度	0.774 2	1.000 0	0.436 4

（3）再次是计算权重值　通过目标层与准则层、准则层与指标层的判断矩阵，计算得到各准则层、指标层的权重，并对层次单排序、总排序进行一致性检验。青藏区 4 个二级农业区耕地质量等级评价指标权重详见表 2-48。

①根据判断矩阵计算矩阵的最大特征根与特征向量。当 P 的阶数大时，可按如下"和法"近似地求出特征向量：

$$w_i = \frac{\sum\limits_{j} P_{ij}}{\sum\limits_{i,\,j} P_{ij}}$$

式中：P_{ij} 为矩阵 P 的第 i 行第 j 列的元素。

即先对矩阵进行正规化，再将正规化后的矩阵按行相加，再将向量正规化，即可求得特征向量 W_i 的值。而最大特征根可用下式求算：

$$\lambda_{\max} = \frac{1}{n} \sum_{i=1}^{n} \frac{(PW)_i}{(W)_i}$$

式中：$(W)_i$ 表示 W 的第 i 个向量。

②一致性检验。根据公式：

$$CI = \frac{\lambda_{\max} - n}{n - 1} \text{ 和 } CR = CI/RI$$

式中：CI 为一致性指标；CR 为判断矩阵的随机一致性；RI 为平均随机一致性指标。若 $CR < 0.1$，则说明该判断矩阵具有满意的一致性，否则应作进一步的调整。

③层次总排序一致性检验。根据以上求得各层次间的特征向量值（权重），求算总的 CI 值，再对 CR 作出判断。

表 2-48　青藏区二级农业区耕地质量等级评价指标权重

藏南农牧区		川藏农林牧区		青甘牧农区		青藏高寒地区	
评价指标	指标权重	评价指标	指标权重	评价指标	指标权重	评价指标	指标权重
海拔	0.143 3	地形部位	0.135 0	海拔	0.130 0	海拔	0.128 8
灌溉能力	0.136 8	海拔	0.131 8	灌溉能力	0.115 9	地形部位	0.099 5
地形部位	0.117 0	灌溉能力	0.123 1	地形部位	0.111 6	质地构型	0.090 0
质地构型	0.084 4	有效土层厚度	0.088 8	质地构型	0.080 6	耕层质地	0.085 9
有效土层厚度	0.068 3	耕层质地	0.070 8	有机质	0.065 5	障碍因素	0.075 9
耕层质地	0.064 5	障碍因素	0.068 4	耕层质地	0.065 1	灌溉能力	0.072 1
有机质	0.058 6	土壤容重	0.055 8	有效土层厚度	0.063 3	土壤容重	0.061 8
障碍因素	0.050 3	有机质	0.055 6	盐渍化程度	0.055 6	有机质	0.060 4
土壤容重	0.047 1	质地构型	0.047 0	有效磷	0.052 4	有效土层厚度	0.054 2

（续）

藏南农牧区		川藏农林牧区		青甘牧农区		青藏高寒地区	
评价指标	指标权重	评价指标	指标权重	评价指标	指标权重	评价指标	指标权重
有效磷	0.042 4	有效磷	0.040 7	障碍因素	0.048 0	有效磷	0.053 9
排水能力	0.042 3	排水能力	0.035 4	土壤容重	0.042 8	排水能力	0.049 9
盐渍化程度	0.037 7	速效钾	0.033 9	排水能力	0.041 4	盐渍化程度	0.039 8
农田林网化	0.029 2	农田林网化	0.032 5	速效钾	0.039 3	速效钾	0.037 5
生物多样性	0.028 3	盐渍化程度	0.031 9	农田林网化	0.038 2	农田林网化	0.036 6
速效钾	0.027 4	生物多样性	0.027 5	生物多样性	0.028 4	生物多样性	0.030 4
清洁程度	0.022 4	清洁程度	0.021 8	清洁程度	0.022 0	清洁程度	0.023 2

六、评价指标隶属度确定

（一）隶属函数建立的方法

模糊数学提出模糊子集、隶属函数和隶属度的概念。任何一个模糊性的概念就是一个模糊子集。在一个模糊子集中取值范围在 0～1 之间，隶属度是在模糊子集概念中的隶属程度，即作用大小的反映，一般用隶属度值来表示。隶属函数是解释模糊子集即元素与隶属度之间的函数关系，隶属度可用隶属函数来表达，采取特尔斐法和隶属函数法确定各评价指标的隶属函数，主要有以下几种隶属函数：

1. 戒上型函数模型 适合这种函数模型的评价因子，其数值越大，相应的耕地质量水平越高，但到了某一临界值后，其对耕地质量的正贡献效果也趋于恒定。

$$y_i = \begin{cases} 0 & u_i \leqslant u_t \\ 1/[1+a_i(u_i-c_i)^2], & u_t < u_i < c_i \\ 1 & c_i \leqslant u_i \end{cases}$$

式中：y_i 为第 i 个因子的隶属度；u_i 为样品实测值；c_i 为标准指标；a_i 为系数；u_t 为指标下限值。

2. 戒下型函数模型 适合这种函数模型的评价因子，其数值越大，相应的耕地质量水平越低，但到了某一临界值后，其对耕地质量的负贡献效果也趋于恒定。

$$y_i = \begin{cases} 0 & u_i \leqslant u_t \\ 1/[1+a_i(u_i-c_i)^2], & c_i < u_i < u_t \\ 1 & u_i \leqslant c_i \end{cases}$$

式中：u_t 为指标上限值。

3. 峰型函数模型 适合这种函数模型的评价因子，其数值离一特定的范围距离越近，相应的耕地质量水平越高。

$$y_i = \begin{cases} 0 & u_i > u_{t1} \text{ 或 } u < u_{t2} \\ 1/[1+a_i(u_i-c_i)^2], & u_{t1} < u_i < u_{t2} \\ 1 & u_i \leqslant c_i \end{cases}$$

式中：u_{t1}、u_{t2} 分别为指标上、下限值。

4. 直线型函数模型 适合这种函数模型的评价因子，其数值的大小与耕地质量水平呈直线关系。

$$y_i = a_i u_i + b$$

式中：a_i 为系数；b 为截距。

5. 概念型指标　这类指标其性状是定性的、非数值性的，与耕地质量之间是一种非线性的关系。这类评价指标不需要建立隶属函数模型，用特尔菲法直接给出隶属度。

（二）概念型指标隶属度的确定

根据模糊数学的理论，将选定的评价指标与耕地质量之间的关系分为戒上型函数模型、峰型函数模型以及概念型指标3种类型。其中地形部位、灌溉能力、排水能力、耕层质地、质地构型、障碍因素、农田林网化程度、生物多样性、清洁程度、盐渍化程度10个定性指标为概念型指标，采用特尔斐法直接给出隶属度。

为了尽量减少人为因素的干扰以及易于数据的处理，需要对定性指标进行定量化处理，根据各评价指标对耕地质量影响的程度赋予相应的隶属度。确定青藏区耕地质量等级评价指标隶属度时，对各评价指标类型进行归并、补充后，通过特尔菲法对每个评价指标类型进行专家打分，其平均值作为评价指标类型的隶属度。以地形部位为例，青藏区地形地貌复杂多样，耕地所处的地形部位种类繁多，包括河流宽谷阶地、河流低谷地、洪积扇前缘、坡积裙、台地、湖盆阶地、洪积扇中后部、起伏侵蚀高台地、山地坡上、山地坡中、山地坡下。经分析，专家们一致认为青藏区地形部位可归纳为阶地、谷地、洪积扇、台地、坡地。整体而言，阶地的地形部位最优，谷地次之，山地较差。在此基础上，专家们依据经验给各评价指标类型进行打分，其平均值即为各类型的最终隶属度。评价指标及其类型的隶属度如表2-49至表2-57所示。

表 2-49　地形部位专家打分

地形部位	河流宽谷阶地	河流低谷地	洪积扇前缘	坡积裙	台地	湖盆阶地	山地坡下	洪积扇中后部	山地坡中	起伏侵蚀高台地	山地坡上
分值	0.95	0.85	0.84	0.79	0.64	0.58	0.56	0.53	0.46	0.37	0.27

表 2-50　灌溉能力和排水能力专家打分

灌溉能力/排水能力	充分满足	满足	基本满足	不满足
分值	1.0	0.8	0.6	0.3

表 2-51　质地构型专家打分

质地构型	薄层型	松散型	紧实型	夹层型	上紧下松型	上松下紧型	海绵型
分值	0.30	0.35	0.70	0.60	0.50	1.00	0.90

表 2-52　耕层质地专家打分

耕层质地	砂土	砂壤	轻壤	中壤	重壤	黏土
分值	0.4	0.7	0.9	1.0	0.8	0.6

表 2-53　障碍因素专家打分

障碍因素	盐碱	瘠薄	酸化	渍潜	障碍层次	沙化	无
分值	0.4	0.6	0.6	0.5	0.5	0.5	1.0

表 2-54　农田林网化程度专家打分

农田林网化	高	中	低
分值	1.00	0.85	0.75

表 2-55　生物多样性专家打分

生物多样性	丰富	一般	不丰富
分值	1.00	0.85	0.75

表 2-56　清洁程度专家打分

清洁程度	清洁	尚清洁
分值	1.00	0.75

表 2-57　盐渍化程度专家打分

盐渍化程度	轻度	中度	重度	无
分值	0.85	0.75	0.40	1.00

（三）函数型指标经验分值的确定

函数型指标需要建立隶属函数模型确定其隶属度。海拔、土壤容重 2 个指标构建峰型隶属函数；有效土层厚度、有机质、有效磷、速效钾 4 个指标构建戒上型隶属函数。建立隶属函数模型前，需要对指标值域范围内某些特定值进行专家经验赋值，函数型指标及其类型的专家打分表详见表 2-58 至表 2-63。

表 2-58　青藏区各二级农业区海拔专家打分

青甘牧农区	海拔（m）	1 650	1 800	2 000	2 500	2 800	3 000	3 200	3 500	3 800			
	分值	1.00	0.95	0.90	0.80	0.75	0.70	0.60	0.50	0.30			
川藏林农牧区	海拔（m）	150	400	600	800	1 200	1 600	2 000	2 400	2 800	3 200	3 600	4 000	4 500
	分值	1.00	0.98	0.96	0.94	0.91	0.85	0.75	0.65	0.55	0.45	0.30	0.20	0.10
藏南农牧区	海拔（m）	80	150	500	1 000	1 500	2 000	2 500	3 000	3 500	4 000	4 500		
	分值	1.00	0.95	0.80	0.70	0.60	0.55	0.50	0.45	0.40	0.30	0.20		
青藏高寒农牧区	海拔（m）	700	1 000	1 500	2 000	2 500	3 000	3 500	4 000	4 200	4 500			
	分值	1.00	0.96	0.90	0.85	0.75	0.60	0.50	0.40	0.30	0.10			

表 2-59　土壤容重专家打分

土壤容重	0.8	1.0	1.1	1.2	1.3	1.4	1.5	1.6	1.8	2.0
分值	0.4	0.6	0.8	0.9	1.0	0.9	0.8	0.7	0.4	0.2

表 2-60　有效土层厚度专家打分

有效土层厚度	10	20	30	40	50	60	70	80	100
分值	0.10	0.25	0.40	0.60	0.70	0.80	0.90	0.95	1.000

表 2-61　有机质专家打分

有机质	2	5	10	15	20	25	30	35	45	60
分值	0.10	0.25	0.40	0.60	0.75	0.85	0.90	0.95	0.97	1.00

表 2-62　有效磷专家打分

有效磷	5	10	15	20	25	30	40	50
分值	0.20	0.35	0.60	0.75	0.80	0.95	0.98	1.00

表 2-63　速效钾专家打分

速效钾	20	50	80	100	120	150	200	250	300	400
分值	0.20	0.50	0.60	0.70	0.75	0.80	0.85	0.90	0.95	1.00

（四）隶属函数拟合

函数型指标在确定其评价指标值域范围内某些特定值的隶属度后，需要进行隶属函数拟合，运用耕地资源管理信息系统中的拟合函数工具进行拟合（表 2-64）。

表 2-64　耕地质量等级评价函数型指标及其隶属函数

评价指标	隶属函数	函数类型	C 值	U_1值	U_2值	a	b	备注
有机质	$Y=1/[1+a(U-C)^2]$	戒上型	45.690 316	5.0	45.0	0.000 920		
有效磷	$Y=1/[1+a(U-C)^2]$	戒上型	40.438 873	3.0	40.0	0.001 324		
速效钾	$Y=1/[1+a(U-C)^2]$	戒上型	322.935 272	10	322	0.000 013		
海拔	$Y=b-aU$	负直线型		80.0	4 800.0	0.000 161	0.918 331	藏南农牧区
海拔	$Y=b-aU$	负直线型		550.0	4 600.0	0.000 216	1.116 926	川藏林农牧区
海拔	$Y=b-aU$	负直线型		1 690.0	3 800.0	0.000 278	1.467 910	青甘牧农区
海拔	$Y=b-aU$	负直线型		600.0	4 600.0	0.000 205	1.117 359	青藏高寒地区
土壤容重	$Y=1/[1+a(U-C)^2]$	峰型	1.309 506	0.50	2.00	6.347 613		
有效土层厚度	$Y=1/[1+a(U-C)^2]$	戒上型	86.018 551	10	85	0.000 462		

七、耕地质量等级确定

（一）计算耕地质量综合指数

根据《耕地质量等级》（GB/T 33469—2016），采用累加法计算耕地质量综合指数。

$$P = \sum (F_i \times C_i)$$

式中：P 为耕地质量综合指数（Integrated Fertility Index）；F_i 为第 i 个评价指标的隶

属度；C_i 为第 i 个评价指标的组合权重。

（二）划分耕地质量等级

《耕地质量等级》（GB/T 33469—2016）将耕地质量划分为 10 个等级，一等地耕地质量最高，十等地耕地质量最低。青藏区在耕地质量等级划分时，制作了评价单元综合指数频率分布图和综合指数分布曲线图，分析了综合指数频率骤降点及曲线斜率突变点，结合 4 个二级农业区综合指数分布情况，将耕地质量最高等范围确定为综合指数≥0.857 3，最低等综合指数≤0.635 0，中间二至九等地通过等距划分，综合指数间距为 0.018 9，最终确定耕地质量等级划分方案（表 2-65）。

表 2-65　耕地质量等级划分方案

耕地质量等级	综合指数	耕地质量等级	综合指数
一等地	≥0.857 3	六等地	0.722 0～0.751 1
二等地	0.838 4～0.857 3	七等地	0.692 9～0.722 0
三等地	0.809 3～0.838 4	八等地	0.663 8～0.692 9
四等地	0.780 2～0.809 3	九等地	0.635 0～0.663 8
五等地	0.751 1～0.780 2	十等地	≤0.635 0

八、耕地质量等级图编制

编制青藏区耕地质量等级分布图，主要包括以下几个步骤：

①收集整理相关资料，包括行政界线、河流水系、等高线等地理基础要素以及评价单元图、土壤图等专题要素数据。

②对所有空间数据按照标准的数据格式要求进行坐标投影转换，并完善相关图层属性数据。

③按照规范对图层数据进行符号样式、注记方式、图幅要素设置，点、线、面数据由上往下依次叠加，符号样式大小依据比例尺大小相应地修改，注记标注之间相互覆盖、重叠的情况需要合理的调整。

④根据要求设置图件的大小，添加图名、图廓、图例、比例尺、指北针、地理位置示意图等图幅辅助要素，输出成果图件。

九、评价结果验证

为了保证评价结果的科学性、合理性与准确性，在耕地质量等级评价初步结果的基础上开展评价结果验证工作。具体采用了以下方法进行耕地质量评价结果的验证。

（一）产量验证

作物产量是耕地质量的直接体现。通常情况下，质量等级高的耕地其作物产量水平也较高；质量等级低的耕地则受到相关限制因素的影响，作物产量水平也较低。因此，可将评价结果中各等级耕地质量对应的农作物调查产量进行对比统计。分析不同质量等级耕地的产量水平，通过产量的差异来判断评价结果是否科学合理。

青藏区产量验证通过主栽作物为青稞的调查点进行验证。从青藏区耕地质量调查点中选择代表各等级青稞产量的 1 884 个调查点，从表 2-66 中可以看出，耕地质量评价的等级结果与青稞平均产量具有较好的关联性，R^2 为 0.990 7，呈显著相关性。高等级的耕地对应较高的青稞产量，说明评价结果总体上较好地符合了青藏区耕地的实际情况，具有较好的科学性和可靠性，能够较真实地反映青藏区耕地的综合生产能力。

表 2-66 不同质量等级青稞调查点及年平均产量（kg/hm²）

耕地质量等级	一等地	二等地	三等地	四等地	五等地	六等地	七等地	八等地	九等地	十等地
平均亩产（kg）	525	500	475	400	385	350	310	252	226	195

（二）对比验证

对评价结果进行合规性自查，一般需满足以下规则：各耕地质量等级的面积比例总体呈正态分布；不同土壤类型的耕地质量等级具有一定的差异，但遵循一定的规律，如河流低谷地和河流宽谷阶地的有效土层相对深厚，肥力较高，评价结果其耕地质量等级相对较高。山地坡中和山地坡下由于水土流失严重，造成土壤养分流失，肥力较低，耕地质量等级相对较低。

不同的耕地质量等级应与其相应的评价指标值相对应。高等级耕地应体现较为优良的耕地理化性状，而低等级耕地则对应较劣的耕地理化性状。因此可分析评价结果中不同耕地质量等级对应的评价指标值，通过比较不同等级的指标差异，分析耕地质量评价结果的合理性。

选取影响青藏区耕地质量较大的灌溉能力为例。一等地、二等地、三等地的灌溉能力以"满足"为主；七等地、八等地、九等地和十等地以"基本满足和不满足"为主；灌溉能力为"充分满足"和"满足"的耕地面积较少，"基本满足"的耕地质量等级主要集中在四等地至六等地，"不满足"的主要集中在七等地至九等地。可见，评价结果与灌溉能力指标有较好的对应关系，说明评价结果较为合理可信（表 2-67）。

表 2-67 耕地质量等级对应的灌溉能力占比情况（khm²，%）

灌溉能力		一等地	二等地	三等地	四等地	五等地	六等地	七等地	八等地	九等地	十等地
充分满足	面积	0.03	0.05	1.50	2.70	18.00	14.90	4.90	3.60	0.30	—
	比例	24.30	8.60	175.80	79.60	170.40	89.00	31.60	24.20	2.30	—
满足	面积	0.90	4.70	4.70	9.00	22.90	36.50	39.90	39.40	26.40	34.40
	比例	766.00	760.70	538.90	262.50	217.00	217.40	257.50	266.60	209.10	303.10
基本满足	面积	0.20	1.40	2.50	21.50	45.50	62.30	51.80	32.90	32.30	47.90
	比例	209.70	230.60	285.30	628.80	431.80	371.00	334.00	222.60	256.40	422.00
不满足	面积				1.00	19.10	54.10	58.50	71.90	67.10	31.20
	比例				29.10	180.80	322.60	376.90	486.60	532.20	274.90
合计	面积	1.10	6.10	8.70	34.20	105.40	167.80	155.10	147.80	126.10	113.60
	比例	100.00	100.00	100.00	100.00	100.00	100.00	100.00	100.00	100.00	100.00

（三）专家验证

通过邀请对本地区耕地质量及综合因素熟悉的专家进行评价结果的验证，是保证评价结果地域分布与实际相符的重要手段。邀请青藏区各个省（自治区）熟悉本省耕地质量状况的专家以及各省（自治区）土肥站的技术骨干，召开青藏区耕地质量等级评价成果研讨会，对评价指标权重、隶属函数建立、评价过程属性赋值、评价结果计算等进行系统验证。由相关技术人员现场操作，对青藏区各省（自治区）耕地质量等级评价结果逐一进行专家验证，从宏观上把握耕地质量分布的规律性是否吻合，发现评价等级与实地高产区、低产区有出入的地方，查看评价相关属性，进行综合分析，找出原因，通过反复细致的验证与修正，使评价结果更加科学合理。

（四）实地验证

根据耕地质量等级分布图，对各等级耕地，随机选取评价单元，对其属性信息进行调查分析，获取不同等级耕地的土壤、自然及社会经济信息指标数据，综合分析评价结果的科学合理性。本次评价的实地验证工作由青藏区5省（自治区）土壤肥料部门分别组织人员开展。首先，根据各个质量等级耕地的空间分布状况，选取具有代表性的典型样点，各省（自治区）每一个质量等级耕地选取10～15个样点，进行实地调查并查验相关的立地条件、土壤理化性状指标及土壤管理信息，以验证评价结果是否符合实际情况。

以青海为例，在不同质量等级耕地内各选取约15个样点进行实地调查，收集样点自然状况、土壤理化性状及社会经济等方面资料，比较不同质量等级耕地的差异性及与评价结果的相符性。从表2-68可以看出，不同质量等级耕地在地形部位、耕层质地、灌溉能力及作物产量等方面均表现出明显的差异性，且与不同评价等级特征基本相符。质量等级较高的耕地其地形部位、有效土层厚度、耕层质地等指标描述类型均相对较好。通过对不同质量等级耕地的立地条件、土壤性质等方面的对比，评价结果与实地调查结果一致，基本符合实际情况。

表 2-68 青海省不同质量等级耕地典型地块实地调查信息对照

样点编号	耕地质量等级	地点	地形部位	土类	质地	有效土层厚度（cm）	灌溉能力	排水能力	主栽作物	作物亩产（kg）
1	一等地	格尔木市	河流宽谷阶地	灰棕漠土	中壤	95	充分满足	满足	青稞	500
2	二等地	格尔木市	河流宽谷阶地	灰棕漠土	中壤	90	满足	满足	枸杞	200
3	三等地	乌兰县	河流低谷地	棕钙土	轻壤	85	满足	满足	青稞	400
4	四等地	贵南县	河流宽谷阶地	栗钙土	中壤	80	满足	满足	小麦	400
5	五等地	共和县	洪积扇前缘	栗钙土	轻壤	85	基本满足	满足	青稞	350
6	六等地	同德县	河流宽谷阶地	栗钙土	砂壤	77	满足	满足	小麦	341
7	七等地	海晏县	洪积扇前缘	栗钙土	砂壤	60	满足	基本满足	青稞	289
8	八等地	玉树市	山地坡中	山地草甸土	砂壤	60	基本满足	基本满足	青稞	245
9	九等地	门源回族自治县	山地坡中	黑钙土	砂壤	45	不满足	基本满足	青稞	240
10	十等地	囊谦县	山地坡中	高山草甸土	砂壤	40	不满足	基本满足	青稞	155

第五节　耕地土壤养分等专题图件编制方法

一、图件编制步骤

为了更好地表达评价成果，直观地分析耕地土壤养分含量的分布情况，需要编制土壤养分专题图件。

耕地土壤养分数据主要来源于野外调查采样点，依据土壤调查采样点中的经纬度坐标信息，生成采样点点位图，设置坐标投影，与评价单元图空间位置上保持一致。核实点位数据的准确性，对偏离青藏区范围或坐落位置的漂移点位进行纠正，再通过空间插值的方法生成养分数据栅格图。依据栅格图与评价单元图的空间位置关系，计算各评价单元的土壤养分值，按照确定的养分分级标准划分等级并用 ArcGIS 编图工具绘制土壤养分含量分布图。

二、图件插值处理

利用地统计学模型，通过空间插值的方法生成各养分空间分布栅格图。空间插值前先利用 ArcGIS 中 Geostatistical Analyst 模块中的 Normal QQ plot 工具对数据进行正态分布分析，剔除异常值后选择合适的空间插值方法，空间插值利用反距离权重法（Inverse Distance Weighting）、克里金法（Kriging）两种方法分别插值，其中 Kriging 插值时分别选取 Spherical、Exponential、Gaussian 3 种不同模型进行插值，选择最优的模型进行插值。考虑到生成的养分栅格图并未全域覆盖评价范围，需要用青藏区行政界线对养分栅格图进行延展。依据评价单元图与养分栅格图的空间对应关系，通过 Spatial Analyst 空间分析模块 Zonal statistics 工具进行空间叠加分析，将栅格数据中的养分值赋给评价单元。

三、图件清绘整饰

对专题图件进行整饰，可以使图件布局更加合理、美观。首先将空间数据图层按照点、线、面由上往下依次叠加放置，确定图件纸张大小，设定图件输出比例尺，设置各个图层的符合样式，包括点位的大小、线条的粗细、养分含量等级的颜色等。然后根据规范标注相关图层的注记，包括地名注记点、道路名称、养分等级等。最后再根据要求添加图名、图廓、图例、比例尺、指北针、地理位置示意图、坐标投影、编制单位、编制日期等图幅辅助要素，输出成果图件。

第三章 耕地质量等级分析

第一节 耕地质量等级面积与分布

一、耕地质量等级

依据《耕地质量等级》标准，采用累加法计算耕地质量综合指数，通过计算各评价单元的综合指数，形成耕地质量综合指数分布曲线，根据曲线斜率的突变点确定最高等、最低等综合指数的临界点，再采用等距法将青藏区耕地按质量等级由高到低依次划分为一等至十等，各等级面积比例及分布如表3-1所示。

青藏区耕地面积 1 067.55khm²，其中，一等地面积为 1.17khm²，占青藏区耕地面积的比例是 0.11%；二等地面积为 6.44khm²，占 0.60%；三等地面积为 9.98khm²，占 0.93%；四等地面积为 38.64khm²，占 3.62%；五等地面积为 120.08khm²，占 11.25%；六等地面积为 188.84khm²，占 17.69%；七等地面积为 192.89khm²，占 18.07%；八等地面积为 185.16khm²，占 17.34%；九等地面积为 157.06khm²，占 14.71%；十等地面积为 167.29khm²，占 15.68%。耕地质量加权平均等为 7.35 等，青藏区耕地质量整体属于低等水平。

表 3-1　青藏区耕地质量等级面积与比例

耕地质量等级	综合指数	面积（khm²）	比例（%）
一等地	≥0.885 0	1.17	0.11
二等地	0.861 9～0.885 0	6.44	0.60
三等地	0.838 8～0.861 9	9.98	0.93
四等地	0.815 7～0.838 8	38.64	3.62
五等地	0.792 6～0.815 7	120.08	11.25
六等地	0.769 5～0.792 6	188.84	17.69
七等地	0.746 4～0.769 5	192.89	18.07
八等地	0.723 3～0.746 4	185.16	17.34
九等地	0.700 2～0.723 3	157.06	14.71
十等地	<0.700 2	167.29	15.68
总计		1 067.55	100.00

青藏区高等地（一等地至三等地）面积 17.58khm²，占青藏区耕地面积的 1.65%。主要分布在青海省海西蒙古族藏族自治州。主要地貌为河流低谷地、河流宽谷阶地、洪积扇前缘，以灰棕漠土、黑钙土、草甸盐土和褐土为主。这部分耕地基础地力较好，产量高，没有

明显障碍因素。

　　中等地（四等地至六等地）面积 347.57khm²，占青藏区耕地面积的 32.56%。主要分布在甘肃省甘南藏族自治州、青海省海南藏族自治州、四川省阿坝藏族羌族自治州和甘孜藏族自治州、西藏自治区林芝市。主要地貌为山地坡下、河流宽谷阶地、山地坡中、河流低谷地，以赤红壤、褐土、栗钙土和砖红壤为主。这部分耕地土壤熟化度低，供肥性能较差，基础地力中等水平，是粮食增产潜力较大的区域。

　　低等地（七等地至十等地）面积 702.40khm²，占青藏区耕地面积的 65.79%。主要分布在甘肃省甘南藏族自治州、青海省海北藏族自治州、四川省甘孜藏族自治州、西藏自治区昌都市、拉萨市、日喀则市和山南市、云南省迪庆藏族自治州。主要地貌为山地坡下、山地坡中、河流宽谷阶地、洪积扇后中部和湖盆阶地等，以灌丛草原土、亚高山草原土和亚高山草甸土为主。这部分耕地基础地力相对差，土壤存在碱、酸、瘦、薄等障碍因素。

　　评价区域内共有 42 个土类，分别是暗棕壤、草甸土、草甸盐土、草毡土、潮土、赤红壤、粗骨土、风沙土、灌漠土、灌淤土、寒冻土、寒钙土、寒漠土、褐土、黑钙土、黑垆土、黑毡土、红壤、黄褐土、黄壤、黄棕壤、灰钙土、灰褐土、灰化土、灰棕漠土、冷钙土、冷漠土、冷棕钙土、栗钙土、林灌草甸土、漠境盐土、山地草甸土、石灰（岩）土、石质土、水稻土、新积土、沼泽土、砖红壤、紫色土、棕钙土、棕壤、棕色针叶林土。其中黑毡土、冷棕钙土、栗钙土、灰褐土和草甸土占的比例较大，分别占青藏区耕地总面积的 10.39%、9.43%、8.98%、8.53% 和 8.38%。

二、耕地质量等级在不同农业区划中的分布

　　青藏区划分为青甘牧农区、藏南农牧区、青藏高寒地区、川藏林农牧区 4 个二级农业区，各二级农业区耕地质量等级情况见表 3-2。

表 3-2　青藏区耕地质量等级面积与比例（按二级农业区划）

耕地质量等级	面积与比例	青甘牧农区	藏南农牧区	青藏高寒地区	川藏林农牧区	小计
一等地	面积（khm²）	0.91	—	—	0.26	1.17
	所占比例（%）	0.09	—	—	0.02	0.11
二等地	面积（khm²）	5.11	—	—	1.33	6.44
	所占比例（%）	0.48	—	—	0.12	0.60
三等地	面积（khm²）	6.37	—	—	3.61	9.98
	所占比例（%）	0.60	—	—	0.34	0.93
四等地	面积（khm²）	23.50	—	0.92	14.22	38.64
	所占比例（%）	2.20	—	0.09	1.33	3.62
五等地	面积（khm²）	56.26	0.81	9.06	53.95	120.08
	所占比例（%）	5.27	0.08	0.85	5.05	11.25

（续）

耕地质量等级	面积与比例	青甘牧农区	藏南农牧区	青藏高寒地区	川藏林农牧区	小计
六等地	面积（khm²）	79.63	10.46	16.12	82.63	188.84
	所占比例（%）	7.46	0.98	1.51	7.74	17.69
七等地	面积（khm²）	58.05	53.42	7.46	73.96	192.89
	所占比例（%）	5.44	5.00	0.70	6.93	18.07
八等地	面积（khm²）	54.57	64.74	10.48	55.37	185.16
	所占比例（%）	5.11	6.06	0.98	5.19	17.34
九等地	面积（khm²）	46.37	65.73	9.15	35.81	157.06
	所占比例（%）	4.34	6.16	0.86	3.35	14.71
十等地	面积（khm²）	11.11	109.16	5.98	41.04	167.29
	所占比例（%）	1.04	10.22	0.56	3.84	15.68
总计	面积（khm²）	341.88	304.32	59.17	362.18	1 067.55
	所占比例（%）	32.02	28.51	5.54	33.93	100.00

（一）青甘牧农区耕地质量等级

青甘牧农区耕地面积 341.88khm²，占青藏区耕地总面积的 32.02%。其中，一等地面积为 0.91khm²，占青甘牧农区耕地面积的比例是 0.09%；二等地面积为 5.11khm²，占 0.48%；三等地面积为 6.37khm²，占 0.60%；四等地面积为 23.50khm²，占 2.20%；五等地面积为 56.26khm²，占 5.27%；六等地面积为 79.63khm²，占 7.46%；七等地面积为 58.05khm²，占 5.44%；八等地面积为 54.57khm²，占 5.11%；九等地面积为 46.37khm²，占 4.34%；十等地面积为 11.11khm²，占 1.04%。

（二）藏南农牧区耕地质量等级

藏南农牧区耕地面积 304.32khm²，占青藏区耕地总面积的 28.51%。其中，一等地到四等地没有分布，五等地面积为 0.81khm²，占藏南农牧区耕地面积的比例是 0.08%；六等地面积为 10.46khm²，占 0.98%；七等地面积为 53.42khm²，占 5.00%；八等地面积为 64.74khm²，占 6.06%；九等地面积为 65.73khm²，占 6.16%；十等地面积为 109.16khm²，占 10.22%。

（三）青藏高寒地区耕地质量等级

青藏高寒地区耕地面积 59.17khm²，占青藏区耕地总面积的比例是 5.54%。其中，一等地到三等地没有分布，四等地面积为 0.92khm²，占青藏高寒地区耕地面积的比例是 0.09%；五等地面积为 9.06khm²，占 0.85%；六等地面积为 16.12khm²，占 1.51%；七等地面积为 7.46khm²，占 0.70%；八等地面积为 10.48khm²，占 0.98%；九等地面积为 9.15khm²，占 0.86%；十等地面积为 5.98khm²，占 0.56%。

（四）川藏林农牧区耕地质量等级

川藏林农牧区耕地面积 362.18khm²，占青藏区耕地总面积的 33.93%。其中，一等地面积为 0.26khm²，占川藏林农牧区耕地面积的比例是 0.02%；二等地面积为 1.33khm²，占0.12%；三等地面积为3.61khm²，占0.34%；四等地面积为14.22khm²，占1.33%；五等地面积为53.95khm²，占5.05%；六等地面积为82.63khm²，占7.74%；七等地面积为73.96khm²，占6.93%；八等地面积为55.37khm²，占5.19%；九等地面积为35.81khm²，占3.35%；十等地面积为41.04khm²，占3.84%。

三、耕地质量等级在不同评价区中的分布

青藏区从行政区划上划分为甘肃评价区、青海评价区、四川评价区、西藏评价区、云南评价区5个评价区，各评价区耕地质量分布情况见表3-3。

表3-3　青藏区耕地质量等级面积与比例（按行政区划）

耕地质量等级	面积与比例	甘肃评价区	青海评价区	四川评价区	西藏评价区	云南评价区	小计
一等地	面积（khm²）	—	0.91	0.23	—	0.03	1.17
	所占比例（%）	—	0.09	0.02	—	—	0.11
二等地	面积（khm²）	—	5.11	1.24	0.03	0.05	6.43
	所占比例（%）	—	0.48	0.12	—	—	0.06
三等地	面积（khm²）	—	6.37	0.52	1.63	1.46	9.98
	所占比例（%）	—	0.60	0.05	0.15	0.14	0.93
四等地	面积（khm²）	0.03	23.47	7.18	6.52	1.44	38.64
	所占比例（%）	—	2.20	0.67	0.61	0.14	3.62
五等地	面积（khm²）	22.39	33.87	37.79	20.64	5.39	120.08
	所占比例（%）	2.10	3.17	3.54	1.93	0.50	11.25
六等地	面积（khm²）	40.94	38.69	62.66	30.55	16.01	188.85
	所占比例（%）	3.84	3.62	5.87	2.86	1.50	17.69
七等地	面积（khm²）	32.05	26.81	48.68	66.27	19.08	192.89
	所占比例（%）	3.00	2.51	4.56	6.21	1.79	18.07
八等地	面积（khm²）	45.24	15.68	30.65	81.54	12.05	185.16
	所占比例（%）	4.24	1.47	2.87	7.64	1.13	17.34
九等地	面积（khm²）	19.83	33.81	6.26	86.14	11.02	157.06
	所占比例（%）	1.86	3.17	0.59	8.07	1.03	14.71
十等地	面积（khm²）	2.38	8.79	2.61	151.03	2.48	167.29
	所占比例（%）	0.22	0.82	0.24	14.15	0.23	15.67
总计	面积（khm²）	162.87	193.51	197.81	444.82	69.00	1 067.55
	所占比例（%）	15.26	18.13	18.53	41.62	6.46	100.00

（一）甘肃评价区耕地质量等级

甘肃评价区主要包括武威市天祝县和甘南藏族自治州（表 3-4），耕地面积 162.87km²，耕地质量等级在四等地至十等地上均有分布，中等地（四等地至六等地）面积 63.37km²，占 38.91%；低等地（七等地至十等地）面积 99.50km²，占 61.09%。加权平均等是 7.04 等，耕地质量等级属于中下等水平。

中等地主要分布在武威市天祝县和甘南藏族自治州临潭县。面积分别为 22.71km² 和 22.31km²，武威市中等地占全市耕地面积的比例为 39.92%，甘南藏族自治州中等地占全州耕地面积的比例为 38.36%。

低等地主要分布在武威市天祝县、甘南藏族自治州卓尼县和临潭县，面积分别是 34.19km²、19.26km² 和 15.15km²。武威市低等地占全市耕地面积的比例是 60.08%，甘南藏族自治州低等地占全州耕地面积的比例是 61.64%。

（二）青海评价区耕地质量等级

青海评价区主要包括果洛藏族自治州、海北藏族自治州、海南藏族自治州、海西蒙古族藏族自治州、黄南藏族自治州和玉树藏族自治州 6 个自治州（表 3-5），耕地面积合计 193.51km²，耕地质量等级在一等地至十等地上均有分布，其中高等地面积 12.38km²，占 6.40%；中等地面积 96.03km²，占 49.63%；低等地面积 85.10km²，占 43.98%。加权平均等是 6.36 等，耕地质量等级属于中等偏下水平。

高等地主要分布在海西蒙古族藏族自治州。海西蒙古族藏族自治州高等地面积合计 10.14km²，占全州耕地面积的比例是 20.84%。

中等地主要分布在海南藏族自治州。海南藏族自治州中等地面积合计 47.89km²，占全州耕地面积的比例是 68.79%。

低等地主要分布在海北藏族自治州。海北藏族自治州低等地面积合计 44.36km²，占全州耕地面积的比例是 78.12%。

（三）四川评价区耕地质量等级

四川评价区有耕地 197.83km²，包括阿坝藏族羌族自治州、甘孜藏族自治州和凉山彝族自治州 3 个自治州（表 3-6）。

耕地质量等级在一等地至十等地上均有分布，其中高等地面积 2.00km²，占全区耕地面积的 1.01%；中等地面积 107.63km²，占 54.41%；低等地面积 88.19km²，占 44.58%。加权平均等级是 6.40 等，耕地质量等级属于中等水平。

高等地主要分布在阿坝藏族羌族自治州，阿坝藏族羌族自治州高等地面积合计 10.14km²，占全州耕地面积的比例是 2.19%。

中等地主要分布在阿坝藏族羌族自治州和甘孜藏族自治州。其中阿坝藏族羌族自治州中等地面积合计 57.56km²，占全州耕地面积的比例是 63.80%；甘孜藏族自治州中等地面积合计 44.80km²，占全州耕地面积的比例是 49.18%。

低等地主要分布在甘孜藏族自治州。甘孜藏族自治州低等地面积合计 46.27km²，占全州耕地面积的比例是 50.79%。

（四）西藏评价区耕地质量等级

西藏评价区有耕地 444.35km²，主要包括阿里地区、昌都市、拉萨市、林芝市、那曲市、日喀则市和山南市 7 个地级市（表 3-7）。

耕地质量等级在二等地至十等地上均有分布，其中高等地面积 1.66km²，占全区耕地面积的 0.37%；中等地面积 57.71km²，占 12.99%；低等地面积 384.98km²，占 86.64%。加权平均等是 8.37 等，耕地质量等级属于中等偏下水平。

高等地主要分布在林芝市。林芝市高等地面积合计 1.66km²，占全市耕地面积的比例是 3.07%。

中等地主要分布在林芝市。林芝市中等地面积合计 38.43km²，占全市耕地面积的比例是 71.03%。

低等地主要分布在昌都市、日喀则市和山南市，低等地面积分别为 66.78km²、145.60km² 和 94.43km²，占全市耕地面积的比例分别为 91.99%、98.49% 和 90.39%。

（五）云南评价区耕地质量等级

云南评价区耕地面积为 69.00km²，主要分布在迪庆藏族自治州和怒江傈僳族自治州 2 个自治州（表 3-8）。

耕地质量等级在一等地至十等地上均有分布，其中高等地面积 1.54km²，占 2.23%；中等地面积 22.84km²，占 33.10%；低等地面积 44.63km²，占 64.67%。加权平均等是 7.06 等，耕地质量等级属中等偏下水平。

高等地分布在迪庆藏族自治州。迪庆藏族自治州高等地面积合计 1.54km²，占全州耕地面积的比例是 2.79%。

中等地主要分布在迪庆藏族自治州。迪庆藏族自治州中等地面积合计 16.23km²，占全州耕地面积的比例是 29.46%。

低等地在迪庆藏族自治州和怒江州均有分布，迪庆藏族自治州低等地面积合计 37.32km²，占全州耕地面积的比例是 67.75%；怒江州低等地面积合计 7.30km²，占全州耕地面积的比例是 52.49%。

四、主要土壤类型的耕地质量状况

青藏区耕地共有 42 个土类，其中黑毡土、冷棕钙土、栗钙土、灰褐土、草甸土、褐土、棕壤和黑钙土 8 个土类面积较大，分别为 110.88km²、100.71km²、95.85km²、91.10km²、89.49km²、84.83km²、66.49km² 和 56.21km²，分别占耕地总面积的比例为 10.39%、9.43%、8.98%、8.53%、8.38%、7.95%、6.23% 和 5.27%（表 3-9）。这 8 个土类耕地质量状况如下：

（一）黑毡土

黑毡土面积 110.88km²，占青藏区耕地面积的比例是 10.39%。其中薄黑毡土面积 3.04km²，占黑毡土面积的 2.74%；典型黑毡土面积 86.69km²，占 78.19%；棕黑毡土面积 21.15km²，占 19.07%（表 3-10）。

在青藏区黑毡土中，一等地、二等地和三等地没有分布；四等地的面积为 0.23km²，占 0.21%；五等地的面积为 8.05km²，占 7.26%；六等地的面积为 13.64km²，占 12.30%；七等地的面积为 12.68km²，占 11.43%；八等地的面积为 12.46km²，占 11.24%；九等地的面积为 16.29km²，占 14.69%；十等地的面积为 47.53km²，占 42.87%。

表 3-4 甘肃评价区耕地质量等级面积与比例

市（州）名称	一等地 面积(khm²)	比例(%)	二等地 面积(khm²)	比例(%)	三等地 面积(khm²)	比例(%)	四等地 面积(khm²)	比例(%)	五等地 面积(khm²)	比例(%)	六等地 面积(khm²)	比例(%)	七等地 面积(khm²)	比例(%)	八等地 面积(khm²)	比例(%)	九等地 面积(khm²)	比例(%)	十等地 面积(khm²)	比例(%)	合计(khm²)
武威市	0.00	0.00	0.00	0.00	0.00	0.00	0.00	0.00	10.97	19.28	11.74	20.64	2.27	4.00	20.84	36.62	9.22	16.21	1.86	3.26	56.90
甘南藏族自治州	0.00	0.00	0.00	0.00	0.00	0.00	0.03	0.03	11.42	10.77	29.20	27.56	29.78	28.10	24.41	23.03	10.61	10.01	0.52	0.49	105.97

表 3-5 青海评价区耕地质量等级面积与比例

市（州）名称	一等地 面积(khm²)	比例(%)	二等地 面积(khm²)	比例(%)	三等地 面积(khm²)	比例(%)	四等地 面积(khm²)	比例(%)	五等地 面积(khm²)	比例(%)	六等地 面积(khm²)	比例(%)	七等地 面积(khm²)	比例(%)	八等地 面积(khm²)	比例(%)	九等地 面积(khm²)	比例(%)	十等地 面积(khm²)	比例(%)	合计(khm²)
果洛州	0.00	0.00	0.00	0.00	0.00	0.00	0.00	0.00	0.00	0.00	0.00	0.00	0.00	0.00	0.00	0.00	1.27	100	0.00	0.00	1.27
海北州	0.06	0.11	0.53	0.93	1.01	1.77	3.42	6.02	0.98	1.72	6.44	11.34	9.07	15.98	5.83	10.27	21.16	37.25	8.30	14.62	56.79
海南州	0.00	0.00	0.00	0.00	0.64	0.93	6.22	8.93	17.55	25.22	24.12	34.65	12.11	17.40	3.16	4.54	5.38	7.73	0.43	0.62	69.61
海西州	0.85	1.74	4.58	9.41	4.72	9.69	13.84	28.43	14.12	29.01	8.13	16.71	2.44	5.01	0.00	0.00	0.00	0.00	0.00	0.00	48.66
黄南州	0.00	0.00	0.00	0.00	0.00	0.00	0.00	0.00	1.23	31.14	0.00	0.00	2.38	60.29	0.34	8.57	0.00	0.00	0.00	0.00	3.94
玉树藏族自治州	0.00	0.00	0.00	0.00	0.00	0.00	0.00	0.00	0.00	0.00	0.00	0.00	0.81	6.11	6.36	48.06	6.00	45.38	0.06	0.45	13.23

表 3-6 四川评价区耕地质量等级面积与比例

市（州）名称	一等地 面积(khm²)	比例(%)	二等地 面积(khm²)	比例(%)	三等地 面积(khm²)	比例(%)	四等地 面积(khm²)	比例(%)	五等地 面积(khm²)	比例(%)	六等地 面积(khm²)	比例(%)	七等地 面积(khm²)	比例(%)	八等地 面积(khm²)	比例(%)	九等地 面积(khm²)	比例(%)	十等地 面积(khm²)	比例(%)	合计(khm²)
阿坝藏族羌族自治州	0.23	0.26	1.24	1.38	0.50	0.55	5.90	6.54	19.50	21.62	32.16	35.64	20.05	22.23	9.27	10.27	0.58	0.64	0.78	0.87	90.22
甘孜藏族自治州	0.00	0.00	0.00	0.00	0.03	0.03	1.01	1.11	17.91	19.67	25.88	28.41	21.46	23.56	18.03	19.79	4.95	5.43	1.83	2.01	91.10
凉山彝族自治州	0.00	0.00	0.00	0.00	0.00	0.00	0.27	1.65	0.37	2.27	4.62	28.00	7.16	43.36	3.35	20.29	0.73	4.43	0.00	0.00	16.51

表 3-7 西藏评价区耕地质量等级面积与比例

市（州）名称	一等地		二等地		三等地		四等地		五等地		六等地		七等地		八等地		九等地		十等地		合计 (khm²)
	面积 (khm²)	比例 (%)	面积 (khm²)	比例 (%)	面积 (khm²)	比例 (%)	面积 (khm²)	比例 (%)	面积 (khm²)	比例 (%)	面积 (khm²)	比例 (%)	面积 (khm²)	比例 (%)	面积 (khm²)	比例 (%)	面积 (khm²)	比例 (%)	面积 (khm²)	比例 (%)	
阿里地区	0.00	0.00	0.00	0.00	0.00	0.00	0.00	0.00	0.00	0.00	0.00	0.00	0.00	0.00	0.00	0.00	0.48	13.49	3.05	86.51	3.52
昌都市	0.00	0.00	0.00	0.00	0.00	0.00	0.26	0.36	0.72	0.99	4.83	6.66	10.39	14.31	8.85	12.19	16.60	22.86	30.49	42.62	72.60
拉萨市	0.00	0.00	0.00	0.00	0.00	0.00	0.00	0.00	0.004	0.01	1.12	2.09	8.00	14.14	9.68	17.10	11.49	20.31	26.23	46.35	56.59
林芝市	0.00	0.00	0.03	0.06	1.62	3.01	6.25	11.56	18.17	33.62	13.99	25.86	1.50	2.78	6.87	12.70	1.55	2.87	4.08	7.54	54.10
那曲市	0.00	0.00	0.00	0.00	0.00	0.00	0.00	0.00	0.00	0.00	0.00	0.00	0.02	0.41	0.30	5.66	1.12	21.36	3.80	72.58	5.23
日喀则市	0.00	0.00	0.00	0.00	0.00	0.00	0.00	0.00	0.81	0.55	1.43	0.96	21.89	14.80	30.92	20.92	32.55	22.02	60.25	40.75	147.84
山南市	0.00	0.00	0.00	0.00	0.00	0.00	0.00	0.00	0.93	0.89	9.12	8.73	24.47	23.42	24.92	23.85	22.35	21.39	22.69	21.72	104.47

表 3-8 云南评价区耕地质量等级面积与比例

市（州）名称	一等地		二等地		三等地		四等地		五等地		六等地		七等地		八等地		九等地		十等地		合计 (khm²)
	面积 (khm²)	比例 (%)	面积 (khm²)	比例 (%)	面积 (khm²)	比例 (%)	面积 (khm²)	比例 (%)	面积 (khm²)	比例 (%)	面积 (khm²)	比例 (%)	面积 (khm²)	比例 (%)	面积 (khm²)	比例 (%)	面积 (khm²)	比例 (%)	面积 (khm²)	比例 (%)	
迪庆藏族自治州	0.03	0.05	0.05	0.09	1.46	2.65	1.44	2.62	5.08	9.22	9.70	17.62	14.54	26.40	10.40	18.87	10.15	18.42	2.24	4.07	55.09
怒江州	0.00	0.00	0.00	0.00	0.00	0.00	0.00	0.00	0.31	2.23	6.30	45.29	4.54	32.62	1.65	11.89	0.87	6.28	0.24	1.70	13.92

表 3-9 青藏区土壤类型耕地质量等级面积与比例

土类	一等地		二等地		三等地		四等地		五等地		六等地		七等地		八等地		九等地		十等地		合计 (khm²)
	面积 (khm²)	比例 (%)	面积 (khm²)	比例 (%)	面积 (khm²)	比例 (%)	面积 (khm²)	比例 (%)	面积 (khm²)	比例 (%)	面积 (khm²)	比例 (%)	面积 (khm²)	比例 (%)	面积 (khm²)	比例 (%)	面积 (khm²)	比例 (%)	面积 (khm²)	比例 (%)	
黑毡土	0.00	—	—	—	—	—	0.23	0.21	8.05	7.26	13.64	12.30	12.68	11.43	12.46	11.24	16.29	14.69	47.53	42.87	110.88
冷棕钙土	—	—	—	—	—	—	—	—	0.50	0.50	0.48	0.47	19.20	19.07	26.65	26.46	24.28	24.11	29.60	29.39	100.71
栗钙土	—	—	—	—	0.12	0.13	6.46	6.74	15.54	16.22	27.74	28.94	16.71	17.44	18.69	19.49	9.34	9.74	1.24	1.30	95.85
灰褐土	0.23	0.26	0.62	0.68	0.63	0.69	2.26	2.48	15.41	16.91	23.74	26.06	17.79	19.53	10.44	11.46	8.28	9.09	11.70	12.84	91.10
草甸土	—	—	—	—	0.13	0.15	1.05	1.17	10.71	11.97	16.88	18.87	17.54	19.60	17.86	19.96	15.68	17.52	9.63	10.76	89.49
褐土	—	—	—	—	0.73	0.86	3.56	4.20	11.77	13.87	21.52	25.37	19.28	22.73	13.66	16.11	6.74	7.95	7.56	8.92	84.83
棕壤	—	—	0.62	0.94	0.10	0.15	1.92	2.88	8.38	12.60	11.49	17.29	16.60	24.96	12.92	19.43	10.81	16.26	3.65	5.49	66.49
黑钙土	—	—	0.18	0.33	0.55	0.98	0.35	0.64	3.88	6.90	4.00	7.13	13.84	24.63	10.48	18.64	18.81	33.46	4.10	7.30	56.21

表 3-10　青藏区黑毡土面积与比例

土类	亚类	面积（khm²）	比例（%）
黑毡土	薄黑毡土	3.04	2.74
	典型黑毡土	86.69	78.19
	棕黑毡土	21.15	19.07
合计		110.88	100.00

（二）冷棕钙土

冷棕钙土面积 100.71khm²，占青藏区耕地面积的比例是 9.43%。其中典型冷棕钙土面积 100.44khm²，占冷棕钙土面积的 99.74%；淋淀冷棕钙土面积 0.26khm²，占 0.26%（表 3-11）。

冷棕钙土没有一等地、二等地、三等地和四等地；五等地的面积为 0.50khm²，占 0.50%；六等地的面积为 0.48khm²，占 0.47%；七等地的面积为 19.20khm²，占 19.07%；八等地的面积为 26.65khm²，占 26.46%；九等地的面积为 24.28khm²，占 24.11%；十等地的面积为 29.60khm²，占 29.39%。

表 3-11　青藏区冷棕钙土面积与比例

土类	亚类	面积（khm²）	比例（%）
冷棕钙土	典型冷棕钙土	100.44	99.74
	淋淀冷棕钙土	0.26	0.26
合计		100.71	100.00

（三）栗钙土

栗钙土面积 95.85khm²，占青藏区耕地面积的比例是 8.98%。其中暗栗钙土面积 48.36khm²，占栗钙土面积的 50.45%；淡栗钙土面积 8.76khm²，占 9.14%；典型栗钙土面积 38.45khm²，占 40.12%；盐化栗钙土面积 0.28khm²，占 0.29%（表 3-12）。

在青藏区栗钙土中，没有一等地和二等地分布；三等地的面积为 0.12khm²，占栗钙土面积的比例为 0.13%；四等地的面积为 6.46khm²，占 6.74%；五等地的面积为 15.54khm²，占 16.22%；六等地的面积为 27.74khm²，占 28.94%；七等地的面积为 16.71khm²，占 17.44%；八等地的面积为 18.69khm²，占 19.49%；九等地的面积为 9.34khm²，占 9.74%；十等地的面积为 1.24khm²，占 1.30%。

表 3-12　青藏区栗钙土面积与比例

土类	亚类	面积（khm²）	比例（%）
栗钙土	暗栗钙土	48.36	50.45
	淡栗钙土	8.76	9.14
	典型栗钙土	38.45	40.12
	盐化栗钙土	0.28	0.29
合计		95.85	100.00

(四)灰褐土

灰褐土面积 91.10km²，占青藏区耕地面积的比例是 8.53%。其中典型灰褐土面积 14.21km²，占灰褐土面积的 15.60%；灰褐土性土面积 3.69km²，占 4.05%；淋溶灰褐土面积 21.35km²，占 23.43%；石灰性灰褐土面积 51.85km²，占 56.92%(表 3-13)。

灰褐土一等地的面积为 0.23km²，占灰褐土面积的比例为 0.26%；二等地的面积为 0.62km²，占 0.68%；三等地的面积为 0.63km²，占 0.69%；四等地的面积为 2.26km²，占 2.48%；五等地的面积为 15.41km²，占 16.91%；六等地的面积为 23.74km²，占 26.06%；七等地的面积为 17.79km²，占 19.53%；八等地的面积为 10.44km²，占 11.46%；九等地的面积为 8.28km²，占 9.09%；十等地的面积为 11.70km²，占 12.84%。

表 3-13　青藏区灰褐土面积与比例

土类	亚类	面积（khm²）	比例（%）
灰褐土	典型灰褐土	14.21	15.60
	灰褐土性土	3.69	4.05
	淋溶灰褐土	21.35	23.43
	石灰性灰褐土	51.85	56.92
合计		91.10	100.00

(五)草甸土

草甸土面积 89.49km²，占青藏区耕地面积的比例是 8.38%。其中典型草甸土面积 73.88km²，占草甸土面积的 82.56%；潜育草甸土面积 2.44km²，占 2.73%；石灰性草甸土面积 13.01km²，占 14.53%；盐化草甸土面积 0.16km²，占 0.18%(表 3-14)。

草甸土没有一等地和二等地；三等地的面积为 0.13km²，占草甸土面积的比例为 0.15%；四等地的面积为 1.04km²，占 1.17%；五等地的面积为 10.71km²，占 11.97%；六等地的面积为 16.88km²，占 18.87%；七等地的面积为 17.54km²，占 19.60%；八等地的面积为 17.86km²，占 19.96%；九等地的面积为 15.68km²，占 17.52%；十等地的面积为 9.63km²，占 10.76%。

表 3-14　青藏区草甸土面积与比例

土类	亚类	面积（khm²）	比例（%）
草甸土	典型草甸土	73.88	82.56
	潜育草甸土	2.44	2.73
	石灰性草甸土	13.01	14.53
	盐化草甸土	0.16	0.18
合计		89.49	100.00

(六)褐土

褐土面积 84.83km²，占青藏区耕地面积的比例是 7.95%。其中潮褐土面积 0.10km²，占褐土面积的 0.12%；典型褐土面积 36.69km²，占 43.26%；褐土性土面积

7.50khm²，占 8.85%；淋溶褐土面积 10.93khm²，占 12.88%；石灰性褐土面积 21.58khm²，占 25.44%；燥褐土面积 8.02khm²，占 9.45%（表 3-15）。

褐土没有一等地和二等地；三等地的面积为 0.73khm²，占褐土面积的比例为 0.86%；四等地的面积为 3.56khm²，占 4.20%；五等地的面积为 11.77khm²，占 13.87%；六等地的面积为 21.52khm²，占 25.37%；七等地的面积为 19.28khm²，占 22.73%；八等地的面积为 13.66khm²，占 16.11%；九等地的面积为 6.74khm²，占 7.95%；十等地的面积为 7.56khm²，占 8.92%。

表 3-15　青藏区褐土面积与比例

土类	亚类	面积（khm²）	比例（%）
褐土	潮褐土	0.10	0.12
	典型褐土	36.69	43.26
	褐土性土	7.50	8.85
	淋溶褐土	10.93	12.88
	石灰性褐土	21.58	25.44
	燥褐土	8.02	9.45
合计		84.83	100.00

（七）棕壤

棕壤面积 66.49khm²，占青藏区耕地面积的比例是 6.23%。其中典型棕壤面积 65.48khm²，占棕壤面积的 98.48%；棕壤性土面积 1.01khm²，占 1.52%（表 3-16）。

棕壤没有一等地；二等地的面积为 0.62khm²，占棕壤面积的比例为 0.94%；三等地的面积为 0.10khm²，占棕壤面积的比例为 0.15%；四等地的面积为 1.92khm²，占 2.88%；五等地的面积为 8.38khm²，占 12.60%；六等地的面积为 11.49khm²，占 17.29%；七等地的面积为 16.60khm²，占 24.96%；八等地的面积为 12.92khm²，占 19.43%；九等地的面积为 10.81khm²，占 16.26%；十等地的面积为 3.65khm²，占 5.49%。

表 3-16　青藏区棕壤面积与比例

土类	亚类	面积（khm²）	比例（%）
棕壤	典型棕壤	65.48	98.48
	棕壤性土	1.01	1.52
合计		66.49	100.00

（八）黑钙土

黑钙土面积 56.21khm²，占青藏区耕地面积的比例是 5.27%。其中典型黑钙土面积 22.56khm²，占黑钙土面积的 40.14%；淋溶黑钙土面积 5.22khm²，占 9.28%；石灰性黑钙土面积 28.43khm²，占 50.58%（表 3-17）。

黑钙土没有一等地；二等地的面积为 0.18khm²，占黑钙土面积的比例为 0.33%；三等地的面积为 0.55khm²，占 0.98%；四等地的面积为 0.35khm²，占 0.63%；五等地的面积为 3.88khm²，占 6.90%；六等地的面积为 4.00khm²，占 7.13%；七等地的面积为

13.85khm²，占 24.63％；八等地的面积为 10.48khm²，占 18.64 ％；九等地的面积为 18.81khm²，占 33.46％；十等地的面积为 4.10khm²，占 7.30％。

表 3-17 青藏区黑钙土面积与比例

土类	亚类	面积（khm²）	比例（％）
黑钙土	典型黑钙土	22.56	40.14
	淋溶黑钙土	5.22	9.28
	石灰性黑钙土	28.43	50.58
合计		56.21	100.00

第二节 一等地耕地质量等级特征

一、一等地分布特征

（一）区域分布

一等地面积为 1.17khm²，占青藏区耕地面积的比例是 0.11％。主要分布在青甘牧农区，面积为 0.91khm²，占一等地面积的 77.78％；其次是川藏林农牧区，面积 0.26khm²，占 22.22％（表 3-18）。

表 3-18 青藏区一等地面积与比例（按二级农业区划）

二级农业区	面积（khm²）	比例（％）
青甘牧农区	0.91	77.78
川藏林农牧区	0.26	22.22
总计	1.17	100.00

从行政区划看，一等地集中分布在青海评价区，面积为 0.91khm²，占一等地面积的 77.78％；其次是四川评价区，面积为 0.23khm²，占 19.97％；云南评价区一等地最少，只有 0.03khm²，仅占 2.25％。

一等地在市域分布上，青海评价区大部分分布在海西蒙古族藏族自治州，面积为 0.85khm²，占该评价区一等地面积的 93.31％，其次是海北藏族自治州，面积占比 6.69％；四川评价区集中分布在阿坝藏族羌族自治州；云南评价区全分布在迪庆藏族自治州（表 3-19）。

表 3-19 青藏区一等地面积与比例（按行政区划）

评价区	市（州）名称	面积（khm²）	比例（％）
青海评价区	海西蒙古族藏族自治州	0.85	93.31
	海北藏族自治州	0.06	6.69
小计		0.91	100.00
四川评价区	阿坝藏族羌族自治州	0.23	100.00
小计		0.23	100.00

（续）

评价区	市（州）名称	面积（khm²）	比例（%）
云南评价区	迪庆藏族自治州	0.03	100.00
小计		0.03	100.00

（二）土壤类型

从土壤类型上看，青藏区一等地的耕地土壤类型分为草甸盐土、草毡土、灰褐土、灰棕漠土、水稻土5个土类7个亚类，其中草甸盐土的面积为0.07khm²，草毡土0.06khm²，灰褐土0.23khm²，灰棕漠土0.78khm²，水稻土面积很小。草毡土亚类典型草毡土占一等地草毡土面积的比例最大，占比为99.30%；水稻土亚类潴育水稻土占一等地水稻土面积的比例最大，占比为86.89%（表3-20）。

表3-20 各土类、亚类一等地面积与比例

土类	亚类	面积（khm²）	比例（%）
灰棕漠土	灌耕灰棕漠土	0.78	100.00
小计		0.78	100.00
灰褐土	石灰性灰褐土	0.23	100.00
小计		0.23	100.00
草甸盐土	沼泽盐土	0.07	100.00
小计		0.07	100.00
草毡土	典型草毡土	0.06	99.30
	棕草毡土	0.00	0.70
小计		0.06	100.00
水稻土	淹育水稻土	0.00	13.11
	潴育水稻土	0.02	86.89
小计		0.03	100.00
总计		1.17	100.00

二、一等地属性特征

（一）地形部位

青藏区一等地分布在2种地形部位，包括河流宽谷阶地和河流低谷地，分别为1.14khm²和0.03khm²，各占一等地面积的97.75%和2.25%（表3-21）。

表3-21 一等地各地形部位面积与比例

地形部位	面积（khm²）	比例（%）
河流宽谷阶地	1.14	97.75
河流低谷地	0.03	2.25
总计	1.17	100.00

（二）质地构型和耕层质地

青藏区一等地的质地构型仅有上松下紧型，面积为 1.17khm²。耕层质地分为黏土、轻壤、中壤、重壤 4 种类型，其中轻壤和中壤面积较大，分别为 0.78khm² 和 0.37khm²，分别占 66.31％和 31.35％；其次是黏土和重壤，面积分别为 0.03khm² 和 0.00khm²，分别占 2.25％和 0.08％（表 3-22）。

表 3-22　一等地质地构型和耕层质地的面积与比例

项目		面积（khm²）	比例（％）
质地构型	上松下紧	1.17	100.00
总计		1.17	100.00
耕层质地	轻壤	0.78	66.31
	中壤	0.37	31.35
	黏土	0.03	2.25
	重壤	0.000 9	0.08
总计		1.17	100.00

（三）灌溉能力和排水能力

青藏区一等地的灌溉能力分为充分满足、基本满足、满足 3 种类型，其中充分满足面积为 0.03khm²，占一等地面积的 2.25％；满足和基本满足面积分别为 0.91khm² 和 0.23khm²，分别占 77.78％和 19.97％。排水能力分为基本满足、满足 2 种类型，其中基本满足面积为 0.30khm²，占一等地面积的 25.73％；满足面积为 0.87khm²，占 74.27％（表 3-23）。

表 3-23　一等地各灌溉能力和排水能力面积与比例

项目		面积（khm²）	比例（％）
灌溉能力	充分满足	0.03	2.25
	满足	0.23	19.97
	基本满足	0.91	77.78
总计		1.17	100.00
排水能力	基本满足	0.30	25.73
	满足	0.87	74.27
总计		1.17	100.00

（四）有效土层厚度

青藏区一等地有效土层厚度的平均值为 84cm，最大值为 100cm，最小值为 71cm，标准差为 10。通过分析各评价区一等地耕地土壤有效土层厚度表明：四川评价区土壤有效土层厚度最大，青海评价区次之，云南评价区最低（表 3-24）。

表 3-24　一等地有效土层厚度

评价区	平均值（cm）	最大值（cm）	最小值（cm）	标准差
青海评价区	84	94	71	10

（续）

评价区	平均值（cm）	最大值（cm）	最小值（cm）	标准差
四川评价区	100	100	100	—
云南评价区	81	87	77	6
总计	84	100	71	10

（五）障碍因素

青藏区一等地无障碍因素。

（六）土壤容重

青藏区一等地的土壤容重分为 5 个等级，其中 1.35～1.45/1.00～1.10g/cm³ 面积为 0.91khm²，占一等地面积的 77.78%；1.10～1.25g/cm³ 面积为 0.02khm²，占 1.71%；1.25～1.35g/cm³ 面积为 0.24khm²，占 20.51%（表 3-25）。

表 3-25　一等地土壤容重的面积与比例

土壤容重（g/cm³）	面积（khm²）	比例（%）
1.10～1.25	0.02	1.71
1.25～1.35	0.24	20.51
1.35～1.45/1.00～1.10	0.91	77.78
1.45～1.55	—	—
≤1.00，>1.55	—	—
总计	1.17	100.00

（七）农田林网化程度、生物多样性和清洁程度

青藏区一等地的农田网化程度分为高、中、低 3 个等级，其中，高（农田基础设施完善）的面积为 0.85khm²，占二等地面积的 5.21%；中（农田基础设施条件一般）的面积为 0.26khm²，占 72.43%；低（农田基础设施较差）的面积为 0.06khm²，占 22.36%。生物多样性分丰富、一般 2 个等级，其中丰富的面积为 0.32khm²，占二等地面积的 27.43%；一般的面积为 0.85khm²，占 72.57%。清洁程度均为清洁（表 3-26）。

表 3-26　一等地农田林网化程度和生物多样性的面积与比例

项目		面积（khm²）	比例（%）
农田林网化程度	高	0.85	5.21
	中	0.26	72.43
	低	0.06	22.36
总计		1.17	100.00
生物多样性	丰富	0.32	27.43
	一般	0.85	72.57
	不丰富	—	—
总计		1.17	100.00

（八）酸碱度与土壤养分含量

表 3-27 为一等地土壤酸碱度及土壤有机质、有效磷、速效钾含量的平均值。土壤酸碱度平均值为 8.28，土壤有机质平均含量为 24.76g/kg，有效磷为 28.65mg/kg，速效钾为 150.08mg/kg。

综合来看，川藏林农牧区一等地的有机质含量较高；青甘牧农区土壤有效磷、速效钾含量较高，有机质含量适中（表 3-27）。

表 3-27　一等地土壤酸碱度与土壤养分含量均值

主要养分指标	川藏林农牧区	青甘牧农区	均值
酸碱度	7.00	8.35	8.28
有机质（g/kg）	43.93	23.62	24.76
有效磷（mg/kg）	25.50	28.84	28.65
速效钾（mg/kg）	111.75	152.37	150.08

三、一等地产量水平

在耕作利用方式上，青藏区一等地耕地作物主要以青稞为主，一等地青稞产量达 7 950kg/hm²（表 3-28）。

表 3-28　一等地主栽作物调查点及产量

作物	年平均产量（kg/hm²）
青稞	7 950

第三节　二等地耕地质量等级特征

一、二等地分布特征

（一）区域分布

二等地面积为 6.43 khm²，占青藏区耕地面积的比例是 0.001%。主要分布在青甘牧农区，面积为 5.11khm²，占二等地面积的 79.36%；其次是川藏林农牧区，面积 1.33khm²，占 20.64%（表 3-29）。

表 3-29　青藏区二等地面积与比例（按二级农业区划）

二级农业区	面积（khm²）	比例（%）
青甘牧农区	5.11	79.36
川藏林农牧区	1.33	20.64
总计	6.43	100.00

从行政区划看，二等地主要分布于青海评价区和四川评价区，面积分别为 5.11khm²、1.24khm²，分别占二等地面积的 79.36%、19.35%；其次是云南评价区，面积为 0.05khm²，占 0.77%；西藏评价区分布最少，只有 0.03khm²，仅占 0.52%。

二等地在市域分布上差异较大，青海评价区集中分布在海西蒙古族藏族自治州和海北藏族自治州，占该评价区二等地面积的比例分别为 89.66%、10.34%；西藏评价区主要分布在林芝市；云南评价区主要分布在迪庆藏族自治州；四川评价区集中分布在阿坝藏族羌族自治州（表 3-30）。

表 3-30　青藏区二等地面积与比例（按行政区划）

评价区	市（州）名称	面积（khm²）	比例（%）
青海评价区	海西蒙古族藏族自治州	4.58	89.66
	海北藏族自治州	0.53	10.34
小计		5.11	100.00
四川评价区	阿坝藏族羌族自治州	1.24	100.00
小计		1.24	100.00
云南评价区	迪庆藏族自治州	0.05	100.00
小计		0.05	100.00
西藏评价区	林芝市	0.03	100.00
小计		0.03	100.00

（二）土壤类型

从土壤类型看，青藏区二等地的耕地土壤类型分为草甸盐土、草毡土、赤红壤、黑钙土、黄壤、灰褐土、灰棕漠土、漠境盐土、水稻土、棕壤 10 个土类 11 个亚类。其中灰棕漠土面积 2.59khm²，占比为 40.21%；其他土类面积均在 2.00khm² 以下（表 3-31）。

表 3-31　各土类、亚类二等地面积与比例

土类	亚类	面积（khm²）	比例（%）
灰棕漠土	灌耕灰棕漠土	2.59	100.00
小计		2.59	100.00
草甸盐土	沼泽盐土	1.69	100.00
小计		1.69	100.00
棕壤	典型棕壤	0.62	100.00
小计		0.62	100.00
灰褐土	石灰性灰褐土	0.62	100.00
小计		0.62	100.00
草毡土	典型草毡土	0.17	48.13
	棕草毡土	0.18	51.87
小计			100.00
漠境盐土	残余盐土	0.30	100.00
小计			100.00
黑钙土	典型黑钙土	0.18	100.00
小计			100.00

（续）

土类	亚类	面积（khm²）	比例（%）
水稻土	淹育水稻土	0.05	100.00
小计			100.00
黄壤	典型黄壤	0.03	100.00
小计			100.00
赤红壤	黄色赤红壤	0.00	100.00
小计			100.00
总计		6.43	100.00

二、二等地属性特征

（一）地形部位

青藏区二等地的地形部位分为 3 种类型，其中河流宽谷阶地面积最大，为 5.94khm²，占二等地面积的 92.40%；其次是洪积扇前缘，面积为 0.44khm²，占 6.84%；河流低谷地面积为 0.05khm²，占 0.77%（表 3-32）。

表 3-32　二等地各地形部位面积与比例

地形部位	面积（khm²）	比例（%）
河流宽谷阶地	5.94	92.40
洪积扇前缘	0.44	6.84
河流低谷地	0.05	0.77
总计	6.43	100.00

（二）质地构型和耕层质地

青藏区二等地的质地构型分为紧实型、上紧下松型、上松下紧型 3 种类型，其中上松下紧型面积为 5.59khm²，占二等地面积的 86.91%；紧实型面积为 0.80khm²，占 12.37%；上紧下松型面积为 0.05khm²，占 0.72%。耕层质地分为黏土、轻壤、砂壤、砂土、中壤、重壤 6 种类型，其中中壤面积为 2.88khm²，占 44.75%；轻壤面积为 2.59khm²，占 40.22%；黏土面积为 0.33khm²，占 5.20%；砂壤面积为 0.33khm²，占 5.17%；重壤面积为 0.27khm²，占 4.15%；砂土面积最少，为 0.03khm²，占 0.52%（表 3-33）。

表 3-33　二等地质地构型和耕层质地的面积与比例

项目		面积（khm²）	比例（%）
质地构型	上松下紧	5.59	86.91
	紧实型	0.80	12.37
	上紧下松	0.05	0.72
总计		6.43	100.00

（续）

项目		面积（khm²）	比例（%）
耕层质地	中壤	2.88	44.75
	轻壤	2.59	40.22
	黏土	0.33	5.20
	砂壤	0.33	5.17
	重壤	0.27	4.15
	砂土	0.03	0.52
总计		6.43	100.00

（三）灌溉能力和排水能力

青藏区二等地的灌溉能力分为 3 种类型，其中充分满足面积为 0.08khm²，占二等地面积的 1.28%；基本满足面积为 1.41khm²，占 21.90%；满足面积为 4.94khm²，占 76.81%。排水能力分为 2 种类型，其中基本满足面积为 1.82khm²，占二等地面积的 28.32%；满足面积为 4.61khm²，占 71.68%（表 3-34）。

表 3-34　二等地灌溉能力和排水能力的面积与比例

项目		面积（khm²）	比例（%）
灌溉能力	充分满足	0.08	1.28
	满足	4.94	76.81
	基本满足	1.41	21.90
总计		6.43	100.00
排水能力	基本满足	1.82	28.32
	满足	4.61	71.68
总计		6.43	100.00

（四）有效土层厚度

青藏区二等地有效土层厚度的平均值为 84cm，最大值为 100cm，最小值为 45cm，标准差为 11（表 3-35）。通过分析各评价区耕地土壤有效土层厚度表明：四川评价区有效土层厚度平均值最大，达 100cm，其次为云南、青海评价区，西藏评价区有效土层厚度最低。

表 3-35　二等地有效土层厚度

评价区	平均值（cm）	最大值（cm）	最小值（cm）	标准差
青海评价区	84	94	45	9
四川评价区	100	100	100	—
西藏评价区	50	50	50	—
云南评价区	93	94	89	2
总计	84	100	45	11

（五）障碍因素

青藏区二等地无障碍层次面积为 6.43khm²，占二等地面积的 99.96%。障碍因素分为 2 种类型：瘠薄和盐碱，面积分别为 0.00khm² 和 0.00khm²，分别占 0.02% 和 0.02%（表 3-36）。

表 3-36　二等地障碍因素的面积与比例

障碍因素	面积（khm²）	比例（%）
瘠薄	0.00	0.02
无	6.43	99.96
盐碱	0.00	0.02
总计	6.43	100.00

（六）土壤容重

青藏区二等地土壤容重 1.35～1.45/1.00～1.10g/cm³ 占的面积最多，为 4.35khm²，占二等地面积的 67.58%；其次是 1.45～1.55g/cm³，面积为 1.61khm²，占 25.02%；1.25～1.35g/cm³ 的面积为 1.31khm²，占 20.44%；1.10～1.25g/cm³ 所占面积最小，占比仅为 0.72%（表 3-37）。

表 3-37　二等地土壤容重的面积与比例

土壤容重（g/cm³）	面积（khm²）	比例（%）
1.10～1.25	0.05	0.72
1.25～1.35	1.31	20.44
1.35～1.45/1.00～1.10	4.35	67.58
1.45～1.55	1.61	25.02
≤1.00，>1.55	—	—
总计	6.43	100.00

（七）农田林网化程度、生物多样性和清洁程度

青藏区二等地的农田网化程度高的面积为 2.85khm²，占二等地面积的 44.36%；中的面积为 2.61khm²，占 40.60%；低的面积为 0.97khm²，占 15.05%。生物多样性分丰富、一般、不丰富 3 个等级，其中丰富的面积为 1.86khm²，占二等地面积的 28.84%；一般的面积为 4.35khm²，占 67.65%；不丰富的面积为 0.23khm²，占 3.51%。清洁程度均为清洁（表 3-38）。

表 3-38　二等地农田林网化程度和生物多样性的面积与比例

项　目		面积（khm²）	比例（%）
农田林网化程度	高	2.85	44.36
	中	2.61	40.60
	低	0.97	15.05
总计		6.43	100.00

（续）

项　目		面积（khm²）	比例（%）
生物多样性	丰富	1.86	28.84
	一般	4.35	67.65
	不丰富	0.23	3.51
总计		6.43	100.00

（八）酸碱度土壤养分含量

表 3-39 列出了二等地各二级农业区土壤酸碱度以及土壤有机质、有效磷、速效钾含量的平均值。土壤酸碱度平均值为 8.35，土壤有机质平均含量为 22.68g/kg，有效磷为 25.92mg/kg，速效钾为 152.65mg/kg。综合来看，川藏林农牧区二等地的土壤养分含量较高，但其速效钾含量偏低。

表 3-39　二等地土壤酸碱度与土壤养分含量平均值

主要养分指标	川藏林农牧区	青甘牧农区	均值
酸碱度	7.51	8.41	8.35
有机质（g/kg）	36.17	21.65	22.68
有效磷（mg/kg）	23.77	26.08	25.92
速效钾（mg/kg）	137.85	153.65	152.65

三、二等地产量水平

在耕作利用方式上，二等地耕地作物主要以青稞为主，二等地青稞产量达7 500kg/hm²（表 3-40）。

表 3-40　二等地主栽作物调查点及产量

作物	年平均产量（kg/hm²）
青稞	7 500

第四节　三等地耕地质量等级特征

一、三等地分布特征

（一）区域分布

三等地面积为 9.98km²，占青藏区耕地面积的比例是 0.93%。主要分布在川藏林农牧区和青甘牧农区，面积分别为 3.61km² 和 6.37km²，占三等地面积的比例是 36.21% 和 63.79%（表 3-41）。

表 3-41　青藏区三等地面积与比例（按二级农业区划）

二级农业区	面积（khm²）	比例（%）
青甘牧农区	6.37	63.79
川藏林农牧区	3.61	36.21
总计	9.98	100.00

从行政区域看，三等地分布最多的是青海评价区，面积为 6.37khm²，占三等地面积的 63.79%，其次是西藏评价区和云南评价区，面积分别为 1.63khm²、1.46khm²，占三等地面积的比例分别为 16.33%、14.64%；四川评价区三等地面积最少，为 0.52khm²，占三等地面积的 5.25%。

三等地在市域分布上差异较大，青海评价区主要集中在海西蒙古族藏族自治州，占该评价区三等地面积的比例为 74.09%；西藏评价区集中分布在林芝市；云南评价区集中分布在迪庆藏族自治州；四川评价区主要分布于阿坝藏族羌族自治州，占该评价区三等地面积的比例为 95.05%（表 3-42）。

表 3-42　青藏区三等地面积与比例（按行政区划）

评价区	市（州）名称	面积（khm²）	比例（%）
青海评价区	海西蒙古族藏族自治州	4.72	74.09
	海北藏族自治州	1.01	15.79
	海南藏族自治州	0.64	10.12
小计		6.37	100.00
西藏评价区	林芝市	1.63	100.00
小计		1.63	100.00
云南评价区	迪庆藏族自治州	1.46	100.00
小计		1.46	100.00
四川评价区	阿坝藏族羌族自治州	0.50	95.05
	甘孜藏族自治州	0.03	4.95
小计		0.52	100.00

（二）土壤类型

从土壤类型看，青藏区三等地的耕地土壤类型分为棕钙土、草甸盐土、灰棕漠土、褐土、水稻土、灰褐土、黑钙土、砖红壤、红壤、黄棕壤、草毡土、草甸土、石灰（岩）土等 23 个土类 30 个亚类。

在三等地上分布的 23 个土类中，棕钙土面积最大，为 3.02khm²，占三等地面积的 30.22%；其次是草甸盐土，占 12.21%；灰棕漠土占 8.68%；水稻土占 7.15%；黑钙土占 5.52%；其余土类占三等地面积的比例在 5% 以下。在棕钙土的 2 个亚类中，典型棕钙土的面积占比最大，占三等地棕壤面积的比例为 99.95%；在褐土的两个亚类中，石灰性褐土的面积较大，占三等地褐土面积的比例为 73.94%，淋溶褐土占比 26.06%；其他土壤亚类占比具体如下（表3-43）。

表 3-43　各土类、亚类三等地面积与比例

土类	亚类	面积（khm²）	比例（%）
棕钙土	典型棕钙土	3.01	99.95
	盐化棕钙土	0.01	0.05
小计		3.02	100.00
草甸盐土	沼泽盐土	1.22	100.00
小计		1.22	100.00
灰棕漠土	灌耕灰棕漠土	0.87	100.00
小计		0.87	100.00
褐土	淋溶褐土	0.19	26.06
	石灰性褐土	0.54	73.94
小计		0.73	100.00
水稻土	淹育水稻土	0.28	39.04
	潴育水稻土	0.43	60.96
小计		0.71	100.00
灰褐土	淋溶灰褐土	0.19	26.06
	石灰性灰褐土	0.19	73.94
小计		0.63	100.00
黑钙土	典型黑钙土	0.55	100.00
小计		0.55	100.00
砖红壤	黄色砖红壤	0.52	100.00
小计		0.52	100.00
红壤	红壤性土	0.12	24.19
	黄红壤	0.38	75.81
小计		0.50	100.00
黄棕壤	暗黄棕壤	0.20	70.89
	典型黄棕壤	0.08	29.11
小计		0.29	100.00
草毡土	典型草毡土	0.27	100.00
小计		0.27	100.00
草甸土	典型草甸土	0.13	98.28
	石灰性草甸土	0.00	1.72
小计		0.13	100.00
栗钙土	暗栗钙土	0.12	100.00
小计		0.12	100.00
棕壤	典型棕壤	0.10	100.00
小计		0.10	100.00

（续）

土类	亚类	面积（khm²）	比例（%）
紫色土	石灰性紫色土	0.10	100.00
小计		0.10	100.00
漠境盐土	残余盐土	0.09	100.00
小计		0.09	100.00
暗棕壤	典型暗棕壤	0.05	100.00
小计		0.05	100.00
风沙土	荒漠风沙土	0.04	100.00
小计		0.04	100.00
林灌草甸土	典型林灌草甸土	0.03	100.00
小计		0.03	100.00
黄壤	典型黄壤	0.02	100.00
小计		0.02	100.00
寒钙土	淡寒钙土	0.01	100.00
小计		0.01	100.00
石灰（岩）土	黄色石灰土	0.00	100.00
小计		0.00	100.00
赤红壤	黄色赤红壤	0.00	100.00
小计		0.00	100.00
总计		9.98	100.00

二、三等地属性特征

（一）地形部位

青藏区三等地的地形部位分为4种类型，其中河流低谷地面积最大，为7.76km²，占三等地面积的77.78%；其次是山地坡下和洪积扇前缘，面积分别为1.15km²和0.84km²，分别占11.54%和8.45%；河流低谷地面积0.22km²，占2.23%（表3-44）。

表3-44　三等地各地形部位面积与比例

地形部位	面积（khm²）	比例（%）
河流低谷地	7.76	77.78
山地坡下	1.15	11.54
洪积扇前缘	0.84	8.45
河流宽谷阶地	0.22	2.23
总计	9.98	100.00

（二）质地构型和耕层质地

青藏区三等地的质地构型分为薄层型、夹层型、紧实型、上松下紧型、松散型5种类型，其中上松下紧型面积为7.05km²，占三等地面积的70.64%；紧实型面积为1.37km²，占13.70%；松散型面积为0.96km²，占9.64%；薄层型面积为0.57km²，占5.76%；夹层型面积为0.03km²，占0.26%。耕层质地分为6种类型，其中，轻壤所占的面积最大，为 4.69khm²，占 46.95%；中壤和黏土次之，面积分别为 1.79khm² 和 1.61khm²，分别占 17.92% 和 16.18%；重壤、砂土和砂壤较少，面积分别为 0.88khm²、0.51khm² 和 0.49khm²，分别占 8.86%、5.13% 和 4.96%（表 3-45）。

表 3-45　三等地各质地构型和耕层质地面积与比例

项　目		面积（khm²）	比例（%）
质地构型	上松下紧	7.05	70.64
	紧实型	1.37	13.70
	松散型	0.96	9.64
	薄层型	0.57	5.76
	夹层型	0.03	0.26
总计		9.98	100.00
耕层质地	轻壤	4.69	46.95
	中壤	1.79	17.92
	黏土	1.61	16.18
	重壤	0.88	8.86
	砂土	0.51	5.13
	砂壤	0.49	4.96
总计		9.98	100.00

（三）灌溉能力和排水能力

青藏区三等地灌溉能力充分满足的面积为 2.23khm²，占三等地面积的 22.30%；满足的面积为 2.53khm²，占 25.33%；基本满足的面积为 5.23khm²，占 52.36%。排水能力充分满足的面积为 0.54khm²，占 5.40%；满足的面积为 7.73khm²，占 77.50%；基本满足的面积为 1.66khm²，占 16.59%；不满足的面积为 0.05khm²，占 0.52%（表 3-46）。

表 3-46　三等地各灌溉能力和排水能力面积与比例

项　目		面积（khm²）	比例（%）
灌溉能力	充分满足	2.23	22.30
	满足	2.53	25.33
	基本满足	5.23	52.36
总计		9.98	100.00
排水能力	充分满足	0.54	5.40
	基本满足	1.66	16.59
	满足	7.73	77.50
	不满足	0.05	0.52
总计		9.98	100.00

（四）有效土层厚度

青藏区三等地有效土层厚度的平均值为 74cm，最大值为 111cm，最小值为 37cm，标准差为 16（表 3-35）。通过分析各评价区三等地耕地土壤有效土层厚度表明：青海评价区有效土层厚度平均值最大达 111cm，其次为四川评价区、云南评价区，西藏评价区有效土层厚度最低（表 3-47）。

表 3-47 三等地有效土层厚度

评价区	平均值（cm）	最大值（cm）	最小值（cm）	标准差
青海评价区	79	111	43	15
四川评价区	76	100	45	24
西藏评价区	62	75	37	10
云南评价区	86	98	73	6
总计	74	111	37	16

（五）障碍因素

青藏区三等地无障碍层次占的面积最多，为 8.62khm^2，占三等地面积的 86.38%；部分耕地存在瘠薄、盐碱、障碍层次等，其中盐碱和瘠薄的面积分别为 0.71khm^2 和 0.49khm^2，分别占 7.09% 和 4.87%；障碍层次较少，面积为 0.17khm^2，占 1.66%（表 3-48）。

表 3-48 三等地障碍因素的面积与比例

障碍因素	面积（khm^2）	比例（%）
无	8.62	86.38
盐碱	0.71	7.09
瘠薄	0.49	4.87
障碍层次	0.17	1.66
总计	9.98	100.00

（六）土壤容重

青藏区三等地土壤容重 1.25～1.35g/cm^3 的面积最大，为 4.11khm^2，占三等地面积的41.23%；1.35～1.45/1.00～1.10g/cm^3 的面积为 3.93khm^2，占 39.39%；1.45～1.55 的面积为 0.76khm^2，占 7.62%；1.10～1.25g/cm^3 的面积最小，为 0.45khm^2，占 4.54%（表 3-49）。

表 3-49 三等地土壤容重的面积与比例

土壤容重（g/cm^3）	面积（khm^2）	比例（%）
1.10～1.25	0.45	4.54
1.25～1.35	4.11	41.23
1.35～1.45/1.00～1.10	3.93	39.39
1.45～1.55	0.76	7.62
≤1.00，>1.55	0.83	8.29
总计	9.98	100.00

（七）农田林网化程度、生物多样性和清洁程度

青藏区三等地的农田网化程度高的面积为 1.35km²，占三等地面积的 13.54%；中的面积为 5.72km²，占 57.28%；低的面积为 2.91km²，占 29.18%。生物多样性分丰富、一般、不丰富 3 个等级，其中丰富的面积为 4.12km²，占二等地面积的 41.33%；一般的面积为 5.27km²，占 52.79%；不丰富的面积为 0.59km²，占 5.89%；清洁程度均为清洁（表 3-50）。

表 3-50　三等地农田林网化程度和生物多样性的面积与比例

项　目		面积（khm²）	比例（%）
农田林网化程度	高	1.35	13.54
	中	5.72	57.28
	低	2.91	29.18
总计		9.98	100.00
生物多样性	丰富	4.12	41.33
	一般	5.27	52.79
	不丰富	0.59	5.89
总计		9.98	100.00

（八）酸碱度与土壤养分含量

表 3-51 列出了三等地土壤酸碱度及有机质、有效磷、速效钾含量的平均值。土壤酸碱度平均值为 7.82；土壤有机质平均含量为 28.98g/kg，有效磷为 23.96mg/kg，速效钾为 153.51mg/kg。

综合来看，川藏林农牧区三等地的土壤养分含量较高，但是速效钾含量较低。

表 3-51　三等地土壤酸碱度与土壤养分含量平均值

主要养分指标	川藏林农牧区	青甘牧农区	均值
酸碱度	6.95	8.35	7.82
有机质（g/kg）	38.61	23.05	28.98
有效磷（mg/kg）	23.36	24.33	23.96
速效钾（mg/kg）	140.60	161.45	153.51

三、三等地产量水平

在耕作利用方式上，青藏区三等地耕地作物主要以青稞为主。三等地青稞产量达7 125 kg/hm²（表 3-52）。

表 3-52　三等地主栽作物调查点及产量

作物	年平均产量（kg/hm²）
青稞	7 125

第五节　四等地耕地质量等级特征

一、四等地分布特征

（一）区域分布

四等地面积为 38.64km²，占青藏区耕地面积的比例是 3.95%。主要分布在青甘牧农区，面积为 23.50km²，占四等地面积的比例是 60.82%；其次是川藏林农牧区，面积为14.22km²，占 36.80%；青藏高寒地区四等地较少，面积为 0.92km²，占比为 2.38%（表 3-53）。

表 3-53　青藏区四等地面积与比例（按二级农业区划）

二级农业区	面积（khm²）	比例（%）
川藏林农牧区	14.22	36.80
青藏高寒地区	0.92	2.38
青甘牧农区	23.50	60.82
总计	38.64	100.00

从行政区划看，四等地分布较多的是青海评价区，面积达到了 20.00km²，为23.47km²，占四等地面积的比例是 60.73%；四川评价区和西藏评价区以及云南评价区四等地面积也达到了 1.00km² 以上，分别为 7.18km²、6.52km² 和 1.44km²，占比分别为 18.59%、6.86% 以及 3.73%；甘肃评价区四等地最少，面积为 0.03km²，占 0.09%。

四等地在市域分布上差异较大，甘肃评价区主要分布在甘南藏族自治州；青海评价区主要分布在海西蒙古族藏族自治州、海南藏族自治州和海北藏族自治州，比例分别为 58.95%、26.48% 和 14.56%；四川评价区主要分布在阿坝藏族羌族自治州、甘孜藏族自治州和彝族自治州，比例分别为 82.17%、14.04% 和 3.79%；西藏评价区主要分布在林芝市和昌都市，比例分别为 95.96% 和 4.04%；云南评价区主要分布在迪庆藏族自治州（表 3-54）。

表 3-54　青藏区四等地面积与比例（按行政区划）

评价区	市（州）名称	面积（khm²）	比例（%）
甘肃评价区	甘南藏族自治州	0.03	99.99
	武威市	0.00	0.01
小计		0.03	100.00
青海评价区	海北藏族自治州	3.42	14.56
	海南藏族自治州	6.22	26.48
	海西蒙古族藏族自治州	13.84	58.95
小计		23.47	100.00
四川评价区	阿坝藏族羌族自治州	5.90	82.17
	甘孜藏族自治州	1.01	14.04
	凉山彝族自治州	0.27	3.79
小计		7.18	100.00

（续）

评价区	市（州）名称	面积（khm²）	比例（%）
西藏评价区	昌都市	0.26	4.04
	林芝市	6.25	95.96
小计		6.52	100.00
云南评价区	迪庆藏族自治州	1.44	100.00
小计		1.44	100.00

（二）土壤类型

从土壤类型看，青藏区四等地的耕地土壤类型分为暗棕壤、草甸土、草甸盐土、草毡土、粗骨土、风沙土、褐土、黑钙土、黑毡土、红壤、黄壤、黄棕壤、灰褐土、灰棕漠土、栗钙土、漠境盐土、山地草甸土、石灰（岩）土、水稻土、沼泽土、砖红壤、紫色土、棕钙土、棕壤 24 个土类和 43 个亚类。

在四等地上分布的 24 个土类中，棕钙土面积最大，为 11.74km²，占四等地面积的 30.38%；其次是栗钙土，面积为 6.46km²，占 16.73%。在棕钙土的 2 个亚类中，典型棕钙土的面积占比最大，占四等地棕钙土面积的比例为 80.94%；其次是盐化棕钙土，占 19.06%。在栗钙土的 3 个亚类中，典型栗钙土的面积较大，占栗钙土面积的 69.29%，其次是暗栗钙土和盐化栗钙土，分别占 26.44% 和 4.27%（表 3-55）。

表 3-55　各土类、亚类四等地面积与比例

土类	亚类	面积（khm²）	比例（%）
暗棕壤	典型暗棕壤	0.98	100.00
草甸土	典型草甸土	0.37	34.88
	石灰性草甸土	0.68	65.12
小计		1.05	100.00
草甸盐土	沼泽盐土	0.37	100.00
草毡土	典型草毡土	0.58	91.18
	棕草毡土	0.06	8.82
小计		0.63	100.00
粗骨土	钙质粗骨土	0.24	39.75
	酸性粗骨土	0.19	30.80
	中性粗骨土	0.18	29.45
小计		0.61	100.00
风沙土	草原风沙土	0.40	17.45
	荒漠风沙土	1.91	82.55
小计		2.32	100.00

（续）

土类	亚类	面积（khm²）	比例（%）
褐土	典型褐土	0.48	13.43
	褐土性土	0.29	8.07
	淋溶褐土	0.87	24.39
	石灰性褐土	0.91	25.67
	燥褐土	1.01	28.44
小计		3.56	100.00
黑钙土	典型黑钙土	0.24	68.06
	石灰性黑钙土	0.11	31.94
小计		0.35	100.00
黑毡土	典型黑毡土	0.22	96.33
	棕黑毡土	0.01	3.67
小计		0.23	100.00
红壤	红壤性土	0.03	3.20
	黄红壤	0.77	96.80
小计		0.79	100.00
黄壤	典型黄壤	0.35	100.00
黄棕壤	暗黄棕壤	0.18	39.60
	典型黄棕壤	0.28	60.40
小计		0.47	100.00
灰褐土	淋溶灰褐土	0.01	0.31
	石灰性灰褐土	2.25	99.69
小计		2.26	100.00
灰棕漠土	灌耕灰棕漠土	1.14	100.00
栗钙土	暗栗钙土	1.71	26.44
	典型栗钙土	4.48	69.29
	盐化栗钙土	0.28	4.27
小计		6.46	100.00
漠境盐土	残余盐土	0.02	100.00
山地草甸土	山地草原草甸土	0.08	100.00
石灰（岩）土	黄色石灰土	0.08	100.00
水稻土	淹育水稻土	0.01	2.07
	潴育水稻土	0.35	97.93
小计		0.36	100.00
沼泽土	草甸沼泽土	0.20	100.00
砖红壤	黄色砖红壤	2.64	100.00

(续)

土类	亚类	面积（khm²）	比例（%）
紫色土	石灰性紫色土	0.00	6.12
	中性紫色土	0.03	93.88
小计		0.03	100.00
棕钙土	典型棕钙土	9.50	80.94
	盐化棕钙土	2.24	19.06
小计		11.74	100.00
棕壤	典型棕壤	1.92	100.00

二、四等地属性特征

（一）地形部位

青藏区四等地的地形部位分为 8 种类型，其中河流宽谷阶地的地形面积最大，为 22.89khm²，占四等地面积的 59.22%；其次是洪积扇前缘、山地坡下和台地，面积分别为 6.54khm²、4.25khm² 和 2.15khm²，分别占 16.92%、11.01% 和 5.57%；山地坡中面积为 1.64khm²，占 4.26%；河流低谷地、洪积扇中后部和山地坡上，面积分别为 0.92khm²、0.21khm² 和 0.03khm²，分别占 2.39%、0.55% 和 0.08%（表 3-56）。

表 3-56　四等地各地形部位面积与比例

地形部位	面积（khm²）	比例（%）
河流低谷地	0.92	2.39
河流宽谷阶地	22.89	59.22
洪积扇前缘	6.54	16.92
洪积扇中后部	0.21	0.55
山地坡上	0.03	0.08
山地坡下	4.25	11.01
山地坡中	1.64	4.26
台地	2.15	5.57
总计	38.64	100.00

（二）质地构型和耕层质地

青藏区四等地的质地构型分为 6 种类型，其中紧实型面积为 16.22khm²，占四等地面积的 41.98%；上松下紧型面积为 14.90khm²，占 38.55%；松散型、薄层型面积为 5.52khm² 和 1.35khm²，分别占四等地面积的 14.28%、3.50%；夹层型面积为 0.64khm²，占 1.66%；其中上紧下松型面积最少，为 0.02khm²，仅占 0.04%。耕层质地分为 6 种类型，其中轻壤所占的面积最大，为 14.13khm²，占 36.57%；中壤次之，面积为 9.58khm²，占 24.80%；重壤面积为 8.19khm²，占 21.19%；砂壤面积为 4.61khm²，占 11.94%；砂土和黏土较少，面积分别为 1.54khm² 和 0.59khm²，分别占 3.98% 和 1.52%（表 3-57）。

表 3-57 四等地各质地构型和耕层质地面积与比例

项 目		面积（khm²）	比例（%）
质地构型	薄层型	1.35	3.50
	夹层型	0.64	1.66
	紧实型	16.22	41.98
	上紧下松	0.02	0.04
	上松下紧	14.90	38.55
	松散型	5.52	14.28
总计		38.64	100.00
耕层质地	黏土	0.59	1.52
	轻壤	14.13	36.57
	砂壤	4.61	11.94
	砂土	1.54	3.98
	中壤	9.58	24.80
	重壤	8.19	21.19
总计		38.64	100.00

（三）灌溉能力和排水能力

青藏区四等地的灌溉能力分为 4 种类型，其中基本满足的面积最大，为 22.16khm²，占四等地面积的 57.33%；满足的面积为 9.91khm²，占 25.66%；充分满足的面积为 5.55khm²，占 14.36%；其中不满足的面积最小，为 1.02khm²，占 2.65%。排水能力分为 4 种类型，其中满足的面积最大，为 25.41khm²，占 65.77%；基本满足的面积为 11.55khm²，占 29.88%；充分满足的面积为 1.09khm²，占 2.82%；不满足面积最小，为 0.59khm²，占 1.53%（表 3-58）。

表 3-58 四等地各灌溉能力和排水能力面积与比例

项 目		面积（khm²）	比例（%）
灌溉能力	不满足	1.02	2.65
	充分满足	5.55	14.36
	基本满足	22.16	57.33
	满足	9.91	25.66
总计		38.64	100.00
排水能力	不满足	0.59	1.53
	充分满足	1.09	2.82
	基本满足	11.55	29.88
	满足	25.41	65.77
总计		38.64	100.00

（四）有效土层厚度

青藏区四等地有效土层厚度的平均值为 75cm，最大值为 124cm，最小值为 20cm，标准差为 23（表 3-59）。通过分析各评价区耕地土壤有效土层厚度表明：甘肃评价区有效土层厚度平均值最大，达 96cm，其次为云南评价区、青海评价区、四川评价区，西藏评价区有效土层厚度最低。

表 3-59 四等地有效土层厚度

评价区	平均值（cm）	最大值（cm）	最小值（cm）	标准差
甘肃评价区	96	103	85	7
青海评价区	86	124	20	22
四川评价区	85	100	35	20
西藏评价区	57	74	35	9
云南评价区	89	97	75	6
总计	75	124	20	23

（五）障碍因素

青藏区四等地无障碍因素的面积最多，为 35.22khm²，占四等地面积的 91.15%。部分耕地障碍因素为贫瘠、障碍层次和盐碱 3 种障碍因素，其中障碍层次面积为 2.47khm²，占四等地面积的 6.39%；贫瘠面积较少，为 0.95khm²，占 2.45%（表 3-60）。

表 3-60 四等地障碍因素的面积与比例

障碍因素	面积（khm²）	比例（%）
瘠薄	0.95	2.45
无	35.22	91.15
盐碱	0.00	0.01
障碍层次	2.47	6.39
总计	38.64	100.00

（六）土壤容重

青藏区四等地的土壤容重分为 5 个等级，其中 1.35～1.45/1.00～1.10g/cm³ 面积最大，为 17.12khm²，占四等地面积的 44.31%；其次是 1.25～1.35g/cm³，面积为 16.21khm²，占 41.94%；1.10～1.25g/cm³ 的面积为 2.61khm²，占 6.75%；1.45～1.55g/cm³ 的面积为 1.94khm²，占 5.03%；≤1.00，>1.55g/cm³ 的面积为 0.76khm²，占 1.96%（表 3-61）。

表 3-61 四等地土壤容重的面积与比例

土壤容重（g/cm³）	面积（khm²）	比例（%）
1.10～1.25	2.61	6.75
1.25～1.35	16.21	41.94
1.35～1.45/1.00～1.10	17.12	44.31

（续）

土壤容重（g/cm³）	面积（khm²）	比例（%）
1.45～1.55	1.94	5.03
≤1.00，>1.55	0.76	1.96
总计	38.64	100.00

（七）农田林网化程度、生物多样性和清洁程度

青藏区四等地的农田林网化程度分为 3 个等级，其中高的面积为 0.74khm²，占四等地面积的 1.93%；中的面积为 20.72khm²，占 53.58%；低的面积为 17.19khm²，占 44.50%。生物多样性分为 3 个等级，其中一般的面积为 22.28khm²，占 57.65%；丰富的面积为 14.90khm²，占 38.57%；不丰富的面积为 1.46khm²，占 3.78%。四等地的清洁程度均为清洁（表 3-62）。

表 3-62　四等地农田林网化程度和生物多样性的面积与比例

项目		面积（khm²）	比例（%）
农田林网化程度	高	0.74	1.93
	中	20.70	53.58
	低	17.19	44.50
总计		38.64	100.00
生物多样性	丰富	14.90	38.57
	一般	22.28	57.65
	不丰富	1.46	3.78
总计		38.64	100.00

（八）酸碱度与土壤养分含量

表 3-63 列出了四等地土壤酸碱度及土壤有机质、有效磷、速效钾含量的平均值。青藏区四等地酸碱度的平均值为 7.86，土壤有机质平均含量为 28.94g/kg，有效磷为 22.96mg/kg，速效钾为 151.29mg/kg。

综合来看，青藏高寒地区的土壤养分含量较高；青甘牧农区土壤养分含量尚可；川藏林农牧区土壤养分含量较低（表 3-63）。

表 3-63　四等地土壤酸碱度与养分含量平均值

主要养分指标	川藏林农牧区	青藏高寒地区	青甘牧农区	四等地均值
酸碱度	7.19	7.95	8.40	7.86
有机质（g/kg）	38.50	27.38	21.13	28.94
有效磷（mg/kg）	23.80	19.45	22.31	22.96
速效钾（mg/kg）	143.20	195.64	157.38	151.29

三、四等地产量水平

在耕作利用方式上，青藏区四等地的主要农作物为青稞，年平均产量为 6 000kg/hm²

（表 3-64）。

表 3-64　四等地主栽作物调查点及产量

作物	年平均产量（kg/hm^2）
青稞	6 000

第六节　五等地耕地质量等级特征

一、五等地分布特征

（一）区域分布

五等地面积为 120.09khm^2，占青藏区耕地面积的比例是 11.25%。主要分布在青甘牧农区，面积为 56.26khm^2，占五等地面积的 46.85%；其次是川藏林农牧区和青藏高寒地带，面积分别为 53.95khm^2 和 9.06khm^2，分别占 44.93% 和 7.55%；藏南农牧区五等地较少，面积为 0.81khm^2，占 0.68%（表 3-65）。

表 3-65　青藏区五等地面积与比例（按二级农业区划）

二级农业区	面积（khm^2）	比例（%）
藏南农牧区	0.81	0.68
川藏林农牧区	53.95	44.93
青藏高寒地区	9.06	7.55
青甘牧农区	56.26	46.85
总计	120.09	100.00

从行政区划看，五等地分布较多的是四川评价区和青海评价区，达到了 30.00khm^2 以上，面积分别为 37.79khm^2 和 33.87khm^2，占五等地面积的比例是 31.47% 和 28.21%；其次为甘肃评价区和西藏评价区，面积分别为 22.39khm^2 和 20.64khm^2，占五等地面积的比例是 18.64% 和 17.19%；云南评价区五等地最少，面积为 5.39khm^2，占五等地面积的 4.49%。

五等地在市域分布上差异较大，甘肃评价区主要分布在甘南藏族自治州和武威市，占该省五等地面积的比例分别为 51.00% 和 49.00%；青海评价区主要分布在海南藏族自治州、海西蒙古藏族自治州和黄南藏族自治州，比例分别为 51.82%、41.67% 和 3.62%；四川评价区主要分布在阿坝藏族羌族自治州、甘孜藏族自治州和凉山彝族自治州，分别占五等地面积的 51.60%、47.40% 和 0.99%；西藏评价区主要分布在林芝市、山南市和日喀则市，比例分别为 88.10%、4.48% 和 3.91%；云南评价区主要分布在迪庆藏族自治州和怒江州，占五等地总面积的比例分别为 94.25% 和 5.75%（表 3-66）。

表 3-66　青藏区五等地面积与比例（按行政区划）

评价区	市（州）名称	面积（khm^2）	比例（%）
甘肃评价区	甘南藏族自治州	11.42	51.00
	武威市	10.97	49.00
小计		22.39	100.00

（续）

评价区	市（州）名称	面积（khm²）	比例（%）
青海评价区	海北藏族自治州	0.98	2.88
	海南藏族自治州	17.55	51.82
	海西蒙古族藏族自治州	14.12	41.67
	黄南藏族自治州	1.23	3.62
小计		33.87	100.00
四川评价区	阿坝藏族羌族自治州	19.50	51.60
	甘孜藏族自治州	17.91	47.40
	凉山彝族自治州	0.37	0.99
小计		37.79	100.00
西藏评价区	昌都市	0.72	3.49
	拉萨市	0.00	0.02
	林芝市	18.19	88.10
	日喀则市	0.81	3.91
	山南市	0.93	4.48
小计		20.64	100.00
云南评价区	迪庆藏族自治州	5.08	94.25
	怒江州	0.31	5.75
小计		5.39	100.00

（二）土壤类型

从土壤类型看，青藏区五等地的耕地土壤类型分为暗棕壤、草甸土、草甸盐土、草毡土、潮土、赤红壤、粗骨土、风沙土、灌漠土、褐土、黑钙土、黑垆土、黑毡土、红壤、黄褐壤、黄壤、黄棕壤、灰钙土、灰褐土、灰棕漠土、冷棕钙土、栗钙土、山地草甸土、水稻土、新积土、沼泽土、砖红壤、紫色土、棕钙土、棕壤 30 个土类 51 个亚类。

在五等地上分布的 30 个土类中，栗钙土面积最大，为 15.54khm²，占五等地面积的 12.94%；其次是灰褐土，面积为 15.41khm²，占 12.83%；棕钙土和褐土分别占 12.34% 和 9.80%。在栗钙土的 3 个亚类中，暗栗钙土的面积较大，占五等地栗钙土面积的比例为 45.61%；其次是典型栗钙土，占 44.79%。灰褐土中石灰性灰褐土的面积较大，占 74.46%。棕钙土土类中典型棕钙土的面积较大，占 89.95%；褐土中典型褐土土类面积最大，占 54.13%（表 3-67）。

表 3-67　各土类、亚类五等地面积与比例

土类	亚类	面积（khm²）	比例（%）
暗棕壤	典型暗棕壤	2.48	100.00
草甸盐土	典型草甸土	8.87	82.74
	石灰性草甸土	1.85	17.26
小计		10.71	100.00

（续）

土类	亚类	面积（khm²）	比例（%）
草甸盐土	草甸盐土	0.02	0.87
	沼泽盐土	2.44	99.13
小计		2.46	100.00
草毡土	典型草毡土	1.15	98.82
	棕草毡土	0.01	1.18
小计		1.17	100.00
潮土	典型潮土	0.05	100.00
赤红壤	黄色赤红壤	4.36	100.00
粗骨土	中性粗骨土	0.76	100.00
风沙土	草原风沙土	0.02	0.97
	荒漠风沙土	2.00	99.03
小计		2.02	100.00
灌漠土	典型灌漠土	0.15	100.00
褐土	潮褐土	0.06	0.50
	典型褐土	6.37	54.13
	褐土性土	1.10	9.31
	淋溶褐土	1.36	11.57
	石灰性褐土	1.87	15.93
	燥褐土	1.01	8.57
小计		11.77	100.00
黑钙土	典型黑钙土	1.69	43.67
	石灰性黑钙土	2.18	56.33
小计		3.88	100.00
黑垆土	黑麻土	0.29	100.00
黑毡土	典型黑毡土	7.21	89.51
	棕黑毡土	0.84	10.49
小计		8.05	100.00
红壤	红壤性土	0.33	18.33
	黄红壤	1.47	81.67
小计		1.80	100.00
黄褐土	黄褐土性土	0.06	100.00
黄壤	典型黄壤	1.36	78.27
	黄壤性土	0.38	21.73
小计		1.74	100.00
黄棕壤	暗黄棕壤	1.45	73.70
	典型黄棕壤	0.52	26.30
小计		1.96	100.00

（续）

土类	亚类	面积（khm²）	比例（%）
灰钙土	淡灰钙土	0.06	6.47
	典型灰钙土	0.84	93.53
小计		0.90	100.00
灰褐土	典型灰褐土	0.01	0.08
	淋溶灰褐土	3.92	25.47
	石灰性灰褐土	11.47	74.45
小计		15.41	100.00
灰棕漠土	灌耕灰棕漠土	1.10	100.00
冷棕钙土	典型冷棕钙土	0.50	100.00
栗钙土	暗栗钙土	7.09	45.61
	淡栗钙土	1.49	9.60
	典型栗钙土	6.96	44.79
小计		15.54	100.00
山地草甸土	典型山地草甸土	0.01	100.00
水稻土	淹育水稻土	0.88	34.86
	潴育水稻土	1.64	65.14
小计		2.51	100.00
新积土	冲积土	0.09	100.00
沼泽土	草甸沼泽土	0.10	100.00
砖红壤	黄色砖红壤	6.99	100.00
紫色土	石灰性紫色土	0.04	100.00
棕钙土	典型棕钙土	13.33	89.95
	盐化棕钙土	1.49	10.05
小计		14.82	100.00
棕壤	典型棕壤	8.38	100.00

二、五等地属性特征

（一）地形部位

青藏区五等地的地形部位分为 9 种类型，山地坡下和河流宽谷阶地面积最大，面积为 43.09km² 和 34.33km²，分别占五等地面积的 35.88% 和 28.59%；其次是山地坡中和洪积扇前缘，面积为 17.02km² 和 12.49km²，分别占 14.18% 和 10.40%；河流低谷地面积为 9.37km²，占 7.80%；洪积扇中后部和山地坡上面积分别为 2.02km² 和 0.93km²，分别占 1.68% 和 0.78%；湖盆阶地和台地面积分别为 0.50km² 和 0.32km²，分别占

0.42%和0.27%（表3-68）。

表3-68 五等地各地形部位面积与比例

地形部位	面积（khm²）	比例（%）
河流低谷地	9.37	7.80
河流宽谷阶地	34.33	28.59
洪积扇前缘	12.49	10.40
洪积扇中后部	2.02	1.68
湖盆阶地	0.50	0.42
山地坡上	0.93	0.78
山地坡下	43.09	35.88
山地坡中	17.02	14.18
台地	0.32	0.27
总计	120.09	100.00

（二）质地构型和耕层质地

青藏区五等地的质地构型分为6种类型，其中紧实型面积为39.92khm²，占五等地面积的33.24%；上松下紧型和松散型面积分别为38.20khm²和24.95khm²，分别占31.81%和20.77%；上紧下松型和夹层型面积分别为9.61khm²和4.77khm²，分别占五等地面积的8.01%和3.98%；薄层型面积最少，为2.64khm²，占五等地面积的2.20%。耕层质地分为6种类型，其中中壤面积最大，为41.09khm²，占五等地面积的34.22%；轻壤次之，面积为39.47khm²，占五等地面积的32.87%；重壤、砂壤和黏土面积分别为22.70khm²、10.91khm²和3.77khm²，各占五等地面积的18.90%、9.09%和3.14%；砂土面积最少，为2.15khm²，占五等地面积的1.79%（表3-69）。

表3-69 五等地各质地构型和耕层质地面积与比例

项目		面积（khm²）	比例（%）
质地构型	薄层型	2.64	2.20
	夹层型	4.77	3.98
	紧实型	39.92	33.24
	上紧下松	9.61	8.01
	上松下紧	38.20	31.81
	松散型	24.95	20.77
总计		120.09	100.00
耕层质地	黏土	3.77	3.14
	轻壤	39.47	32.87
	砂壤	10.91	9.09
	砂土	2.15	1.79
	中壤	41.09	34.22
	重壤	22.70	18.90
总计		120.09	100.00

（三）灌溉能力和排水能力

青藏区五等地的灌溉能力分为 4 种类型，其中基本满足的面积最大，为 58.45khm²，占五等地面积的 48.67%；满足和不满足的面积分别为 23.81khm² 和 19.13khm²，各占五等地面积的 19.83% 和 15.93%；充分满足的面积最小，为 18.70khm²，占 15.57%。排水能力分为 4 种类型，其中满足的面积最大，为 69.54khm²，占 57.90%；基本满足的面积为 34.07khm²，占 28.37%；不满足和充分满足的面积较少，分别为 11.91khm² 和 4.58khm²，各占五等地面积的 9.91% 和 3.81%（表 3-70）。

表 3-70　五等地各灌溉能力和排水能力面积与比例

项　目		面积（khm²）	比例（%）
灌溉能力	充分满足	18.70	15.57
	满足	23.81	19.83
	基本满足	58.45	48.67
	不满足	19.13	15.93
总计		120.09	100.00
排水能力	充分满足	4.58	3.81
	满足	69.54	57.90
	基本满足	34.07	28.37
	不满足	11.91	9.91
总计		120.09	100.00

（四）有效土层厚度

青藏区五等地有效土层厚度的平均值为 65cm，最大值为 163cm，最小值为 20cm，标准差为 22。通过分析各评价区五等地耕地土壤有效土层厚度表明：青海评价区有效土层厚度平均值最大，达 90cm，其次为云南评价区、甘肃评价区、四川评价区、西藏评价区有效土层厚度最低（表 3-71）。

表 3-71　五等地有效土层厚度

评价区	平均值（cm）	最大值（cm）	最小值（cm）	标准差
甘肃评价区	66	163	35	28
青海评价区	90	135	20	25
四川评价区	61	100	30	24
西藏评价区	55	136	33	8
云南评价区	85	106	60	8
总计	65	163	20	22

（五）障碍因素

青藏区五等地无障碍因素面积为 96.84khm²，占五等地面积的 80.64%，部分耕地的障碍因素为障碍层次、贫瘠和盐碱，面积分别为 11.96khm²、8.96khm² 和 2.33khm²，分别占五等地面积的 9.96%、7.46% 和 1.94%（表 3-72）。

表 3-72　五等地障碍因素的面积与比例

障碍因素	面积（khm²）	比例（%）
瘠薄	8.96	7.46
无	96.84	80.64
盐碱	2.33	1.94
障碍层次	11.96	9.96
总计	120.09	100.00

（六）土壤容重

青藏区五等地的土壤容重分为 5 个等级，其中 1.25～1.35g/cm³ 的面积最大，为 44.82khm²，占五等地面积的 37.33%；其次是 1.35～1.45/1.00～1.10g/cm³ 和 1.10～1.25g/cm³，面积分别为 42.18khm² 和 28.96khm²，分别占五等地面积的 35.13% 和 24.12%；1.45～1.55g/cm³ 的面积为 2.82khm²，占五等地面积的 2.35%；≤1.00，>1.55 g/cm³ 的面积最小，为 1.30khm²，占 1.08%（表 3-73）。

表 3-73　五等地土壤容重的面积与比例

土壤容重（g/cm³）	面积（khm²）	比例（%）
1.10～1.25	28.96	24.12
1.25～1.35	44.82	37.33
1.35～1.45/1.00～1.10	42.18	35.13
1.45～1.55	2.82	2.35
≤1.00，>1.55	1.30	1.08
总计	120.09	100.00

（七）农田林网化程度、生物多样性和清洁程度

青藏区五等地的农田林网化程度分为 3 个等级，其中低的面积为 60.84khm²，占四等地面积的 50.66%；中的面积为 52.79khm²，占 43.96%；高的面积为 6.47khm²，占 5.38%。生物多样性分为 3 个等级，其中一般的面积为 60.48khm²，占 50.36%；丰富的面积为 52.11khm²，占 43.39%；不丰富的面积为 7.50khm²，占 6.25%。五等地的清洁程度均为清洁（表 3-74）。

表 3-74　五等地农田林网化程度和生物多样性的面积与比例

项目		面积（khm²）	比例（%）
农田林网化程度	高	6.47	5.38
	中	52.79	43.96
	低	60.84	50.66
总计		120.09	100.00
生物多样性	丰富	52.11	43.39
	一般	60.48	50.36
	不丰富	7.50	6.25
总计		120.09	100.00

（八）酸碱度与土壤养分含量

表 3-75 列出了五等地土壤酸碱度及土壤有机质、有效磷、速效钾含量的平均值。青藏区五等地酸碱度的平均值为 7.61。土壤有机质平均含量为 28.37g/kg，有效磷为 21.63mg/kg，速效钾为 136.80mg/kg。

综合来看，青藏高寒地带和甘青牧农区土壤养分含量较高；川藏林农牧区土壤养分含量居中；藏南农牧区土壤养分含量较低（表 3-75）。

表 3-75　五等地土壤酸碱度与土壤养分含量平均值

主要养分指标	藏南农牧区	川藏林农牧区	青藏高寒地区	青甘牧农区	五等地均值
酸碱度	7.65	7.25	7.87	8.36	7.61
有机质（g/kg）	19.45	30.14	29.65	25.29	28.37
有效磷（mg/kg）	13.97	21.33	20.54	23.00	21.63
速效钾（mg/kg）	99.55	124.54	194.24	162.75	136.80

三、五等地产量水平

在耕作利用方式上，青藏区五等地的主要农作物为青稞，年平均产量为 5 775kg/hm²（表 3-76）。

表 3-76　五等地主栽作物调查点及产量

作物	年平均产量（kg/hm²）
青稞	5 775

第七节　六等地耕地质量等级特征

一、六等地分布特征

（一）区域分布

六等地面积为 188.84khm²，占青藏区耕地面积的比例是 17.69%。主要分布在川藏林农牧区和青甘牧农区，面积分别为 82.63khm²、79.63khm²，分别占六等地面积的 43.76%、42.17%；其次是藏南农牧区，面积 16.12khm²，占 8.54%；青藏高寒地区六等地面积为 10.46khm²，占比为 5.54%（表 3-77）。

表 3-77　青藏区六等地面积与比例（按二级农业区划）

二级农业区	面积（khm²）	比例（%）
川藏林农牧区	82.63	43.76
青甘牧农区	79.63	42.17
藏南农牧区	16.12	8.54
青藏高寒地区	10.46	5.54
总计	188.84	100.00

从行政区划看，六等地分布最多的是四川评价区，面积为 62.66khm²，占六等地面积的比例是 33.18%；甘肃评价区和青海评价区六等地面积分别为 40.94khm² 和 38.69khm²，占 21.68% 和 20.49%，西藏评价区六等地面积为 30.55khm²，占 16.18%，云南评价区六等地面积最少，为 16.01khm²，占 8.48%。

六等地在市域分布上存在差异，四川评价区主要分布在阿坝藏族羌族自治州、甘孜藏族自治州，占该评价区六等地面积的比例分别为 51.32%、41.30%；甘肃评价区主要分布在甘南藏族自治州和武威市，甘南藏族自治州占该评价区六等地面积的比例为 71.32%，武威市为 28.68%；青海评价区主要分布在海南藏族自治州，占该评价区六等地面积的比例为 62.34%，其次为海西蒙古族藏族自治州和海北藏族自治州，比例分别为 21.01% 和 16.64%；西藏评价区主要分布在林芝市和山南市，比例分别为 45.79% 和 29.85%，其次分布在昌都市、日喀则市和拉萨市，比例分别为 15.83%、4.67% 和 3.87%；云南评价区主要分布在迪庆藏族自治州和怒江州，比例分别为 60.62% 和 39.38%（表 3-78）。

表 3-78　青藏区六等地面积与比例（按行政区划）

评价区	市（州）名称	面积（khm²）	比例（%）
四川评价区	阿坝藏族羌族自治州	32.16	51.32
	甘孜藏族自治州	25.88	41.30
	凉山彝族自治州	4.62	7.38
小计		62.66	100.00
甘肃评价区	甘南藏族自治州	29.20	71.32
	武威市	11.74	28.68
小计		40.94	100.00
青海评价区	海南藏族自治州	24.12	62.34
	海西蒙古族藏族自治州	8.13	21.01
	海北藏族自治州	6.44	16.64
	黄南藏族自治州	—	—
	玉树藏族自治州	—	—
小计		38.69	100.00
西藏评价区	林芝市	13.99	45.79
	山南市	9.12	29.85
	昌都市	4.83	15.83
	日喀则市	1.43	4.67
	拉萨市	1.18	3.87
	那曲市	—	—
小计		30.55	100.00
云南评价区	迪庆藏族自治州	9.70	60.62
	怒江州	6.30	39.38
小计		16.01	100.00

（二）土壤类型

从土壤类型看，青藏区六等地的耕地土壤类型分为38个土类85个亚类。其中面积较大的土类主要有褐土、栗钙土、亚高山草甸土、棕钙土、灰褐土、棕壤，面积分别为31.66khm²、27.74khm²、25.70khm²、13.97khm²、13.61khm²、12.07khm²，占六等地面积的比例分别为16.76％、14.69％、13.61％、7.40％、7.21％、6.39％；其中褐土中褐土亚类面积最大，占34.47％，栗钙土亚类灌淤型栗钙土面积最小，仅占0.01％（表3-79）。

表3-79　各土类、亚类六等地面积与比例

土类	亚类	面积（khm²）	比例（％）
褐土	暗褐土	10.74	33.92
	褐土	10.91	34.47
	褐土性土	1.66	5.24
	淋溶褐土	0.99	3.12
	石灰性褐土	3.54	11.18
	碳酸盐褐土	0.01	0.02
	燥褐土	3.81	12.04
小计		31.66	100.00
栗钙土	暗栗钙土	3.59	12.94
	淡栗钙土	2.10	7.57
	灌淤型栗钙土	0.003	0.01
	栗钙土	22.05	79.48
小计		27.74	100.00
亚高山草甸土	亚高山草甸土	20.41	79.41
	亚高山草原草甸土	1.42	5.53
	亚高山灌丛草甸土	3.87	15.05
	亚高山林灌草甸土	0.002	0.01
小计		25.70	100.00
棕钙土	淡灌棕钙土	0.02	0.14
	盐化棕钙土	5.98	42.81
	棕钙土	7.97	57.05
小计		13.97	100.00
灰褐土	灰褐土	0.25	1.82
	淋溶灰褐土	7.13	52.41
	石灰性灰褐土	6.22	45.73
	碳酸盐灰褐土	0.01	0.04
小计		13.61	100.00

（续）

土类	亚类	面积（khm²）	比例（%）
棕壤	酸性棕壤	0.04	0.34
	棕壤	12.02	99.63
	棕壤性土	0.003	0.02
小计		12.07	100.00

二、六等地属性特征

（一）地形部位

青藏区六等地的地形部位分为 11 种类型，其中山地坡下面积最大，为 66.90khm²，占六等地面积的 35.43%；其次是山地坡中和河流宽谷阶地，面积分别为 46.39khm² 和 26.91khm²，分别占 24.56% 和 14.25%；洪积扇前缘和河流低谷地面积分别为 14.96khm² 和 12.33khm²，分别占 7.92% 和 6.53%；山地坡上、台地和洪积扇中后部面积分别为 9.76khm²、5.65khm² 和 4.69khm²，分别占 5.17%、2.99% 和 2.48%；起伏侵蚀高台地、坡积裙、湖盆阶地面积占比均不足 1%，其中湖盆阶地面积最小，为 0.20khm²，占 0.10%（表 3-80）。

表 3-80　六等地各地形部位面积与比例

地形部位	面积（khm²）	比例（%）
山地坡下	66.90	35.43
山地坡中	46.39	24.56
河流宽谷阶地	26.91	14.25
洪积扇前缘	14.96	7.92
河流低谷地	12.33	6.53
山地坡上	9.76	5.17
台地	5.65	2.99
洪积扇中后部	4.69	2.48
起伏侵蚀高台地	0.62	0.33
坡积裙	0.44	0.23
湖盆阶地	0.20	0.10
总计	188.84	100.00

（二）质地构型和耕层质地

青藏区六等地的质地构型分为 6 种类型，其中紧实型面积最大，为 63.43khm²，占六等地面积的 33.59%；其次为上松下紧型，面积 53.57khm²，占 28.37%；松散型和薄层型面积分别为 32.40khm² 和 19.45khm²，分别占 17.16% 和 10.30%；夹层型和上紧下松型面积较少，分别为 12.66khm²、7.33khm²，分别占 6.71%、3.88%。耕层质地分为 6 种类型，其中黏土所占的面积最大，为 66.25khm²，占 35.08%；其次是轻壤，面积为 62.98khm²，占 33.35%；砂壤、砂土和中壤面积分别为 24.32khm²、20.92khm² 和 9.83khm²，分别占 12.88%、11.08% 和 5.21%；重壤面积最少，面积为 4.54khm²，占 2.40%（表 3-81）。

表 3-81 六等地各质地构型和耕层质地面积与比例

项目		面积（khm²）	比例（%）
质地构型	紧实型	63.43	33.59
	上松下紧	53.57	28.37
	松散型	32.40	17.16
	薄层型	19.45	10.30
	夹层型	12.66	6.71
	上紧下松	7.33	3.88
总计		188.84	100.00
耕层质地	黏土	66.25	35.08
	轻壤	62.98	33.35
	砂壤	24.32	12.88
	砂土	20.92	11.08
	中壤	9.83	5.21
	重壤	4.54	2.40
总计		188.84	100.00

（三）灌溉能力和排水能力

青藏区六等地的灌溉能力分为 4 种类型，其中基本满足的面积最大，不满足的面积次之。基本满足的面积 72.99khm²，占六等地面积的 38.65%；不满足的面积为 54.22khm²，占 28.71%；满足和充分满足的面积分别为 46.48khm²、15.14khm²，分别占 24.62%、8.02%。排水能力分为 4 种类型，其中满足和充分满足的面积较大，分别为 81.28khm²、60.87khm²，面积占比分别为 43.04%、32.24%；不满足的面积为 31.56khm²，占 16.71%；排水能力充分满足的耕地面积最小，为 15.13khm²，仅占 8.01%（表 3-82）。

表 3-82 六等地各灌溉能力和排水能力面积与比例

项目		面积（khm²）	比例（%）
灌溉能力	基本满足	72.99	38.65
	不满足	54.22	28.71
	满足	46.48	24.62
	充分满足	15.14	8.02
总计		188.84	100.00
排水能力	满足	81.28	43.04
	基本满足	60.87	32.24
	不满足	31.56	16.71
	充分满足	15.13	8.01
总计		188.84	100.00

（四）有效土层厚度

青藏区六等地有效土层厚度的平均值为 63.00cm，最大值为 140.00cm，最小值为 20.00cm，标准差为 20.00（表3-83）。在各评价区六等地耕地土壤有效土层厚度中，甘肃评价区有效土层厚度平均值最大，达140.00cm，其次为西藏自治区评价区、青海评价区、云南评价区，四川评价区有效土层厚度最低。

表 3-83　六等地有效土层厚度

评价区	平均值（cm）	最大值（cm）	最小值（cm）	标准差
甘肃评价区	66	140	34	27
青海评价区	90	124	20	23
四川评价区	55	100	21	20
西藏评价区	56	125	26	8
云南评价区	89	105	55	9
总计	63	140	20	20

（五）障碍因素

青藏区六等地无障碍层次面积最大，为 122.28km²，占六等地面积的 64.75%。有障碍因素的耕地总面积为 66.56km²，占六等地总面积的 35.25%，其障碍层次、瘠薄和盐碱面积分别为 37.94km²、25.53km² 和 3.09km²，分别占 20.09%、13.52% 和 1.64%（表3-84）。

表 3-84　六等地障碍因素的面积与比例

障碍因素	面积（km²）	比例（%）
无	122.28	64.75
障碍层次	37.94	20.09
瘠薄	25.53	13.52
盐碱	3.09	1.64
总计	188.84	100.00

（六）土壤容重

青藏区六等地的土壤容重分为 5 个等级，其中 1.25～1.35g/cm³ 和 1.10～1.25g/cm³ 的面积较大，分别为 67.35km²、66.73km²，分别占六等地面积的 35.66%、35.34%；1.35～1.45/1.00～1.10g/cm³ 次之，面积为 48.51km²，占 25.69%；1.45～1.55g/cm³、>1.55，≤1.00g/cm³ 面积较小，分别为 5.31km²、0.94km²，分别占 2.81% 和 0.50%（表3-85）。

表 3-85　六等地土壤容重的面积与比例

土壤容重（g/cm³）	面积（km²）	比例（%）
1.10～1.25	66.73	35.34

（续）

土壤容重（g/cm³）	面积（khm²）	比例（%）
1.25～1.35	67.35	35.66
1.35～1.45/1.00～1.10	48.51	25.69
1.45～1.55	5.31	2.81
>1.55，≤1.00	0.94	0.50
总计	188.84	100.00

（七）农田林网化程度、生物多样性和清洁程度

青藏区六等地的农田网化程度高的面积为 13.14khm²，占六等地面积的 6.69%；中的面积为 62.26khm²，占 32.97%；低的面积为 113.45khm²，占 60.08%。生物多样性分丰富、一般、不丰富 3 个等级，其中丰富的面积为 91.82khm²，占六等地面积的 48.62%；一般的面积为 88.76khm²，占 47.00%；不丰富的面积为 8.26khm²，占 4.37%。清洁程度均为清洁（表 3-86）。

表 3-86　六等地农田林网化程度和生物多样性的面积与比例

项目		面积（khm²）	比例（%）
农田林网化程度	高	13.14	6.96
	中	62.26	32.97
	低	113.45	60.08
总计		188.84	100.00
生物多样性	丰富	91.82	48.62
	一般	88.76	47.00
	不丰富	8.26	4.37
总计		188.84	100.00

（八）酸碱度与土壤养分含量

表 3-87 列出了六等地土壤酸碱度以及土壤有机质、有效磷、速效钾含量的平均值。土壤酸碱度的平均值为 7.57，土壤有机质平均含量为 31.31g/kg，有效磷为 20.90mg/kg，速效钾为 145.37mg/kg。

综合来看，川藏林农牧区六等地的土壤有机质、有效磷平均含量最高；青藏高寒地区六等地的土壤速效钾平均含量最高，藏南农牧区六等地的土壤有效磷平均含量最低，仅为 15.92 mg/kg。

表 3-87　六等地土壤酸碱度与土壤养分含量平均值

主要指标	藏南农牧区	川藏林农牧区	青藏高寒地区	青甘牧农区	平均值
酸碱度	7.64	7.27	7.99	8.31	7.57
有机质（g/kg）	25.07	33.32	28.56	28.58	31.31
有效磷（mg/kg）	15.92	21.50	18.89	21.40	20.90

（续）

主要指标	藏南农牧区	川藏林农牧区	青藏高寒地区	青甘牧农区	平均值
速效钾（mg/kg）	106.39	140.39	183.71	168.23	145.37

三、六等地产量水平

在耕作利用方式上，六等地主要以种植青稞为主。依据 1 884 个调查点数据统计，主栽作物青稞的年平均产量为 5 250 kg/hm²（表 3-88）。

表 3-88　六等地主栽作物调查点及产量

作物	年平均产量（kg/hm²）
青稞	5 250

第八节　七等地耕地质量等级特征

一、七等地分布特征

（一）区域分布

七等地面积为 192.89km²，占青藏区耕地总面积的 18.07 %。主要分布在川藏林农牧区，面积为 73.96km²，占七等地面积的比例是 38.34%；其次主要分布在青甘牧农区，面积 58.05km²，占 30.10%；藏南农牧区和青藏高寒地区面积分别为 53.42km² 和 7.46km²，分别占 27.69% 和 3.87%（表 3-89）。

表 3-89　青藏区七等地面积与比例（按二级农业区划）

二级农业区	面积（km²）	比例（%）
川藏林农牧区	73.96	38.34
青甘牧农区	58.05	30.10
藏南农牧区	53.42	27.69
青藏高寒地区	7.46	3.87
总计	192.89	100.00

从行政区划看，七等地分布最多的是西藏评价区，面积为 66.27km²，占七等地总面积的比例为 34.36%；其次是四川评价区，七等地面积为 48.68km²，占 25.23%；甘肃评价区和青海评价区的面积分别为 32.05km² 和 26.81km²，分别占 16.62% 和 13.90%；云南评价区七等地面积最少，为 19.08km²，仅占 9.89%。

七等地在市域分布上差异较大，四川主要分布在甘孜藏族自治州和阿坝藏族羌族自治州，占该评价区七等地面积的比例分别为 44.09% 和 41.20%；甘肃评价区主要分布在甘南藏族自治州，占甘肃评价区七等地面积的比例为 92.09%；西藏评价区主要分布在山南市和日喀则市，占比分别为 36.92%、33.02%；青海评价区主要分布在海南藏族自治州和海北藏族自治州，占该评价区的比例分别为 45.17% 和 33.85%；云南评价区主要分布在迪庆藏族自治州，比例为 76.21%（表 3-90）。

表 3-90 青藏区七等地面积与比例（按行政区划）

评价区	市（州）名称	面积（khm²）	比例（%）
四川评价区	阿坝藏族羌族自治州	20.05	41.20
	甘孜藏族自治州	21.46	44.09
	凉山彝族自治州	7.16	14.71
小计		48.68	100.00
甘肃评价区	甘南藏族自治州	29.78	92.90
	武威市	2.27	7.10
小计		32.05	100.00
青海评价区	海南藏族自治州	12.11	45.17
	海北藏族自治州	9.07	33.85
	海西蒙古族藏族自治州	2.44	9.10
	黄南藏族自治州	2.38	
	玉树藏族自治州	0.81	
小计		26.81	100.00
西藏评价区	山南市	24.47	36.92
	日喀则市	21.89	33.02
	昌都市	10.39	15.68
	拉萨市	8.00	12.08
	林芝市	1.50	2.27
	那曲市	0.02	
小计		66.27	100.00
云南评价区	迪庆藏族自治州	14.54	76.21
	怒江州	4.54	23.79
小计		19.08	100.00

（二）土壤类型

从土壤类型看，青藏区七等地的耕地土壤类型分为 44 个土类 105 个亚类。其中面积较大的土类主要有褐土、亚高山草甸土、灌丛草原土、砖红壤、棕壤、栗钙土，面积分别为 26.86khm²、22.50khm²、18.67khm²、18.50khm²、16.76khm²、16.71khm²；占七等地面积的比例分别为 13.92%、11.66%、9.68%、9.59%、8.69%、8.66%；其中褐土中褐土和暗褐土亚类面积较大，分别为 31.02% 和 28.25%，亚高山草甸土土类中亚高山草甸土亚类面积最大，耕种亚高山草甸土亚类面积最小，仅占 0.17%（表 3-91）。

表 3-91 各土类、亚类七等地面积与比例

土类	亚类	面积（khm²）	比例（%）
褐土	暗褐土	7.59	28.25
	褐土	8.33	31.02
	褐土性土	3.27	12.17
	淋溶褐土	2.57	9.58
	石灰性褐土	3.41	12.69
	碳酸盐褐土	0.26	0.98
	燥褐土	1.42	5.30
小计		26.86	100.00
亚高山草甸土	耕种亚高山草甸土	0.04	0.17
	亚高山草甸土	19.11	84.93
	亚高山草原草甸土	1.05	4.67
	亚高山灌丛草甸土	2.30	10.23
小计		22.50	100.00
灌丛草原土	耕种灌丛草原土	16.52	88.44
	灌丛草原土	1.44	7.71
	淋溶灌丛草原土	0.02	0.13
	淋溶性耕种灌丛草原土	0.20	1.09
	石灰性灌丛草原土	0.49	2.63
小计		18.67	100.00
砖红壤	黄色砖红壤	18.50	100.00
棕壤	酸性棕壤	0.08	0.47
	棕壤	16.10	96.10
	棕壤性土	0.58	3.44
小计		16.76	100.00
栗钙土	暗栗钙土	6.51	38.96
	淡栗钙土	1.08	6.45
	栗钙土	9.12	54.59
小计		16.71	100.00

二、七等地属性特征

（一）地形部位

青藏区七等地的地形部位分为 11 种类型，山地坡下面积最大，为 75.93khm²，占七等地的 39.37%；其次是山地坡中和河流宽谷阶地，面积分别为 35.57khm² 和 33.16khm²，分别占该等地面积的 18.44% 和 17.19%；洪积扇前缘、河流低谷地和山地坡上面积分别为 14.18khm²、10.53khm² 和 10.24khm²，分别占 7.35%、5.46% 和 5.31%；洪积扇中后部和坡积裙面积分别为 4.94khm² 和 4.61khm²，分别占 2.56% 和 2.39%；台地面积为

2.88khm²，占 1.49%；起伏侵蚀高台地和湖盆阶地面积较小，分别为 0.50khm² 和 0.36khm²，分别占 0.26%、0.18%（表3-92）。

表 3-92　七等地各地形部位面积与比例

地形部位	面积（khm²）	比例（%）
山地坡下	75.93	39.37
山地坡中	35.57	18.44
河流宽谷阶地	33.16	17.19
洪积扇前缘	14.18	7.35
河流低谷地	10.53	5.46
山地坡上	10.24	5.31
洪积扇中后部	4.94	2.56
坡积裙	4.60	2.39
台地	2.88	1.49
起伏侵蚀高台地	0.50	0.26
湖盆阶地	0.36	0.18
总计	192.89	100.00

（二）质地构型和耕层质地

青藏区七等地的质地构型分为 6 种类型，其中松散型面积最大，为 51.38khm²，占七等地面积的 26.64%；上松下紧、紧实型、薄层型和上紧下松型的面积分别为 46.69khm²、43.03khm²、20.28khm² 和 17.05khm²，分别占 24.21%、22.31%、10.52% 和 8.84%；夹层型面积最小，为 14.46khm²，占比为 7.50%。耕层质地分为 6 种类型，其中黏土所占的面积较大，为 54.95khm²，占 28.49%；其次为轻壤，面积为 46.73khm²，占 24.23%；砂壤、砂土和中壤的面积分别为 38.58khm²、27.69khm² 和 12.62khm²，分别占 20.00%、14.35% 和 6.54%；重壤面积最小，占 6.39%（表3-93）。

表 3-93　七等地各质地构型和耕层质地面积与比例

项　目		面积（khm²）	比例（%）
质地构型	松散型	51.38	26.64
	上松下紧	46.69	24.21
	紧实型	43.03	22.31
	薄层型	20.28	10.52
	上紧下松	17.05	8.84
	夹层型	14.46	7.50
总计		192.89	100.00

（续）

项　目		面积（khm²）	比例（%）
耕层质地	黏土	54.95	28.49
	轻壤	46.73	24.23
	砂壤	38.58	20.00
	砂土	27.69	14.35
	中壤	12.62	6.54
	重壤	12.32	6.39
总计		192.89	100.00

（三）灌溉能力和排水能力

青藏区七等地的灌溉能力分为 4 种类型，其中满足的面积最大，为 71.09khm²，占七等地面积的 36.85%；其次为不满足和基本满足，其面积分别为 58.67khm²、58.19khm²，分别占七等地面积的 30.42%、30.17%；充分满足的面积较少，面积为 4.94khm²。排水能力分为 4 种类型，其中满足和基本满足的面积分别为 101.42khm²、5.76khm²、占该等地面积的比例分别为 52.58%、34.09%；不满足、充分满足的面积较小，分别为 14.16khm²、11.55khm²，分别占 7.34%、5.99%（表 3-94）。

表 3-94　七等地各灌溉能力和排水能力面积与比例

项　目		面积（khm²）	比例（%）
灌溉能力	满足	71.09	36.85
	不满足	58.67	30.42
	基本满足	58.19	30.17
	充分满足	4.94	2.56
总计		192.89	100.00
排水能力	满足	101.42	52.58
	基本满足	65.76	34.09
	不满足	14.16	7.34
	充分满足	11.55	5.99
总计		192.89	100.00

（四）有效土层厚度

青藏区七等地有效土层厚度的平均值为 60.00cm，最大值为 150.00cm，最小值为 20.00cm，标准差为 17.00（表 3-95）。在各评价区七等地耕地土壤有效土层厚度中，西藏评价区有效土层厚度平均值最大，达 150.00cm，其次为甘肃评价区、青海评价区、云南评价区，四川评价区有效土层厚度最低。

表 3-95　七等地有效土层厚度

评价区	平均值（cm）	最大值（cm）	最小值（cm）	标准差
甘肃评价区	92	140	35	20
青海评价区	67	123	20	22
四川评价区	48	82	25	16
西藏自治区评价区	55	150	31	9
云南评价区	91	117	54	10
总计	60	150	20	17

（五）障碍因素

青藏区七等地无障碍层次面积最大，为 107.16khm²，占七等地面积的 55.55%。部分耕地存在障碍因素。其中，障碍层次面积为 37.45khm²，占 19.41%；瘠薄和盐碱化面积分别为 24.91khm²、22.89khm²，分别占 12.91%、11.87%；酸化面积较小，为 0.48khm²，占 0.25%（表 3-96）。

表 3-96　七等地障碍因素的面积与比例

障碍因素	面积（khm²）	比例（%）
无	107.16	55.55
障碍层次	37.45	19.41
瘠薄	24.91	12.91
盐碱	22.89	11.87
酸化	0.48	0.25
总计	192.89	100.00

（六）土壤容重

青藏区七等地的土壤容重分为 5 个等级，其中 1.25～1.35g/cm³ 和 1.10～1.25g/cm³ 的面积较大，分别为 75.03khm²、58.31khm²，分别占六等地面积的 38.90%、30.23%；1.35～1.45/1.00～1.10g/cm³ 次之，面积为 45.50khm²，占 23.59%；1.45～1.55g/cm³ 和 >1.55，≤1.00g/cm³ 面积较小，分别为 12.32khm²、1.73khm²，分别占七等地面积的 6.39% 和 0.90%（表 3-97）。

表 3-97　七等地土壤容重的面积与比例

土壤容重（g/cm³）	面积（khm²）	比例（%）
1.10～1.25	58.31	30.23
1.25～1.35	75.03	38.90
1.35～1.45/1.00～1.10	45.50	23.59
1.45～1.55	12.32	6.39
>1.55，≤1.00	1.73	0.90
总计	192.89	100.00

（七）农田林网化程度、生物多样性和清洁程度

青藏区七等地的农田网化程度高的面积为 14.19km²，占七等地面积的 7.51%；中的面积为 48.62km²，占 25.21%；低的面积为 129.78km²，占 67.28%。生物多样性分丰富、一般、不丰富为 3 个等级，其中丰富的面积为 91.36km²，占 47.36%；一般的面积为 99.09km²，占 51.37%；不丰富的面积为 2.44km²，占 1.27%。清洁程度均为清洁（表3-98）。

表3-98　七等地农田林网化程度和生物多样性的面积与比例

项 目		面积（khm²）	比例（%）
农田林网化程度	高	14.49	7.51
	中	48.62	25.21
	低	129.78	67.28
总计		192.89	100.00
生物多样性	丰富	91.36	47.36
	一般	99.09	51.37
	不丰富	2.44	1.27
总计		192.89	100.00

（八）酸碱度土壤与土壤养分含量

表3-99 列出了七等地土壤酸碱度及有机质、有效磷、速效钾含量的平均值。其中土壤酸碱度平均值为 7.83，土壤有机质平均含量为 28.52g/kg，有效磷为 18.04mg/kg，速效钾为 136.59mg/kg。

综合来看，川藏林农牧区和青藏高寒地区七等地的土壤有机质含量较高，分别达到 37.80g/kg、32.63g/kg；川藏林农牧区和青甘牧农区有效磷的含量较高；青藏高寒地区速效钾含量平均值最高，达到 199.72mg/kg。

表3-99　七等地土壤酸碱度与土壤养分含量平均值

主要指标	藏南农牧区	川藏林农牧区	青藏高寒地区	青甘牧农区	平均值
酸碱度	7.87	7.57	7.94	8.23	7.83
有机质（g/kg）	22.14	37.80	32.63	29.41	28.52
有效磷（mg/kg）	14.57	22.03	18.46	20.87	18.04
速效钾（mg/kg）	100.19	178.54	199.72	160.13	136.59

三、七等地产量水平

在耕作利用方式上，七等地主要以种植青稞为主。依据 1 884 个调查点数据统计，主栽作物青稞的年平均产量为 4 650kg/hm²（表3-100）。

表 3-100　七等地主栽作物调查点及产量

作物	年平均产量（kg/hm²）
青稞	4 650

第九节　八等地耕地质量等级特征

一、八等地分布特征

（一）区域分布

八等地面积为 185.16khm²，占青藏区耕地面积的比例是 17.34％。主要分布在藏南农牧区，面积为 64.74khm²，占八等地面积的 34.96％；其次分布在川藏林农牧区和青甘牧农区，面积分别为 55.37khm²、54.57khm²，分别占 29.90％、29.47％；分布在青藏高寒地区面积为 10.48khm²，占 5.66％（表 3-101）。

表 3-101　青藏区八等地面积与比例（按二级农业区划）

二级农业区	面积（khm²）	比例
藏南农牧区	64.74	34.96％
川藏林农牧区	55.37	29.90％
青藏高寒地区	10.48	5.66％
青甘牧农区	54.57	29.47％
总计	185.16	100.00％

从行政区划看，八等地分布最多的是西藏自治区，面积为 81.54khm²，占八等地面积的 44.03％；其次是甘肃省、四川省和青海省，面积分别为 45.24khm²、30.65khm² 和 15.68khm²，分别占 24.44％、16.55％、8.47％；云南省八等地最少，面积为 12.05khm²，占 6.51％。

八等地在市域分布上差异较大，甘肃省分布在甘南藏族自治州和武威市，分别占该评价区八等地面积的 53.95％和 46.05％；青海省主要分布在玉树藏族自治州、海北藏族自治州和海南藏族自治州，分别占 40.53％、37.17％和 20.14％；西藏自治区主要分布在日喀则市，占 37.93％；云南省主要分布在迪庆藏族自治州，占 86.27％；四川省主要分布在甘孜藏族自治州，占 45.48％（表 3-102）。

表 3-102　青藏区八等地面积与比例（按行政区划）

评价区	市（州）名称	面积（khm²）	比例（％）
甘肃评价区	甘南藏族自治州	24.41	53.95
	武威市	20.84	46.05
小计		45.24	100.00

（续）

评价区	市（州）名称	面积（khm²）	比例（%）
青海评价区	海北藏族自治州	5.83	37.17
	海南藏族自治州	3.16	20.14
	黄南藏族自治州	0.34	2.15
	玉树藏族自治州	6.36	40.53
小计		15.68	100.00
西藏评价区	昌都市	8.85	10.85
	拉萨市	9.68	11.87
	林芝市	6.87	8.43
	那曲市	0.30	0.36
	日喀则市	30.92	37.93
	山南市	24.92	30.56
小计		81.54	100.00
云南评价区	迪庆藏族自治州	10.40	86.27
	怒江市	1.65	13.73
小计		12.05	100.00
四川评价区	阿坝藏族羌族自治州	9.27	23.37
	甘孜藏族自治州	18.03	45.48
	凉山彝族自治州	3.35	8.45
小计		30.65	100.00

（二）土壤类型

从土壤类型看，青藏区八等地耕地土壤类型分别为暗棕壤、草甸土、草毡土、潮土等34个土类，67个亚类。

在八等地上分布的34个土类中，冷棕钙土面积较大，为26.65km²，占八等地面积的14.39%；其次是栗钙土，面积为18.69km²，占10.09%；草甸土，面积为17.86km²，占9.65%。冷棕钙土中典型冷棕钙土亚类面积为26.65km²。栗钙土中暗栗钙土亚类占的比例较大，为83.87%。草甸土中典型草甸土亚类占的比例较大，为88.83%（表3-103）。

表3-103　各土类、亚类八等地面积与比例

土类	亚类	面积（khm²）	比例（%）
暗棕壤	典型暗棕壤	11.16	100.00
小计		11.16	100.00
草甸土	典型草甸土	14.83	83.00
	潜育草甸土	0.65	3.63
	石灰性草甸土	2.39	13.37
小计		17.86	100.00

（续）

土类	亚类	面积（khm²）	比例（%）
草毡土	典型草毡土	3.87	88.83
	棕草毡土	0.49	11.17
小计		4.35	100.00
潮土	典型潮土	7.64	76.94
	湿潮土	0.95	9.56
	脱潮土	1.34	13.50
小计		9.93	100.00
赤红壤	黄色赤红壤	3.90	100.00
小计		3.90	100.00
粗骨土	硅质岩粗骨土	0.00	0.13
	中性粗骨土	1.26	99.87
小计		1.27	100.00
风沙土	草原风沙土	0.02	5.99
	荒漠风沙土	0.33	94.01
小计		0.35	100.00
寒冻土	寒冻土	0.04	100.00
小计		0.04	100.00
寒钙土	暗寒钙土	0.06	15.42
	典型寒钙土	0.33	84.58
小计		0.39	100.00
褐土	潮褐土	0.04	0.32
	典型褐土	6.96	50.92
	褐土性土	0.69	5.06
	淋溶褐土	2.62	19.19
	石灰性褐土	3.09	22.64
	燥褐土	0.26	1.87
小计		13.66	100.00
黑钙土	典型黑钙土	3.07	29.27
	淋溶黑钙土	1.54	14.74
	石灰性黑钙土	5.87	55.99
小计		10.48	100.00
黑毡土	薄黑毡土	0.01	0.07
	典型黑毡土	10.57	84.86
	棕黑毡土	1.88	15.07
小计		12.46	100.00

（续）

土类	亚类	面积（khm²）	比例（%）
红壤	典型红壤	0.29	15.03
	黄红壤	1.64	84.97
小计		1.93	100.00
黄褐土	黄褐土性土	0.19	100.00
小计		0.19	100.00
黄壤	典型黄壤	5.75	100.00
小计		5.75	100.00
黄棕壤	暗黄棕壤	5.14	66.42
	典型黄棕壤	2.60	33.58
小计		7.74	100.00
灰钙土	淡灰钙土	0.30	94.27
	典型灰钙土	0.02	5.73
小计		0.32	100.00
灰褐土	典型灰褐土	1.05	10.01
	灰褐土性土	1.07	10.22
	淋溶灰褐土	2.74	26.23
	石灰性灰褐土	5.59	53.54
小计		10.44	100.00
灰化土	灰化土	0.01	100.00
小计		0.01	100.00
灰棕漠土	典型灰棕漠土	0.02	100.00
小计		0.02	100.00
冷钙土	暗冷钙土	0.36	10.27
	典型冷钙土	3.13	89.73
小计		3.49	100.00
冷棕钙土	典型冷棕钙土	26.65	100.00
小计		26.65	100.00
栗钙土	暗栗钙土	15.67	83.87
	淡栗钙土	2.50	13.37
	典型栗钙土	0.52	2.76
小计		18.69	100.00
林灌草甸土	典型林灌草甸土	0.17	100.00
小计		0.17	100.00

（续）

土类	亚类	面积（khm²）	比例（%）
山地草甸土	典型山地草甸土	0.05	0.81
	山地草原草甸土	2.15	36.21
	山地灌丛草甸土	3.74	62.98
小计		5.93	100.00
石灰（岩）土	棕色石灰土	0.17	100.00
小计		0.17	100.00
水稻土	淹育水稻土	0.04	12.16
	潴育水稻土	0.26	87.84
小计		0.30	100.00
新积土	冲积土	1.73	100.00
小计		1.73	100.00
沼泽土	草甸沼泽土	0.31	41.92
	典型沼泽土	0.03	3.41
	泥炭沼泽土	0.41	54.68
小计		0.75	100.00
砖红壤	黄色砖红壤	0.49	100.00
小计		0.49	100.00
紫色土	石灰性紫色土	0.01	0.86
	中性紫色土	0.93	99.14
小计		0.93	100.00
棕钙土	典型棕钙土	0.00	100.00
小计		0.00	100.00
棕壤	典型棕壤	12.82	99.24
	棕壤性土	0.10	0.76
小计		12.92	100.00
棕色针叶林土	典型棕色针叶林土	0.69	100.00
小计		0.69	100.00
总计		185.16	100.00

二、八等地属性特征

（一）地形部位

青藏区八等地的地形部位分为 11 种类型，主要为山地坡下、山地坡中、河流宽谷阶地、洪积扇中后部，其中山地坡下面积最大，为 63.62khm²，占八等地面积的 34.36%；其次为山地坡中，面积为 55.29km² ，占 29.86% ；河流宽谷阶地，面积为 28.00km² ，占 15.12% ；洪积扇中后部，面积为 14.77km² ，占 7.98% （表 3-104）。

表 3-104　八等地各地形部位面积与比例

地形部位	面积（khm²）	比例（%）
河流低谷地	3.82	2.06
河流宽谷阶地	28.00	15.12
洪积扇前缘	4.27	2.31
洪积扇中后部	14.77	7.98
湖盆阶地	0.64	0.35
坡积裙	4.77	2.58
起伏侵蚀高台地	3.82	2.07
山地坡上	4.63	2.50
山地坡下	63.62	34.36
山地坡中	55.29	29.86
台地	1.51	0.82
总计	185.16	100.00

（二）质地构型和耕层质地

青藏区八等地的质地构型分为 6 种类型，其中主要为松散型，面积最大，为 80.54km² ，占八等地面积的 43.49% ；其次为上松下紧、薄层型、紧实型、夹层型、上紧下松，面积分别为 39.04km² 、23.15km² 、21.03km² 、14.31km² 、7.10km² ，分别占 21.08% 、12.50% 、11.36% 、7.73% 、3.83% 。耕层质地分为 6 种类型，主要为砂壤和轻壤，面积分别为 57.46km² 、37.82km² ，占 31.03% 、20.42% ；其次分别为砂土、中壤、黏土、重壤，面积分别为 26.96km² 、24.00km² 、21.13km² 、17.80km² ，分别占 14.56% 、12.96% 、11.41% 、9.61% （表 3-105）。

表 3-105　八等地各质地构型和耕层质地面积与比例

项目		面积（khm²）	比例（%）
质地构型	松散型	80.54	43.49
	上松下紧	39.04	21.08
	薄层型	23.15	12.50
	紧实型	21.03	11.36
	夹层型	14.31	7.73
	上紧下松	7.10	3.83
小计		185.16	100.00

（续）

项　目		面积（khm²）	比例（%）
耕层质地	黏土	21.13	11.41
	轻壤	37.82	20.42
	砂壤	57.46	31.03
	砂土	26.96	14.56
	中壤	24.00	12.96
	重壤	17.80	9.61
总计		185.16	100.00

（三）灌溉能力和排水能力

青藏区八等地的灌溉能力分为 4 种类型，其中不满足的面积最大，为 72.08khm²，占八等地面积的 38.93%；其次分别为满足、基本满足、充分满足，面积分别为 66.65khm²、42.60khm²、3.84khm²，分别占 35.99%、23.01%、2.07%。排水能力分为 4 种类型，其中满足的面积最大，为 96.61khm²，占 52.17%；其次分别为基本满足、不满足、充分满足，面积分别为 67.50khm²、13.05khm²、8.01khm²，分别占 36.45%、7.05%、4.32%（表 3-106）。

表 3-106　八等地各灌溉能力和排水能力面积与比例

项　目		面积（khm²）	比例（%）
灌溉能力	不满足	72.08	38.93
	充分满足	3.84	2.07
	基本满足	42.60	23.01
	满足	66.65	35.99
小计		185.16	100.00
排水能力	不满足	13.05	7.05
	充分满足	8.01	4.32
	基本满足	67.50	36.45
	满足	96.61	52.17
总计		185.16	100.00

（四）有效土层厚度

青藏区八等地有效土层厚度的平均值为 53.00cm，最大有效土层厚度为 136.00cm，最小有效土层厚度为 24.00cm（表 3-107）。通过分析各评价区八等地耕层土层厚度表明：云南评价区土层厚度最大，达 94.00cm，其次为甘肃评价区、青海评价区、西藏评价区，四川评价区有效土层厚度最低。

表 3-107　八等地有效土层厚度

评价区	平均值（cm）	最大值（cm）	最小值（cm）	标准偏差
甘肃评价区	63	125	34	24

（续）

评价区	平均值（cm）	最大值（cm）	最小值（cm）	标准偏差
青海评价区	63	118	26	15
四川评价区	42	81	25	12
西藏评价区	50	136	24	10
云南评价区	94	118	58	10
总计	53	136	24	14

（五）障碍因素

青藏区八等地无障碍因素的面积为 110.81khm²，占八等地面积的 59.85%。部分耕地存在障碍因素。其中，障碍层次的面积为 35.13khm²，占 18.97%；瘠薄的面积为 28.99khm²，占 15.66%；盐碱的面积为 9.92khm²，占 5.36%；酸化的面积为 0.31khm²，占 0.17%（表 3-108）。

表 3-108　八等地障碍因素面积与比例

障碍因素	面积（khm²）	比例（%）
瘠薄	28.99	15.66
酸化	0.31	0.17
无	110.81	59.85
盐碱	9.92	5.36
障碍层次	35.13	18.97
总计	185.16	100.00

（六）土壤容重

青藏区八等地的土壤容重分为 5 个等级，其中 1.10～1.25/cm³、1.25～1.35g/cm³ 和 1.35～1.45/1.00～1.10g/cm³ 的面积较多，分别为 76.64khm²、59.17khm² 和 31.83khm²，分别占 41.39%、31.96% 和 17.19%；1.45～1.55g/cm³ 面积为 13.02khm²，占 7.03%；≤1.00，>1.55g/cm³ 面积最少，为 4.50khm²，占 2.43%（表 3-109）。

表 3-109　八等地土壤容重的面积与比例

土壤容重（g/cm³）	面积（khm²）	比例（%）
1.10～1.25	76.64	41.39
1.25～1.35	59.17	31.96
1.35～1.45/1.00～1.10	31.83	17.19
1.45～1.55	13.02	7.03
≤1.00，>1.55	4.50	2.43
总计	185.16	100.00

（七）农田林网化程度、生物多样性和清洁程度

青藏区八等地农田林网化程度高的面积为 6.72khm²，占八等地面积的 3.63%；中的面

积为 65.66khm²，占 35.46%；低的面积为 112.78khm²，占 60.91%。生物多样性分丰富、一般 2 个等级，其中丰富的面积为 80.46khm²，占二等地面积的 43.45%；一般的面积为 104.70khm²，占 56.55%。清洁程度均为清洁（表 3-110）。

表 3-110　八等地农田林网化程度和生物多样性的面积与比例

项　目		面积（khm²）	比例（%）
农田林网化程度	高	6.72	3.63
	中	65.66	35.46
	低	112.78	60.91
总计		185.16	100.00
生物多样性	丰富	80.46	43.45
	一般	104.70	56.55
总计		185.16	100.00

（八）酸碱度与土壤养分含量

表 3-111 列出了八等地土壤酸碱度及土壤有机质、有效磷、速效钾含量的平均值。八等地酸碱度平均为 7.77，土壤有机质平均含量为 28.48g/kg，有效磷为 18.33mg/kg，速效钾为 136.12mg/kg。

综合来看，其中青甘农牧区酸碱度最高，为 8.11，川藏林牧区酸碱度最低，为 7.36，青甘农牧区和青藏高寒区土壤碱性较为严重。青藏高寒地区八等地的速效钾含量较高，土壤有机质含量尚可；川藏林农牧区和青甘牧农区土壤养分含量尚可；藏南农牧区的土壤养分含量较低。

表 3-111　八等地土壤酸碱度与土壤养分含量平均值

主要养分指标	藏南农牧区	川藏林农牧区	青藏高寒地区	青甘牧农区	八等地均值
酸碱度	7.84	7.36	8.03	8.11	7.77
有机质（g/kg）	24.17	35.55	33.39	33.92	28.48
有效磷（mg/kg）	15.73	23.79	14.80	22.61	18.33
速效钾（mg/kg）	101.98	171.29	252.65	179.69	136.12

三、八等地产量水平

在耕作利用方式上，八等地以种植青稞为主，青稞年平均产量 3 780kg/hm²（表 3-112）。

表 3-112　八等地主栽作物调查点及产量

主栽作物	年平均产量（kg/hm²）
青稞	3 780

第十节 九等地耕地质量等级特征

一、九等地分布特征

（一）区域分布

九等地面积为 157.06khm²，占青藏区耕地面积的 14.71%。主要分布在藏南农牧区，面积为 65.73khm²，占九等地面积的 41.85%；青甘农牧区、川藏林农牧区和青藏高寒地区九等地的面积分别为 46.37khm²、35.81khm² 和 9.15khm²，分别占九等地面积的 29.52%、22.80% 和 5.83%（表 3-113）。

表 3-113　青藏区九等地面积与比例（按二级农业区划）

二级农业区	面积（khm²）	比例（%）
藏南农牧区	65.73	41.85
川藏林农牧区	35.81	22.80
青藏高寒地区	9.15	5.83
青甘牧农区	46.37	29.52
总计	157.06	100.00

从行政区划看，九等地分布最多的是西藏自治区，面积为 86.14khm²，占九等地面积的 54.85%；其次是青海省、甘肃省和云南省，面积分别为 33.81khm²、19.83khm² 和 11.02khm²，分别占 21.53%、12.63% 和 7.02%；四川省九等地最少，面积为 6.26khm²，占 3.98%（表 3-114）。

表 3-114　青藏区九等地面积与比例（按行政区划）

评价区	市（州）名称	面积（khm²）	比例（%）
甘肃评价区	甘南藏族自治州	10.61	53.50
	武威市	9.22	46.50
小计		19.83	100.00
青海评价区	果洛藏族自治州	1.27	3.76
	海北藏族自治州	21.16	62.57
	海南藏族自治州	5.38	15.92
	玉树藏族自治州	6.00	17.75
小计		33.81	100.00
四川评价区	阿坝藏族羌族自治州	0.58	9.22
	甘孜藏族自治州	4.95	79.08
	凉山彝族自治州	0.73	11.70
小计		6.26	100.00

（续）

评价区	市（州）名称	面积（khm²）	比例（%）
西藏评价区	阿里地区	0.48	0.55
	昌都市	16.60	19.27
	拉萨市	11.49	13.34
	林芝市	1.55	1.80
	那曲市	1.12	1.30
	日喀则市	32.55	37.78
	山南市	22.35	25.95
小计		86.14	100.00
云南评价区	迪庆藏族自治州	10.15	92.07
	怒江州	0.87	7.93
小计		11.02	100.00

（二）土壤类型

从土壤类型看，青藏区九等地的土壤类型分为冷棕钙土、黑钙土、黑毡土等34个土类，66个亚类。

在九等地上分布的34个土类中，冷棕钙土面积最大，为24.28km²，占九等地面积的15.46%；其次是黑钙土，占11.97%；黑毡土，占10.37%。冷棕钙土中典型冷棕钙土亚类占的比例较大，占99.99%。在黑钙土的3个亚类中，石灰性黑钙土亚类的面积较大，占九等地黑钙土面积的59.72%；其次是典型黑钙土亚类，占22.74%；淋溶黑钙土亚类，占17.54%。黑毡土中典型黑毡土亚类占的比例较大，为87.51%（表3-115）。

表3-115　各土类、亚类九等地面积与比例

土类	亚类	面积（khm²）	比例（%）
暗棕壤	典型暗棕壤	6.96	100.00
小计		6.96	100.00
草甸土	典型草甸土	12.97	82.71
	潜育草甸土	0.92	5.87
	石灰性草甸土	1.79	11.42
小计		15.68	100.00
草毡土	薄草毡土	0.03	0.52
	典型草毡土	4.14	74.51
	棕草毡土	1.39	24.97
小计		5.55	100.00

（续）

土类	亚类	面积（khm²）	比例（%）
潮土	典型潮土	4.88	69.03
	湿潮土	0.60	8.52
	脱潮土	1.59	22.45
小计		7.07	100.00
赤红壤	黄色赤红壤	0.40	100.00
小计		0.40	100.00
粗骨土	钙质粗骨土	0.00	20.84
	硅质岩粗骨土	0.01	79.16
小计		0.02	100.00
风沙土	草原风沙土	1.28	88.60
	荒漠风沙土	0.17	11.40
小计		1.45	100.00
寒钙土	暗寒钙土	0.04	8.86
	典型寒钙土	0.43	91.14
小计		0.47	100.00
寒漠土	寒漠土	0.01	100.00
小计		0.01	100.00
褐土	典型褐土	1.72	25.45
	褐土性土	0.49	7.24
	淋溶褐土	0.88	13.01
	石灰性褐土	3.32	49.17
	燥褐土	0.35	5.12
小计		6.74	100.00
黑钙土	典型黑钙土	4.28	22.74
	淋溶黑钙土	3.30	17.54
	石灰性黑钙土	11.23	59.72
小计		18.81	100.00
黑毡土	薄黑毡土	0.38	2.33
	典型黑毡土	14.25	87.51
	棕黑毡土	1.65	10.16
小计		16.29	100.00
红壤	黄红壤	0.40	100.00
小计		0.40	100.00

（续）

土类	亚类	面积（khm²）	比例（%）
黄壤	典型黄壤	2.25	100.00
小计		2.25	100.00
黄棕壤	暗黄棕壤	4.55	85.97
	典型黄棕壤	0.74	14.03
小计		5.30	100.00
灰钙土	淡灰钙土	0.12	43.38
	典型灰钙土	0.16	56.62
小计		0.28	100.00
灰褐土	典型灰褐土	3.36	40.60
	灰褐土性土	0.37	4.44
	淋溶灰褐土	2.26	27.33
	石灰性灰褐土	2.29	27.64
小计		8.28	100.00
灰棕漠土	典型灰棕漠土	0.07	100.00
小计		0.07	100.00
冷钙土	暗冷钙土	0.24	3.17
	淡冷钙土	0.16	2.18
	典型冷钙土	7.05	94.65
小计		7.45	100.00
冷漠土	冷漠土	0.05	100.00
小计		0.05	100.00
冷棕钙土	典型冷棕钙土	24.27	99.99
	淋淀冷棕钙土	0.00	0.01
小计		24.28	100.00
栗钙土	暗栗钙土	7.91	84.67
	淡栗钙土	1.11	11.87
	典型栗钙土	0.32	3.46
小计		9.34	100.00
林灌草甸土	典型林灌草甸土	0.08	100.00
小计		0.08	100.00
漠境盐土	残余盐土	0.06	100.00
小计		0.06	100.00
山地草甸土	典型山地草甸土	0.03	0.47
	山地草原草甸土	2.68	38.68
	山地灌丛草甸土	4.21	60.85
小计		6.92	100.00

（续）

土类	亚类	面积（khm²）	比例（%）
石灰（岩）土	棕色石灰土	0.03	100.00
小计		0.03	100.00
石质土	钙质石质土	0.00	100.00
小计		0.00	100.00
水稻土	潴育水稻土	0.11	100.00
小计		0.11	100.00
新积土	冲积土	0.82	100.00
小计		0.82	100.00
沼泽土	草甸沼泽土	0.33	97.94
	典型沼泽土	0.01	2.06
小计		0.34	100.00
砖红壤	黄色砖红壤	0.31	100.00
小计		0.31	100.00
紫色土	石灰性紫色土	0.00	1.02
	中性紫色土	0.08	98.98
小计		0.08	100.00
棕壤	典型棕壤	10.50	97.09
	棕壤性土	0.31	2.91
小计		10.81	100.00
棕色针叶林土	典型棕色针叶林土	0.35	100.00
小计		0.35	100.00
总计		157.06	100.00

二、九等地属性特征

（一）地形部位

青藏区九等地的地形部位分为 11 种类型，其中主要地形部位为山地坡下、山地坡中、山地坡上、河流宽谷阶地，其中山地坡下面积最大，为 43.66khm²，占九等地面积的 27.80%；其次为山地坡中，面积为 31.09khm²，占 19.79%；山地坡上面积为 27.82khm²，占 17.71%；河流宽谷阶地面积为 20.06khm²，占 12.77%（表 3-116）。

表 3-116 九等地各地形部位面积与比例

地形部位	面积（khm²）	比例（%）
河流低谷地	5.26	3.35
河流宽谷阶地	20.06	12.77
洪积扇前缘	2.42	1.54
洪积扇中后部	10.93	6.96
湖盆阶地	7.76	4.94

（续）

地形部位	面积（khm²）	比例（%）
坡积裙	0.08	0.05
起伏侵蚀高台地	7.40	4.71
山地坡上	27.82	17.71
山地坡下	43.66	27.80
山地坡中	31.09	19.79
台地	0.59	0.37
总计	157.06	100.00

（二）质地构型和耕层质地

青藏区九等地的质地构型分为 6 种类型，其中松散型的面积较大，为 56.80khm²，占九等地面积的 36.17%；紧实型和上紧下松的面积分别为 29.23khm² 和 25.44khm²，分别占 18.61% 和 16.20%；薄层型的面积为 16.23khm²，占 10.34%；上松下紧的面积为 16.20khm²，占 10.32%；夹层型的面积为 13.15khm²，占 8.37%。耕层质地分为 6 种类型，其中砂壤所占的面积较大，为 71.13khm²，占 45.29%；其次是轻壤和重壤，面积分别为 25.51khm² 和 17.61khm²，分别占 16.24% 和 11.21%；黏土的面积为 17.21khm²，占 10.96%；中壤的面积为 12.95khm²，占 8.25%；砂土的面积为 12.64khm²，占 8.05%（表3-117）。

表 3-117　九等地各质地构型和耕层质地面积与比例

项目		面积（khm²）	比例（%）
质地构型	薄层型	16.23	10.34
	夹层型	13.15	8.37
	紧实型	29.23	18.61
	上紧下松	25.44	16.20
	上松下紧	16.20	10.32
	松散型	56.80	36.17
总计		157.06	100.00
耕层质地	黏土	17.21	10.96
	轻壤	25.51	16.24
	砂壤	71.13	45.29
	砂土	12.64	8.05
	中壤	12.95	8.25
	重壤	17.61	11.21
总计		157.06	100.00

（三）灌溉能力和排水能力

青藏区九等地的灌溉能力分为 4 种类型，其中不满足的面积最大，为 70.24khm²，占九等地面积的 44.72%；基本满足的面积为 44.68km²，占 28.45%；满足的面积为 41.85km²，占 26.64%；充分满足的面积 0.29km²，占 0.19%。排水能力分为 4 种类型，其中以满足和基本满足的面积较大，分别为 76.71km² 和 59.87km²，分别占九等地面积的 48.84% 和 38.12%；不满足和充分满足的面积较少，分别为 13.66km² 和 6.81km²，分别占 8.70% 和 4.34%（表 3-118）。

表 3-118　九等地各灌溉能力和排水能力面积与比例

项目		面积（km²）	比例（%）
灌溉能力	不满足	70.24	44.72
	充分满足	0.29	0.19
	基本满足	44.68	28.45
	满足	41.85	26.64
总计		157.06	100.00
排水能力	不满足	13.66	8.70
	充分满足	6.81	4.34
	基本满足	59.87	38.12
	满足	76.71	48.84
总计		157.06	100.00

（四）有效土层厚度

青藏区九等地有效土层厚度的平均值为 53.00cm，最大值为 150cm，最小值为 24.cm（表 3-119）。通过分析各评价区九等地土壤有效土层厚度表明：云南评价区有效土层厚度平均值最大，达 91cm，其次为甘肃评价区、青海评价区、西藏评价区，四川评价区有效土层最低。

表 3-119　九等地有效土层厚度

评价区	平均值（cm）	最大值（cm）	最小值（cm）	标准偏差
甘肃评价区	59	124	34	16
青海评价区	55	101	32	16
四川评价区	36	64	30	6
西藏自治区评价区	51	150	24	11
云南评价区	91	118	57	10
总计	52	150	24	13

（五）障碍因素

青藏区九等地无障碍因素的面积为 72.16km²，占九等地面积的 45.94%。部分耕地存在障碍因素。其中，瘠薄的面积为 57.43km²，占 36.57%；障碍层次的面积为 17.08km²，占 10.88%；盐碱的面积为 9.04km²，占 5.76%；酸化的面积为 1.34km²，占 0.86%（表 3-120）。

表 3-120　九等地障碍因素的面积与比例

障碍因素	面积（khm²）	比例（%）
瘠薄	57.43	36.57
酸化	1.34	0.86
无	72.16	45.94
盐碱	9.04	5.76
障碍层次	17.08	10.88
总计	157.06	100.00

（六）土壤容重

青藏区九等地的土壤容重分为 5 个等级，其中 1.25～1.35g/cm³ 和 1.00～1.25g/cm³ 面积较多，分别为 74.53khm² 和 48.75khm²，分别占九等地面积的 47.45% 和 31.04%；1.35～1.45/1.00～1.10g/cm³ 面积为 22.80khm²，占 14.52%；1.45～1.55g/cm³ 面积为 8.15khm²，占 5.19%；≤1.00，>1.55g/cm³ 面积最小，为 2.83khm²，占 1.80%（表 3-121）。

表 3-121　九等地土壤容重的面积与比例

土壤容重（g/cm³）	面积（khm²）	比例（%）
1.10～1.25	48.75	31.04
1.25～1.35	74.53	47.45
1.35～1.45/1.00～1.10	22.80	14.52
1.45～1.55	8.15	5.19
≤1.00，>1.55	2.83	1.80
总计	157.06	100.00

（七）农田林网化程度、生物多样性和清洁程度

青藏区九等地的农田林网化程度高的面积为 2.73khm²，占九等地面积的 1.74%；中的面积为 59.02khm²，占 37.58%；低的面积为 95.31khm²，占 60.68%。生物多样性分丰富、一般 2 个等级，其中丰富的面积为 53.42khm²，占九等地面积的 34.01%；一般的面积为 103.64khm²，占 65.99%。清洁程度均为清洁（表 3-122）。

表 3-122　九等地农田林网化程度和生物多样性的面积与比例

项目		面积（khm²）	比例（%）
农田林网化程度	高	2.73	1.74
	中	59.02	37.58
	低	95.31	60.68
总计		157.06	100.00
生物多样性	丰富	53.42	34.01
	一般	103.64	65.99
总计		157.06	100.00

（八）酸碱度与土壤养分含量

表 3-123 列出了九等地土壤酸碱度及土壤有机质、有效磷、速效钾含量的平均值。九等地酸碱度平均为 7.83，土壤有机质平均含量为 27.29g/kg，有效磷为 18.95mg/kg，速效钾为 62.88mg/kg。其中青甘农牧区酸碱度最高，为 8.15，川藏林牧区酸碱度最低，为 7.61，青甘农牧区和青藏高寒区土壤碱性较为严重。

综合来看，其中青甘农牧区酸碱度最高，为 8.15，川藏林牧区酸碱度最低，为 7.61，青甘农牧区和青藏高寒区土壤碱性较为严重。川藏林农牧区九等地土壤有机质、有效磷、速效钾含量较高；青甘农牧区有机质、有效磷、速效钾含量稍高；青藏高寒地区有效磷含量较低，其他土壤养分含量适中；藏南农牧区的土壤养分含量较低。

表 3-123　九等地土壤酸碱度与土壤养分含量平均值

主要养分指标	藏南农牧区	川藏林农牧区	青藏高寒地区	青甘牧农区	九等地均值
酸碱度	7.84	7.61	8.08	8.15	7.83
有机质（g/kg）	21.76	38.06	30.06	34.41	27.29
有效磷（mg/kg）	15.72	20.26	15.02	22.82	17.38
速效钾（mg/kg）	103.23	187.13	247.97	178.72	139.79

三、九等地产量水平

在耕作利用方式上，九等地主要以青稞为主，主栽作物以青稞为主，年产量为 3 450kg/hm² （表 3-124）。

表 3-124　九等地主栽作物调查点及产量

主栽作物	年平均产量（kg/hm²）
青稞	3 450

第十一节　十等地耕地质量等级特征

一、十等地分布特征

（一）区域分布

十等地面积为 167.29khm²，占青藏区耕地面积的比例是 15.67%。主要分布在藏南农牧区，面积为 109.16khm²，占十等地面积的比例是 65.25%；川藏林农牧区、青甘牧农区、青藏高寒地区面积分别为 41.04khm²、11.11khm² 和 5.98khm²，分别占 24.53%、6.64% 和 3.57% （表 3-125）。

表 3-125　青藏区十等地面积与比例 （按二级农业区划）

二级农业区	面积（khm²）	比例（%）
藏南农牧区	109.16	65.25
川藏林农牧区	41.04	24.53

（续）

二级农业区	面积（khm²）	比例（%）
青甘牧农区	11.11	6.64
青藏高寒地区	5.98	3.57
总计	167.29	100.00

从行政区划看，十等地分布最多的是西藏评价区，面积有 151.03khm²，占十等地面积的比列为 90.28%，青海省、四川省、云南省、甘肃评价区分布很少，面积分别为 8.79khm²、2.61khm²、2.48khm²、2.38khm²，占比分别为 5.26%、1.56%、1.48% 和 1.42%。

十等地在市域分布上差异较大，西藏评价区主要分布在阿里地区、昌都市、拉萨市、林芝市、那曲市、日喀则市、山南市，比例分别为 2.02%、20.49%、17.37%、2.70%、2.51%、39.89%、15.02%。青海评价区主要分布在海北藏族自治州和海南藏族自治州以及玉树藏族自治州，比例分别为 94.42%、4.90%、0.68%；四川评价区主要分布在阿坝藏族羌族自治州和甘孜藏族自治州，比例分别为 29.96%、70.04%；云南评价区主要分布在迪庆藏族自治州和怒江州，比例分别为 90.45% 和 9.55%。甘肃评价区主要分布在甘南藏族自治州和武威市，占该评价区十等地面积的比例分别为 21.99% 和 78.01%（表 3-126）。

表 3-126 青藏区十等地面积与比例（按行政区划）

评价区	市（州）名称	面积（khm²）	比例（%）
西藏评价区	阿里地区	3.05	2.02
	昌都市	30.94	20.49
	拉萨市	26.23	17.37
	林芝市	4.08	2.70
	那曲市	3.80	2.51
	日客则市	60.25	39.89
	山南市	22.69	15.02
小计		151.03	100.00
青海评价区	海北藏族自治州	8.30	94.42
	海南藏族自治州	0.43	4.90
	玉树藏族自治州	0.06	0.68
小计		8.79	100.00
四川评价区	阿坝藏族羌族自治州	0.78	29.96
	甘孜藏族自治州	1.83	70.04
小计		2.61	100.00
云南评价区	迪庆藏族自治州	2.24	90.45
	怒江州	0.24	9.55
小计		2.48	100.00

（续）

评价区	市（州）名称	面积（khm²）	比例（%）
甘肃评价区	甘南藏族自治州	0.52	21.99
	武威市	1.86	78.01
小计		2.38	100.00

（二）土壤类型

从土壤类型看，青藏区十等地的耕地土壤类型分为黑毡土、褐土、山地草甸土、新积土、沼泽土、砖红壤、棕壤、棕色针叶林土等 30 个土类，63 个亚类。

在十等地上分布的 30 个土类中，黑毡土的面积最大，为 47.53khm²，占十等地面积的 28.42%；其次是冷棕钙土，占 17.70%。在黑毡土的 3 个亚类中，典型黑毡土亚类的面积较大，占十等地黑毡土面积的比例为 66.96%（表 3-127）。

表 3-127　各土类、亚类十等地面积与比例

土类	亚类	面积（khm²）	比例（%）
黑毡土	薄黑毡土	2.60	5.46
	典型黑毡土	31.83	66.96
	棕黑毡土	13.11	27.58
小计		47.53	100.00
冷棕钙土	典型冷棕钙土	29.34	99.12
	淋淀冷棕钙土	0.26	0.88
小计		29.60	100.00
潮土	典型潮土	12.06	80.79
	湿潮土	1.26	8.45
	脱潮土	1.60	10.73
	盐化潮土	0.00	0.03
小计		14.93	100.00
灰褐土	典型灰褐土	7.93	67.76
	灰褐土性土	0.09	0.74
	淋溶灰褐土	2.75	23.49
	石灰性灰褐土	0.94	8.01
小计		11.70	100.00
山地草甸土	典型山地草甸土	0.04	0.42
	山地草原草甸土	0.03	0.26
	山地灌丛草甸土	10.60	99.32
小计		10.67	100.00
草甸土	典型草甸土	4.98	51.76
	潜育草甸土	0.79	8.19
	石灰性草甸土	3.69	38.36
	盐化草甸土	0.16	1.69
小计		9.63	100.00

（续）

土类	亚类	面积（khm²）	比例（%）
褐土	典型褐土	1.77	23.38
	褐土性土	0.17	2.25
	淋溶褐土	1.45	19.19
	石灰性褐土	4.02	53.11
	燥褐土	0.16	2.07
小计		7.56	100.00
冷钙土	暗冷钙土	0.77	10.62
	淡冷钙土	0.79	10.89
	典型冷钙土	5.66	78.49
小计		7.22	100.00
暗棕壤	典型暗棕壤	6.35	100.00
小计		6.35	100.00
黑钙土	典型黑钙土	1.46	35.49
	淋溶黑钙土	0.03	0.72
	石灰性黑钙土	2.62	63.79
小计		4.10	100.00
棕壤	典型棕壤	3.63	99.47
	棕壤性土	0.02	0.53
小计		3.65	100.00
草毡土	薄草毡土	0.03	1.01
	典型草毡土	2.73	93.53
	湿草毡土	0.00	0.04
	棕草毡土	0.15	5.11
	棕黑毡土	0.01	0.31
小计		2.92	100.00
新积土	冲积土	2.78	100.00
小计		2.78	100.00
寒钙土	暗寒钙土	1.24	59.74
	淡寒钙土	0.42	20.05
	典型寒钙土	0.42	20.21
小计		2.08	100.00
栗钙土	暗栗钙土	0.75	60.71
	淡栗钙土	0.49	39.29
小计		1.24	100.00
赤红壤	黄色赤红壤	0.97	100.00
小计		0.97	100.00

（续）

土类	亚类	面积（khm²）	比例（％）
风沙土	荒漠风沙土	0.86	100.00
小计		0.86	100.00
黄壤	典型黄壤	0.80	100.00
小计		0.80	100.00
沼泽土	草甸沼泽土	0.45	76.24
	典型沼泽土	0.13	22.55
	腐泥沼泽土	0.01	1.21
小计		0.59	100.00
砖红壤	黄色砖红壤	0.44	100.00
小计		0.44	100.00
黄棕壤	暗黄棕壤	0.17	41.92
	典型黄棕壤	0.23	58.08
小计		0.40	100.00
寒冻土	寒冻土	0.33	100.00
小计		0.33	100.00
林灌草甸土	典型林灌草甸土	0.27	100.00
小计		0.27	100.00
灌淤土	典型灌淤土	0.21	100.00
小计		0.21	100.00
棕色针叶林	典型棕色针叶林	0.17	100.00
小计		0.17	100.00
粗骨土	钙质粗骨土	0.01	12.01
	硅质岩粗骨土	0.10	87.99
小计		0.11	100.00
冷漠土	冷漠土	0.07	100.00
小计		0.07	100.00
寒漠土	寒漠土	0.06	100.00
小计		0.06	100.00
水稻土	潴育水稻土	0.02	100.00
小计		0.02	100.00
石质土	钙质石质土	0.01	100.00
小计		0.01	100.00
总计		167.29	100.00

二、十等地属性特征

（一）地形部位

青藏区十等地的地形部位分为 10 种类型，山地坡下面积最大，为 51.13khm²，占十等地面积的 30.57%；湖盆阶地面积为 29.77khm²，占 17.79%；山地坡中面积为 26.94khm²，占 16.10%；山地坡上、洪积扇前缘等地形部位面积占比不到 10%。（表 3-128）。

表 3-128　十等地各地形部位面积与比例

地形部位	面积（khm²）	比例（%）
山地坡下	51.13	30.57
湖盆阶地	29.77	17.79
山地坡中	26.94	16.10
洪积扇中后部	24.89	14.88
山地坡上	15.38	9.19
起伏侵蚀高台地	11.03	6.59
河流宽谷阶地	6.72	4.02
洪积扇前缘	0.74	0.44
台地	0.49	0.29
河流低谷地	0.20	0.12
总计	167.29	100.00

（二）质地构型和耕层质地

青藏区十等地的质地构型分为 6 种类型，其中松散型面积占比最大，为 58.46%；紧实型、上松下紧、夹层型面积占比不足 5%。耕层质地分为 6 种类型，其中砂壤所占的面积最大，为 103.30khm²，占 60.56%；重壤面积占比最小，为 1.92%（表 3-129）。

表 3-129　十等地各质地构型和耕层质地面积与比例

项目		面积（khm²）	比例（%）
质地构型	松散型	97.80	58.46
	上紧下松	30.24	18.08
	薄层型	29.04	17.36
	紧实型	4.21	2.52
	上松下紧	3.27	1.95
	夹层型	2.72	1.63
总计		167.29	100.00
耕层质地	砂壤	101.30	60.56
	砂土	23.44	14.01
	轻壤	23.32	13.94
	黏土	11.61	6.94
	中壤	4.39	2.63
	重壤	3.22	1.92
总计		167.29	100.00

（三）灌溉能力和排水能力

青藏区十等地的灌溉能力分为 3 种类型，其中基本满足的面积最大，为 69.01km²，占十等地面积的 41.25%；满足的面积为 56.49km²，占 33.77%；基本满足的面积为 69.01km²，占 41.25%；不满足的面积最少，为 41.78km²，占 24.98%。排水能力分为 4 种类型，其中满足的面积最多，为 77.38km²，占 46.25%（表 3-130）。

表 3-130　十等地各灌溉能力和排水能力面积与比例

项　目		面积（km²）	比例（%）
灌溉能力	满足	56.49	33.77
	基本满足	69.01	41.25
	不满足	41.78	24.98
总计		167.29	100.00
排水能力	充分满足	1.57	0.94
	满足	77.38	46.25
	基本满足	62.31	37.25
	不满足	26.02	15.56
总计		167.29	100.00

（四）有效土层厚度

青藏区十等地有效土层厚度的平均值为 53.00cm，最大值为 150.00cm，最小值为 21.00cm，标准差为 11.00。通过分析各评价区十等地耕地土壤有效土层厚度表明：西藏评价区土壤有效土层厚度为最大，云南评价区次之，四川评价区最低（表 3-131）。

表 3-131　十等地有效土层厚度

评价区	平均值（cm）	最大值（cm）	最小值（cm）	标准差
甘肃评价区	45	67	34	14
青海评价区	40	94	31	9
四川评价区	42	47	30	7
西藏评价区	54	150	21	11
云南评价区	86	109	57	15
总计	53	150	21	11

（五）障碍因素

青藏区十等地存在障碍因素的耕地面积 36.39km²，占十等地面积的 82.96%；障碍层次面积为 4.63km²，占 10.55%；酸化面积为 1.10km²，占 2.50%；潜育化面积为 1.00km²，占 2.28；瘠薄面积为 0.62km²，占 1.42%；盐渍化面积为 0.13km²，占 0.30%（表 3-132）。

表 3-132 十等地障碍因素的面积与比例

障碍因素	面积（khm²）	比例（%）
瘠薄	92.00	55.00
无	62.53	37.38
盐碱	7.76	4.64
障碍层次	4.84	2.89
酸化	0.14	0.09
总计	167.29	100.00

（六）土壤容重

青藏区十等地的土壤容重分为 5 个等级，其中 $1.25 \sim 1.35 \text{g/cm}^3$ 面积最大，为 71.14khm^2，占十等地面积的 42.53%；其次是 $1.10 \sim 1.25 \text{g/cm}^3$，面积为 51.73khm^2，占 30.92%；$\leqslant 1.00$，$> 1.55 \text{g/cm}^3$ 面积最少，仅占 4.23%（表 3-133）。

表 3-133 十等地土壤容重的面积与比例

土壤容重（g/cm³）	面积（khm²）	比例（%）
1.10~1.25	51.73	30.92
1.25~1.35	71.14	42.53
1.35~1.45/1.00~1.10	31.71	18.96
1.45~1.55	15.10	9.03
≤1.00，>1.55	7.08	4.23
总计	167.29	100.00

（七）农田林网化程度、生物多样性和清洁程度

青藏区十等地的农田网化程度高的面积为 0.83khm^2，占二等地面积的 0.50%；中的面积为 71.60khm^2，占 42.80%；低的面积为 94.85khm^2，占 56.70%。生物多样性分丰富、一般、不丰富 3 个等级，其中丰富的面积为 29.61khm^2，占二等地面积的 17.7%；一般的面积为 136.99khm^2，占 81.89%；不丰富的面积为 0.68khm^2，占 0.41%。清洁程度均为清洁（表 3-134）。

表 3-134 十等地农田林网化程度和生物多样性的面积与比例

项目		面积（khm²）	比例（%）
农田林网化程度	高	0.83	0.50
	中	71.60	42.80
	低	94.85	56.70
总计		167.29	100.00
生物多样性	丰富	29.61	17.70
	一般	136.99	81.89
	不丰富	0.68	0.41
总计		167.29	100.00

（八）酸碱度与土壤养分含量

表 3-135 列出了土壤酸碱度及有机质、有效磷、速效钾含量的平均值。土壤酸碱度平均值为 7.79；土壤有机质平均含量为 24.85g/kg，有效磷为 16.81mg/kg，速效钾为 130.13mg/kg。

综合来看，十等地土壤有机质、速效钾含量较高，有效磷含量一般。

表 3-135 十等地土壤酸碱度与土壤养分含量平均值

主要养分指标	青甘牧农区	川藏林农牧区	青藏高寒地区	藏南农牧区	均值
酸碱度	8.22	7.96	7.79	7.69	7.79
有机质（g/kg）	36.09	35.41	27.24	20.78	24.85
有效磷（mg/kg）	24.03	19.54	18.78	15.50	16.81
速效钾（mg/kg）	178.43	195.03	179.55	104.47	130.13

三、十等地产量水平

在耕作利用方式上，青藏区十等地耕地作物主要以青稞为主，十等地青稞产量达 2 925kg/hm²（表 3-136）。

表 3-136 十等地主栽作物调查点及产量

主栽作物	年平均产量（kg/hm²）
青稞	2 925

第十二节 中低等级耕地的质量提升措施

评价为四至十等的中低等级耕地面积为 1 049.97khm²，占耕地总面积的 98.35％。存在障碍的耕地面积为 442.96khm²，占耕地总面积的 41.49％。在藏南农牧区、川藏林农牧区、青藏高寒地区以及青甘牧农区地区均有分布；其中，藏南农牧区、青藏高寒地区、青甘牧农区中等级耕地均存在瘠薄、障碍层次、盐碱三大障碍因素，以藏南农牧区耕地存在障碍因素的面积较大，占耕地总面积的 14.72％，瘠薄是其主要的障碍因素。川藏林农牧区次之，存在障碍因素的耕地面积为 152.23khm²，占耕地总面积的 14.29％；是唯一存在酸化障碍的区域。青藏高寒地区和青甘牧农区耕地均存在较小面积的瘠薄、盐碱、障碍层次，障碍面积占耕地总面积的 3.60％ 和 8.89％。瘠薄为中低等级耕地存在的主要障碍，瘠薄面积 238.77khm²，占耕地总面积的 22.37％；障碍层次次之；酸化障碍面积最小，占比 0.21％（表 3-137、表 3-138）

表 3-137 青藏区中低等级耕地各障碍因素面积分布与比例

中低等级耕地	无		瘠薄		盐碱		障碍层次		酸化	
	面积（khm²）	比例（％）	面积（khm²）	比例（％）	面积（khm²）	比例（％）	面积（khm²）	比例（％）	面积（khm²）	比例（％）
四等地	35.22	3.30	0.95	0.09	0.00	0.00	2.47	0.23	—	—

（续）

中低等级耕地	无		瘠薄		盐碱		障碍层次		酸化	
	面积（khm²）	比例（%）	面积（khm²）	比例（%）	面积（khm²）	比例（%）	面积（khm²）	比例（%）	面积（khm²）	比例（%）
五等地	96.84	9.07	8.96	0.84	2.33	0.22	11.96	1.12	—	—
六等地	122.28	11.45	25.53	2.39	3.09	0.29	37.94	3.55	—	—
七等地	107.16	10.04	24.91	2.33	22.89	2.14	37.45	3.51	0.48	0.05
八等低	110.81	10.38	28.99	2.72	9.92	0.93	35.13	3.29	0.31	0.03
九等地	72.16	6.76	57.43	5.38	9.04	0.85	17.08	1.60	1.34	0.13
十等地	62.53	5.86	92.00	8.62	7.76	0.73	4.84	0.45	0.14	0.01
总计	607.01	56.86	238.77	22.37	55.04	5.16	146.87	13.76	2.29	0.21

表 3-138　青藏区二级农业区耕地障碍因素面积分布与比例

障碍因素	藏南农牧区		川藏林农牧区		青藏高寒地区		青甘牧农区	
	面积（khm²）	比例（%）	面积（khm²）	比例（%）	面积（khm²）	比例（%）	面积（khm²）	比例（%）
无	147.20	13.79	204.46	19.15	20.76	1.94	234.59	21.97
瘠薄	115.14	10.79	56.47	5.29	17.66	1.65	49.50	4.64
盐碱	40.80	3.82	—	—	2.41	0.23	11.83	1.11
障碍层次	1.16	0.11	93.77	8.78	18.35	1.72	33.58	3.15
酸化	—	—	2.29	0.21	—	—	—	—
总计	304.31	28.51	356.99	33.44	59.18	5.54	329.50	30.86

通过分析青藏区中低等级耕地障碍因素的分布，瘠薄是最为主要的障碍因素，盐碱、障碍层次次之，酸化面积最小。今后应重点开展农田基础设施建设，修建排灌渠道，提高灌溉效率。改良土壤，种植绿肥，并探索施用生物有机肥，合理轮作和间种套种，培肥地力，提高耕地质量。具体应采取如下措施：

一、工程技术措施

工程措施是通过系列建设工程来达到改善环境的目的，工程技术包括坡改梯技术、节水灌溉工程技术、中低产田暗灌工程技术、水利设施建设、渠系配套和渠道防渗工程、小水利工程建设和加固利用、预制构件制作技术等方面。如修建以抽、提、引、蓄相配套的拦山沟、地头水柜等小水利工程，改善旱耕地的水利条件，减轻季节性干旱对旱作的影响。推广现代节水灌溉工程技术，通过喷灌技术、微灌技术、地下灌溉技术、改进地面灌水技术、精细地面灌溉技术、坐水种技术、非充分灌溉技术等，均可大幅度提高水资源利用效率。

二、农艺技术措施

在坡耕地上，采取合理的农业耕作措施，可以改变小地形，增加地面覆盖，改良土壤，从而达到保持水土、提高农业产量的作用。农艺技术措施主要有：

（一）密植、间作、套种法

这些农作物的种植方法，是我国农民长期生产实践中创造出来的，也是一种简易可行、花工少、收效快、好处多的水土保持农业技术措施，它能减少水土流失，主要在于增加地面农作物的空间覆盖，也增加了土壤中的根系，对于固结土壤有很大的作用。密植程度可根据作物品种、生长期的长短、土壤的肥瘦和深耕程度来决定。如株形高大，生长期长，土地瘦薄的栽植要稀点；反之，要密些。

有些作物秆高、株稀、株行距大，则土地的裸露面大，为了在暴雨季节增加覆盖，保持水土，在这一作物的下面，种上植株矮小、枝叶茂密的作物。如玉米和甘薯间作，棉花和花生间作，玉米和绿豆、马铃薯间作，高粱和黑豆、豇豆等间作，这样它既能加大地面覆盖程度，又能提高复种指数，充分利用生长季节。

（二）深翻改土与增施肥料

深翻改土与增施肥料，是熟化培肥，改良坡地土壤瘠薄、板结等不良性状的根本措施。它可以改善土壤透水性、保水能力及土壤板结情况，进而减弱地表径流的流量与流速，增强土壤的抗冲抗蚀能力，而且也活化了表层土壤。

坡地深翻应注意下面问题：第一，深翻必须因土制宜，逐年加深。第二，深翻必须结合施用大量有机肥料。第三，在干旱地区，深翻必须注意保墒，及时进行耙、压。

三、化学技术措施

化学改良措施目前应用还较少，但发展却很快。化学措施主要有：施用土壤调理剂、土壤改良剂、抗旱保水剂、植物生长调节剂等。土壤改良剂具有疏松土壤、改变土壤结构、增加土壤通透性和保水保肥性能、改良土壤理化性质、增加盐基代换容量、调节土壤酸碱度、增强土壤缓冲能力等作用。土壤改良剂可以在春播前或秋收后结合深翻一次性施入土壤中，也可以与有机肥混合拌匀后施入。

四、物理技术措施

根据耕层浅薄的原因，或进行深耕，或打破障碍层次，使耕层加厚6～10cm。主要有套犁、机械深耕、聚土深耕等。套犁是对普通浅薄型的稻田采用的方法，在常规犁耙后，再重新套犁一次，即同一犁沟来回犁翻两次，把耕层下边犁底层的生土翻动3～4cm。每年套犁两次，加深耕层3～4cm，连续3年，确保耕层能稳定地加厚6～10cm。聚土深耕法是用于旱地的改良方法，在冬季作物收获后，沿坡面等高线，横向按畦宽、沟宽各50cm开厢划线，在准备起垄的部分施入有机肥料（包括厩肥、绿肥、野生绿肥、秸秆等），把准备作沟的另一部分耕层沃土搬到厢面使之成为垄，然后再向沟底施入有机肥或土杂肥，翻犁沟底，使沟内土层加深5cm。单纯深耕基本上是平产，深耕加有机肥增产可达到极显著水平，施有机肥增产也可达到显著水平。

第四章 耕地土壤有机质及主要营养元素

第一节 土壤有机质

土壤有机质是泛指土壤中来源于生命的物质，是土壤中除土壤矿物质以外的物质，包括含碳化合物、木素、蛋白质、树脂、蜡质等各种有机化合物。土壤中有机质的来源十分广泛，比如动植物及微生物残体、排泄物和分泌物、废水废渣等。土壤有机质是土壤中最活跃的部分，是土壤肥力的基础，是评价耕地地力的重要指标。

一、土壤有机质含量及其空间差异

（一）土壤有机质含量概况

共对 1 884 个土样进行有机质测试分析，土壤有机质含量平均值为 32.3g/kg，标准差为 17.0g/kg，最小值为 5.9g/kg，最大值为 117.4g/kg，变异系数为 52.77%，青藏区有机质平均含量较丰富（表 4-1）。

表 4-1 青藏区耕地土壤有机质含量（个，g/kg，%）

样本数	平均值	标准差	变异系数	范围
1 884	32.3	17.0	52.77	5.9～117.4

（二）土壤有机质含量的区域分布

1. 不同二级农业区耕地土壤有机质含量分布 青藏区共有 4 个二级农业区，其中有机质含量最低区为藏南农牧区，平均含量为 22.3g/kg；最高区为川藏林农牧区，平均含量为 42.9g/kg。青藏高寒区平均含量为 30.7g/kg，青甘牧农区平均含量为 28.5g/kg（表 4-2）。

表 4-2 青藏区不同二级农业区耕地土壤有机质含量（个，g/kg，%）

二级农业区	样本数	平均值	标准差	变异系数	范围
藏南农牧区	461	22.3	10.1	45.53	6.0～78.8
川藏林农牧区	675	42.9	17.8	41.39	6.2～117.4
青藏高寒区	103	30.7	11.1	36.10	10.1～61.3
青甘牧农区	645	28.5	14.8	51.98	5.9～87.6
总计	1 884	32.3	17.0	52.77	5.9～117.4

2. 不同评价区耕地土壤有机质含量分布 通过对不同评价区的土壤有机质含量进行分析，青海评价区土壤有机质含量最低，平均值为 25.6g/kg，其次为西藏评价区，平均值为 28.8g/kg，甘肃评价区、四川评价区土壤有机质平均含量丰富，分别为 34.4g/kg、37.7g/kg，云南评价区土壤有机质含量最高，平均值为 47.4g/kg（表 4-3）。

表 4-3 青藏区不同评价区耕地土壤有机质含量（个，g/kg,%）

评价区	样本数	平均值	标准差	变异系数	范围
甘肃评价区	252	34.4	15.0	43.62	5.9～87.6
青海评价区	419	25.6	13.8	53.84	6.2～67.8
四川评价区	294	37.7	14.7	38.87	6.6～94.3
西藏评价区	710	28.8	16.6	57.80	6.0～117.4
云南评价区	209	47.4	17.8	37.56	11.9～89.6
总计	1 884	32.3	17.0	52.77	5.9～117.4

3. 不同评价区地级市及省辖县耕地土壤有机质含量分布 不同评价区地级市及省辖县中，以四川评价区凉山彝族自治州的土壤有机质平均含量最高，为 50.7g/kg；青海评价区海西蒙古族藏族自治州的土壤有机质平均含量最低，为 14.5g/kg（表 4-4）。

表 4-4 青藏区不同评价区地级市及省辖县耕地土壤有机质含量（个，g/kg,%）

评价区	地级市/省辖县	样本数	平均值	标准差	变异系数	范围
甘肃评价区	甘南藏族自治州	166	31.9	14.1	44.17	5.9～80.5
	武威市	86	39.2	15.6	39.86	8.6～87.6
青海评价区	海北藏族自治州	101	38.2	11.6	30.40	7.1～67.8
	海南藏族自治州	120	28.0	11.5	40.84	7.6～61.9
	海西藏族蒙古族自治州	172	14.5	4.9	33.94	6.2～35.3
	玉树藏族自治州	26	38.0	13.0	34.20	10.7～61.3
四川评价区	阿坝藏族羌族自治州	121	33.6	11.3	33.58	6.6～63.9
	甘孜藏族自治州	148	39.0	15.7	40.35	7.1～94.3
	凉山彝族自治州	25	50.7	14.4	28.33	24.7～78.7
西藏评价区	阿里地区	6	21.8	12.1	55.33	10.1～43.3
	昌都市	177	43.4	19.6	45.06	12.0～117.4
	拉萨市	131	24.3	8.9	36.45	6.0～49.6
	林芝市	51	35.2	18.5	52.48	6.2～108.0
	那曲市	11	39.1	15.3	39.14	12.2～65.3
	日喀则市	231	20.0	8.0	40.07	6.0～60.5
	山南市	103	25.0	14.0	56.09	6.0～78.8
云南评价区	迪庆藏族自治州	147	50.1	17.6	35.13	13.3～89.6
	怒江州	62	41.0	16.7	40.77	11.9～89.1

二、土壤有机质含量及其影响因素

(一) 土壤类型与土壤有机质含量

在青藏区主要土壤类型中，土壤有机质含量以沼泽土的含量最高，平均值为 58.2g/kg，冷漠土的含量最低，平均值为 10.1g/kg（表 4-5）。

表 4-5　青藏区主要土壤类型耕地土壤有机质含量（g/kg，%）

土类	平均值	标准差	变异系数	范围
暗棕壤	40.9	19.7	48.01	16.6~109.9
草甸土	32.0	20.3	63.38	11.7~104.0
草毡土	43.4	13.0	29.98	30.4~61.0
潮土	26.5	12.7	48.03	10.7~59.6
风沙土	40.6	—	—	40.6~40.6
高山草甸土	30.2	9.3	30.69	20.5~38.9
寒钙土	22.6	7.4	32.88	17.4~27.9
寒漠土	38.0	—	—	38.0~38.0
褐土	41.8	18.0	43.01	6.2~108.4
黑钙土	41.8	14.1	33.66	7.1~87.6
黑垆土	27.9	17.7	63.71	15.3~40.4
黑毡土	38.7	15.2	39.33	12.2~67.8
红壤	38.1	12.8	33.72	11.9~64.4
红黏土	30.8	—	—	30.8~30.8
黄褐土	45.6	11.4	24.94	24.7~55.9
黄壤	35.0	3.4	9.83	29.7~39.8
黄棕壤	46.5	18.7	40.20	6.6~89.1
灰褐土	33.6	14.2	42.23	9.7~117.4
灰棕漠土	14.4	4.5	31.13	7.3~30.4
冷钙土	13.9	—	—	13.9~13.9
冷漠土	10.1	—	—	10.1~10.1
栗钙土	31.1	11.5	36.93	7.6~64.3
林灌草甸土	47.9	—	—	47.9~47.9
山地草甸土	32.9	18.4	56.04	7.9~114.3
石灰（岩）土	23.9	—	—	23.9~23.9
石质土	19.4	—	—	19.4~19.4
水稻土	37.3	14.8	39.68	19.8~58.1
新积土	22.9	11.6	50.73	6.0~78.8
亚高山草甸土	21.4	13.4	62.72	5.9~66.3

（续）

土类	平均值	标准差	变异系数	范围
亚高山草原草甸土	26.8	5.6	21.12	22.8～30.8
亚高山灌丛草甸土	52.3	—	—	52.3～52.3
沼泽土	58.2	—	—	58.2～58.2
紫色土	50.6	10.7	21.04	38.8～62.1
棕钙土	14.8	5.3	36.01	6.2～35.3
棕壤	43.5	17.2	39.55	12.0～89.6
棕色针叶林土	52.0	11.1	21.44	42.2～70.4
总计	32.3	17.0	52.77	5.9～117.4

在青藏区的土壤亚类中，泥炭沼泽土的土壤有机质含量平均值最高，为58.2g/kg；冷漠土的土壤有机质含量平均值最低，为10.1g/kg（表4-6）。

表4-6 青藏区主要土壤亚类耕地土壤有机质含量（g/kg，%）

亚类	平均值	标准差	变异系数	范围
暗褐土	48.3	—	—	48.3～48.3
暗黄棕壤	47.7	18.6	38.88	13.3～89.1
暗栗钙土	32.5	11.7	36.00	9.0～64.3
冲积土	22.4	10.9	48.48	6.0～78.8
淡栗钙土	27.5	8.3	30.19	15.2～43.7
典型暗棕壤	41.7	19.7	47.21	16.6～109.9
典型草甸土	30.4	20.9	68.73	11.7～104.0
典型草毡土	43.4	13.0	29.98	30.4～61.0
典型潮土	16.2	3.2	19.97	13.9～18.4
典型寒钙土	22.6	7.4	32.88	17.4～27.9
典型褐土	47.3	22.7	47.90	12.1～108.0
典型黑钙土	39.0	12.2	31.27	7.1～63.7
典型黑毡土	36.7	11.5	31.17	24.5～56.6
典型红壤	45.1	12.9	28.58	26.0～64.4
典型黄壤	35.3	3.7	10.60	29.7～39.8
典型黄棕壤	33.0	15.0	45.54	6.6～51.7
典型灰褐土	38.8	16.9	43.49	12.4～97.1
典型冷钙土	13.9	—	—	13.9～13.9
典型栗钙土	30.7	11.6	37.81	7.6～55.2
典型林灌草甸土	47.9	—	—	47.9～47.9
典型山地草甸土	37.6	18.0	47.96	11.9～114.3

（续）

亚类	平均值	标准差	变异系数	范围
典型新积土	38.3	21.7	56.63	9.5～78.4
典型棕钙土	14.9	5.4	36.36	6.2～35.3
典型棕壤	43.3	17.5	40.41	12.0～89.6
钙质石质土	19.4	—	—	19.4～19.4
高山草甸土	29.7	13.0	43.93	20.5～38.9
高山草原土	28.1	26.4	93.91	5.9～66.3
高山灌丛草甸土	31.1	—	—	31.1～31.1
灌耕灰棕漠土	14.4	4.5	31.13	7.3～30.4
寒漠土	38.0	—	—	38.0～38.0
褐土性土	38.7	3.8	9.80	35.0～45.9
黑麻土	27.9	17.7	63.71	15.3～40.4
红壤性土	43.4	12.3	28.23	33.4～63.8
荒漠风沙土	40.6	—	—	40.6～40.6
黄褐土性土	45.6	11.4	24.94	24.7～55.9
黄红壤	36.1	12.5	34.75	11.9～62.6
黄壤性土	33.4	—	—	33.4～33.4
黄色石灰土	23.9	—	—	23.9～23.9
灰潮土	44.7	21.2	47.45	29.7～59.6
灰褐土性土	43.1	28.5	66.24	18.9～117.4
灰化暗棕壤	37.6	21.0	55.75	17.9～65.7
灰化棕色针叶林土	52.0	11.1	21.44	42.2～70.4
积钙红黏土	30.8	—	—	30.8～30.8
冷漠土	10.1	—	—	10.1～10.1
淋溶褐土	46.7	20.7	44.33	6.2～85.2
淋溶黑钙土	38.9	2.1	5.32	35.9～40.4
淋溶灰褐土	43.3	10.8	24.84	27.2～55.0
泥炭沼泽土	58.2	—	—	58.2～58.2
潜育草甸土	34.8	24.7	71.08	13.0～69.3
山地灌丛草甸土	27.7	17.6	63.59	7.9～103.0
渗育水稻土	36.8	—	—	36.8～36.8
湿黑毡土	35.0	19.3	55.16	12.2～65.3
石灰性草甸土	38.9	11.7	29.95	25.7～47.8
石灰性褐土	42.3	16.8	39.67	12.4～108.4
石灰性黑钙土	47.4	16.4	34.66	25.7～87.6

（续）

亚类	平均值	标准差	变异系数	范围
石灰性灰褐土	31.2	11.1	35.62	9.7～65.5
脱潮土	25.4	10.4	40.99	10.7～47.2
亚高山草甸土	18.9	4.5	23.65	14.6～28.0
亚高山草原草甸土	26.8	5.6	21.12	22.8～30.8
亚高山灌丛草甸土	35.4	23.8	67.11	18.6～52.3
盐化栗钙土	16.7	5.3	31.59	13.0～20.4
盐化棕钙土	14.1	4.8	34.12	7.1～29.4
燥褐土	36.7	18.5	50.34	7.1～94.3
中性紫色土	50.6	10.7	21.04	38.8～62.1
潴育水稻土	37.4	17.1	45.66	19.8～58.1
棕黑毡土	57.8	14.2	24.57	47.7～67.8
棕壤性土	47.5	6.8	14.34	38.4～54.8
总计	32.3	17.0	52.77	5.9～117.4

（二）地貌类型与土壤有机质含量

青藏区的地貌类型主要有高原台地、宽谷盆地、山地坡上、山地坡下、山地坡中、台地等类型。山地坡中的土壤有机质含量平均值最高，为 40.1g/kg；其次是山地坡上和山地坡下，平均值分别为 36.5g/kg、36.3g/kg；宽谷盆地的土壤有机质含量平均值最低，为 24.9g/kg（表 4-7）。

表 4-7　青藏区不同地貌类型耕地土壤有机质含量（g/kg，%）

地貌类型	平均值	标准差	变异系数	范围
高原台地	27.4	15.4	56.31	6.0～114.3
宽谷盆地	24.9	12.9	51.92	6.0～74.7
山地坡上	36.5	18.9	51.68	5.9～103.0
山地坡下	36.3	17.0	46.95	6.0～109.9
山地坡中	40.1	18.9	47.16	6.0～117.4
台地	34.1	11.0	32.11	9.0～61.9
总计	32.3	17.0	52.77	5.9～117.4

（三）成土母质与土壤有机质含量

不同成土母质发育的土壤中，土壤有机质含量平均值最高的是第四纪红土，为 48.5g/kg；其次是第四纪老冲积物，平均值为 48.2g/kg；冲洪积物的土壤有机质含量平均值最低，为 15.5g/kg（表 4-8）。

表 4-8　青藏区不同成土母质耕地土壤有机质含量（g/kg,%）

成土母质	平均值	标准差	变异系数	范围
残积物	36.7	12.2	33.18	18.0～90.8
残坡积物	41.7	18.4	44.08	5.9～89.6
冲洪积物	15.5	6.8	43.84	6.2～50.9
冲积物	27.6	13.0	47.00	6.1～67.3
第四纪红土	48.5	14.2	29.35	26.0～76.8
第四纪老冲积物	48.2	16.2	33.54	36.8～59.6
风化物	42.9	18.2	42.39	12.5～76.8
河流冲积物	28.6	11.5	39.99	9.7～55.8
洪冲积物	33.7	17.5	51.94	6.0～114.3
洪积物	26.9	14.4	53.60	6.0～87.3
洪积物及风积物	20.6	—	—	20.6～20.6
湖冲积物	30.5	2.2	7.37	27.7～33
湖积物	29.0	9.1	31.35	17.5～41.1
湖相沉积物	43.2	11.9	27.55	29.9～58.2
黄土母质	35.3	12.0	33.86	9.0～63.7
坡残积物	38.4	18.9	49.12	6.6～117.4
坡堆积物	24.1	—	—	24.1～24.1
坡洪积物	29.9	0.0	0.02	29.9～30.0
坡积物	34.4	16.2	47.13	7.2～94.3
总计	32.3	17.0	52.77	5.9～117.4

（四）土壤质地与土壤有机质含量

青藏区的土壤质地中，轻壤的土壤有机质含量平均值最高，为 34.2g/kg；砂壤的土壤有机质含量平均值最低，为 30.3g/kg（表 4-9）。

表 4-9　青藏区不同土壤质地耕地土壤有机质含量（g/kg,%）

土壤质地	平均值	标准差	变异系数	范围
黏土	34.0	18.0	52.97	6.0～87.0
轻壤	34.2	15.7	46.03	6.0～108.0
砂壤	30.3	17.7	58.46	6.0～117.4
砂土	34.0	21.3	62.75	6.0～89.6
中壤	31.7	13.7	43.06	5.9～78.4
重壤	33.0	15.5	46.97	6.2～74.9
总计	32.3	17.0	52.77	5.9～117.4

三、土壤有机质含量分级与变化情况

根据青藏区土壤有机质含量状况，参照青藏区耕地质量监测指标分级标准，将土壤有机质含量划分为五级。通过对 1 884 个土样进行有机质含量分级后，达一级标准的有 699 个，占 37.10%；达二级标准的有 205 个，占 10.88%；达三级标准的有 470 个，占 24.95%；达四级标准的有 439 个，占 23.30%；达五级标准的有 71 个，占 3.77%。占比最高为一级标准，占比最低为五级标准（表 4-10）。

表 4-10　土壤有机质分级样点统计（个，g/kg,%）

等级	分级标准	样本数	比例	平均值
一级	>35.0	699	37.10	50.1
二级	30.0~35.0	205	10.88	32.3
三级	20.0~30.0	470	24.95	25.0
四级	10.0~20.0	439	23.30	15.7
五级	≤10.0	71	3.77	8.0
总计		1 884	100.00	32.3

　　按评价区统计，甘肃评价区共计 162.87khm²，其中土壤有机质一级水平共计 40.56khm²，占评价区耕地面积的 24.90%；二级水平共计 45.44khm²，占评价区耕地面积的 27.90%；三级水平共计 76.87khm²，占评价区耕地面积的 47.20%；四级和五级水平没有分布。青海评价区共计 193.51khm²，其中土壤有机质一级水平共计 39.34khm²，占评价区耕地面积的 20.33%；二级水平共计 33.15khm²，占评价区耕地面积的 17.13%；三级水平共计 66.12khm²，占评价区耕地面积的 34.17%；四级水平共计 54.90khm²，占评价区耕地面积的 28.37%；五级水平没有分布。四川评价区共计 197.83khm²，其中土壤有机质一级水平共计 86.57khm²，占评价区耕地面积的 43.76%；二级水平共计 59.43khm²，占评价区耕地面积的 30.04%；三级水平共计 51.83khm²，占评价区耕地面积的 26.20%；四级和五级水平没有分布。西藏评价区共计 444.35khm²，其中土壤有机质一级水平共计 107.12khm²，占评价区耕地面积的 24.11%；二级水平共计 42.13khm²，占评价区耕地面积的 9.48%；三级水平共计 161.59khm²，占评价区耕地面积的 36.36%；四级水平共计 133.51khm²，占评价区耕地面积的 30.05%；五级水平没有分布。云南评价区共计 69.00khm²，其中土壤有机质一级水平共计 62.52khm²，占评价区耕地面积的 90.60%；二级水平共计 6.00khm²，占评价区耕地面积的 8.70%；三级水平共计 0.48khm²，占评价区耕地面积的 0.70%；四级和五级水平没有分布（图 4-1、表 4-11）。

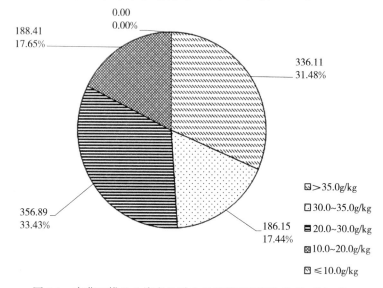

图 4-1　青藏区耕地土壤有机质含量各等级面积与比例（khm²）

表 4-11 青藏区评价区耕地土壤有机质不同等级面积统计（khm²）

评价区	一级 >35.0g/kg	二级 30.0~35.0g/kg	三级 20.0~30.0g/kg	四级 10.0~20.0g/kg	五级 ≤10.0g/kg	总计
甘肃评价区	40.56	45.44	76.87	0.00	0.00	162.87
青海评价区	39.34	33.15	66.12	54.90	0.00	193.51
四川评价区	86.57	59.43	51.83	0.00	0.00	197.83
西藏评价区	107.12	42.13	161.59	133.51	0.00	444.35
云南评价区	62.52	6.00	0.48	0.00	0.00	69.00
总计	336.11	186.15	356.89	188.41	0.00	1 067.56

按二级农业区统计，藏南农牧区共计 304.31km²，其中土壤有机质一级水平共计 42.93km²，占二级农业区耕地面积的 14.11%；二级水平共计 14.79km²，占二级农业区耕地面积的 4.86%；三级水平共计 114.79km²，占二级农业区耕地面积的 37.72%；四级水平共计 131.80km²，占二级农业区耕地面积的 43.31%；五级水平没有分布。川藏林农牧区共计 362.19km²，其中土壤有机质一级水平共计 210.94km²，占二级农业区耕地面积的 58.24%；二级水平共计 81.10km²，占二级农业区耕地面积的 22.39%；三级水平共计 70.13km²，占二级农业区耕地面积的 19.36%；四级水平共计 0.02km²，占二级农业区耕地面积的 0.01%；五级水平没有分布。青藏高寒地区共计 59.18km²，其中土壤有机质一级水平共计 6.92km²，占二级农业区耕地面积的 11.70%；二级水平共计 19.31km²，占二级农业区耕地面积的 32.63%；三级水平共计 31.26km²，占二级农业区耕地面积的 52.81%；四级水平共计 1.69km²，占二级农业区耕地面积的 2.86%；五级水平没有分布。青甘牧农区共计 341.88km²，其中土壤有机质一级水平共计 75.32km²，占二级农业区耕地面积的 22.03%；二级水平共计 70.95km²，占二级农业区耕地面积的 20.75%；三级水平共计 140.71km²，占二级农业区耕地面积的 41.16%；四级水平共计 54.90km²，占二级农业区耕地面积的 16.06%；五级水平没有分布（表 4-12）。

表 4-12 青藏区二级农业区耕地土壤有机质不同等级面积统计（khm²）

二级农业区	一级 >35.0g/kg	二级 30.0~35.0g/kg	三级 20.0~30.0g/kg	四级 10.0~20.0g/kg	五级 ≤10.0g/kg	总计
藏南农牧区	42.93	14.79	114.79	131.80	0.00	304.31
川藏林农牧区	210.94	81.10	70.13	0.02	0.00	362.19
青藏高寒地区	6.92	19.31	31.26	1.69	0.00	59.18
青甘牧农区	75.32	70.95	140.71	54.90	0.00	341.88
总计	336.11	186.15	356.89	188.41	0.00	1 067.56

按土壤类型统计，土壤有机质一级水平中，面积比例最大的土类是褐土，面积为 48.89km²（占青藏区耕地面积的 4.58%）；土壤有机质二级水平中，面积比例最大的土类是栗钙土，面积为 31.62km²（占青藏区耕地面积的 2.96%）；土壤有机质三级水平中，面积比例最大的土类是草甸土，面积为 52.94km²（占青藏区耕地面积的 4.96%）。土壤有机质四级水平中，面积比例最大的土类是冷棕钙土，面积为 66.39km²（占青藏区耕地面积的 6.22%）。没有五级水平的分布（表 4-13）。

表 4-13　青藏区主要土壤类型耕地土壤有机质不同等级面积统计（khm²）

土壤类型	一级 ＞35.0g/kg	二级 30.0～35.0g/kg	三级 20.0～30.0g/kg	四级 10.0～20.0g/kg	五级 ≤10.0g/kg	总计
暗棕壤	26.13	8.03	6.92	0.01	0.00	41.09
草甸土	12.81	13.93	52.94	9.81	0.00	89.49
草甸盐土	0.00	0.00	0.00	7.91	0.00	7.91
草毡土	8.29	6.14	4.02	0.84	0.00	19.29
潮土	0.00	0.00	17.95	19.31	0.00	37.26
赤红壤	4.44	1.56	9.62	0.00	0.00	15.62
粗骨土	0.45	3.51	1.67	0.16	0.00	5.79
风沙土	0.00	0.00	3.71	4.68	0.00	8.39
灌漠土	0.00	0.15	0.00	0.00	0.00	0.15
灌淤土	0.00	0.00	0.21	0.00	0.00	0.21
寒冻土	0.03	0.45	0.00	0.00	0.00	0.48
寒钙土	0.00	0.35	2.00	0.63	0.00	2.98
寒漠土	0.01	0.07	0.00	0.00	0.00	0.08
褐土	48.89	16.79	19.14	0.01	0.00	84.83
黑钙土	30.52	9.61	16.08	0.00	0.00	56.21
黑垆土	0.14	0.02	0.13	0.00	0.00	0.29
黑毡土	24.78	17.28	43.54	25.28	0.00	110.88
红壤	10.09	5.35	0.37	0.00	0.00	15.81
黄褐土	0.44	0.00	0.00	0.00	0.00	0.44
黄壤	6.68	4.97	2.64	0.00	0.00	14.29
黄棕壤	29.35	1.91	3.31	0.00	0.00	34.57
灰钙土	0.38	3.50	0.11	0.00	0.00	3.99
灰褐土	28.76	30.84	31.28	0.22	0.00	91.10
灰化土	0.03	0.00	0.00	0.00	0.00	0.03
灰棕漠土	0.00	0.09	0.00	6.47	0.00	6.56
冷钙土	0.00	2.16	13.82	3.86	0.00	19.84
冷漠土	0.00	0.00	0.00	0.12	0.00	0.12
冷棕钙土	0.00	3.16	31.16	66.39	0.00	100.71
栗钙土	15.15	31.62	44.28	4.80	0.00	95.85
林灌草甸土	0.05	0.00	0.23	0.31	0.00	0.59
漠境盐土	0.00	0.00	0.06	0.41	0.00	0.47
山地草甸土	4.52	7.12	13.94	1.11	0.00	26.69

（续）

土壤类型	一级 >35.0g/kg	二级 30.0~35.0g/kg	三级 20.0~30.0g/kg	四级 10.0~20.0g/kg	五级 ≤10.0g/kg	总计
石灰（岩）土	1.28	0.49	0.00	0.00	0.00	1.77
石质土	0.00	0.00	0.02	0.00	0.00	0.02
水稻土	4.62	0.95	0.04	0.00	0.00	5.61
新积土	0.06	0.19	2.41	3.60	0.00	6.26
沼泽土	0.55	0.07	1.27	0.81	0.00	2.70
砖红壤	26.26	4.88	10.04	0.00	0.00	41.18
紫色土	2.00	0.00	0.00	0.00	0.00	2.00
棕钙土	0.00	0.00	16.16	31.64	0.00	47.80
棕壤	47.82	10.84	7.82	0.01	0.00	66.49
棕色针叶林土	1.58	0.12	0.00	0.02	0.00	1.72
总计	336.11	186.15	356.89	188.41	0.00	1 067.56

四、土壤有机质调控

土壤有机质是作物营养的主要来源之一，能促进作物的生长发育，改善土壤的物理性质，促进微生物和土壤生物的活动，促进土壤中营养元素的分解，提高土壤的保肥性和缓冲性。当土壤中有机质含量<10g/kg时，作物根系衰弱，作物早衰，防病抗逆机能减弱，土壤板结，化肥的负面影响加剧。

青藏区水热条件较差，复种指数低，致使许多土壤有机质含量降低，肥力下降。随着农业生产的发展，绿色高产的创建，高品质的农产品需求越来越大，维持和提高土壤有机质含量显得愈加重要。青藏区常年温度较低，微生物的活性低，有机质的合成较慢，造成土壤有机质累积不易，因此即使是高产耕地，也需不断补充有机质。青藏区地表植物有大量的生物量，为土壤提供了丰富的有机质来源。

1. 川藏林农牧区　该区域海拔低、降水多、热量足，有机质含量丰富。建议：一是在有机质含量丰富的地区，维持现有的有机物和化肥投入，保持现有有机质水平；二是在有机质含量较低的地区，通过复种绿肥、秸秆还田、增施有机肥等措施提高土壤有机质含量。

2. 青藏高寒地区和青甘牧农区　该区域海拔高、降水少、热量不足，有机质转化利用率低，有机质含量中等。建议：一是充分利用该区域农牧结合的优势，提升农家肥的质量，持续提升耕地质量；二是改变传统种植方式，示范推广间作绿肥、复种绿肥种植方式；三是增施商品有机肥。

3. 藏南农牧区　该区域为西藏自治区粮食主要产区，海拔较高、热量不足，有机质含量较低。由于该区域有机物产出量大，有机肥料投入不足，土壤有机质消耗量大，加之秸秆作饲料，牛粪作燃料的传统生活方式，有机物只出不进，造成了有机质持续下降，严重影响了耕地质量。建议多措并举，全面提升有机质水平：一是通过测土配方施肥技术指导农户合理选择肥料种类，精准施肥数量，改进施肥方法，保证耕地土壤中养分的供需平衡，防止不平衡施肥造成的地力退化；二是在开展测土配方施肥工作的基础上，加大对商品有机肥的补贴力度，做到有机无机配合施用，既保证高产出，也实现耕地地力水平的持续和提升；三是结合青藏区实际，有针对性选择种植适宜的绿肥品种，既有效地利用耕地，又起到良好的养地作用；四是施用高质量农家肥，对农家肥实施高温堆沤处理，利用多种微生物的作用，将植物有机残体矿质化、腐殖化和无害化，使各种复杂的有机态的养分，转化为可溶性养分和腐殖质；五是利用堆沤还田、过腹还田、直接还田等技术，选择适宜的秸秆还田技术模式，提升土壤有机质，培肥地力；六是转变观念，调整种植制度，示范推广粮—豆间作套种，以及绿肥复种技术，保证耕地休养生息，均衡利用耕地养分，以提高耕地有机质含量。

第二节　土壤全氮

土壤中的氮元素可分为有机氮和无机氮，两者之和称为全氮。有机氮在耕作等一系列条件下，经过土壤微生物的矿化作用，转化为无机氮供作物吸收利用，氮元素充足时，植物可合成较多的蛋白质，促进细胞的分裂和增长，因此植物叶面积增长快，能有更多的叶面积用来进行光合作用。

一、土壤全氮含量及其空间差异

（一）土壤全氮含量概况

共对 1 884 个土样进行全氮测试分析，土壤全氮含量平均值为 1.81g/kg，标准差为0.83g/kg，最小值为 0.28g/kg，最大值为 5.93g/kg，变异系数 46.02%（表 4-14）。

表 4-14 青藏区耕地土壤全氮含量（个，g/kg，%）

样本数	平均值	标准差	变异系数	范围
1 884	1.81	0.83	46.02	0.28~5.93

（二）土壤全氮含量的区域分布

1. 不同二级农业区耕地土壤全氮含量分布　青藏区共有 4 个二级农业区，其中土壤全氮含量最低区为藏南农牧区，平均含量为 1.36g/kg；最高区为川藏林农牧区，平均含量为2.29g/kg。青藏高寒区、青甘牧农区平均含量分别为 1.96g/kg、1.59g/kg（表 4-15）。

表 4-15　青藏区不同二级农业区耕地土壤全氮含量（个，g/kg，%）

二级农业区	样本数	平均值	标准差	变异系数	范围
藏南农牧区	461	1.36	0.55	40.86	0.28~4.19
川藏林农牧区	675	2.29	0.89	38.73	0.42~5.93
青藏高寒区	103	1.96	0.71	36.34	0.60~3.85
青甘牧农区	645	1.59	0.67	42.20	0.50~4.76
总计	1 884	1.81	0.83	46.02	0.28~5.93

2. 不同评价区耕地土壤全氮含量分布　通过对不同评价区的土壤全氮含量进行分析，青海评价区土壤全氮含量最低，平均值为 1.40g/kg，其次为西藏评价区，平均值为 1.66g/kg，

甘肃评价区、四川评价区、云南评价区土壤全氮含量较丰富，平均值分别为2.03g/kg、2.16g/kg、2.34g/mg（表4-16）。

表4-16　青藏区不同评价区耕地土壤全氮含量（个，g/kg，%）

评价区	样本数	平均值	标准差	变异系数	范围
甘肃评价区	252	2.03	0.78	38.27	0.53～4.76
青海评价区	419	1.40	0.54	38.43	0.50～3.85
四川评价区	294	2.16	0.77	35.80	0.42～4.52
西藏评价区	710	1.66	0.83	50.00	0.28～5.93
云南评价区	209	2.34	0.91	38.74	0.70～4.45
总计	1 884	1.81	0.83	46.02	0.28～5.93

3. 不同评价区地级市及省辖县耕地土壤全氮含量分布　不同评价区地级市及省辖县中，以云南评价区迪庆藏族自治州的土壤全氮平均含量最高，为2.45g/kg；其次是云南评价区怒江州，为2.09g/kg；青海评价区海南藏族自治州以及西藏评价区阿里地区的土壤全氮平均含量最低，均为1.21g/kg（表4-17）。

表4-17　青藏区不同评价区地级市及省辖县耕地土壤全氮含量（个，g/kg，%）

评价区	地级市/省辖县	样本数	平均值	标准差	变异系数	范围
甘肃评价区	甘南藏族自治州	166	1.99	0.78	39.42	0.62～4.35
	武威市	86	2.10	0.76	36.13	0.53～4.76
青海评价区	海北藏族自治州	101	1.51	0.42	28.07	0.50～2.55
	海南藏族自治州	120	1.21	0.34	28.00	0.60～2.18
	海西藏族蒙古族自治州	172	1.28	0.39	30.58	0.52～2.39
	玉树藏族自治州	26	2.69	0.71	26.33	1.13～3.85
四川评价区	阿坝藏族羌族自治州	121	2.00	0.71	35.61	0.73～4.24
	甘孜藏族自治州	148	2.17	0.76	34.97	0.42～4.52
	凉山彝族自治州	25	2.90	0.74	25.67	1.38～4.12
西藏评价区	阿里地区	6	1.21	0.67	55.44	0.60～2.40
	昌都市	177	2.41	0.94	38.94	0.77～5.93
	拉萨市	131	1.37	0.46	33.28	0.28～2.83
	林芝市	51	1.76	0.88	49.75	0.46～5.12
	那曲市	11	2.38	0.77	32.53	0.96～3.75
	日喀则市	231	1.24	0.45	36.24	0.33～2.81
	山南市	103	1.62	0.75	46.44	0.36～4.19
云南评价区	迪庆藏族自治州	147	2.45	0.87	35.48	0.77～4.45
	怒江州	62	2.09	0.96	45.66	0.70～4.30

二、土壤全氮含量及其影响因素

（一）土壤类型与土壤全氮含量

青藏区主要土壤类型中，土壤全氮含量以沼泽土的含量最高，平均值为3.45g/kg，冷漠土的含量最低，平均值为0.60g/kg（表4-18）。

表4-18　青藏区主要土壤类型耕地土壤全氮含量（g/kg,%）

土类	平均值	标准差	变异系数	范围
暗棕壤	2.15	0.88	40.97	0.86～5.31
草甸土	1.74	0.92	52.86	0.66～4.62
草毡土	2.71	0.62	22.76	2.11～3.57
潮土	1.57	0.69	43.81	0.64～3.34
风沙土	1.66	—	—	1.66～1.66
高山草甸土	2.09	0.60	28.90	1.39～2.45
寒钙土	1.31	0.31	23.30	1.10～1.53
寒漠土	2.15	—	—	2.15～2.15
褐土	2.31	0.91	39.24	0.42～5.93
黑钙土	1.84	0.74	40.35	0.50～4.76
黑垆土	1.67	0.80	47.82	1.11～2.24
黑毡土	2.34	0.79	33.61	0.96～3.80
红壤	1.86	0.66	35.30	0.70～3.50
红黏土	1.94	—	—	1.94～1.94
黄褐土	2.68	0.67	24.92	1.38～3.42
黄壤	2.05	0.49	24.09	1.18～2.65
黄棕壤	2.32	0.90	39.03	0.77～4.40
灰褐土	2.01	0.74	36.87	0.68～5.64
灰棕漠土	1.21	0.30	24.92	0.69～1.96
冷钙土	0.70	—	—	0.70～0.70
冷漠土	0.60	—	—	0.60～0.60
栗钙土	1.56	0.62	39.55	0.53～3.85
林灌草甸土	2.64	—	—	2.64～2.64
山地草甸土	1.86	0.92	49.44	0.49～5.75
石灰（岩）土	1.94	—	—	1.94～1.94
石质土	1.23	—	—	1.23～1.23
水稻土	2.25	1.20	53.33	1.09～4.10
新积土	1.41	0.65	45.97	0.28～4.32
亚高山草甸土	1.50	0.73	48.69	0.62～3.86
亚高山草原草甸土	1.59	0.28	17.79	1.39～1.79

（续）

土类	平均值	标准差	变异系数	范围
亚高山灌丛草甸土	3.34	—	—	3.34～3.34
沼泽土	3.45	—	—	3.45～3.45
紫色土	2.40	0.64	26.68	1.79～3.19
棕钙土	1.29	0.41	31.55	0.52～2.39
棕壤	2.27	0.87	38.16	0.75～4.45
棕色针叶林土	2.98	0.80	26.94	2.10～4.28
总计	1.81	0.83	46.02	0.28～5.93

在青藏区的主要土壤亚类中，泥炭沼泽土的土壤全氮含量平均值最高，为 3.45g/kg；其次是灰化棕色针叶林土，平均值为 2.98g/kg；冷漠土的土壤全氮含量平均值最低，为 0.60g/kg（表 4-19）。

表 4-19　青藏区主要土壤亚类耕地土壤全氮含量（g/kg,％）

亚类	平均值	标准差	变异系数	范围
暗褐土	1.38	—	—	1.38～1.38
暗黄棕壤	2.35	0.91	38.91	0.77～4.40
暗栗钙土	1.64	0.71	43.63	0.60～3.85
冲积土	1.39	0.60	43.23	0.28～4.19
淡栗钙土	1.24	0.32	25.77	0.70～1.89
典型暗棕壤	2.18	0.92	42.10	0.86～5.31
典型草甸土	1.67	0.93	55.84	0.66～4.62
典型草毡土	2.71	0.62	22.76	2.11～3.57
典型潮土	1.18	0.10	8.39	1.11～1.25
典型寒钙土	1.31	0.31	23.30	1.10～1.53
典型褐土	2.47	1.19	48.32	0.46～5.12
典型黑钙土	1.62	0.49	30.19	0.50～3.03
典型黑毡土	2.48	0.77	31.05	1.59～3.80
典型红壤	2.16	0.69	31.68	1.30～3.04
典型黄壤	2.07	0.55	26.42	1.18～2.65
典型黄棕壤	2.00	0.79	39.64	1.07～3.15
典型灰褐土	2.20	0.87	39.70	0.82～5.24
典型冷钙土	0.70	—	—	0.70～0.70
典型栗钙土	1.55	0.53	34.31	0.53～2.86
典型林灌草甸土	2.64	—	—	2.64～2.64
典型山地草甸土	2.14	0.91	42.44	0.63～5.75

（续）

亚类	平均值	标准差	变异系数	范围
典型新积土	2.20	1.38	62.71	0.71～4.32
典型棕钙土	1.32	0.42	32.02	0.52～2.39
典型棕壤	2.26	0.88	39.05	0.75～4.45
钙质石质土	1.23	—	—	1.23～1.23
高山草甸土	1.92	0.75	38.98	1.39～2.45
高山草原土	1.78	1.43	80.22	0.62～3.86
高山灌丛草甸土	2.42	—	—	2.42～2.42
灌耕灰棕漠土	1.21	0.30	24.92	0.69～1.96
寒漠土	2.15	—	—	2.15～2.15
褐土性土	2.19	0.28	12.81	1.90～2.69
黑麻土	1.67	0.80	47.82	1.11～2.24
红壤性土	2.21	0.61	27.62	1.62～3.50
荒漠风沙土	1.66	—	—	1.66～1.66
黄褐土性土	2.68	0.67	24.92	1.38～3.42
黄红壤	1.75	0.64	36.33	0.70～3.50
黄壤性土	1.93	—	—	1.93～1.93
黄色石灰土	1.94	—	—	1.94～1.94
灰潮土	2.55	1.13	44.18	1.75～3.34
灰褐土性土	2.38	1.33	55.74	1.23～5.64
灰化暗棕壤	2.02	0.76	37.48	1.24～3.26
灰化棕色针叶林土	2.98	0.80	26.94	2.10～4.28
积钙红黏土	1.94	—	—	1.94～1.94
冷漠土	0.60	—	—	0.60～0.60
淋溶褐土	2.43	1.17	48.11	0.58～4.61
淋溶黑钙土	1.85	0.37	19.99	1.40～2.17
淋溶灰褐土	2.37	0.55	22.99	1.52～2.87
泥炭沼泽土	3.45	—	—	3.45～3.45
潜育草甸土	1.84	1.15	62.51	0.70～3.37
山地灌丛草甸土	1.55	0.84	53.97	0.49～5.13
渗育水稻土	2.10	—	—	2.10～2.10
湿黑毡土	2.15	1.01	46.96	0.96～3.75
石灰性草甸土	2.10	0.69	33.06	1.30～2.59
石灰性褐土	2.37	0.83	34.83	0.73～5.93
石灰性黑钙土	2.25	0.98	43.41	0.81～4.76

（续）

亚类	平均值	标准差	变异系数	范围
石灰性灰褐土	1.92	0.63	33.10	0.68~3.75
脱潮土	1.48	0.58	39.32	0.64~2.83
亚高山草甸土	1.43	0.31	21.99	1.02~1.86
亚高山草原草甸土	1.59	0.28	17.79	1.39~1.79
亚高山灌丛草甸土	2.25	1.55	68.98	1.15~3.34
盐化栗钙土	1.08	0.02	1.97	1.06~1.09
盐化棕钙土	1.15	0.28	24.44	0.72~1.90
燥褐土	2.09	0.92	43.83	0.42~4.38
中性紫色土	2.40	0.64	26.68	1.79~3.19
潴育水稻土	2.28	1.38	60.45	1.09~4.10
棕黑毡土	2.12	0.05	2.34	2.08~2.15
棕壤性土	2.54	0.23	9.13	2.24~2.75
总计	1.81	0.83	46.02	0.28~5.93

（二）地貌类型与土壤全氮含量

青藏区的地形部位主要有高原台地、宽谷盆地、山地坡上、山地坡下、山地坡中、台地。山地坡中的土壤全氮含量平均值最高，为 2.14g/kg；其次是山地坡上，平均值为 2.00g/kg；台地的土壤全氮含量平均值最低，为 1.45g/kg（表 4-20）。

表 4-20 青藏区不同地貌类型耕地土壤全氮含量（g/kg,%）

地貌类型	平均值	标准差	变异系数	范围
高原台地	1.64	0.80	49.02	0.40~5.75
宽谷盆地	1.51	0.60	39.47	0.33~4.43
山地坡上	2.00	0.93	46.56	0.62~5.13
山地坡下	1.98	0.85	43.00	0.28~5.31
山地坡中	2.14	0.97	45.30	0.38~5.93
台地	1.45	0.49	33.71	0.72~3.00
总计	1.81	0.83	46.02	0.28~5.93

（三）成土母质与土壤全氮含量

不同成土母质发育的土壤中，土壤全氮含量平均值最高的是湖相沉积物，为 2.89g/kg；冲洪积物及风积物的土壤全氮含量平均值最低，为 1.01g/kg（表 4-21）。

表 4-21 青藏区不同成土母质耕地土壤全氮含量（g/kg,%）

成土母质	平均值	标准差	变异系数	范围
残积物	2.16	0.66	30.71	0.99~4.34
残坡积物	2.19	0.88	40.03	0.62~4.40

(续)

成土母质	平均值	标准差	变异系数	范围
冲洪积物	1.31	0.41	31.54	0.52～2.39
冲积物	1.63	0.64	39.45	0.40～3.75
第四纪红土	2.62	0.95	36.14	1.30～4.45
第四纪老冲积物	2.72	0.88	32.32	2.10～3.34
风化物	2.53	0.88	34.68	0.95～4.08
河流冲积物	1.64	0.66	40.23	0.60～3.61
洪冲积物	1.88	0.88	46.94	0.36～5.75
洪积物	1.48	0.70	47.28	0.28～4.52
洪积物及风积物	1.01	—	—	1.01～1.01
湖冲积物	1.47	0.39	26.54	1.01～1.98
湖积物	1.76	0.50	28.28	1.06～2.37
湖相沉积物	2.89	0.67	23.10	2.12～3.80
黄土母质	1.37	0.41	29.63	0.72～2.55
坡残积物	2.24	0.96	42.71	0.62～5.93
坡堆积物	1.60	—	—	1.60～1.60
坡洪积物	1.56	0.27	16.98	1.37～1.75
坡积物	1.88	0.80	42.83	0.49～4.38
总计	1.81	0.83	46.02	0.28～5.93

(四) 土壤质地与土壤全氮含量

青藏区的土壤质地中，轻壤的土壤全氮含量平均值最高，为 1.90g/kg；其次是黏土、中壤和重壤，平均值分别为 1.85g/kg、1.82g/kg、1.81g/kg；砂壤的土壤全氮含量平均值最低，为 1.74g/kg（表 4-22）。

表 4-22　青藏区不同土壤质地耕地土壤全氮含量（g/kg，%）

土壤质地	平均值	标准差	变异系数	范围
黏土	1.85	0.77	41.30	0.33～4.45
轻壤	1.90	0.81	42.51	0.40～5.12
砂壤	1.74	0.88	50.61	0.28～5.93
砂土	1.77	0.96	54.49	0.38～4.36
中壤	1.82	0.73	39.87	0.52～4.32
重壤	1.81	0.74	40.58	0.69～4.30
总计	1.81	0.83	46.02	0.28～5.93

三、土壤全氮含量分级与变化情况

根据青藏区土壤全氮含量状况，参照青藏区耕地质量监测指标分级标准，将土壤全氮含量划分为五级。通过对 1 884 个土样进行全氮含量分级后，达一级标准的有 608 个，占 32.27%；达二级标准的有 473 个，占 25.11%；达三级标准的有 577 个，占 30.63%；达四级标准的有 148 个，占 7.85%；达五级标准的有 78 个，占 4.14%。占比最高为一级标准，占比最低为五级标准（表 4-23）。

表 4-23　土壤全氮分级样点统计（个，g/kg，%）

等级	全氮分级	样本数	比例	平均值
一级	＞2.00	608	32.27	2.77
二级	1.50～2.00	473	25.11	1.74
三级	1.00～1.50	577	30.63	1.24
四级	0.75～1.00	148	7.85	0.88
五级	≤0.75	78	4.14	0.60
总计		1 884	100.00	1.81

按评价区统计，土壤全氮一级水平共计 321.14khm²，占青藏区耕地面积的 30.08%，其中西藏评价区分布面积最大，为 121.53khm²；青海评价区分布面积最小，为 12.79khm²。二级水平共计 358.60khm²，占青藏区耕地面积的 33.59%，其中甘肃评价区分布面积最大，为 120.70khm²；云南评价区分布面积最小，为 19.65khm²。三级水平共计 368.53khm²，占青藏区耕地面积的 34.52%，其中西藏评价区分布面积最大，为 218.58khm²，四川评价区分布面积最小，为 0.02khm²。四级水平共计 19.29khm²，占青藏区耕地面积的 1.81%，仅分布于西藏评价区和青海评价区，其余评价区没有分布（图 4-2、表 4-24）。

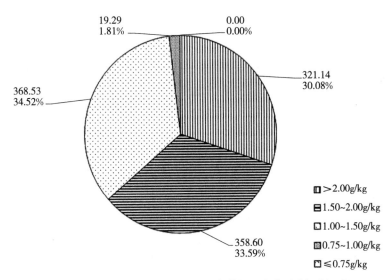

图 4-2　青藏区耕地土壤全氮含量各等级面积与比例（khm²）

表 4-24　青藏区评价区耕地土壤全氮不同等级面积统计（khm²）

评价区	一级 ＞2.00g/kg	二级 1.50～2.00g/kg	三级 1.00～1.50g/kg	四级 0.75～1.00g/kg	五级 ≤0.75g/kg	总计
甘肃评价区	38.18	120.70	3.99	0.00	0.00	162.87
青海评价区	12.79	37.35	143.36	0.02	0.00	193.52

（续）

评价区	一级 ＞2.00g/kg	二级 1.50～2.00g/kg	三级 1.00～1.50g/kg	四级 0.75～1.00g/kg	五级 ≤0.75g/kg	总计
四川评价区	101.87	95.94	0.02	0.00	0.00	197.83
西藏评价区	121.53	84.96	218.58	19.27	0.00	444.34
云南评价区	46.77	19.65	2.58	0.00	0.00	69.00
总计	321.14	358.60	368.53	19.29	0.00	1 067.56

按二级农业区统计，土壤全氮一级水平耕地中，川藏林农牧区分布面积最大，为 208.63km²；青甘牧农区分布面积最小，为 38.18km²。土壤全氮二级水平耕地中，青甘牧农区分布面积最大，为 157.63km²；青藏高寒地区分布面积最小，为 30.28km²。土壤全氮三级水平耕地中，藏南农牧区分布面积最大，为 198.40km²；青藏高寒地区分布面积最小，为 5.47km²。土壤全氮四级水平耕地仅分布于青甘牧农区，其余二级农业区没有分布（表 4-25）。

表 4-25　青藏区二级农业区耕地土壤全氮不同等级面积统计（khm²）

二级农业区	一级 ＞2.00g/kg	二级 1.50～2.00g/kg	三级 1.00～1.50g/kg	四级 0.75～1.00g/kg	五级 ≤0.75g/kg	总计
藏南农牧区	50.90	35.74	198.40	19.27	0.00	304.31
川藏林农牧区	208.63	134.95	18.61	0.00	0.00	362.19
青藏高寒地区	23.43	30.28	5.47	0.00	0.00	59.18
青甘牧农区	38.18	157.63	146.05	0.02	0.00	341.88
总计	321.14	358.60	368.53	19.29	0.00	1 067.56

按土壤类型统计，土壤全氮一级水平耕地中，褐土分布面积最大，为 52.53km²，黑毡土、砖红壤等土类少有分布，漠境盐土、新积土等土类没有分布。土壤全氮二级水平耕地中，草甸土分布面积最大，为 55.34km²，其次是灰褐土，灌淤土、冷漠土没有分布。土壤全氮三级水平耕地中，冷棕钙土分布面积最大，为 79.39km²，其次是栗钙土、棕钙土，紫色土、垆土没有分布。土壤全氮四级水平耕地中，冷棕钙土分布面积最大，为 11.54km²，其次是黑毡土、冷钙土、潮土、草甸土少有分布，暗棕壤、灌漠土、褐土等土类没有分布（表 4-26）。

表 4-26　青藏区主要土壤类型耕地土壤全氮不同等级面积统计（khm²）

土类	一级 ＞2.00mg/kg	二级 1.50～2.00mg/kg	三级 1.00～1.50mg/kg	四级 0.75～1.00mg/kg	五级 ≤0.75mg/kg	总计
暗棕壤	28.13	11.14	1.82	0.00	0.00	41.09
草甸土	13.62	55.34	18.70	1.83	0.00	89.49
草甸盐土	0.00	0.04	7.86	0.01	0.00	7.91
草毡土	10.40	4.32	4.57	0.00	0.00	19.29
潮土	0.00	2.02	34.45	0.79	0.00	37.26
赤红壤	4.95	8.58	2.09	0.00	0.00	15.62

（续）

土类	一级 >2.00mg/kg	二级 1.50～2.00mg/kg	三级 1.00～1.50mg/kg	四级 0.75～1.00mg/kg	五级 ≤0.75mg/kg	总计
粗骨土	1.12	4.51	0.10	0.06	0.00	5.79
风沙土	0.00	0.07	7.73	0.59	0.00	8.39
灌漠土	0.00	0.15	0.00	0.00	0.00	0.15
灌淤土	0.00	0.00	0.21	0.00	0.00	0.21
寒冻土	0.48	0.00	0.00	0.00	0.00	0.48
寒钙土	0.01	1.56	1.41	0.00	0.00	2.98
寒漠土	0.06	0.02	0.00	0.00	0.00	0.08
褐土	52.53	28.36	3.94	0.00	0.00	84.83
黑钙土	2.90	39.31	14.00	0.00	0.00	56.21
黑垆土	0.00	0.29	0.00	0.00	0.00	0.29
黑毡土	34.72	30.36	42.61	3.19	0.00	110.88
红壤	6.89	6.69	2.23	0.00	0.00	15.81
黄褐土	0.14	0.30	0.00	0.00	0.00	0.44
黄壤	6.94	6.91	0.44	0.00	0.00	14.29
黄棕壤	22.74	11.24	0.59	0.00	0.00	34.57
灰钙土	0.32	3.67	0.00	0.00	0.00	3.99
灰褐土	34.25	53.08	3.77	0.00	0.00	91.10
灰化土	0.03	0.00	0.00	0.00	0.00	0.03
灰棕漠土	0.00	0.23	6.33	0.00	0.00	6.56
冷钙土	0.79	10.04	8.26	0.75	0.00	19.84
冷漠土	0.00	0.00	0.12	0.00	0.00	0.12
冷棕钙土	1.41	8.37	79.39	11.54	0.00	100.71
栗钙土	12.91	21.83	61.10	0.01	0.00	95.85
林灌草甸土	0.03	0.09	0.43	0.04	0.00	0.59
漠境盐土	0.00	0.00	0.47	0.00	0.00	0.47
山地草甸土	8.84	2.79	15.06	0.00	0.00	26.69
石灰（岩）土	1.33	0.44	0.00	0.00	0.00	1.77
石质土	0.00	0.02	0.00	0.00	0.00	0.02
水稻土	3.61	2.00	0.00	0.00	0.00	5.61
新积土	0.00	0.51	5.31	0.44	0.00	6.26
沼泽土	0.55	0.23	1.88	0.04	0.00	2.70
砖红壤	26.51	14.15	0.52	0.00	0.00	41.18
紫色土	0.55	1.45	0.00	0.00	0.00	2.00
棕钙土	0.00	7.67	40.13	0.00	0.00	47.80
棕壤	42.93	20.57	2.99	0.00	0.00	66.49
棕色针叶林土	1.45	0.25	0.02	0.00	0.00	1.72
总计	321.14	358.60	368.53	19.29	0.00	1 067.56

四、土壤氮素调控

氮是作物体内许多重要有机化合物的成分，在多方面影响着作物的代谢过程和生长发育。当土壤中全氮含量<0.75g/kg时，作物从土壤中吸收的氮素不足，作物长势弱，分蘖或分枝减少，较老的叶片先褪绿变黄，有时在茎、叶柄或老叶上出现紫色，严重缺氮时，植株矮小，下部叶片枯黄脱落；根系细长且稀小，花果少而种子小，产量下降且早熟。土壤供氮过量，则植株叶色浓绿，植株徒长，且贪青晚熟，易倒伏和病害侵袭，果蔬品质和耐贮存性降低。氮过量还会影响根系对钾、锌、硼、铁、铜、镁、钙的吸收利用，过量的钾和磷会影响氮的吸收，缺硼不利于氮的吸收。不同的环境、不同的土壤中氮素含量不同，要使作物在适宜的土壤氮素中生长，一般需要用无机肥调控土壤中的氮素。

调节土壤氮素，主要考虑土壤氮素含量、作物的生长特性、肥料的特点和施肥方法，以确定施肥时期和施肥量。不同肥料的含氮量和氮素的释放速率，以及根系对其吸收利用的水平是有差别的。如碳酸氢铵速效，但利用率很低，硝态氮肥根系吸收快，但在多雨季节易流失。因此，强化氮肥高效管理技术，是实现减氮增效的有力手段。如需要快速见效，在滴灌或冲施时以硝态氮肥为主；基肥以有机肥为主，辅以铵态氮肥。建议推广新型高效氮肥，有机无机相配合。肥料种类对氮素流失量的影响明显，土壤氮素浓度过饱和是导致氮素大量流失的最根本原因。减少化学氮肥施用量，采用深施等技术，可以有效降低氮素的损失，提高氮素利用率。

土壤中氮素过量，一般都是过量施用氮肥引起的。氮素过量会使作物的产量和质量下降，还增加了肥料的投入成本。施用氮肥一定要适时、适量，要与其他营养元素配合施用。防止土壤氮素过量，应控制氮肥用量，分次施用；增施有机肥料，提高土壤的保肥能力，利用有机肥的吸附能力，提高土壤的缓冲性能以减少肥害的发生。作物受害严重时，应立即采取及时把未吸收的肥料从施肥沟或穴中移出，以防肥害的进一步加重；用水淋洗残留在土壤中的肥料；待表土晾干后，松土挥发土壤中的有害气体；对受害作物可喷施0.2%磷酸二氢钾，以促进根系和叶芽发育，恢复生机。

第三节　土壤有效磷

磷是植物生长发育的必需营养元素之一，能够促进各种代谢正常进行。土壤有效磷是指土壤中可被植物吸收利用的磷的总称。它包括全部水溶性磷、部分吸附态磷、一部分微溶性的无机磷和易矿化的有机磷等，只是后二者需要经过一定的转化过程才能被植物直接吸收。土壤中有效磷含量与全磷含量之间虽不是直线相关，但当土壤全磷含量低于0.03%时，土壤往往表现缺少有效磷。土壤有效磷是土壤磷素养分供应水平高低的指标，土壤磷素含量高低在一定程度上反映了土壤中磷素的贮量和供应能力。

一、土壤有效磷含量及其空间差异

（一）土壤有效磷含量概况

共对1 884个土样进行有效磷测试分析，土壤有效磷含量平均值为24.8mg/kg，标准差为23.5mg/kg，变异系数为94.98%，最小值为3.1mg/kg，最大值为182.3mg/kg（表4-27）。

表 4-27　青藏区耕地土壤有效磷含量（个，mg/kg,%）

样本数	平均值	标准差	变异系数	范围
1 884	24.8	23.5	94.98	3.1～182.3

（二）土壤有效磷含量的区域分布

1. 不同二级农业区耕地土壤有效磷含量分布　青藏区共有 4 个二级农业区，其中土壤有效磷含量最低区为藏南农牧区，平均含量为 14.5mg/kg，最高区为川藏林农牧区，平均含量为32.1mg/kg。青甘牧农区平均含量为 25.6mg/kg，青藏高寒区平均含量为 17.7mg/kg（表 4-28）。

表 4-28　青藏区不同二级农业区耕地土壤有效磷含量（个，mg/kg,%）

二级农业区	样本数	平均值	标准差	变异系数	范围
藏南农牧区	461	14.5	11.8	81.26	3.1～100.0
川藏林农牧区	675	32.1	31.2	97.17	3.5～181.6
青藏高寒区	103	17.7	14.4	81.12	3.7～92.2
青甘牧农区	645	25.6	18.2	70.98	3.4～182.3
总计	1 884	24.8	23.5	94.98	3.1～182.3

2. 不同评价区耕地土壤有效磷含量分布　通过对不同评价区的土壤有效磷含量进行分析，其中四川评价区土壤有效磷含量最高，平均值为 35.3mg/kg，西藏评价区含量最低，平均值为 20.4mg/kg。甘肃评价区、青海评价区、云南评价区有效磷含量平均值分别为28.9mg/kg、22.6mg/kg、24.3mg/kg（表 4-29）。

表 4-29　青藏区不同评价区耕地土壤有效磷含量（个，mg/kg,%）

评价区	样本数	平均值	标准差	变异系数	范围
甘肃评价区	252	28.9	22.8	79.07	3.4～182.3
青海评价区	419	22.6	14.0	61.81	5.0～123.5
四川评价区	294	35.3	34.2	96.67	3.7～181.6
西藏评价区	710	20.4	22.4	109.84	3.1～178.0
云南评价区	209	24.3	19.7	81.20	5.0～130.0
总计	1 884	24.8	23.5	94.98	3.1～182.3

3. 不同评价区地级市及省辖县耕地土壤有效磷含量分布　不同评价区地级市及省辖县中，以西藏评价区林芝市的土壤有效磷平均含量最高，为 46.4mg/kg，其次是四川省甘孜藏族自治州和甘肃省武威市，平均含量均为 36.6mg/kg，青海省玉树藏族自治州的土壤有效磷平均含量最低，为 10.2mg/kg。其余各地级市及省辖县介于 12.6～35.5mg/kg 之间（表 4-30）。

表 4-30　青藏区不同评价区地级市及省辖县耕地土壤有效磷含量（个，mg/kg,%）

评价区	地级市/省辖县	样本数	平均值	标准差	变异系数	范围
甘肃评价区	甘南藏族自治州	166	24.9	21.8	87.57	3.4～182.3
	武威市	86	36.6	22.9	62.75	5.0～131.2

（续）

评价区	地级市/省辖县	样本数	平均值	标准差	变异系数	范围
青海评价区	海北藏族自治州	101	25.8	9.1	35.20	10.5～58.3
	海南藏族自治州	120	21.7	10.8	49.89	7.3～55.9
	海西藏族蒙古族自治州	172	23.4	17.7	75.98	5.0～123.5
	玉树藏族自治州	26	10.2	5.1	49.96	5.0～19.0
四川评价区	阿坝藏族羌族自治州	121	35.5	33.8	95.26	3.7～178.5
	甘孜藏族自治州	148	36.6	36.2	98.97	4.0～181.6
	凉山彝族自治州	25	27.2	20.5	75.50	5.0～86.4
西藏评价区	阿里地区	6	20.4	6.0	29.30	10.2～27.9
	昌都市	177	28.6	27.7	96.85	3.9～178.0
	拉萨市	131	16.8	13.9	82.92	3.5～100.0
	林芝市	51	46.4	42.6	91.87	3.5～165.0
	那曲市	11	14.2	10.6	74.92	3.8～40.4
	日喀则市	231	12.6	9.5	75.37	3.3～100.0
	山南市	103	16.0	12.9	81.01	3.1～75.0
云南评价区	迪庆藏族自治州	147	26.5	20.5	77.29	5.2～130.0
	怒江州	62	19.1	16.8	88.35	5.0～74.3

二、土壤有效磷含量及其影响因素

（一）土壤类型与土壤有效磷含量

青藏区主要土壤类型中，土壤有效磷含量以黑垆土最高，平均值为117.8mg/kg，石质土最低，平均值为6.7mg/kg（表4-31）。

表4-31 青藏区主要土壤类型耕地土壤有效磷含量（mg/kg,%）

土类	平均值	标准差	变异系数	范围
暗棕壤	36.3	42.2	116.13	3.5～178.0
草甸土	24.2	36.8	152.39	3.7～163.0
草毡土	21.1	14.6	69.20	4.8～40.4
潮土	20.7	11.7	56.70	7.7～50.4
风沙土	40.3	—	—	40.3～40.3
高山草甸土	21.9	6.2	28.24	16.8～28.8
寒钙土	21.4	3.4	15.68	19.0～23.7
寒漠土	39.3	—	—	39.3～39.3
褐土	37.8	33.6	88.73	3.9～181.6

（续）

土类	平均值	标准差	变异系数	范围
黑钙土	24.9	14.5	58.26	7.0~99.1
黑垆土	117.8	91.2	77.48	53.2~182.3
黑毡土	14.1	4.5	32.16	3.8~19.9
红壤	23.7	21.5	90.58	5.0~130.0
红黏土	14.0	—	—	14.0~14.0
黄褐土	20.1	15.1	75.42	5.8~50.2
黄壤	29.0	22.5	77.60	11.3~66.0
黄棕壤	22.2	22.6	101.75	4.0~165.0
灰褐土	24.0	20.9	86.96	3.4~162.4
灰棕漠土	36.6	24.5	66.79	9.2~123.5
冷钙土	19.3	—	—	19.3~19.3
冷漠土	22.1	—	—	22.1~22.1
栗钙土	25.9	16.7	64.62	5.0~131.2
林灌草甸土	11.3	—	—	11.3~11.3
山地草甸土	19.5	19.4	99.07	3.5~157.0
石灰（岩）土	12.0	—	—	12.0~12.0
石质土	6.7	—	—	6.7~6.7
水稻土	12.1	9.9	81.47	6.0~29.3
新积土	15.9	15.2	96.00	3.1~121.0
亚高山草甸土	17.8	11.7	65.69	4.3~40.7
亚高山草原草甸土	11.4	2.2	19.31	9.8~12.9
亚高山灌丛草甸土	30.7	—	—	30.7~30.7
沼泽土	57.7	—	—	57.7~57.7
紫色土	19.8	24.2	122.29	6.0~62.5
棕钙土	20.1	13.6	67.78	5.0~102.2
棕壤	33.7	27.8	82.52	4.0~158.0
棕色针叶林土	20.2	15.8	78.25	6.1~47.0
总计	24.8	23.5	94.98	3.1~182.3

在青藏区的主要土壤亚类中，黑麻土的土壤有效磷含量最高，平均值为 117.8mg/kg，其次是泥炭沼泽土，平均值为 57.7mg/kg，钙质石质土的有效磷含量最低，平均值为 6.7mg/kg（表 4-32）。

表 4-32　青藏区主要土壤亚类耕地土壤有效磷含量（mg/kg,%）

亚类	平均值	标准差	变异系数	范围
暗褐土	19.4	—	—	19.4~19.4
暗黄棕壤	20.1	15.1	75.28	6.0~74.3
暗栗钙土	20.7	12.3	59.24	5.0~65.3

（续）

亚类	平均值	标准差	变异系数	范围
冲积土	15.5	14.2	91.83	3.1～121.0
淡栗钙土	19.2	8.6	44.55	7.3～44.6
典型暗棕壤	40.0	45.6	113.95	7.5～178.0
典型草甸土	19.2	27.6	143.99	3.7～114.0
典型草毡土	21.1	14.6	69.20	4.8～40.4
典型潮土	29.7	2.7	9.00	27.8～31.6
典型寒钙土	21.4	3.4	15.68	19.0～23.7
典型褐土	46.8	40.6	86.67	5.0～139.1
典型黑钙土	23.9	9.2	38.50	7.5～58.3
典型黑毡土	15.4	3.1	20.25	10.4～19.0
典型红壤	32.8	18.2	55.59	7.1～60.5
典型黄壤	32.6	23.2	71.28	14.6～66.0
典型黄棕壤	43.6	58.0	133.01	4.0～165.0
典型灰褐土	16.4	10.1	61.73	5.3～52.6
典型冷钙土	19.3	—	—	19.3～19.3
典型栗钙土	32.6	19.3	59.05	5.0～131.2
典型林灌草甸土	11.3	—	—	11.3～11.3
典型山地草甸土	21.0	12.1	57.83	5.2～55.3
典型新积土	27.8	33.6	120.70	4.4～118.7
典型棕钙土	20.9	14.4	68.70	5.0～102.2
典型棕壤	33.4	27.9	83.52	4.0～158.0
钙质石质土	6.7	—	—	6.7～6.7
高山草甸土	22.8	8.5	37.26	16.8～28.8
高山草原土	9.4	4.3	45.33	6.7～15.8
高山灌丛草甸土	20.2	—	—	20.2～20.2
灌耕灰棕漠土	36.6	24.5	66.79	9.2～123.5
寒漠土	39.3	—	—	39.3～39.3
褐土性土	15.3	7.9	51.68	4.2～28.1
黑麻土	117.8	91.2	77.48	53.2～182.3
红壤性土	33.9	11.1	32.65	17.7～53.0
荒漠风沙土	40.3	—	—	40.3～40.3
黄褐土性土	20.1	15.1	75.42	5.8～50.2
黄红壤	20.6	22.6	110.06	5.0～130.0
黄壤性土	11.3	—	—	11.3～11.3

（续）

亚类	平均值	标准差	变异系数	范围
黄色石灰土	12.0	—	—	12.0~12.0
灰潮土	24.0	16.7	69.46	12.2~35.8
灰褐土性土	29.4	28.2	95.91	10.5~102.0
灰化暗棕壤	20.2	15.6	77.12	3.5~40.9
灰化棕色针叶林土	20.2	15.8	78.25	6.1~47.0
积钙红黏土	14.0	—	—	14.0~14.0
冷漠土	22.1	—	—	22.1~22.1
淋溶褐土	51.7	34.3	66.35	4.0~130.0
淋溶黑钙土	25.7	4.0	15.72	20.5~30.4
淋溶灰褐土	19.8	9.5	47.92	11.7~36.6
泥炭沼泽土	57.7	—	—	57.7~57.7
潜育草甸土	46.5	77.6	166.84	6.2~163.0
山地灌丛草甸土	18.0	25.1	139.77	3.5~157.0
渗育水稻土	29.3	—	—	29.3~29.3
湿黑毡土	10.6	6.0	56.80	3.8~19.9
石灰性草甸土	29.1	17.8	61.33	11.9~47.5
石灰性褐土	36.0	31.1	86.34	3.9~181.6
石灰性黑钙土	26.7	21.8	81.61	7.0~99.1
石灰性灰褐土	25.5	22.1	86.73	3.4~162.4
脱潮土	18.9	11.8	62.62	7.7~50.4
亚高山草甸土	22.5	11.4	50.83	4.9~40.7
亚高山草原草甸土	11.4	2.2	19.31	9.8~12.9
亚高山灌丛草甸土	17.5	18.7	106.67	4.3~30.7
盐化栗钙土	11.8	4.2	35.91	8.8~14.8
盐化棕钙土	15.6	7.2	46.06	5.4~42.1
燥褐土	36.3	37.5	103.23	4.8~178.5
中性紫色土	19.8	24.2	122.29	6.0~62.5
潴育水稻土	7.9	2.9	36.92	6.0~12.2
棕黑毡土	16.6	2.6	15.51	14.8~18.5
棕壤性土	41.0	28.7	70.10	9.1~78.4
总计	24.8	23.5	94.98	3.1~182.3

（二）地貌类型与土壤有效磷含量

　　青藏区的地貌类型主要有高原台地、宽谷盆地、山地坡上、山地坡下、山地坡中、台地。山地坡中的土壤有效磷含量平均值最高，为 26.4g/kg；其次是山地坡下，平均值为

25.7g/kg；高原台地的土壤有效磷含量平均值最低，为 16.2g/kg（表 4-33）。

表 4-33　青藏区不同地貌类型耕地土壤有效磷含量（mg/kg,％）

地貌类型	平均值	标准差	变异系数	范围
高原台地	16.9	16.2	96.19	3.3～162.4
宽谷盆地	23.5	21.5	91.12	3.4～181.6
山地坡上	24.3	21.0	86.29	3.8～127.2
山地坡下	27.0	25.7	95.13	3.1～182.3
山地坡中	27.4	26.4	96.23	3.6～163.0
台地	28.9	25.5	88.16	8.0～178.5
总计	24.8	23.5	94.98	3.1～182.3

（三）成土母质与土壤有效磷含量

不同成土母质发育的土壤中，土壤有效磷含量平均值最高的是坡堆积物，为 47.0mg/kg，其次是坡洪积物和湖冲积物，平均值分别为 45.1mg/kg 和 36.1mg/kg，湖积物的土壤有效磷含量平均值最低，为 9.7mg/kg（表 4-34）。

表 4-34　青藏区不同成土母质耕地土壤有效磷含量（mg/kg,％）

成土母质	平均值	标准差	变异系数	范围
残积物	36.0	39.6	110.09	5.3～181.6
残坡积物	23.4	20.3	86.83	3.4～182.3
冲洪积物	22.3	17.7	79.55	5.0～123.5
冲积物	23.8	27.5	115.53	3.4～162.4
第四纪红土	34.3	23.6	68.94	6.0～82.7
第四纪老冲积物	32.5	4.6	14.15	29.3～35.8
风化物	29.0	15.9	54.99	5.8～59.8
河流冲积物	25.5	19.5	76.48	4.3～118.7
洪冲积物	27.3	25.3	92.56	3.5～178.0
洪积物	19.6	20.1	102.46	3.1～169.2
洪积物及风积物	23.5	—	—	23.5～23.5
湖冲积物	36.1	19.0	52.73	10.5～54.3
湖积物	9.7	4.8	49.09	4.6～18.1
湖相沉积物	20.6	15.4	74.47	10.4～57.7
黄土母质	21.8	7.3	33.54	8.0～45.4
坡残积物	27.6	26.3	95.05	4.0～178.5
坡堆积物	47.0	—	—	47.0～47.0
坡洪积物	45.1	1.4	3.20	44.1～46.1
坡积物	30.5	25.1	82.33	4.0～110.0
总计	24.8	23.5	94.98	3.1～182.3

（四）土壤质地与土壤有效磷含量

青藏区的土壤质地中，轻壤的土壤有效磷含量最高，平均值为 29.2mg/kg，其次是重壤和砂壤，平均值分别为 25.1mg/kg 和 24.6mg/kg，砂土的土壤有效磷含量最低，平均值为 19.9mg/kg（表 4-35）。

表 4-35 青藏区不同土壤质地耕地土壤有效磷含量（mg/kg,%）

土壤质地	平均值	标准差	变异系数	范围
黏土	21.8	16.6	75.97	3.1～82.7
轻壤	29.2	28.4	97.33	3.3～181.6
砂壤	24.6	24.3	98.63	3.5～178.0
砂土	19.9	20.4	102.11	3.4～158.0
中壤	23.5	17.8	75.91	3.4～127.2
重壤	25.1	23.7	94.33	4.0～182.3
总计	24.8	23.5	94.98	3.1～182.3

三、土壤有效磷含量分级与变化情况

根据青藏区土壤有效磷含量状况，参照青藏区耕地质量监测指标分级标准，将土壤有效磷含量划分为 5 级。通过对 1 884 个土样进行有效磷含量分级后，达一级标准的有 292 个，占 15.50%；达二级标准的有 544 个，占 28.87%；达三级标准的有 607 个，占 32.22%；达四级标准的有 351 个，占 18.63%；达五级标准的有 90 个，占 4.78%。占比最高为三级标准，占比最低为五级标准（表 4-36、图 4-3）。

表 4-36 土壤有效磷分级样点统计（个，mg/kg,%）

等级	分级	样本数	比例	平均值
一级	>40.0	292	15.50	67.4
二级	20.0～40.0	544	28.87	27.8
三级	10.0～20.0	607	32.22	14.5
四级	5.0～10.0	351	18.63	7.5
五级	≤5.0	90	4.78	4.4
总计		1 884	100.00	24.8

按评价区统计，土壤有效磷一级水平中甘肃评价区面积最大，为 3.32km²，占青藏区耕地面积的 0.32%；其次为青海评价区，面积为 0.03km²；四川评价区、西藏评价区和云南评价区没有一级水平的有效磷分布。二级水平中四川评价区面积最大，为 141.39km²，占青藏区耕地面积的 13.24%；其次为青海评价区和甘肃评价区，分别占青藏区耕地面积的 13.20% 和 10.59%；西藏评价区和云南评价区面积较小，为 92.76km² 和 23.33km²，分别占青藏区耕地面积的 8.69% 和 2.19%。三级水平中西

藏评价区面积最大，为 351.59khm²，占青藏区耕地面积的 32.938%；其次为四川评价区、青海评价区和甘肃评价区，分别占青藏区耕地面积的 5.27%、4.92% 和 4.35%；云南评价区面积最小，为 45.67khm²，占青藏区耕地面积的 4.28%。四级水平中青海评价区面积最大，为 0.03khm²；四川评价区、甘肃评价区、西藏评价区和云南评价区没有四级水平的有效磷分布。各评价区均没有五级水平的有效磷分布（图4-3、表 4-37）。

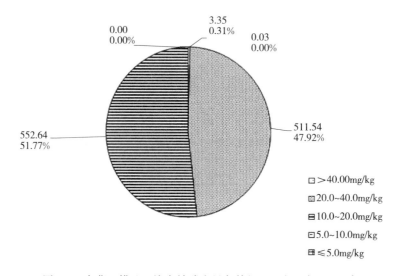

图 4-3　青藏区耕地土壤有效磷含量各等级面积与比例（khm²）

表 4-37　青藏区评价区耕地土壤有效磷不同等级面积统计（khm²）

评价区	一级 >40.0mg/kg	二级 20.0～40.0mg/kg	三级 10.0～20.0mg/kg	四级 5.0～10.0mg/kg	五级 ≤5.0mg/kg	总计
甘肃评价区	3.32	113.10	46.45	0.00	0.00	162.87
青海评价区	0.03	140.96	52.49	0.03	0.00	193.51
四川评价区	0.00	141.39	56.44	0.00	0.00	197.83
西藏评价区	0.00	92.76	351.59	0.00	0.00	444.35
云南评价区	0.00	23.33	45.67	0.00	0.00	69.00
总计	3.35	511.54	552.64	0.03	0.00	1 067.56

按二级农业区统计，均没有五级水平的土壤有效磷分布。土壤有效磷一级水平中青甘牧农区面积最大，为 3.35khm²，占青藏区耕地面积的 0.31%；藏南农牧区、川藏林农牧区和青藏高寒地区没有一级水平的土壤有效磷分布。二级水平中青甘牧农区面积最大，为 254.03khm²，占青藏区耕地面积的 23.80%；其次为川藏林农牧区、藏南农牧区和青藏高寒地带，分别占 20.19%、2.28% 和 1.65%。三级水平中面积大小依次为藏南农牧区、川藏林农牧区、青甘牧农区和青藏高寒地区，分别占 26.23%、13.73%、7.91% 和 3.89%。四级水平中青甘牧农区面积最大，为 0.03hm²；藏南农牧区和川藏林农牧区没有四级水平的土壤有效磷分布（表4-38）。

表 4-38　青藏区二级农业区耕地土壤有效磷不同等级面积统计（khm²）

评价区	一级 >40.0mg/kg	二级 20.0~40.0mg/kg	三级 10.0~20.0mg/kg	四级 5.0~10.0mg/kg	五级 ≤5.0mg/kg	总计
藏南农牧区	0.00	24.31	280.00	0.00	0.00	304.31
川藏林农牧区	0.00	215.59	146.60	0.00	0.00	362.19
青藏高寒地区	0.00	17.61	41.57	0.00	0.00	59.18
青甘牧农区	3.35	254.03	84.47	0.03	0.00	341.88
总计	3.35	511.54	552.64	0.03	0.00	1 067.56

按土壤类型统计，青藏区土壤有效磷含量主要集中分布在二级至三级水平，二级水平面积最大的为栗钙土，面积 80.17khm²，褐土、灰褐土、棕壤等二级水平面积较大；三级水平面积最大的为冷棕钙土，面积 99.58khm²，草甸土、黑毡土等三级水平面积较大（表 4-39）。

表 4-39　青藏区主要土壤类型耕地土壤有效磷不同等级面积统计（khm²）

土类	一级 >40.0mg/kg	二级 20.0~40.0mg/kg	三级 10.0~20.0mg/kg	四级 5.0~10.0mg/kg	五级 ≤5.0mg/kg	总计
暗棕壤	0.00	30.74	10.35	0.00	0.00	41.09
草甸土	2.94	31.95	54.60	0.00	0.00	89.49
草甸盐土	0.01	3.98	3.92	0.00	0.00	7.91
草毡土	0.00	7.04	12.25	0.00	0.00	19.29
潮土	0.00	0.23	37.03	0.00	0.00	37.26
赤红壤	0.00	4.88	10.74	0.00	0.00	15.62
粗骨土	0.00	5.44	0.35	0.00	0.00	5.79
风沙土	0.00	4.96	3.43	0.00	0.00	8.39
灌漠土	0.00	0.15	0.00	0.00	0.00	0.15
灌淤土	0.00	0.21	0.00	0.00	0.00	0.21
寒冻土	0.00	0.03	0.45	0.00	0.00	0.48
寒钙土	0.00	0.22	2.76	0.00	0.00	2.98
寒漠土	0.00	0.08	0.00	0.00	0.00	0.08
褐土	0.00	58.72	26.11	0.00	0.00	84.83
黑钙土	0.18	48.40	7.63	0.00	0.00	56.21
黑垆土	0.00	0.29	0.00	0.00	0.00	0.29
黑毡土	0.00	27.08	83.80	0.00	0.00	110.88
红壤	0.00	2.20	13.61	0.00	0.00	15.81
黄褐土	0.00	0.44	0.00	0.00	0.00	0.44
黄壤	0.00	5.86	8.43	0.00	0.00	14.29
黄棕壤	0.00	14.30	20.27	0.00	0.00	34.57
灰钙土	0.00	3.99	0.00	0.00	0.00	3.99

（续）

土类	一级 >40.0mg/kg	二级 20.0~40.0mg/kg	三级 10.0~20.0mg/kg	四级 5.0~10.0mg/kg	五级 ≤5.0mg/kg	总计
灰褐土	0.00	59.58	31.52	0.00	0.00	91.10
灰化土	0.00	0.00	0.03	0.00	0.00	0.03
灰棕漠土	0.02	6.52	0.02	0.00	0.00	6.56
冷钙土	0.00	1.56	18.28	0.00	0.00	19.84
冷漠土	0.00	0.00	0.12	0.00	0.00	0.12
冷棕钙土	0.00	1.13	99.58	0.00	0.00	100.71
栗钙土	0.20	80.17	15.45	0.03	0.00	95.85
林灌草甸土	0.00	0.05	0.54	0.00	0.00	0.59
漠境盐土	0.00	0.41	0.06	0.00	0.00	0.47
山地草甸土	0.00	4.94	21.75	0.00	0.00	26.69
石灰（岩）土	0.00	1.66	0.11	0.00	0.00	1.77
石质土	0.00	0.00	0.02	0.00	0.00	0.02
水稻土	0.00	3.05	2.56	0.00	0.00	5.61
新积土	0.00	0.46	5.80	0.00	0.00	6.26
沼泽土	0.00	0.83	1.87	0.00	0.00	2.70
砖红壤	0.00	13.16	28.02	0.00	0.00	41.18
紫色土	0.00	0.09	1.91	0.00	0.00	2.00
棕钙土	0.00	33.31	14.49	0.00	0.00	47.80
棕壤	0.00	52.59	13.90	0.00	0.00	66.49
棕色针叶林土	0.00	0.84	0.88	0.00	0.00	1.72
总计	3.35	511.54	552.64	0.03	0.00	1 067.56

四、土壤磷素调控

磷是核酸的主要组成部分，也是酶的主要成分之一，能提高细胞的黏度，促进根系发育，加强对土壤水分的利用，提高作物的抗旱性。当土壤中有效磷（P_2O_5）含量<10mg/kg时，作物从土壤中吸收的磷素不足，缺磷时作物植株矮小，叶片暗绿。作物苗期缺磷生长停滞，导致碳水化合物不能转移，幼苗紫红。作物中后期缺磷影响产量，表现为开花和成熟延迟，灌浆过程受阻，籽粒干瘪。土壤供磷过量，作物呼吸作用过强，根系生长过旺，生殖生长过快，繁殖器官过早发育，茎叶生长受抑制，产量降低，同时影响作物品质。另外，磷过量会阻碍作物对硅的吸收，也会影响根系对钾、锌、硼、铁、铜、镁的吸收利用。增施锌肥可以减少对磷的吸收，镁元素能够促进磷的吸收。调控土壤磷素一般用磷肥。

调节土壤有效磷，主要考虑土壤有效磷含量、作物的生长特性、肥料的特点和施肥方法，以确定施肥时期和施肥量。不同的磷肥其含磷量以及磷素的形态和作物对其吸收利用的程度不同。水溶性磷肥：易溶于水，肥效较快，适合于各种土壤、各种作物。枸溶性磷肥：不溶于水而溶于2%酸溶液，肥效较慢，在石灰性土壤中，与土壤中的钙结合，向难溶性的磷酸盐方向转化，降低了磷的有效性，因此适用于酸性土壤。难溶性磷肥：溶于酸，不溶于水，施入土壤后靠土壤中的酸使其慢慢溶解，才能转变为作物能够利用的形态，肥效很慢，但后效较长，适合于酸性土壤中作基肥使用。作物磷营养临界期一般都在生育早期，磷肥宜作基肥施用。

土壤中磷过量，一般都是过量施用磷肥所致。磷肥过量会使作物的产量和质量下降，增加了肥料的投入成本。施用磷肥要适量，要与其他营养元素配合施用。土壤中磷肥过剩，作物受肥害，造成植株吸收磷过量，吸氮不足。解决办法是适量增施氮肥、钾肥、锌肥进行补救。

第四节　土壤速效钾

速效钾是指土壤中易被作物吸收利用的钾素，包括土壤溶液钾及土壤交换性钾。速效钾占土壤全钾量的 0.1%～2%。其中土壤溶液钾占速效钾的 1%～2%，由于其所占比例很低，常将其计入土壤交换性钾。速效钾含量是表征土壤钾素供应状况的重要指标之一。

一、土壤速效钾含量及其空间差异

（一）土壤速效钾含量概况

共对 1 884 个土样进行速效钾测试分析，土壤速效钾含量平均值为 173mg/kg，标准差为 117mg/kg，变异系数为 67.53%，有效钾含量介于 14～664mg/kg 之间（表 4-40）。

表 4-40　青藏区耕地土壤速效钾含量（个，mg/kg，%）

样本数	平均值	标准差	变异系数	范围
1 884	173	117	67.53	14～664

（二）土壤速效钾含量的区域分布

1. 不同二级农业区耕地土壤速效钾含量分布　青藏区共有 4 个二级农业区，其中土壤速效钾含量最低区为藏南农牧区，平均含量为 95mg/kg，最高区为青藏高寒地区，平均含量为225mg/kg，川藏林农牧区和青甘牧农区土壤速效钾平均含量分别为 185mg/kg、208mg/kg（表 4-41）。

表 4-41　青藏区不同二级农业区耕地土壤速效钾含量（个，mg/kg，%）

二级农业区	样本数	平均值	标准差	变异系数	范围
藏南农牧区	461	95	65	67.64	14～588
川藏林农牧区	675	185	123	66.66	30～649
青藏高寒区	103	225	113	50.26	63～542
青甘牧农区	645	208	114	54.68	52～664
总计	1 884	173	117	67.53	14～664

2. 不同评价区耕地土壤速效钾含量分布　通过对不同评价区的土壤速效钾含量进行分析，云南评价区土壤速效钾含量最低，平均值为 115mg/kg，甘肃评价区土壤速效钾含量最

高，平均值为275mg/kg，四川评价区、青海评价区、西藏评价区土壤速效钾含量平均值分别为205mg/kg、172mg/kg、141mg/kg（表4-42）。

表4-42 青藏区不同评价区耕地土壤速效钾含量（个，mg/kg，%）

评价区	样本数	平均值	标准差	变异系数	范围
甘肃评价区	252	275	140	50.87	52～664
青海评价区	419	172	71	41.01	69～517
四川评价区	294	205	119	58.08	54～592
西藏评价区	710	141	115	81.34	14～649
云南评价区	209	115	64	55.51	50～374
总计	1 884	173	117	67.53	14～664

3. 不同评价区地级市及省辖县耕地土壤速效钾含量分布 不同评价区地级市及省辖县中，以甘肃评价区甘南藏族自治州的土壤速效钾平均含量最高，为304mg/kg；西藏评价区山南市的土壤速效钾平均含量最低，为77mg/kg（表4-43）。

表4-43 青藏区不同评价区地级市及省辖县耕地土壤速效钾含量（个，mg/kg，%）

评价区	地级市/省辖县	样本数	平均值	标准差	变异系数	范围
甘肃评价区	甘南藏族自治州	166	304	129	42.30	80～664
	武威市	86	220	145	66.05	52～643
青海评价区	海北藏族自治州	101	161	51	31.80	71～342
	海南藏族自治州	120	165	57	34.47	71～335
	海西藏族蒙古族自治州	172	167	73	43.55	69～396
	玉树藏族自治州	26	281	90	31.87	161～517
四川评价区	阿坝藏族羌族自治州	121	187	107	57.40	54～510
	甘孜藏族自治州	148	225	129	57.37	58～592
	凉山彝族自治州	25	171	87	50.87	59～346
西藏评价区	阿里地区	6	211	99	46.74	109～397
	昌都市	177	261	138	52.87	47～649
	拉萨市	131	106	57	54.03	30～326
	林芝市	51	131	89	68.08	30～551
	那曲市	11	167	69	41.22	94～299
	日喀则市	231	97	71	73.48	22～588
	山南市	103	77	52	67.05	14～311
云南评价区	迪庆藏族自治州	147	112	66	58.94	50～374
	怒江州	62	122	58	47.67	51～302

二、土壤速效钾含量及其影响因素

(一) 土壤类型与土壤速效钾含量

青藏区主要土壤类型中，土壤速效钾含量以黑垆土的含量最高，平均值为 464mg/kg；紫色土的含量最低，平均值为 81mg/kg（表 4-44）。

表 4-44 青藏区主要土壤类型耕地土壤速效钾含量（mg/kg,%）

土类	平均值	标准差	变异系数	范围
暗棕壤	224	150	67.16	60～649
草甸土	142	108	75.97	42～524
草毡土	134	37	27.97	94～177
潮土	136	54	40.00	72～250
风沙土	361	—	—	361～361
高山草甸土	328	166	50.51	176～505
寒钙土	205	32	15.56	182～227
寒漠土	144	—	—	144～144
褐土	210	125	59.52	30～634
黑钙土	196	107	54.41	52～638
黑垆土	464	87	18.76	402～525
黑毡土	237	80	33.78	116～360
红壤	102	64	62.79	50～371
红黏土	161	—	—	161～161
黄褐土	127	51	39.73	59～226
黄壤	151	89	58.83	83～325
黄棕壤	120	65	53.92	50～374
灰褐土	279	137	49.23	47～598
灰棕漠土	160	53	33.45	78～297
冷钙土	109	—	—	109～109
冷漠土	174	—	—	174～174
栗钙土	194	103	53.22	69～643
林灌草甸土	116	—	—	116～116
山地草甸土	198	121	61.07	30～582
石灰（岩）土	113	—	—	113～113
石质土	170	—	—	170～170
水稻土	96	32	33.45	56～126
新积土	95	73	76.90	14～588
亚高山草甸土	279	136	48.63	136～664
亚高山草原草甸土	221	21	9.60	206～236

（续）

土类	平均值	标准差	变异系数	范围
亚高山灌丛草甸土	146	—	—	146～146
沼泽土	93	—	—	93～93
紫色土	81	23	28.54	52～103
棕钙土	167	77	46.03	69～396
棕壤	181	118	65.23	50～577
棕色针叶林土	116	61	52.60	51～210
总计	173	117	67.53	14～664

在青藏区的土壤亚类中，黑麻土的土壤速效钾含量平均值最高，为464mg/kg；典型红壤的速效钾含量平均值最低，为59mg/kg（表4-45）。

表4-45　青藏区主要土壤亚类耕地土壤速效钾含量（mg/kg，%）

亚类	平均值	标准差	变异系数	范围
暗褐土	342	—	—	342～342
暗黄棕壤	123	66	53.94	50～374
暗栗钙土	197	95	48.30	81～517
冲积土	91	68	74.07	14～588
淡栗钙土	170	66	38.62	86～342
典型暗棕壤	246	156	63.59	61～649
典型草甸土	136	107	78.76	42～524
典型草毡土	134	37	27.97	94～177
典型潮土	201	18	9.15	188～214
典型寒钙土	205	32	15.56	182～227
典型褐土	159	108	67.88	30～430
典型黑钙土	201	97	48.21	71～638
典型黑毡土	262	82	31.25	130～360
典型红壤	59	9	15.20	50～72
典型黄壤	163	93	57.33	83～325
典型黄棕壤	92	38	42.01	61～167
典型灰褐土	265	133	50.26	78～522
典型冷钙土	109	—	—	109～109
典型栗钙土	196	116	59.17	69～643
典型林灌草甸土	116	—	—	116～116
典型山地草甸土	241	117	48.67	30～582
典型新积土	222	124	55.89	80～529
典型棕钙土	163	75	45.75	69～396

（续）

亚类	平均值	标准差	变异系数	范围
典型棕壤	180	119	66.39	50～577
钙质石质土	170	—	—	170～170
高山草甸土	341	233	68.32	176～505
高山草原土	254	111	43.57	151～358
高山灌丛草甸土	304	—	—	304～304
灌耕灰棕漠土	160	53	33.45	78～297
寒漠土	144	—	—	144～144
褐土性土	257	117	45.39	62～388
黑麻土	464	87	18.76	402～525
红壤性土	74	29	39.43	52～130
荒漠风沙土	361	—	—	361～361
黄褐土性土	127	51	39.73	59～226
黄红壤	113	69	61.01	50～371
黄壤性土	90	—	—	90～90
黄色石灰土	113	—	—	113～113
灰潮土	168	116	69.03	86～250
灰褐土性土	282	200	71.02	47～596
灰化暗棕壤	130	71	54.55	60～258
灰化棕色针叶林土	116	61	52.60	51～210
积钙红黏土	161	—	—	161～161
冷漠土	174	—	—	174～174
淋溶褐土	223	150	67.51	61～634
淋溶黑钙土	157	30	19.33	127～196
淋溶灰褐土	265	193	72.80	76～542
泥炭沼泽土	93	—	—	93～93
潜育草甸土	104	64	61.92	60～199
山地灌丛草甸土	151	108	71.48	33～577
渗育水稻土	117	—	—	117～117
湿黑毡土	212	78	36.75	116～299
石灰性草甸土	236	141	59.89	135～397
石灰性褐土	213	124	58.04	50～552
石灰性黑钙土	191	128	67.17	52～576
石灰性灰褐土	282	131	46.45	54～598
脱潮土	122	43	34.78	72～194

（续）

亚类	平均值	标准差	变异系数	范围
亚高山草甸土	304	146	48.16	176～664
亚高山草原草甸土	221	21	9.60	206～236
亚高山灌丛草甸土	141	7	5.01	136～146
盐化栗钙土	110	6	5.14	106～114
盐化棕钙土	189	87	46.05	89～377
燥褐土	201	118	58.93	61～592
中性紫色土	81	23	28.54	52～103
潴育水稻土	91	35	38.08	56～126
棕黑毡土	174	21	11.82	159～188
棕壤性土	204	85	41.64	155～331
总计	173	117	67.53	14～664

（二）地貌类型与土壤速效钾含量

青藏区的地貌类型主要有高原台地、宽谷盆地、山地坡上、山地坡下、山地坡中、台地。山地坡中的土壤速效钾含量平均值最高，为189mg/kg；其次是山地坡上，平均值为182mg/kg；高原台地的土壤速效钾含量平均值最低，为150mg/kg（表4-46）。

表4-46 青藏区不同地貌类型耕地土壤速效钾含量（mg/kg，%）

地貌类型	平均值	标准差	变异系数	范围
高原台地	150	110	73.20	22～577
宽谷盆地	174	114	65.45	25～664
山地坡上	182	115	63.38	45～649
山地坡下	170	120	70.93	14～643
山地坡中	189	126	66.81	22～634
台地	177	70	39.78	74～477
总计	173	117	67.53	14～664

（三）成土母质与土壤速效钾含量

不同成土母质发育的土壤中，土壤速效钾含量平均值最高的是洪积物及风积物，为288mg/kg；其次是风化物和湖相沉积物，平均值分别是271mg/kg、267mg/kg；湖积物的土壤速效钾含量平均值最低，为61mg/kg。冲积物的土壤速效钾变异系数最大，为84.06%；湖冲积物的变异系数最小，为18.71%（表4-47）。

表4-47 青藏区不同成土母质耕地土壤有速效钾含量（mg/kg，%）

成土母质	平均值	标准差	变异系数	范围
残积物	206	128	62.24	58～553

（续）

成土母质	平均值	标准差	变异系数	范围
残坡积物	186	132	70.91	50～664
冲洪积物	168	75	44.28	69～396
冲积物	143	120	84.06	14～596
第四纪红土	83	35	41.89	50～153
第四纪老冲积物	184	94	51.25	117～25
风化物	271	96	35.33	127～409
河流冲积物	256	127	49.69	84～563
洪冲积物	180	122	68.20	23～649
洪积物	128	91	71.29	22～592
洪积物及风积物	288	—	—	288～288
湖冲积物	146	27	18.71	114～182
湖积物	61	30	48.84	28～98
湖相沉积物	267	98	36.55	93～360
黄土母质	175	53	30.24	71～324
坡残积物	238	131	54.98	47～592
坡堆积物	212	—	—	212～212
坡洪积物	142	64	45.47	96～187
坡积物	156	96	61.21	27～550
总计	173	117	67.53	14～664

（四）土壤质地与土壤速效钾含量

青藏区不同土壤质地中，中壤的土壤速效钾含量平均值最高，为213mg/kg；砂土的土壤速效钾含量平均值最低，为116mg/kg（表4-48）。

表4-48　青藏区不同土壤质地耕地土壤速效钾含量（mg/kg，%）

土壤质地	平均值	标准差	变异系数	范围
黏土	132	96	72.62	22～540
轻壤	176	124	70.63	14～643
砂壤	177	123	69.50	15～664
砂土	116	70	60.80	27～592
中壤	213	111	52.10	36～638
重壤	179	105	58.37	50～598
总计	173	117	67.53	14～664

三、土壤速效钾含量分级与变化情况

根据青藏区土壤速效钾含量状况，参照青藏区耕地质量监测指标分级标准，将土壤速效钾含量划分为 5 级。通过对 1 884 个土样进行速效钾含量分级后，达一级标准的有 379 个，占 20.12%；达二级标准的有 190 个，占 10.08%；达三级标准的有 292 个，占 15.50%；达四级标准的有 432 个，占 22.93%；达五级标准的有 591 个，占 31.37%（表 4-49）。

表 4-49　土壤速效钾分级样点统计（个，mg/kg,%）

等级	分级	样本数	比例	平均值
一级	>250	379	20.12	364
二级	200~250	190	10.08	223
三级	150~200	292	15.50	175
四级	100~150	432	22.93	124
五级	≤100	591	31.37	70
总计		1 884	100.00	173

按评价区统计，土壤速效钾一级水平共计 12.38km²，占青藏区耕地面积的 1.16%；二级水平共计 106.37km²，占青藏区耕地面积的 9.96%；三级水平共计 338.88km²，占青藏区耕地面积的 31.74%；四级水平共计 425.09km²，占青藏区耕地面积的 39.82%；五级水平共计 184.84km²，占青藏区耕地面积的 17.31%。按评价区统计，甘肃评价区共计 162.87km²，无五级水平分布，主要分布在三级水平，为 94.99km²，占评价区 58.32%。青海评价区共计 193.51km²，主要分布在三级和四级水平，分别为 83.43km² 和 93.26km²，分别占评价区 43.11% 和 48.20%。四川评价区共计 197.83km²，无五级水平分布，主要分布在三级水平，为 114.81km²，占评价区 58.04%。西藏评价区共计 444.35km²，主要分布在四级和五级水平，分别为 197.26km² 和 161.68km²，分别占评价区 44.39% 和 36.39%。云南评价区共计 69.00km²，无一级和二级水平分布，主要分布在四级水平，为 45.46km²，占评价区 65.87%（图 4-4、表 4-50）。

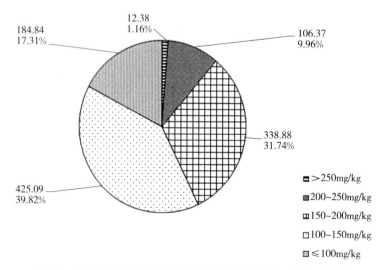

图 4-4　青藏区耕地土壤速效钾含量各等级面积与比例（khm²）

表 4-50　青藏区评价区耕地土壤速效钾不同等级面积统计（khm²）

评价区	一级 >250mg/kg	二级 200～250mg/kg	三级 150～200mg/kg	四级 100～150mg/kg	五级 ≤100mg/kg	总计
甘肃评价区	0.01	22.82	94.99	45.05	0.00	162.87
青海评价区	7.81	9.00	83.43	93.26	0.01	193.51
四川评价区	0.61	38.35	114.81	44.06	0.00	197.83
西藏评价区	3.95	36.20	45.26	197.26	161.68	444.35
云南评价区	0.00	0.00	0.39	45.46	23.15	69.00
总计	12.38	106.37	338.88	425.09	184.84	1 067.56

　　按二级农业区统计，藏南农牧区共计 304.31khm²，无一级和二级水平分布，主要分布在四级和五级水平，分别为 147.67khm² 和 154.66khm²，分别占评价区 48.53% 和 50.82%。川藏林农牧区共计 362.19khm²，主要分布在三级和四级水平，分别为 123.58khm² 和 137.13khm²，分别占评价区 34.12% 和 37.86%。青藏高寒地区共计 59.18khm²，无五级水平分布，主要分布在三级水平，为 36.19khm²，占评价区 61.15%。青甘牧农区共计 341.88khm²，主要分布在三级水平，为 177.13khm²，占评价区 51.81%（表 4-51）。

表 4-51　青藏区二级农业区耕地土壤速效钾不同等级面积统计（khm²）

二级农业区	一级 >250mg/kg	二级 200～250mg/kg	三级 150～200mg/kg	四级 100～150mg/kg	五级 ≤100mg/kg	总计
藏南农牧区	0.00	0.00	1.98	147.67	154.66	304.31
川藏林农牧区	4.14	67.17	123.58	137.13	30.17	362.19
青藏高寒地区	8.11	12.91	36.19	1.97	0.00	59.18
青甘牧农区	0.13	26.29	177.13	138.32	0.01	341.88
总计	12.38	106.37	338.88	425.09	184.84	1 067.56

　　按土壤类型统计，土壤速效钾一级水平中，面积比例最大的土类是草毡土，面积为 3.80khm²（占青藏区耕地面积的 0.36%）；土壤速效钾二级水平中，面积比例最大的土类是灰褐土，面积为 19.84khm²（占青藏区耕地面积的 1.86%）；土壤速效钾三级水平中，面积比例最大的土类是栗钙土，面积为 67.07khm²（占青藏区耕地面积的 6.28%）。土壤速效钾四级水平中，面积比例最大的土类是砖红壤，面积为 41.18khm²（占青藏区耕地面积的 3.86%）。土壤速效钾五级水平中，面积比例最大的土类是冷棕钙土，面积为 83.60khm²（占青藏区耕地面积的 7.83%）（表 4-52）。

表 4-52　青藏区主要土壤类型耕地土壤速效钾不同等级面积统计（khm²）

土类	一级 >250mg/kg	二级 200～250mg/kg	三级 150～200mg/kg	四级 100～150mg/kg	五级 ≤100mg/kg	总计
暗棕壤	0.04	14.20	16.37	8.11	2.37	41.09
草甸土	0.79	10.03	34.58	39.43	4.66	89.49
草甸盐土	0.00	0.00	1.63	6.28	0.00	7.91

（续）

土类	一级 >250mg/kg	二级 200～250mg/kg	三级 150～200mg/kg	四级 100～150mg/kg	五级 ≤100mg/kg	总计
草毡土	3.80	4.90	5.43	3.34	1.82	19.29
潮土	0.00	0.00	0.00	10.95	26.31	37.26
赤红壤	0.00	0.00	0.00	15.62	0.00	15.62
粗骨土	0.00	1.16	0.80	3.72	0.11	5.79
风沙土	0.00	0.00	2.79	2.23	3.37	8.39
灌漠土	0.00	0.00	0.15	0.00	0.00	0.15
灌淤土	0.00	0.00	0.21	0.00	0.00	0.21
寒冻土	0.00	0.12	0.00	0.02	0.34	0.48
寒钙土	0.00	0.00	0.85	1.58	0.55	2.98
寒漠土	0.00	0.06	0.02	0.00	0.00	0.08
褐土	0.57	18.61	46.72	17.32	1.61	84.83
黑钙土	0.05	1.26	25.07	29.83	0.00	56.21
黑垆土	0.00	0.15	0.14	0.00	0.00	0.29
黑毡土	1.58	17.87	36.97	34.32	20.14	110.88
红壤	0.00	0.00	0.31	11.75	3.75	15.81
黄褐土	0.00	0.30	0.00	0.14	0.00	0.44
黄壤	0.00	0.00	0.74	13.55	0.00	14.29
黄棕壤	0.00	0.00	2.39	25.41	6.77	34.57
灰钙土	0.00	0.79	3.13	0.07	0.00	3.99
灰褐土	3.28	19.84	48.13	16.74	3.11	91.10
灰化土	0.00	0.00	0.00	0.03	0.00	0.03
灰棕漠土	0.00	0.00	3.28	3.28	0.00	6.56
冷钙土	0.00	0.00	1.67	11.84	6.33	19.84
冷漠土	0.00	0.00	0.12	0.00	0.00	0.12
冷棕钙土	0.00	0.00	0.00	17.11	83.60	100.71
栗钙土	0.01	2.28	67.07	26.49	0.00	95.85
林灌草甸土	0.00	0.00	0.05	0.02	0.52	0.59
漠境盐土	0.00	0.00	0.41	0.06	0.00	0.47
山地草甸土	2.26	3.25	3.31	14.46	3.41	26.69
石灰（岩）土	0.00	0.00	0.65	1.01	0.11	1.77
石质土	0.00	0.00	0.00	0.00	0.02	0.02
水稻土	0.00	0.00	0.00	1.65	3.96	5.61
新积土	0.00	0.00	0.77	2.13	3.36	6.26
沼泽土	0.00	0.01	0.30	1.86	0.53	2.70
砖红壤	0.00	0.00	0.00	41.18	0.00	41.18
紫色土	0.00	0.00	0.00	1.34	0.66	2.00
棕钙土	0.00	2.65	9.91	35.24	0.00	47.80
棕壤	0.00	8.52	24.64	26.23	7.10	66.49

（续）

土类	一级 >250mg/kg	二级 200～250mg/kg	三级 150～200mg/kg	四级 100～150mg/kg	五级 ≤100mg/kg	总计
棕色针叶林土	0.00	0.37	0.27	0.75	0.33	1.72
总计	12.38	106.37	338.88	425.09	184.84	1 067.56

四、土壤速效钾调控

钾是酶的活化剂，能促进光合作用，提高叶绿素含量，促进碳水化合物的代谢和运转，有利于蛋白质的合成，提高作物抗寒性、抗逆性、抗病和抗倒伏能力。当土壤中速效钾（K_2O）含量<50mg/kg 时，作物从土壤中吸收的钾素不足，缺钾时作物老叶尖端和边缘发黄，进而变褐色，渐次枯萎，但叶脉两侧和中部仍为绿色；组织柔软易倒伏，根系少而短，易早衰。调控土壤钾素一般用钾肥。

钾肥的品种有氯化钾、硫酸钾、磷酸二氢钾、钾石盐、钾镁盐、光卤石、硝酸钾、草木灰、窑灰钾肥。常用的有氯化钾和硫酸钾。氯化钾含氧化钾 50%～60%，易溶于水，是速效性肥料，可供作物直接吸收。硫酸钾含氧化钾 50%～54%，物理性状良好，不易结块，便于施用。

青藏区土壤速效钾含量普遍不高，施用钾肥效果显著。调节土壤速效钾，主要根据土壤速效钾含量、作物的生长特性、肥料的特点和施肥方法以确定施肥时期和施肥量。常用钾肥大都能溶于水，肥效较快，并能被植物吸收，不易流失。钾肥施用适量时，能使作物茎秆长得健壮，防止倒伏，促进开花结实，增强抗旱、抗寒、抗病虫害能力。施用时期以基肥或早期追肥效果较好，因为作物的苗期往往是钾的临界期，对钾的反应十分敏感。对于喜钾作物如豆科作物、薯类作物和香蕉等经济作物增施钾肥，增产效果明显；对于忌氯作物如烟草、糖类作物、果树等，应选用硫酸钾为好；对于纤维作物，氯化钾则比较适宜。由于硫酸钾成本偏高，在高效经济作物上可以选用硫酸钾；对于一般的大田作物，除少数对氯敏感的作物外，宜使用较便宜的氯化钾。

第五节　土壤缓效钾

缓效钾是指存在于层状硅酸盐矿物层间和颗粒边缘，不能被中性盐在短时间内浸提出的钾，因此也叫非交换性钾，占土壤全钾的1%～10%。作物不能直接吸收利用缓效钾，但缓慢转化以后，作物便可以吸收利用。缓效钾是衡量土壤长期供钾能力的指标。

一、土壤缓效钾含量及其空间差异

（一）土壤缓效钾含量概况

共对 1 779 个土样进行缓效钾测试分析，土壤缓效钾含量平均值为 788mg/kg，标准差为 462mg/kg，变异系数 58.63%，最小值 80mg/kg，最大值 2 960mg/kg（表 4-53）。

表4-53　青藏区耕地土壤缓效钾含量（个，mg/kg，%）

样本数	平均值	标准差	变异系数	范围
1 779	788	462	58.63	80～2 960

（二）土壤缓效钾含量的区域分布

1. 不同二级农业区耕地土壤缓效钾含量分布 青藏区共有 4 个二级农业区，其中土壤缓效钾含量最低区为青甘牧农区，平均含量为 740mg/kg，最高区为青藏高寒地区，平均含量为 987mg/kg，藏南农牧区、川藏林农牧区土壤缓效钾平均含量分别为 825mg/kg、772mg/kg（表 4-54）。

表 4-54 青藏区不同二级农业区耕地土壤缓效钾含量（个，mg/kg,%）

二级农业区	样本数	平均值	标准差	变异系数	范围
藏南农牧区	460	825	360	43.65	215～2 643
川藏林农牧区	657	772	528	68.45	80～2 960
青藏高寒区	102	987	357	36.23	423～2 744
青甘牧农区	560	740	459	62.01	205～1 984
总计	1 779	788	462	58.63	80～2 960

2. 不同评价区耕地土壤缓效钾含量分布 通过对不同评价区的土壤缓效钾含量进行分析，甘肃评价区土壤缓效钾含量平均值最高，为 1 321mg/kg，其次为四川评价区和西藏评价区，平均值分别为 963mg/kg 和 855mg/kg，云南评价区和青海评价区较低，平均值分别为 438mg/kg、519mg/kg（表 4-55）。

表 4-55 青藏区不同评价区耕地土壤缓效钾含量（个，mg/kg,%）

评价区	样本数	平均值	标准差	变异系数	范围
甘肃评价区	167	1 321	399	30.18	557～1 984
青海评价区	419	519	199	38.34	205～1 526
四川评价区	283	963	537	55.81	151～2 865
西藏评价区	701	855	414	48.39	215～2 960
云南评价区	209	438	310	70.85	80～1 915
总计	1 779	788	462	58.63	80～2 960

3. 不同评价区地级市及省辖县耕地土壤缓效钾含量分布 不同评价区地级市及省辖县中，以甘肃评价区武威市的土壤缓效钾平均含量最高，为 1 563mg/kg；其次是西藏评价区林芝市，为 1 423mg/kg；四川评价区甘孜藏族自治州和甘肃评价区甘南藏族自治州的土壤缓效钾平均含量分别为 1 096mg/kg 和 1 063mg/kg，含量较高；云南省迪庆藏族自治州的土壤缓效钾平均含量最低，为 339mg/kg，其余各地级市及省辖县介于 470～983mg/kg 之间（表 4-56）。

表 4-56 青藏区不同评价区地级市及省辖县耕地土壤缓效钾含量（个，mg/kg,%）

评价区	地级市/省辖县	样本数	平均值	标准差	变异系数	范围
甘肃评价区	甘南藏族自治州	81	1 063	314	29.53	557～1 917
	武威市	86	1 563	308	19.71	616～1 984
青海评价区	海北藏族自治州	101	487	153	31.31	222～962
	海南藏族自治州	120	470	122	25.93	234～1 050

（续）

评价区	地级市/省辖县	样本数	平均值	标准差	变异系数	范围
	海西藏族蒙古族自治州	172	513	202	39.27	205～1 526
	玉树藏族自治州	26	908	217	23.93	467～1 218
四川评价区	阿坝藏族羌族自治州	120	842	515	61.20	151～2 865
	甘孜藏族自治州	138	1 096	545	49.71	245～2 856
	凉山彝族自治州	25	806	424	52.60	221～1 751
西藏评价区	阿里地区	6	874	321	36.69	599～1 429
	昌都市	176	791	348	43.99	221～2 960
	拉萨市	131	983	391	39.76	493～2 332
	林芝市	44	1 423	681	47.85	537～2 858
	那曲市	11	846	534	63.15	462～2 361
	日喀则市	231	794	362	45.55	215～2 643
	山南市	102	695	221	31.85	311～1 516
云南评价区	迪庆藏族自治州	147	339	190	55.96	80～1 227
	怒江州	62	672	404	60.10	161～1 915

二、土壤缓效钾含量及其影响因素

（一）土壤类型与土壤缓效钾含量

在青藏区主要土壤类型中，土壤缓效钾含量以林灌草甸土的含量最高，平均值为1 302mg/kg，沼泽土的含量最低，平均值为142mg/kg（表4-57）。

表 4-57　青藏区主要土壤类型耕地土壤缓效钾含量（mg/kg,%）

土类	平均值	标准差	变异系数	范围
暗棕壤	931	526	56.430	202～2 361
草甸土	968	504	52.018	538～2 765
草毡土	688	193	28.123	500～959
潮土	885	339	38.270	426～1 800
高山草甸土	1 184	86	7.286	1 123～1 245
寒钙土	905	267	29.473	716～1 093
寒漠土	460	—	—	460～460
褐土	933	551	59.072	151～2 858
黑钙土	792	510	64.346	222～1 984
黑垆土	1 274	131	10.272	1 181～1 366
黑毡土	931	425	45.716	457～2 314
红壤	461	305	66.088	80～1 827

（续）

土类	平均值	标准差	变异系数	范围
黄褐土	747	255	34.164	477～1 263
黄壤	462	342	74.038	180～1 104
黄棕壤	535	443	82.871	99～2 231
灰褐土	962	383	39.853	268～2960
灰棕漠土	506	117	23.201	280～712
冷钙土	599	—	—	599～599
冷漠土	689	—	—	689～689
栗钙土	819	521	63.648	237～1 976
林灌草甸土	1 302	—	—	1 302～1 302
山地草甸土	906	360	39.702	374～2 367
石灰（岩）土	483	—	—	483～483
石质土	467	—	—	467～467
水稻土	475	301	63.415	221～849
新积土	799	366	45.823	215～2 643
亚高山草甸土	767	289	37.653	600～1 100
沼泽土	142	—	—	142～142
紫色土	198	89	44.922	124～342
棕钙土	512	218	42.567	205～1 526
棕壤	790	599	75.802	86～2 865
棕色针叶林土	286	69	24.248	220～393
总计	788	462	58.629	80～2 960

在青藏区的主要土壤亚类中，石灰性草甸土的土壤缓效钾含量最高，平均值为1 636mg/kg，其次是典型林灌草甸土和黑麻土，平均值分别为1 302mg/kg和1 274mg/kg；泥炭沼泽土的缓效钾含量最低，平均值为142mg/kg（表4-58）。

表4-58 青藏区主要土壤亚类耕地土壤缓效钾含量（mg/kg,%）

亚类	平均值	标准差	变异系数	范围
暗褐土	921	—	—	921～921
暗黄棕壤	491	368	74.86	99～1 915
暗栗钙土	629	366	58.20	237～1 792
冲积土	804	368	45.75	215～2 643
淡栗钙土	460	110	23.89	300～724
典型暗棕壤	914	522	57.06	202～2 361
典型草甸土	787	219	27.79	538～1425

（续）

亚类	平均值	标准差	变异系数	范围
典型草毡土	688	193	28.12	500～959
典型潮土	455	40	8.87	426～483
典型寒钙土	905	267	29.47	716～1 093
典型褐土	1 195	793	66.35	303～2 688
典型黑钙土	592	296	49.97	222～1 603
典型黑毡土	1 117	446	39.95	649～2 314
典型红壤	237	147	61.93	80～467
典型黄壤	334	150	45.07	180～505
典型黄棕壤	992	836	84.26	156～2 231
典型灰褐土	788	269	34.15	268～1 480
典型冷钙土	599	—	—	599～599
典型栗钙土	1 073	578	53.91	288～1 976
典型林灌草甸土	1 302	—	—	1 302～1 302
典型山地草甸土	854	315	36.89	374～1 727
典型新积土	599	233	38.87	234～948
典型棕钙土	501	203	40.51	205～1 526
典型棕壤	800	605	75.65	86～2 865
钙质石质土	467	—	—	467～467
高山草甸土	1 245	—	—	1 245～1 245
高山草原土	600	0	0.00	600～600
高山灌丛草甸土	1 123	—	—	1 123～1 123
灌耕灰棕漠土	506	117	23.20	280～712
寒漠土	460	—	—	460～460
褐土性土	933	705	75.52	334～2 328
黑麻土	1 274	131	10.27	1 181～1 366
红壤性土	342	157	45.92	178～678
黄褐土性土	747	255	34.16	477～1 263
黄红壤	515	322	62.64	101～1 827
黄壤性土	1 104	—	—	1 104～1 104
黄色石灰土	483	—	—	483～483
灰潮土	669	309	46.22	450～887
灰褐土性土	1 061	706	66.58	350～2 960
灰化暗棕壤	1 037	618	59.62	539～1 941
灰化棕色针叶林土	286	69	24.25	220～393

（续）

亚类	平均值	标准差	变异系数	范围
冷漠土	689	—	—	689～689
淋溶褐土	1 086	614	56.54	221～2 721
淋溶黑钙土	415	147	35.52	291～626
淋溶灰褐土	777	175	22.47	565～1 036
泥炭沼泽土	142	—	—	142～142
潜育草甸土	1 372	540	39.35	862～1 971
山地灌丛草甸土	963	398	41.35	456～2 367
渗育水稻土	221	—	—	221～221
湿黑毡土	740	205	27.77	462～891
石灰性草甸土	1 636	1 041	63.59	715～2 765
石灰性褐土	843	496	58.84	151～2 858
石灰性黑钙土	1 244	584	46.97	334～1 984
石灰性灰褐土	1 023	357	34.90	325～1 917
脱潮土	978	312	31.96	647～1 800
亚高山草甸土	1 100	—	—	1 100～1 100
盐化栗钙土	480	80	16.66	423～536
盐化棕钙土	570	283	49.64	301～1 437
燥褐土	1 028	541	52.61	224～2 856
中性紫色土	198	89	44.92	124～342
潴育水稻土	559	305	54.53	241～849
棕黑毡土	479	31	6.50	457～501
棕壤性土	475	159	33.40	294～590
总计	788	462	58.63	80～2 960

（二）地貌类型与土壤缓效钾含量

青藏区的地貌类型主要有高原台地、宽谷盆地、山地坡上、山地坡下、山地坡中、台地。山地坡下的土壤缓效钾含量平均值最高，为 841mg/kg；其次是山地坡中，平均值为 807mg/kg；台地的土壤缓效钾含量平均值最低，为 532mg/kg（表 4-59）。

表 4-59　青藏区不同地貌类型耕地土壤缓效钾含量（mg/kg，%）

地貌类型	平均值	标准差	变异系数	范围
高原台地	771	322	41.74	156～2 643
宽谷盆地	757	438	57.78	124～2 960
山地坡上	796	518	65.15	154～2 367
山地坡下	841	519	61.73	80～2 865

（续）

地貌类型	平均值	标准差	变异系数	范围
山地坡中	807	460	57.00	142~2 688
台地	532	276	51.86	250~1 994
总计	788	462	58.63	80~2 960

（三）成土母质与土壤缓效钾含量

不同成土母质发育的土壤中，土壤缓效钾含量平均值最高的是坡洪积物，为1 941mg/kg，其次是坡堆积物和残积物，平均值分别为1 071mg/kg和1 037mg/kg，第四纪红土的土壤缓效钾含量平均值最低，为302mg/kg（表4-60）。

表4-60　青藏区不同成土母质耕地土壤缓效钾含量（mg/kg，%）

成土母质	平均值	标准差	变异系数	范围
残积物	1 037	605	58.35	180~2 858
残坡积物	582	398	68.35	86~1 915
冲洪积物	513	207	40.40	205~1 526
冲积物	920	496	53.90	224~2 960
第四纪红土	302	206	68.16	80~849
第四纪老冲积物	554	471	85.01	221~887
风化物	586	241	41.21	252~925
河流冲积物	829	445	53.69	288~1 917
洪冲积物	947	503	53.14	234~2 765
洪积物	882	466	52.76	170~2 865
洪积物及风积物	741	—	—	741~741
湖冲积物	373	114	30.53	237~488
湖积物	657	213	32.44	446~879
湖相沉积物	892	342	38.36	142~1 151
黄土母质	489	133	27.21	242~962
坡残积物	761	334	43.89	151~1 751
坡堆积物	1 071	—	—	1 071~1 071
坡洪积物	1 941	1 082	55.74	1 176~2 706
坡积物	848	396	46.76	156~2 430
总计	788	462	58.63	80~2 960

（四）土壤质地与土壤缓效钾含量

从青藏区的土壤质地来看，轻壤的土壤缓效钾平均含量最高，为1 006mg/kg，其次是砂壤，为819mg/kg，黏土的土壤缓效钾平均含量最低，为498.14mg/kg（表4-61）。

表 4-61　青藏区不同土壤质地耕地土壤缓效钾含量（mg/kg，%）

土壤质地	平均值	标准差	变异系数	范围
黏土	498	248	49.72	80～1 301
轻壤	1 006	525	52.25	101～2 744
砂壤	819	467	57.09	156～2 960
砂土	663	401	60.47	86～2 858
中壤	733	380	51.91	151～2 328
重壤	640	341	53.25	128～1 827
总计	788	462	58.63	80～2 960

三、土壤缓效钾含量分级与变化情况

根据青藏区土壤缓效钾含量状况，参照青藏区耕地质量监测指标分级标准，将土壤缓效钾含量划分为 5 级。通过对 1 779 个土样进行缓效钾含量分级后，达一级标准的有 278 个，占 15.63%；达二级标准的有 164 个，占 9.22%；达三级标准的有 232 个，占 13.04%；达四级标准的有 346 个，占 19.45%；达五级标准的有 759 个，占 42.66%。占比最高为五级标准，占比最低为二级标准（表 4-62）。

表 4-62　土壤缓效钾分级样点统计（个，mg/kg，%）

等级	分级	样本数	比例	平均值
一级	>1 200	278	15.63	1 646
二级	1 000～1 200	164	9.22	1 090
三级	800～1 200	232	13.04	895
四级	600～800	346	19.45	686
五级	≤600	759	42.66	422
总计		1 779	100.00	788

按评价区统计，甘肃评价区没有五级水平缓效钾，二级水平土壤缓效钾面积最大为 75.27khm²，占甘肃评价区的 46.21%，其次为一级和三级，分别占甘肃评价区的 34.97% 和 14.75%，四级水平土壤缓效钾的面积最小，为 6.63khm²，占甘肃评价区面积的 4.07%；青海评价区五级水平面积最大，为 174.65khm²，占青海评价区的 90.25%，其次为三级和四级，分别占青海评价区的 6.86% 和 2.85%，二级面积最小为 0.06khm²，占青海评价区的 0.03%，青海评价区没有一级水平的缓效钾分布；四川评价区面积大小的顺序为三级、二级、四级、五级和一级，分别占四川评价区面积的 27.93%、22.23%、18.79%、17.82% 和 13.24%；西藏评价区面积较大的为四级和三级，分别占西藏评价区面积的 50.95% 和 29.85%，其次为二级、五级和一级，分别占西藏评价区面积的 7.34%、6.71% 和 5.15%；云南评价区五级水平面积最大，为 66.00khm²，占云南评价区的 95.65%，其次为四级和三级，二级面积最小，为 0.04khm²，云南评价区没有一级水平的缓效钾分布（图 4-5、表 4-63）。

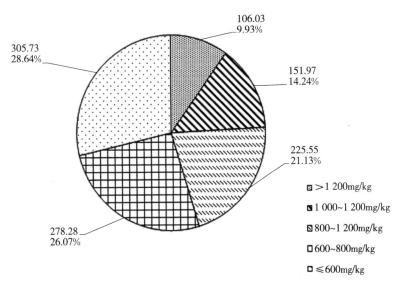

图 4-5 青藏区耕地土壤缓效钾含量各等级面积与比例（khm²）

表 4-63 青藏区评价区耕地土壤缓效钾不同等级面积统计（khm²）

评价区	一级 >1 200mg/kg	二级 1 000~1 200mg/kg	三级 800~1 000mg/kg	四级 600~800mg/kg	五级 ≤600mg/kg	总计
甘肃评价区	56.95	75.27	24.02	6.63	0.00	162.87
青海评价区	0.00	0.06	13.19	5.61	174.65	193.51
四川评价区	26.19	43.97	55.25	37.17	35.25	197.83
西藏评价区	22.89	32.63	132.62	226.38	29.83	444.35
云南评价区	0.00	0.04	0.47	2.49	66.00	69.00
总计	106.03	151.97	225.55	278.28	305.73	1 067.56

按二级农业区统计，土壤缓效钾一级水平中青甘牧农区面积最大，为 56.95khm²，占青藏区耕地面积的 5.33%，其次为川藏林农牧区、藏南农牧区和青藏高寒地区，分别占 4.18%、0.40%，和 0.01%；二级水平中青甘牧农区面积最大，为 75.33khm²，占青藏区耕地面积的 7.06%，其次为川藏林农牧区、藏南农牧区和青藏高寒地带，分别占 3.69%，1.93% 和 1.50%；三级水平中面积大小依次为藏南农牧区、川藏林农牧区、青藏高寒地区和青甘牧农区，分别占 7.98%、7.43%、3.45% 和 2.29%；四级水平中藏南农牧区面积最大，为 172.31khm²，占青藏区耕地面积的 16.23%，其次为川藏林农牧区、青甘牧农区和青藏高寒地区，分别占 8.32%、1.00%，和 0.56%；五级水平中面积大小依次为青甘牧农区、川藏林农牧区、藏南农牧区和青藏高寒地带，分别占 16.34%、10.20%、2.08% 和 0.02%（表 4-64）。

表 4-64 青藏区二级农业区耕地土壤缓效钾不同等级面积统计（khm²）

二级农业区	一级 >1 200mg/kg	二级 1 000~1 200mg/kg	三级 800~1 000mg/kg	四级 600~800mg/kg	五级 ≤600mg/kg	总计
藏南农牧区	4.32	20.44	85.06	172.31	22.18	304.31

（续）

二级农业区	一级 >1 200mg/kg	二级 1 000~1 200mg/kg	三级 800~1 000mg/kg	四级 600~800mg/kg	五级 ≤600mg/kg	总计
川藏林农牧区	44.64	40.43	79.07	89.15	108.90	362.19
青藏高寒地区	0.12	15.77	36.97	6.07	0.25	59.18
青甘牧农区	56.95	75.33	24.45	10.75	174.40	341.88
总计	106.03	151.97	225.55	278.28	305.73	1 067.56

　　按主要土壤类型统计，一级水平面积最大的土类是栗钙土，为 34.03khm²；二级水平面积最大的土类是草甸土，为 35.14khm²；三级水平面积最大的土类是黑毡土，为 50.51khm²；四级水平面积最大的土类是冷棕钙土，为 58.52；五级水平面积最大的土类是栗钙土，为 61.66khm²（表 4-65）。

表 4-65　青藏区主要土壤类型耕地土壤缓效钾不同等级面积统计（khm²）

土类	一级 >1 200mg/kg	二级 1 000~1 200mg/kg	三级 800~1 000mg/kg	四级 600~800mg/kg	五级 ≤600mg/kg	总计
暗棕壤	4.73	10.64	15.19	6.05	4.48	41.09
草甸土	13.16	35.14	24.71	11.84	4.64	89.49
草甸盐土	0.00	0.00	0.00	0.62	7.29	7.91
草毡土	1.15	2.30	8.74	2.58	4.52	19.29
潮土	0.96	2.77	7.56	22.38	3.59	37.26
赤红壤	0.01	2.96	6.33	6.32	0.00	15.62
粗骨土	1.09	0.00	0.72	0.82	3.16	5.79
风沙土	0.44	0.01	0.34	2.91	4.69	8.39
灌漠土	0.15	0.00	0.00	0.00	0.00	0.15
灌淤土	0.00	0.00	0.00	0.21	0.00	0.21
寒冻土	0.00	0.00	0.12	0.36	0.00	0.48
寒钙土	0.00	0.23	1.04	1.71	0.00	2.98
寒漠土	0.01	0.06	0.01	0.00	0.00	0.08
褐土	11.83	20.47	24.23	21.23	7.07	84.83
黑钙土	5.20	14.47	0.96	0.20	35.38	56.21
黑垆土	0.00	0.14	0.00	0.15	0.00	0.29
黑毡土	4.46	17.15	50.51	30.23	8.53	110.88
红壤	0.32	0.16	0.03	0.64	14.66	15.81
黄褐土	0.29	0.00	0.00	0.15	0.00	0.44
黄壤	1.90	0.96	4.84	5.72	0.87	14.29
黄棕壤	1.69	1.06	2.81	2.71	26.30	34.57
灰钙土	3.99	0.00	0.00	0.00	0.00	3.99
灰褐土	6.74	23.75	14.97	31.88	13.76	91.10

（续）

土类	一级 >1 200mg/kg	二级 1 000～1 200mg/kg	三级 800～1 000mg/kg	四级 600～800mg/kg	五级 ≤600mg/kg	总计
灰化土	0.03	0.00	0.00	0.00	0.00	0.03
灰棕漠土	0.09	0.00	0.00	0.02	6.45	6.56
冷钙土	0.00	0.70	6.20	12.25	0.69	19.84
冷漠土	0.00	0.00	0.07	0.05	0.00	0.12
冷棕钙土	1.43	9.61	20.03	58.52	11.12	100.71
栗钙土	34.03	0.00	0.00	0.16	61.66	95.85
林灌草甸土	0.05	0.01	0.02	0.42	0.09	0.59
漠境盐土	0.00	0.00	0.06	0.30	0.11	0.47
山地草甸土	0.00	0.51	6.38	10.77	9.03	26.69
石灰（岩）土	0.00	0.03	0.13	0.60	1.01	1.77
石质土	0.00	0.00	0.00	0.02	0.00	0.02
水稻土	0.88	0.00	0.00	0.14	4.59	5.61
新积土	0.12	0.53	1.31	4.16	0.14	6.26
沼泽土	0.01	0.13	0.43	0.84	1.29	2.70
砖红壤	0.00	1.44	14.44	25.30	0.00	41.18
紫色土	0.00	0.00	0.00	0.00	2.00	2.00
棕钙土	0.00	0.00	0.00	2.19	45.61	47.80
棕壤	11.25	6.63	12.81	13.48	22.32	66.49
棕色针叶林土	0.02	0.11	0.56	0.35	0.68	1.72
总计	106.03	151.97	225.55	278.28	305.73	1 067.56

四、土壤缓效钾调控

一是对缓效钾含量中等的青藏高寒地区，建议适当增加钾肥施用量，改进施肥方法，提高钾肥利用效率。二是对缓效钾含量较低的川藏林农牧区、青甘牧农区、藏南农牧区，建议根据不同作物需肥特性和土壤供肥规律，科学调整钾肥施用量，改进施肥方法，提高肥料利用效率，同时通过轮作倒茬、氮磷钾配合施用、有机无机配合施用等方式，全面提升作物对缓效钾的利用效率，把土壤缓效钾维持在合理的水平区间。

第六节　土壤有效铁

一、土壤有效铁含量及其空间差异

（一）土壤有效铁含量概况

共对 1 614 个土样进行有效铁测试分析，土壤有效铁含量平均值为 25.0mg/kg，标准差 19.6mg/kg，变异系数 78.69%，最小值 1.1mg/kg，最大值 175.0mg/kg（表4-66）。

表 4-66　青藏区耕地土壤有效铁含量（个，mg/kg，%）

样本数	平均值	标准差	变异系数	范围
1 614	25.0	19.6	78.69	1.1～175.0

（二）土壤有效铁含量的区域分布

1. 不同二级农业区耕地土壤有效铁含量分布　青藏区共有 4 个二级农业区，其中土壤有效铁含量最低区为青甘牧农区，平均含量为 13.1mg/kg，最高区为川藏林农牧区，平均含量为 37.9mg/kg，藏南农牧区、青藏高寒区土壤有效铁平均含量分别为 22.6mg/kg、31.7mg/kg（表 4-67）。

表 4-67　青藏区不同二级农业区耕地土壤有效铁含量（个，mg/kg，%）

二级农业区	样本数	平均值	标准差	变异系数	范围
藏南农牧区	461	22.6	14.2	62.71	3.9～114.8
川藏林农牧区	566	37.9	22.5	59.31	4.1～166.2
青藏高寒区	39	31.7	30.3	95.65	6.6～175.0
青甘牧农区	548	13.1	7.9	59.92	1.1～61.6
总计	1 614	25.0	19.6	78.69	1.1～175.0

2. 不同评价区耕地土壤有效铁含量分布　通过对不同评价区的土壤有效铁含量进行分析，青海评价区土壤有效铁含量最低，平均值为 12.2mg/kg，其次为甘肃评价区，平均值为 15.3mg/kg，西藏评价区土壤有效铁含量较高，平均值为 26.5mg/kg，四川评价区、云南评价区土壤有效铁含量丰富，平均值分别为 31.5、46.4mg/kg（表 4-68）。

表 4-68　青藏区不同评价区耕地土壤有效铁含量（个，mg/kg，%）

评价区	样本数	平均值	标准差	变异系数	范围
甘肃评价区	167	15.3	9.7	63.01	3.2～61.6
青海评价区	385	12.2	6.7	55.00	1.1～40.9
四川评价区	143	31.5	24.1	76.60	6.6～175.0
西藏评价区	710	26.5	20.9	78.82	3.9～166.2
云南评价区	209	46.4	8.4	18.03	8.7～55.9
总计	1 614	25.0	19.6	78.69	1.1～175.0

3. 不同评价区地级市及省辖县耕地土壤有效铁含量分布　不同评价区地级市及省辖县中，以西藏评价区林芝市的土壤有效铁含量最高，平均值为 49.9mg/kg，其次是云南评价区迪庆藏族自治州，平均值为 47.1mg/kg，青海评价区海南藏族自治州的土壤有效铁含量最低，平均值为 7.5mg/kg（表 4-69）。

表 4-69　青藏区不同评价区地级市及省辖县耕地土壤有效铁含量（个，mg/kg，%）

评价区	地级市/省辖县	样本数	平均值	标准差	变异系数	范围
甘肃评价区	甘南藏族自治州	81	10.4	6.2	59.93	3.2～33.4
	武威市	86	20.0	10.0	50.17	5.6～61.6

（续）

评价区	地级市/省辖县	样本数	平均值	标准差	变异系数	范围
青海评价区	海北藏族自治州	89	16.2	5.8	35.68	7.0～35.3
	海南藏族自治州	120	7.5	5.5	73.57	1.1～23.6
	海西藏族蒙古族自治州	172	13.3	6.1	45.62	2.7～40.9
	玉树藏族自治州	4	13.7	4.2	30.49	8.2～18.3
四川评价区	阿坝藏族羌族自治州	61	34.7	29.0	83.69	7.2～175.0
	甘孜藏族自治州	62	30.8	21.4	69.49	6.6～102.0
	凉山彝族自治州	20	24.0	11.2	46.80	8.1～44.8
西藏评价区	阿里地区	6	17.3	10.2	59.13	6.7～33.9
	昌都市	177	29.1	24.3	83.42	4.1～155.7
	拉萨市	131	29.1	16.5	56.87	3.9～95.0
	林芝市	51	49.9	35.8	71.76	4.9～166.2
	那曲市	11	43.9	29.5	67.24	11.9～96.9
	日喀则市	231	18.3	9.2	50.29	4.5～75.8
	山南市	103	24.5	16.7	67.98	6.2～114.8
云南评价区	迪庆藏族自治州	147	47.1	7.5	15.97	15.5～55.9
	怒江州	62	44.8	10.0	22.28	8.7～55.9

二、土壤有效铁含量及其影响因素

（一）土壤类型与土壤有效铁含量

青藏区主要土壤类型土壤有效铁含量以沼泽土的含量最高，平均值为 55.7mg/kg，冷钙土的含量最低，平均值为 6.7mg/kg（表 4-70）。

表 4-70 青藏区主要土壤类型耕地土壤有效铁含量（mg/kg，%）

土类	平均值	标准差	变异系数	范围
暗棕壤	39.5	23.5	59.51	3.5～96.9
草甸土	32.8	29.6	90.41	10.1～155.7
草毡土	43.7	24.4	56.00	22.0～66.3
潮土	26.7	12.5	46.60	8.6～50.8
高山草甸土	13.4	3.2	23.53	11.2～15.7
寒钙土	16.3	7.4	45.35	11.1～21.6
寒漠土	27.2	—	—	27.2～27.2
褐土	34.4	27.2	79.07	3.8～166.2
黑钙土	16.6	11.1	66.52	3.1～61.6

（续）

土类	平均值	标准差	变异系数	范围
黑垆土	15.9	11.4	71.51	7.9～23.9
黑毡土	28.0	25.9	92.37	11.6～88.5
红壤	45.8	8.1	17.79	8.7～55.7
黄褐土	27.8	13.0	46.91	8.1～44.8
黄壤	29.5	3.9	13.22	23.3～33.7
黄棕壤	46.2	14.5	31.49	9.1～137.6
灰褐土	18.5	13.7	74.14	3.2～72.2
灰棕漠土	15.1	5.5	36.17	4.8～29.4
冷钙土	6.7	—	—	6.7～6.7
冷漠土	9.4	—	—	9.4～9.4
栗钙土	12.7	7.1	55.94	1.1～39.9
林灌草甸土	28.5	—	—	28.5～28.5
山地草甸土	27.2	22.3	81.87	5.5～126.7
石灰（岩）土	23.2	—	—	23.2～23.2
石质土	10.4	—	—	10.4～10.4
水稻土	38.4	14.4	37.61	17.6～52.7
新积土	22.4	15.0	67.08	1.6～114.8
亚高山草甸土	7.5	4.0	53.31	4.2～11.9
沼泽土	55.7	—	—	55.7～55.7
紫色土	47.8	9.2	19.15	37.1～55.0
棕钙土	12.5	6.3	50.64	1.6～40.9
棕壤	39.1	23.7	60.51	8.0～175.0
棕色针叶林土	49.1	5.2	10.68	40.9～54.7
总计	25.0	19.6	78.69	1.1～175.0

在青藏区的主要土壤亚类中，泥炭沼泽土的土壤有效铁含量平均值最高，为55.7mg/kg，亚高山草甸土的土壤有效铁含量平均值最低，为4.2mg/kg（表4-71）。

表4-71　青藏区主要土壤亚类耕地土壤有效铁含量（mg/kg,%）

亚类	平均值	标准差	变异系数	范围
暗黄棕壤	46.4	9.0	19.32	9.1～55.9
暗栗钙土	10.6	6.7	63.06	1.9～26.9
冲积土	22.7	14.9	65.82	3.9～114.8
淡栗钙土	13.1	7.5	57.00	1.1～21.5
典型暗棕壤	37.2	24.3	65.16	3.5～96.9

（续）

亚类	平均值	标准差	变异系数	范围
典型草甸土	29.8	30.9	103.52	10.1～155.7
典型草毡土	43.7	24.4	56.00	22.0～66.3
典型潮土	12.0	4.9	40.72	8.6～15.5
典型寒钙土	16.3	7.4	45.35	11.1～21.6
典型褐土	50.0	33.0	65.97	9.1～102.0
典型黑钙土	14.0	7.4	52.79	3.2～35.3
典型黑毡土	14.2	—	—	14.2～14.2
典型红壤	44.0	6.8	15.49	36.6～53.6
典型黄壤	31.0	2.1	6.71	28.7～33.7
典型黄棕壤	43.8	42.0	96.00	18.2～137.6
典型灰褐土	20.8	10.1	48.47	6.9～47.6
典型冷钙土	6.7	—	—	6.7～6.7
典型栗钙土	14.1	6.9	48.99	1.7～39.9
典型林灌草甸土	28.5	—	—	28.5～28.5
典型山地草甸土	29.5	24.6	83.20	5.5～105.3
典型新积土	5.8	5.7	97.77	1.6～17.3
典型棕钙土	12.8	6.5	50.42	1.6～40.9
典型棕壤	39.5	23.9	60.48	8.0～175.0
钙质石质土	10.4	—	—	10.4～10.4
高山草甸土	15.7	—	—	15.7～15.7
高山草原土	9.1	4.0	43.51	6.3～11.9
高山灌丛草甸土	11.2	—	—	11.2～11.2
灌耕灰棕漠土	15.1	5.5	36.17	4.8～29.4
寒漠土	27.2	—	—	27.2～27.2
褐土性土	14.5	2.3	15.79	11.9～17.5
黑麻土	15.9	11.4	71.51	7.9～23.9
红壤性土	46.4	6.0	12.85	37.8～54.8
黄褐土性土	27.8	13.0	46.91	8.1～44.8
黄红壤	45.9	8.7	19.00	8.7～55.7
黄壤性土	23.3	—	—	23.3～23.3
黄色石灰土	23.2	—	—	23.2～23.2
灰褐土性土	33.9	22.2	65.45	11.5～72.2
灰化暗棕壤	46.5	21.7	46.60	21.0～76.1
灰化棕色针叶林土	49.1	5.2	10.68	40.9～54.7

（续）

亚类	平均值	标准差	变异系数	范围
冷漠土	9.4	—	—	9.4～9.4
淋溶褐土	41.2	40.0	96.99	3.9～166.2
淋溶黑钙土	21.0	3.8	18.13	15.7～24.6
淋溶灰褐土	30.4	12.0	39.54	17.9～50.6
泥炭沼泽土	55.7	—	—	55.7～55.7
潜育草甸土	44.1	26.7	60.47	16.4～80.6
山地灌丛草甸土	24.8	19.5	78.79	6.2～126.7
渗育水稻土	17.6	—	—	17.6～17.6
湿黑毡土	37.2	29.8	80.17	11.9～88.5
石灰性草甸土	37.3	30.2	81.11	18.5～72.1
石灰性褐土	32.3	24.0	74.32	3.8～140.9
石灰性黑钙土	21.5	15.4	71.74	3.1～61.6
石灰性灰褐土	13.6	10.6	77.89	3.2～51.3
脱潮土	28.8	11.8	40.92	10.4～50.8
亚高山草甸土	4.2	—	—	4.2～4.2
盐化栗钙土	23.1	0.7	3.05	22.7～23.6
盐化棕钙土	10.7	5.2	49.15	3.1～28.5
燥褐土	33.3	22.9	68.72	6.6～89.8
中性紫色土	47.8	9.2	19.15	37.1～55.0
潴育水稻土	43.6	9.9	22.71	29.5～52.7
棕黑毡土	11.9	0.5	4.53	11.6～12.3
棕壤性土	29.2	17.0	58.12	14.9～48.0
总计	25.0	19.6	78.69	1.1～175.0

（二）地貌类型与土壤有效铁含量

青藏区的地貌类型主要有高原台地、宽谷盆地、山地坡上、山地坡下、山地坡中、台地。山地坡下的土壤有效铁含量平均值最高，为 31.0mg/kg；其次是山地坡上，平均值为 28.2mg/kg；台地的土壤有效铁含量平均值最低，为 11.3mg/kg（表 4-72）。

表 4-72　青藏区不同地貌类型耕地土壤有效铁含量（mg/kg，%）

地貌类型	平均值	标准差	变异系数	范围
高原台地	22.8	19.6	86.20	4.5～175.0
宽谷盆地	19.5	15.2	77.53	1.1～140.9
山地坡上	28.2	20.3	71.85	1.6～96.9
山地坡下	31.0	21.4	68.97	1.7～166.2

（续）

地貌类型	平均值	标准差	变异系数	范围
山地坡中	27.4	20.7	75.54	2.0~155.7
台地	11.3	11.8	104.87	2.2~83.4
总计	25.0	19.6	78.69	1.1~175.0

（三）成土母质与土壤有效铁含量

不同成土母质发育的土壤中，土壤有效铁含量平均值最高的是四纪红土，为47.4mg/kg；其次是坡洪积物，平均值为44.8mg/kg；洪积物及风积物的土壤有效铁含量平均值最低，为2.7mg/kg（表4-73）。

表4-73　青藏区不同成土母质耕地土壤有效铁含量（mg/kg,%）

成土母质	平均值	标准差	变异系数	范围
残积物	27.1	22.8	83.99	6.6~140.9
残坡积物	38.5	16.9	44.06	3.2~55.9
冲洪积物	13.3	6.3	47.13	1.6~40.9
冲积物	26.2	19.7	75.45	6.7~123.3
第四纪红土	47.4	6.2	13.14	36.6~54.7
第四纪老冲积物	17.6	—	—	17.6~17.6
风化物	22.4	16.1	72.17	8.1~44.8
河流冲积物	10.4	7.0	67.11	1.7~29.6
洪冲积物	25.3	22.0	86.82	1.6~166.2
洪积物	22.5	13.7	61.06	3.9~102.0
洪积物及风积物	2.7	—	—	2.7~2.7
湖冲积物	15.6	6.4	40.74	9.7~26.5
湖积物	18.8	10.7	56.86	9.4~36.2
湖相沉积物	35.0	29.3	83.94	14.2~55.7
黄土母质	10.5	6.8	64.81	2.0~35.3
坡残积物	27.8	28.2	101.58	1.1~175.0
坡堆积物	24.1	—	—	24.1~24.1
坡洪积物	44.8	—	—	44.8~44.8
坡积物	24.6	15.3	62.00	5.5~72.1
总计	25.0	19.6	78.69	1.1~175.0

（四）土壤质地与土壤有效铁含量

青藏区的土壤质地中，黏土的土壤有效铁含量平均值最高，为32.2mg/kg；其次是重壤、砂土；中壤的土壤有效铁含量平均值最低，为16.1mg/kg（表4-74）。

表 4-74　青藏区不同土壤质地耕地土壤有效铁含量（mg/kg,%）

土壤质地	平均值	标准差	变异系数	范围
黏土	32.2	17.6	54.71	6.1～86.3
轻壤	23.4	17.6	75.27	1.7～114.8
砂壤	23.6	21.4	90.71	1.1～166.2
砂土	31.3	18.1	57.93	5.5～140.9
中壤	16.1	12.6	78.30	1.6～83.4
重壤	31.5	21.6	68.41	3.1～175.0
总计	25.0	19.6	78.69	1.1～175.0

三、土壤有效铁含量分级与变化情况

根据青藏区土壤有效铁含量状况，参照青藏区耕地质量监测指标分级标准，将土壤有效铁含量划分为5级。通过对1 614个土样进行有效铁含量分级后，达一级标准的有467个，占28.93%；达二级标准的有277个，占17.16%；达三级标准的有250个，占15.49%；达四级标准的有326个，占20.20%；达五级标准的有294个，占18.22%。占比最高为一级标准，占比最低为三级标准（表4-75）。

表 4-75　土壤有效铁分级样点统计（个，mg/kg,%）

等级	分级	样本数	比例	平均值
一级	>30.0	467	28.93	49.5
二级	20.0～30.0	277	17.16	24.5
三级	15.0～20.0	250	15.49	17.2
四级	10.0～15.0	326	20.20	12.6
五级	≤10.0	294	18.22	6.7
总计		1 614	100.00	25.0

按评价区统计，土壤有效铁一级水平共计182.65khm²，占青藏区耕地面积的17.11%，其中甘肃评价区没有一级有效铁的分布；青海评价区分布面积最小，为0.02khm²；四川评价区34.99khm²，西藏评价区78.65khm²，云南评价区68.99khm²。二级水平共计333.46khm²，占青藏区耕地面积的31.24%，其中西藏评价区分布面积最大，为178.49khm²，云南评价区分布面积最少，为0.01khm²。三级水平共计233.90khm²，占青藏区耕地面积的21.91%，其中西藏评价区分布面积最大，为131.65khm²；甘肃评价区少有分布，云南评价区没有分布。四级水平共计168.81khm²，占青藏区耕地面积的15.81%，其中甘肃评价区分布面积最大，为69.30khm²；四川评价区少有分布；云南没有分布。五级水平共计148.74khm²，占青藏区耕地面积的13.93%，仅分布于甘肃省和青海评价区，其余省份没有分布（图4-6、表4-76）。

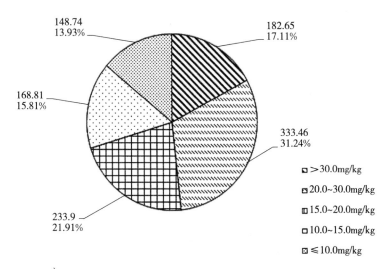

图 4-6　青藏区耕地土壤有效铁含量各等级面积与比例（khm²）

表 4-76　青藏区评价区耕地土壤有效铁不同等级面积统计（khm²）

评价区	一级 >30.0mg/kg	二级 20.0~30.0mg/kg	三级 15.0~20.0mg/kg	四级 10.0~15.0mg/kg	五级 ≤10.0mg/kg	总计
甘肃评价区	0.00	17.42	19.56	69.30	56.59	162.87
青海评价区	0.02	8.44	49.56	43.34	92.15	193.51
四川评价区	34.99	129.10	33.13	0.61	0.00	197.83
西藏评价区	78.65	178.49	131.65	55.56	0.00	444.35
云南评价区	68.99	0.01	0.00	0.00	0.00	69.00
总计	182.65	333.46	233.90	168.81	148.74	1 067.56

　　按二级农业区统计，土壤有效铁一级水平共计 182.65khm²，占青藏区耕地面积的 17.11%，其中川藏林农牧区分布面积最大，为 147.94khm²；青藏高寒地区少有分布，青甘牧农区没有分布。二级水平共计 333.46khm²，占青藏区耕地面积的 31.24%。其中川藏林农牧区分布面积最大，为 167.05khm²，青甘牧农区分布面积最小，为 17.42khm²。三级水平共计 233.90khm²，占青藏区耕地面积的 21.91%，其中藏南农牧区分布面积最大，为 102.08khm²，青藏高寒地区分布面积最小，为 22.35khm²。四级水平共计 168.81khm²，占青藏区耕地面积的 15.81%，其中藏南农牧区分布面积最大，为 54.49khm²，青藏高寒地区分布面积最小，为 0.61khm²。五级水平共计 148.74khm²，占青藏区耕地面积的 13.92%，主要分布于青甘牧农区，面积 148.49khm²（表 4-77）。

表 4-77　青藏区二级农业区耕地土壤有效铁不同等级面积统计（khm²）

二级农业区	一级	二级	三级	四级	五级	总计
藏南农牧区	32.54	115.20	102.08	54.49	0.00	304.31
川藏林农牧区	147.94	167.05	46.13	1.07	0.00	362.19
青藏高寒地区	2.17	33.79	22.35	0.61	0.25	59.17

（续）

二级农业区	一级	二级	三级	四级	五级	总计
青甘牧农区	0.00	17.42	63.34	112.64	148.49	341.89
总计	182.65	333.46	233.90	168.81	148.74	1 067.56

按土壤类型统计，土壤有效铁一级水平耕地中，棕壤分布面积最大，为31.99khm²，其次是黄棕壤，为27.58khm²，棕钙土、石质土等土类没有分布。二级水平耕地中，褐土分布面积最大，为44.84khm²，暗棕壤、灰褐土少有分布，黑钙土、棕钙土等没有分布。三级水平耕地中，冷棕钙土分布面积最大，为42.36khm²。四级水平耕地中，草甸土分布面积最大，为30.08khm²。五级水平耕地中，栗钙土分布面积最大，为51.63khm²（表4-78）。

表 4-78　青藏区主要土壤类型耕地土壤有效铁不同等级面积统计（khm²）

土类	一级 >30.0mg/kg	二级 20.0~30.0mg/kg	三级 15.0~20.0mg/kg	四级 10.0~15.0mg/kg	五级 ≤10.0mg/kg	总计
暗棕壤	11.45	14.87	4.45	7.22	3.10	41.09
草甸土	2.63	11.74	15.15	30.08	29.89	89.49
草甸盐土	0.00	0.00	2.40	3.74	1.77	7.91
草毡土	2.12	7.41	8.65	0.53	0.58	19.29
潮土	2.29	13.80	11.95	9.22	0.00	37.26
赤红壤	2.71	12.83	0.08	0.00	0.00	15.62
粗骨土	0.26	5.13	0.33	0.07	0.00	5.79
风沙土	0.44	0.97	4.14	0.84	2.00	8.39
灌漠土	0.00	0.00	0.15	0.00	0.00	0.15
灌淤土	0.00	0.00	0.21	0.00	0.00	0.21
寒冻土	0.08	0.40	0.00	0.00	0.00	0.48
寒钙土	0.00	1.11	1.86	0.01	0.00	2.98
寒漠土	0.00	0.00	0.01	0.06	0.01	0.08
褐土	22.06	44.84	16.34	1.21	0.38	84.83
黑钙土	0.00	2.81	27.62	17.44	8.34	56.21
黑垆土	0.00	0.00	0.00	0.09	0.20	0.29
黑毡土	19.70	39.93	34.06	17.19	0.00	110.88
红壤	15.49	0.32	0.00	0.00	0.00	15.81
黄褐土	0.00	0.29	0.15	0.00	0.00	0.44
黄壤	4.36	9.89	0.04	0.00	0.00	14.29
黄棕壤	27.58	6.45	0.54	0.00	0.00	34.57
灰钙土	0.00	0.26	2.16	1.57	0.00	3.99
灰褐土	11.40	34.23	15.00	12.14	18.33	91.10
灰化土	0.02	0.01	0.00	0.00	0.00	0.03
灰棕漠土	0.00	0.00	1.12	5.41	0.03	6.56
冷钙土	0.04	6.77	12.74	0.29	0.00	19.84

（续）

土类	一级 >30.0mg/kg	二级 20.0～30.0mg/kg	三级 15.0～20.0mg/kg	四级 10.0～15.0mg/kg	五级 ≤10.0mg/kg	总计
冷漠土	0.00	0.00	0.12	0.00	0.00	0.12
冷棕钙土	3.10	34.46	42.36	20.79	0.00	100.71
栗钙土	0.00	10.04	9.46	24.72	51.63	95.85
林灌草甸土	0.11	0.14	0.33	0.01	0.00	0.59
漠境盐土	0.00	0.00	0.36	0.11	0.00	0.47
山地草甸土	0.00	15.75	7.43	2.64	0.87	26.69
石灰（岩）土	1.43	0.34	0.00	0.00	0.00	1.77
石质土	0.00	0.01	0.01	0.00	0.00	0.02
水稻土	4.69	0.92	0.00	0.00	0.00	5.61
新积土	0.70	0.68	2.15	2.53	0.20	6.26
沼泽土	0.56	0.26	0.93	0.28	0.67	2.70
砖红壤	14.37	26.77	0.04	0.00	0.00	41.18
紫色土	2.00	0.00	0.00	0.00	0.00	2.00
棕钙土	0.00	0.00	6.44	10.62	30.74	47.80
棕壤	31.99	29.44	5.06	0.00	0.00	66.49
棕色针叶林土	1.07	0.59	0.06	0.00	0.00	1.72

四、土壤有效铁调控

一是加大对土壤中铁元素的人为调控力度，重点针对铁元素消耗量大的作物和耕地土壤，适量施用含铁肥料。二是通过调节土壤酸碱度，间接调控土壤有效铁含量，开展土壤盐碱化治理，提高土壤铁元素的有效性。

第七节　土壤有效锰

一、土壤有效锰含量及其空间差异

土壤有效锰含量的高低直接影响植株的正常成长和品质的形成。当土壤有效锰缺乏时，新叶叶脉失绿黄化，严重缺锰时叶脉呈黑褐色，有坏死的斑点或损伤，植株矮化；当土壤有效锰含量过高时，叶出现坏死棕色斑块。

（一）土壤有效锰含量概况

共对 1 532 个土样进行有效锰测试分析，青藏区土壤有效锰含量平均值为 16.57mg/kg（表 4-79）。

表 4-79　青藏区耕地土壤有效锰含量（个，mg/kg）

样本数	平均值
1 532	16.57

（二）土壤有效锰含量的区域分布

1. 不同二级农业区耕地土壤有效锰含量分布　通过对 1 532 个土样进行土壤有效锰含量分级后，达一级标准的有 142 个，占 9.27%；达二级标准的有 153 个，占 9.99%；达三级标准的有 422 个，占 27.55%；达四级标准的有 327 个，占 21.34%；达五级标准的有 488 个，占 31.85%。占比最高为五级标准，占比最低为一级标准（表 4-80）。

表 4-80　土壤有效锰分级样点统计（个，mg/kg，%）

等级	有效锰分级	样本数	比例	平均值
一级	>35	142	9.27	44.94
二级	25~35	153	9.99	29.12
三级	15~25	422	27.55	19.21
四级	10~15	327	21.34	12.46
五级	≤10	488	31.85	4.86
总计		1 532	100.00	16.57

青藏区共有 4 个二级农业区，其中土壤有效锰含量最低区为青甘牧农区，平均含量为 6.60mg/kg，占 33.22%，属五级标准；最高区为川藏林农牧区，平均含量为 23.32mg/kg，占 34.40%，属三级标准（表 4-81）。

表 4-81　青藏区不同二级农业区耕地土壤有效锰含量（个，mg/kg，%）

二级农业区	样本数	比例	平均值
藏南农牧区	459	29.96	19.5
川藏林农牧区	527	34.40	23.32
青藏高寒地区	37	2.42	20.75
青甘牧农区	509	33.22	6.60
总计	1 532	100	16.57

2. 不同评价区耕地土壤有效锰含量分布　通过对不同评价区的土壤有效锰含量进行分析，青海评价区土壤有效锰最低，平均值为 4.35mg/kg，占 22.52%，属五级标准；其次为甘肃评价区，平均值为 11.18mg/kg，占 10.90%，属四级标准；云南评价区土壤有效锰含量最高，平均值为 22.15mg/kg，占 12.47%，属三级标准；四川评价区、西藏评价区土壤有效锰含量平均值分别为 21.52mg/kg、21.45mg/kg，分别占 8.68%、45.43%，属三级标准（表 4-82）。

表 4-82　青藏区不同评价区耕地土壤有效锰含量（个，mg/kg，%）

评价区	样本数	比例	平均值
甘肃评价区	167	10.90	11.18
青海评价区	345	22.52	4.35
四川评价区	133	8.68	21.52

（续）

评价区	样本数	比例	平均值
西藏评价区	696	45.43	21.45
云南评价区	191	12.47	22.15
总计	1 612	100.00	17.67

3. 不同评价区地级市及省辖县耕地土壤有效锰含量分布 不同评价区地级市及省辖县中，以四川评价区甘孜藏族自治州的土壤有效锰含量最高，平均值为 27.11mg/kg；其次是西藏评价区的昌都市，平均值为 25.88mg/kg；青海评价区海南藏族自治州的土壤有效锰含量最低，平均值为 2.05mg/kg；其余各地级市及省辖县介于 2.48～24.20mg/kg 之间（表 4-83）。

表 4-83　青藏区不同评价区地级市及省辖县耕地土壤有效锰含量（个，mg/kg）

评价区	地级市/省辖县	采样点数	平均值
甘肃评价区	甘南藏族自治州	81	11.01
	武威市	86	11.34
青海评价区	海北藏族自治州	89	3.05
	海南藏族自治州	87	2.05
	海西藏族蒙古族自治州	166	6.28
	玉树藏族自治州	3	2.48
四川评价区	阿坝藏族羌族自治州	62	17.81
	甘孜藏族自治州	51	27.11
	凉山彝族自治州	20	18.76
西藏评价区	阿里地区	6	16.86
	昌都市	172	25.88
	拉萨市	130	24.20
	林芝市	45	23.96
	那曲市	10	21.82
	日喀则市	231	17.74
	山南市	102	18.02
云南评价区	迪庆藏族自治州	135	22.89
	怒江州	56	20.36

二、土壤有效锰含量及其影响因素

（一）土壤类型与土壤有效锰含量

青藏区主要土壤类型土壤有效锰含量在不同土壤中差异较大，以青藏区面积较大的前 10 种土类为例，其面积占青藏区耕地总面积的 73.49%。黑毡土面积最大，其有效锰平均含量为 19.82mg/kg，属三级水平；褐土和棕壤的有效锰平均含量相对较高，分别为 24.39mg/kg、24.74mg/kg；而栗钙土、黑钙土、棕钙土有效锰平均含量较低，均属于五级水平，其含量分别为 4.68mg/kg、5.99mg/kg、3.82mg/kg（表 4-84）。

表 4-84　青藏区主要土壤类型耕地土壤有效锰含量（个，mg/kg）

土类	采样点数	平均值
黑毡土	13 064	19.82
冷棕钙土	12 677	18.09
栗钙土	2 888	4.68
灰褐土	5 060	17.13
草甸土	4 264	14.64
褐土	5 373	24.39
棕壤	3 074	24.74
黑钙土	1 493	5.99
棕钙土	835	3.82
砖红壤	2 154	16.41

在青藏区的主要土壤亚类中，以面积较大的前 20 种为例，其面积占总面积的 77.67%。石灰性褐土和典型棕壤的土壤有效锰含量平均值最高，为 24.86mg/kg，属于三级水平；典型棕钙土的有效锰含量平均值最低，为 3.18mg/kg，属于五级水平。面积最大的亚类典型冷棕钙土有效锰含量平均值为 18.09mg/kg，属于三级水平（表 4-85）。

表 4-85　青藏区主要土壤亚类耕地土壤有效锰含量（个，mg/kg）

亚类	采样点数	平均值
典型冷棕钙土	12 665	18.09
典型黑毡土	9 556	20.03
典型草甸土	2 854	14.19
典型棕壤	2 941	24.86
石灰性灰褐土	872	12.93
暗栗钙土	1 327	5.62
黄色砖红壤	2 154	16.41
典型暗棕壤	1 803	20.73
典型栗钙土	1 313	3.34
典型棕钙土	690	3.18
典型褐土	829	23.91
典型潮土	2 693	18.90
石灰性黑钙土	599	6.31
暗黄棕壤	601	21.11
典型黑钙土	702	6.49
石灰性褐土	2 519	24.86
淋溶灰褐土	1 688	15.00

（续）

亚类	采样点数	平均值
棕黑毡土	3 159	19.33
山地灌丛草甸土	2 109	17.41
典型冷钙土	1 457	14.33

（二）地貌类型与土壤有效锰含量

青藏区的地貌类型主要有盆地、高原、丘陵和山地。丘陵的土壤有效锰含量平均值最高，为 24.25mg/kg；其次是山地和高原，平均值分别为 19.92mg/kg 和 16.83mg/kg；盆地的土壤有效锰含量平均值最低，为 7.05mg/kg（表 4-86）。

表 4-86　青藏区不同地貌类型耕地土壤有效锰含量（个，mg/kg）

地貌类型	采样点数	平均值
高原	846	16.83
盆地	196	7.05
丘陵	2	24.25
山地	488	19.92

（三）成土母质与土壤有效锰含量

不同成土母质发育的土壤中，土壤有效锰含量平均值最高的是残积物，为 23.05mg/kg；其次是坡残积物和冲积物，平均值分别为 22.13mg/kg、20.24mg/kg；黄土母质土壤有效锰含量平均值最低，为 2.03mg/kg（表 4-87）。

表 4-87　青藏区不同成土母质耕地土壤有效锰含量（个，mg/kg）

成土母质	采样点数	平均值
残积物	40	23.05
坡残积物	115	22.13
冲积物	165	20.24
残坡积物	227	19.78
风化物	8	19.12
坡积物	64	19.04
第四纪红土	14	19.03
坡堆积物	1	18.70
湖相沉积物	2	18.51
洪积物	279	18.08
洪冲积物	342	17.14
湖积物	6	12.25
第四纪老冲积物	2	11.50
坡洪积物	1	9.40

（续）

成土母质	采样点数	平均值
河流冲积物	32	7.15
冲洪积物	147	6.58
湖冲积物	5	5.05
洪积物及风积物	1	2.32
黄土母质	81	2.03

（四）土壤质地与土壤有效锰含量

青藏区的土壤质地中，砂壤的土壤有效锰含量平均值最高，为 19.27mg/kg；其次是砂土、黏土、轻壤和重壤，平均值分别为 18.59mg/kg、16.23mg/kg、16.02mg/kg 和 15.45mg/kg；中壤的土壤有效锰含量平均值最低，为 9.81mg/kg（表 4-88）。

表 4-88　青藏区不同土壤质地耕地土壤有效锰含量（个，mg/kg）

土壤质地	采样点数	平均值
砂壤	37 578	19.27
砂土	7 009	18.59
黏土	4 840	16.23
轻壤	15 684	16.02
重壤	2 980	15.45
中壤	5 064	9.81

三、土壤有效锰含量分级与变化情况

根据青藏区土壤有效锰含量状况，参照第二次土壤普查及各省（自治区）分级标准，将土壤有效锰含量划分为 5 级。青藏区耕地有效锰含量各等级面积见图 4-7。

按评价区统计，土壤有效锰一级水平共计 13.68khm²，占青藏区耕地面积的 1.28%，其中四川评价区 10.06khm²（占 0.99%），西藏评价区 2.30khm²（占 0.22%），云南评价区 0.77khm²（占 0.07%），甘肃评价区和青海评价区无一级水平分布。二级水平共计 68.65khm²，占青藏区耕地面积的 6.43%，其中四川评价区 14.52khm²（占 1.36%），西藏评价区 43.62khm²（占 4.09%），云南评价区 10.51khm²（占 0.98%），甘肃评价区和青海评价区没有二级水平分布。三级水平共计 518.08khm²，占青藏区耕地面积的 48.53%，其中甘肃评价区 0.01khm²（占 0.001%），青海评价区 2.23khm²（占 0.21%），四川评价区 142.66khm²（占 13.36%），西藏评价区 324.48khm²（占 30.39%），云南评价区 48.71khm²（占 4.56%）。四级水平共计 191.24khm²，占青藏区耕地面积的 17.91%，其中甘肃评价区 80.28khm²（占 7.52%），青海评价区 7.74hm²（占 0.73%），四川评价区 29.39khm²（占 2.75%），西藏评价区 64.83khm²（占 6.07%），云南评价区 9.00khm²（占 0.84%）。五级水平共计 275.91khm²，占青藏区耕地面积的 25.84%，其中甘肃评价区 82.58khm²（占 7.74%），青海评价区 183.54khm²（占 17.19%），四川评价区 0.65khm²

（占 0.06%），西藏评价区 9.12khm²（占 0.85%），云南评价区 0.02khm²（占 0.002%）（图4-7、表4-89）。

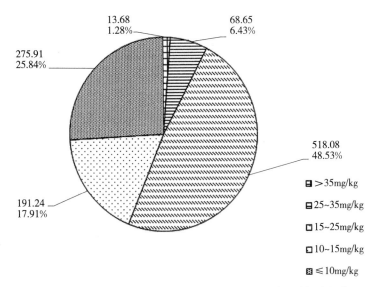

图 4-7　青藏区耕地土壤有效锰含量各等级面积与比例（khm²）

表 4-89　青藏区评价区耕地土壤有效锰不同等级面积统计（khm²）

评价区	一级 >35mg/kg	二级 25～35mg/kg	三级 15～25mg/kg	四级 10～15mg/kg	五级 ≤10mg/kg
甘肃评价区	—	—	0.01	80.28	82.58
青海评级区	—	—	2.23	7.74	183.54
四川评价区	10.60	14.52	142.66	29.39	0.65
西藏评价区	2.30	43.62	324.48	64.83	9.12
云南评价区	0.77	10.51	48.71	9.00	0.02
总计	13.68	68.65	518.08	191.24	275.91

　　按二级农业区统计，土壤有效锰一级水平中川藏林农牧区 13.68khm²（占 1.28%），其他二级区均无分布；二级水平共计 68.65khm²，其中藏南农牧区 4.99khm²（占 0.47%），川藏林农牧区 63.39khm²（占 5.94%），青藏高寒地区 0.27khm²（占 0.03%），青甘牧农区无二级水平分布。三级水平共 518.08khm²，占青藏区耕地面积的 48.53%，其中藏南农牧区 240.30khm²（占 22.51%），川藏林农牧区 241.33khm²（占 22.61%），青藏高寒地区 35.24khm²（占 3.30%），青甘牧农区 1.21khm²（占 0.11%）。四级水平共 191.24khm²，占青藏区耕地面积的 17.91%，其中藏南农牧区 49.90khm²（占 4.67%），川藏林农牧区 43.77khm²（占 4.10%），青藏高寒地区 17.08khm²（占 1.60%），青甘牧农区 80.49khm²（占 7.54%）。五级水平共 275.91khm²，占青藏区耕地面积的 25.85%，其中藏南农牧区 9.12khm²（占 0.85%），川藏林农牧 0.02khm²（占 0.002%），青藏高寒地区 6.59khm²（占 0.62%），青甘牧农区 260.18khm²（占 24.37%）（表4-90）。

表 4-90　青藏区二级农业区耕地土壤有效锰不同等级面积统计（khm²）

二级农业区	一级 >35mg/kg	二级 25～35mg/kg	三级 15～25mg/kg	四级 10～15mg/kg	五级 ≤10mg/kg
藏南农牧区	—	4.99	240.30	49.90	9.12
川藏林农牧区	13.68	63.39	241.33	43.77	0.02
青藏高寒地区	—	0.27	35.24	17.08	6.59
青甘牧农区	—	—	1.21	80.49	260.18
总计	13.68	68.65	518.08	191.24	275.91

按土壤类型统计，选取青藏区土类面积较大的 11 个土类，其面积为 825.64khm²，占青藏区耕地总面积的 77.34%。土壤有效锰一级水平面积共计 12.81khm²，占青藏区耕地面积的 1.20%，其中黑毡土 1.35khm²，灰褐土 2.07khm²，褐土 3.97khm²，棕壤 4.51khm²，暗棕壤 0.92khm²；土壤有效锰二级水平面积为 57.43khm²，占青藏区耕地面积的 5.38%，其中暗棕壤 7.26khm²，草甸土 2.47khm²，褐土 14.31khm²，黑毡土 13.68khm²，灰褐土 5.58khm²，冷棕钙土 0.64khm²，棕壤 13.05khm²。土壤有效锰三级水平面积为 372.71khm²，占青藏区耕地面积的 34.91%，其中黑毡土 81.21khm²，冷棕钙土 85.88khm²，栗钙土 0.16khm²，灰褐土 41.10khm²，草甸土 11.70khm²，褐土 58.14khm²，棕壤 41.70khm²，黑钙土 0.08khm²，棕钙土 0.04khm²，砖红壤 33.49khm²，暗棕壤 19.22khm²。土壤有效锰四级水平面积为 144.82khm²，占青藏区耕地面积的 13.57%，其中暗棕壤 9.29khm²，草甸土 36.19khm²，褐土 7.61khm²，黑钙土 8.72khm²，黑毡土 10.65khm²，灰褐土 15.58khm²，栗钙土 27.92khm²，棕钙土 0.21khm²，棕壤 6.76khm²，冷棕钙土 14.19khm²，砖红壤 7.69khm²。土壤有效锰五级水平面积为 237.86khm²，占青藏区耕地面积的 22.28%，其中草甸土 39.14khm²，黑钙土 47.41khm²，灰褐土 26.78khm²，棕钙土 47.55khm²，黑毡土 3.99khm²，栗钙土 67.78khm²，褐土和棕壤分别为 0.80khm²、0.01khm²，暗棕壤 4.41khm²（表 4-91）。

表 4-91　青藏区主要土壤类型耕地土壤有效锰不同等级面积统计（khm²）

土类	一级 >35 mg/kg	占比 （%）	二级 25～35 mg/kg	占比 （%）	三级 15～25 mg/kg	占比 （%）	四级 10～15 mg/kg	占比 （%）	五级 ≤10 mg/kg	占比 （%）
黑毡土	1.35	0.13	13.68	1.28	81.21	7.61	10.65	1.00	3.99	0.37
冷棕钙土	—	—	0.64	0.06	85.88	8.04	14.19	1.33	—	—
栗钙土	—	—	—	—	0.16	0.01	27.92	2.61	67.78	6.35
灰褐土	2.07	0.19	5.58	0.52	41.10	3.85	15.58	1.46	26.78	2.51
草甸土	—	—	2.47	0.23	11.70	1.10	36.19	3.39	39.14	3.67
褐土	3.97	0.37	14.31	1.34	58.14	5.45	7.61	0.71	0.80	0.08
棕壤	4.51	0.42	13.50	1.26	41.70	3.91	6.76	0.63	0.01	0.001
黑钙土	—	—	—	—	0.08	0.01	8.72	0.82	47.41	4.44
棕钙土	—	—	—	—	0.04	0.004	0.21	0.02	47.55	4.45
砖红壤	—	—	—	—	33.49	3.14	7.69	0.72	—	—

（续）

土类	一级		二级		三级		四级		五级	
	>35 mg/kg	占比 (%)	25~35 mg/kg	占比 (%)	15~25 mg/kg	占比 (%)	10~15 mg/kg	占比 (%)	≤10 mg/kg	占比 (%)
暗棕壤	0.92	0.09	7.26	0.68	19.22	1.80	9.29	0.87	4.41	0.41
总计	12.81	1.20	57.43	5.38	372.71	34.91	144.82	13.57	237.86	22.28

四、土壤有效锰调控

植物主要吸收锰离子。锰是细胞中许多酶（如脱氢酶、脱羧酶、激酶、氧化酶和过氧化物酶）的活化剂，尤其是影响糖酵解和三羧酸循环。锰使光合中水裂解为氧。缺锰时，叶脉间缺绿，伴随小坏死点的产生。缺绿会在嫩叶中或老叶中出现，依植物种类和生长速率决定。

在不同质地土壤中施入锰肥，土壤有效锰的提高往往因土壤质地不同而各异。土壤颗粒愈粗，施入锰肥对提高土壤有效锰含量的幅度愈大。

锰肥品种有硫酸锰、碳酸锰、氯化锰、氧化锰等。硫酸锰是常用的锰肥，可作基肥、种肥或追肥，采用根外追肥和种子处理等方式效果更好。作基肥或追肥施用时，最好与有机肥、生理酸性肥料一起施用，每公顷施 15~30kg，叶面喷施浓度为 0.05%~0.2%，浸种浓度为 0.05%~0.1%，拌种每千克种子为 4~8g。

青藏区土壤存在盐渍化，锰活性降低，有效锰含量降低并且容易被土壤固定，减小了作物有效锰的吸收率。

第八节 土壤有效铜

铜在植物的体内含量甚微，但却对植物的生理代谢活动有着非常重要的作用。铜不但是植物生长必需的营养元素之一，还参与多种酶的组成。

一、土壤有效铜含量及其空间差异

（一）土壤有效铜含量概况

共对 1 614 个土样进行有效铜测试分析，土壤有效铜含量平均值为 5.10mg/kg，根据青藏区耕地质量监测指标分级标准属一级标准，有效铜平均含量丰富（表 4-92）。

表 4-92 青藏区耕地土壤有效铜含量（个，mg/kg）

样本数	平均值
1 614	5.10

（二）土壤有效铜含量的区域分布

1. 不同二级农业区耕地土壤有效铜含量分布 青藏区共有 4 个二级农业区，其中土壤有效铜含量最低区为川藏林农牧区，平均值为 0.87mg/kg，占 32.71%，属三级标准；最高区为青藏高寒地区，平均值为 11.83mg/kg，占 36.06%，属一级标准（表 4-93）。

表 4-93　青藏区不同二级农业区耕地土壤有效铜含量（个，mg/kg，%）

二级农业区	样本数	比例	平均值
藏南农牧区	462	28.62	1.78
青藏高寒地区	582	36.06	11.83
青甘牧农区	42	2.60	1.33
川藏林农牧区	528	32.71	0.87
总计	1 614	100.00	5.10

2. 不同评价区耕地土壤有效铜含量分布　通过对不同评价区的土壤有效铜平均含量进行分析，青海评价区土壤有效铜含量最低，平均值为 0.79mg/kg，占总样本数的 23.85%，属三级标准；其次为甘肃评价区、四川评价区和西藏评价区，平均值分别为 1.01mg/kg、1.97mg/kg 和 1.76mg/kg，分别占总样本数的 10.35%、8.86% 和 43.99%，均属二级标准；云南评价区最丰富，平均值为 29.75mg/kg，占总样本数的 12.95%，属一级标准（表 4-94）。

表 4-94　青藏区不同评价区耕地土壤有效铜含量（个，mg/kg，%）

评价区	样本数	比例	平均值
甘肃评价区	167	10.35	1.01
青海评价区	385	23.85	0.79
四川评价区	143	8.86	1.97
西藏评价区	710	43.99	1.76
云南评价区	209	12.95	29.75
总计	1 614	100.00	5.10

3. 不同评价区地级市及省辖县土壤有效铜含量分布　不同评价区地级市及省辖县中，以云南评价区迪庆藏族自治州的土壤有效铜含量最高，平均值为 30.05mg/kg；其次是云南评价区怒江州，平均值为 29.06mg/kg；青海评价区玉树藏族自治州的土壤有效铜含量最低，为 0.17mg/kg（表 4-95）。

表 4-95　青藏区不同评价区地级市及省辖县耕地土壤有效铜含量（个，mg/kg）

评价区	地级市/省辖县	采样点数	平均值
甘肃评价区	甘南藏族自治州	81	1.01
	武威市	86	1.01
青海评价区	海北藏族自治州	89	0.75
	海南藏族自治州	120	0.81
	海西蒙古族藏族自治州	172	0.81
	玉树藏族自治州	4	0.17
四川评价区	阿坝藏族羌族自治州	61	1.98
	甘孜藏族自治州	62	2.04
	凉山彝族自治州	20	1.72

（续）

评价区	地级市/省辖县	采样点数	平均值
西藏评价区	阿里地区	6	1.36
	昌都市	177	1.68
	拉萨市	131	2.33
	林芝市	51	1.96
	那曲市	11	1.45
	日喀则市	231	1.55
	山南市	103	1.62
云南评价区	迪庆藏族自治州	147	30.05
	怒江州	62	29.06

二、土壤有效铜含量及其影响因素

（一）土壤类型与土壤有效铜含量

青藏区主要土壤类型土壤有效铜含量以棕色针叶林土最高，平均值为 37.64mg/kg；冷钙土的有效铜含量最低，平均值为 0.47mg/kg（表 4-96）。

表 4-96　青藏区主要土壤类型耕地土壤有效铜含量（个，mg/kg）

土类	采样点数	平均值
暗棕壤	24	7.06
草甸土	27	2.05
草毡土	4	1.26
潮土	16	2.10
高山草甸土	2	1.42
寒钙土	2	1.38
寒漠土	1	1.36
褐土	181	5.38
黑钙土	103	0.88
黑垆土	2	1.16
黑毡土	8	0.92
红壤	65	29.29
黄褐土	7	1.70
黄壤	5	2.39
黄棕壤	78	26.89
灰褐土	104	1.35
灰棕漠土	38	0.59
冷钙土	1	0.47

（续）

土类	采样点数	平均值
冷漠土	1	0.73
栗钙土	195	0.85
林灌草甸土	1	1.38
山地草甸土	115	1.52
石灰（岩）土	1	3.07
石质土	1	1.09
水稻土	5	21.14
新积土	393	1.77
亚高山草甸土	3	0.81
沼泽土	1	24.72
紫色土	5	35.20
棕钙土	138	0.86
棕壤	82	12.58
棕色针叶林土	5	37.64

在青藏区的主要土壤亚类中，红壤性土的土壤有效铜含量平均值最高，为 39.83mg/kg；其次是灰化棕色针叶林土，平均值为 37.64mg/kg；典型黑毡土的有效铜含量平均值最低，为 0.07mg/kg（表 4-97）。

表 4-97 青藏区主要土壤亚类耕地土壤有效铜含量（个，mg/kg）

亚类	采样点数	平均值
暗黄棕壤	71	29.33
暗栗钙土	82	0.76
冲积土	385	1.79
淡栗钙土	16	0.78
典型暗棕壤	18	8.76
典型草甸土	20	2.16
典型草毡土	4	1.26
典型潮土	2	0.89
典型寒钙土	2	1.38
典型褐土	15	2.26
典型黑钙土	66	0.79
典型黑毡土	1	0.07
典型红壤	7	25.79
典型黄壤	4	2.36
典型黄棕壤	7	2.10

（续）

亚类	采样点数	平均值
典型灰褐土	28	1.81
典型冷钙土	1	0.47
典型栗钙土	95	0.94
典型林灌草甸土	1	1.38
典型山地草甸土	59	1.39
典型新积土	8	0.73
典型棕钙土	116	0.86
典型棕壤	79	12.98
钙质石质土	1	1.09
高山草甸土	1	1.97
高山草原土	2	0.82
高山灌丛草甸土	1	0.87
灌耕灰棕漠土	38	0.59
寒漠土	1	1.36
褐土性土	6	1.39
黑麻土	2	1.16
红壤性土	9	39.83
黄褐土性土	7	1.70
黄红壤	49	27.85
黄壤性土	1	2.53
黄色石灰土	1	3.07
灰褐土性土	10	1.43
灰化暗棕壤	6	1.99
灰化棕色针叶林土	5	37.64
冷漠土	1	0.73
淋溶褐土	22	1.54
淋溶黑钙土	4	0.97
淋溶灰褐土	6	1.58
泥炭沼泽土	1	24.72
潜育草甸土	4	1.68
山地灌丛草甸土	56	1.66
渗育水稻土	1	1.17
湿黑毡土	5	1.27
石灰性草甸土	3	1.79

（续）

亚类	采样点数	平均值
石灰性褐土	109	7.73
石灰性黑钙土	33	1.04
石灰性灰褐土	60	1.10
脱潮土	14	2.27
亚高山草甸土	1	0.78
盐化栗钙土	2	0.93
盐化棕钙土	22	0.89
燥褐土	29	1.94
中性紫色土	5	35.20
潴育水稻土	4	26.13
棕黑毡土	2	0.48
棕壤性土	3	2.14

（二）地貌类型与土壤有效铜含量

青藏区的地貌类型主要有高原、盆地、丘陵和山地。山地的土壤有效铜含量平均值最高，为 11.78mg/kg；其次是高原和丘陵，平均值分别是 2.26mg/kg 和 1.46mg/kg；盆地的土壤有效铜含量平均值最低，为 0.85mg/kg（表 4-98）。

表 4-98　青藏区不同地貌类型耕地土壤有效铜含量（个，mg/kg）

地貌类型	样本数	平均值
高原	897	2.26
盆地	204	0.85
丘陵	2	1.46
山地	511	11.78
总计	1 614	5.10

（三）成土母质与土壤有效铜含量

不同成土母质发育的土壤中，土壤有效铜含量平均值最高的是第四纪红土，为 28.22mg/kg；其次是残坡积物和湖相沉积物，平均值分别是 23.67mg/kg、12.40mg/kg；洪积物及风积物的土壤有效铜含量平均值最低，为 0.39mg/kg（表 4-99）。

表 4-99　青藏区不同成土母质耕地土壤有效铜含量（个，mg/kg）

成土母质	样本数	平均值
残积物	42	2.06
残坡积物	246	23.67
冲洪积物	153	0.84

（续）

成土母质	样本数	平均值
冲积物	178	2.04
第四纪红土	15	28.22
第四纪老冲积物	1	1.17
风化物	4	1.43
河流冲积物	35	0.95
洪冲积物	357	1.40
洪积物	283	1.65
洪积物及风积物	1	0.39
湖冲积物	5	0.64
湖积物	6	1.77
湖相沉积物	2	12.40
黄土母质	94	0.81
坡残积物	130	1.43
坡堆积物	1	1.70
坡洪积物	1	2.14
坡积物	60	1.47
总计	1 614	5.10

（四）土壤质地与土壤有效铜含量

青藏区的土壤质地中，黏土的土壤有效铜含量平均值最高，为 15.51mg/kg；中壤的土壤有效铜含量平均值最低，为 0.94mg/kg（表 4-100）。

表 4-100　青藏区不同土壤质地耕地土壤有效铜含量（个，mg/kg）

土壤质地	采样点数	平均值
黏土	156	15.51
轻壤	328	2.72
砂壤	615	1.55
砂土	182	11.56
中壤	204	0.94
重壤	129	12.86

三、土壤有效铜含量分级及变化情况

根据青藏区土壤有效铜含量状况，参照第二次土壤普查及各省（自治区）分级标准，将土壤有效铜含量划分为 5 级。通过对 1 614 个土样进行有效铜含量分级后，达一级标准的有 441 个，占全部样本数的 27.32%；达二级标准的有 613 个，占 37.98%；达三级标

青藏区耕地

准的有 428 个，占 26.52%；达四级标准的有 124 个，占 7.68%；达五级标准的有 8 个，占 0.50%（表 4-101）。

表 4-101 土壤有效铜分级样点统计（个，mg/kg，%）

等级	有效铜分级	样本数	比例	平均值
一级	>2.00	441	27.32	15.83
二级	2.00~1.00	613	37.98	1.41
三级	1.00~0.50	428	26.52	0.76
四级	0.50~0.20	124	7.68	0.40
五级	≤0.20	8	0.50	0.11
	总计	1 614	100.00	5.10

土壤有效铜一级水平共计 226.38khm²，占青藏区耕地面积的 21.21%。二级水平共计 472.00khm²，占青藏区耕地面积的 44.21%。三级水平共计 315.86khm²，占青藏区耕地面积的 29.59%。四级水平共计 36.92khm²，占青藏区耕地面积的 3.46%。五级水平共计 16.39khm²，占青藏区耕地面积的 1.54%。

按评价区统计，甘肃评价区没有一级、四级和五级水平，总面积为 162.87khm²，占青藏区耕地面积的 15.26%。青海评价区总面积为 193.51khm²，占青藏区耕地面积的 18.13%，有效铜主要分布在三级水平，共计 145.63khm²，占评价区耕地面积的 75.26%。四川评价区总面积为 197.83khm²，占青藏区耕地面积的 18.53%，有效铜主要分布在二级水平，共计 118.13khm²，占评价区耕地面积的 59.71%。西藏评价区总面积为 444.35khm²，占青藏区耕地面积的 41.62%，有效铜主要分布在二级水平，共计 296.58khm²，占评价区耕地面积的 66.75%。云南评价区只有一级分布，总面积为 69khm²，占青藏区耕地面积的 6.46%（图 4-8、表 4-102）。

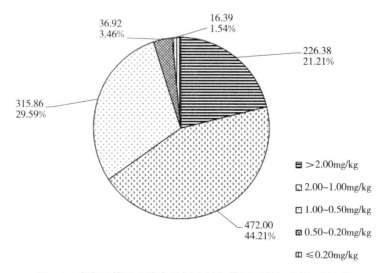

图 4-8 青藏区耕地土壤有效铜含量各等级面积与比例（khm²）

· 248 ·

表 4-102　青藏区评价区耕地土壤有效铜不同等级面积统计（khm²）

评价区	一级 >2.00mg/kg	二级 1.00~2.00mg/kg	三级 0.50~1.00mg/kg	四级 0.20~0.50mg/kg	五级 ≤0.20mg/kg	总计
甘肃评价区	0.00	48.80	114.07	0.00	0.00	162.87
青海评价区	3.13	8.49	145.63	30.67	5.59	193.51
四川评价区	61.64	118.13	17.62	0.44	0.00	197.83
西藏评价区	92.60	296.58	38.55	5.81	10.80	444.35
云南评价区	69.00	0.00	0.00	0.00	0.00	69.00
总计	226.38	472.00	315.86	36.92	16.39	1 067.56

按二级农业区统计，土壤有效铜一级水平共计 226.38khm²，占青藏区耕地面积的 21.21%，其中藏南农牧区 59.96khm²（占一级水平面积的 26.49%），川藏林农牧区 150.70khm²（占 66.57%），青藏高寒地区 12.86khm²（占 5.68%），青甘牧农区 2.85khm²（占 1.26%）。二级水平共计 472.00khm²，占青藏区耕地面积的 44.21%，其中藏南农牧区 213.48khm²（占二级水平面积的 45.23%），川藏林农牧区 180.76khm²（占 38.30%），青藏高寒地区 22.77khm²（占 4.82%），青甘牧农区 54.99khm²（占 11.65%）。三级水平共计 315.86khm²，占青藏区耕地面积的 29.59%，其中藏南农牧区 19.75khm²（占三级水平面积的 6.25%），川藏林农牧区 24.79khm²（占 7.85%），青藏高寒地区 17.41khm²（占 5.51%），青甘牧农区 253.92khm²（占 80.39%）。四级水平共计 36.92khm²，占青藏区耕地面积的 3.46%，其中藏南农牧区 4.19khm²（占四级水平面积的 11.35%），川藏林农牧区 2.06khm²（占 5.58%），青藏高寒地区 2.68khm²（占 7.26%），青甘牧农区 28khm²（占 75.84%）。五级水平共计 16.39khm²，占青藏区耕地面积的 1.54%，其中藏南农牧区 6.93khm²（占五级水平面积的 42.28%），川藏林农牧区 3.88khm²（占 23.67%），青藏高寒地区 3.47khm²（占 21.17%），青甘牧农区 2.12khm²（占 12.93%）（表 4-103）。

表 4-103　青藏区二级农业区耕地土壤有效铜不同等级面积统计（khm²）

二级农业区	一级 >2.00mg/kg	二级 1.00~2.00mg/kg	三级 0.50~1.00mg/kg	四级 0.20~0.50mg/kg	五级 ≤0.20mg/kg	总计
藏南农牧区	59.96	213.48	19.75	4.19	6.93	304.31
川藏林农牧区	150.70	180.76	24.79	2.06	3.88	362.19
青藏高寒地区	12.86	22.77	17.41	2.68	3.47	59.18
青甘牧农区	2.85	54.99	253.92	28.00	2.12	341.88
总计	226.38	472.00	315.86	36.92	16.39	1 067.56

按土壤类型统计，土壤有效铜一级水平中，面积比例最大的土类是棕壤，面积为 33.01khm²（占青藏区耕地面积的 3.09%）；土壤有效铜二级水平中，面积比例最大的土类是冷棕钙土，面积为 92.99khm²（占青藏区耕地面积的 8.71%）；土壤有效铜三级水平中，面积比例最大的土类是栗钙土，面积为 77.99khm²（占青藏区耕地面积的 7.31%）。土壤有效铜四级水平中，面积比例最大的土类是栗钙土，面积为 9.51khm²（占青藏区耕地面积的 0.89%）。土壤有效铜五级水平中，面积比例最大的土类是黑毡土，面积为 3.93khm²（占

青藏区耕地面积的 0.37%)（表 4-104)。

表 4-104　青藏区主要土壤类型耕地土壤有效铜不同等级面积统计（khm²）

土类	一级		二级		三级		四级		五级	
	>2.00 mg/kg	比例(%)	1.00～2.00 mg/kg	比例(%)	0.50～1.00 mg/kg	比例(%)	0.20～0.50 mg/kg	比例(%)	≤0.20 mg/kg	比例(%)
暗棕壤	11.20	1.05	21.96	2.06	7.91	0.74	0.04	0.00	0	0
草甸土	4.11	0.38	35.61	3.34	44.40	4.16	2.55	0.24	2.82	0.26
草甸盐土	0	0	0.51	0.05	6.51	0.61	0.90	0.08	0	0
草毡土	3.72	0.35	5.91	0.55	5.31	0.50	2.78	0.26	1.56	0.15
潮土	5.14	0.48	31.62	2.96	0.50	0.05	0	0	0	0
赤红壤	11.19	1.05	2.17	0.20	1.12	0.10	0.50	0.05	0.64	0.06
粗骨土	2.37	0.22	3.37	0.32	0.05	0.00	0	0.00	0	0
风沙土	0.01	0.00	3.81	0.36	3.68	0.34	0.89	0.08	0	0
灌漠土	0	0	0	0	0.15	0.01	0	0	0	0
灌淤土	0	0	0.21	0.02	0	0	0	0	0	0
寒冻土	0	0	0.38	0.04	0.11	0.01	0	0	0	0
寒钙土	0.25	0.02	1.95	0.18	0.77	0.07	0.02	0.00	0	0
寒漠土	0	0	0.06	0.01	0.02	0.00	0	0	0	0
褐土	18.57	1.74	49.72	4.66	16.40	1.54	0.14	0.01	0	0
黑钙土	0	0	6.14	0.57	48.37	4.53	1.70	0.16	0	0
黑垆土	0	0	0.05	0.00	0.25	0.02	0	0	0	0
黑毡土	17.18	1.61	73.78	6.91	14.20	1.33	1.79	0.17	3.93	0.37
红壤	15.33	1.44	0.34	0.03	0	0	0.05	0.00	0.09	0.01
黄褐土	0	0	0.14	0.01	0.11	0.01	0.19	0.02	0	0
黄壤	8.89	0.83	4.01	0.38	0.71	0.07	0.34	0.03	0.34	0.03
黄棕壤	28.51	2.67	4.96	0.46	1.02	0.10	0.08	0.01	0.00	0.00
灰钙土	0	0	1.26	0.12	2.73	0.26	0	0	0	0
灰褐土	15.54	1.46	47.06	4.41	27.37	2.56	1.13	0.11	0	0
灰化土	0.03	0.00	0.00	0.00	0	0	0	0	0	0
灰棕漠土	0	0	0.02	0.00	3.12	0.29	3.40	0.32	0.03	0.00
冷钙土	1.21	0.11	12.92	1.21	4.76	0.45	0.34	0.03	0.61	0.06
冷漠土	0	0	0.01	0.00	0.11	0.01	0	0	0	0
冷棕钙土	5.86	0.55	92.99	8.71	1.86	0.17	0	0	0	0
栗钙土	0	0	8.35	0.78	77.99	7.31	9.51	0.89	0	0
林灌草甸土	0.09	0.01	0.50	0.05	0	0	0	0	0	0
漠境盐土	0	0	0.36	0.03	0	0	0.11	0.01	0	0
山地草甸土	0.46	0.04	15.85	1.48	7.60	0.71	1.39	0.13	1.38	0.13
石灰（岩）土	1.12	0.10	0.65	0.06	0	0	0	0	0	0

（续）

土类	一级		二级		三级		四级		五级	
	>2.00 mg/kg	比例 (%)	1.00~2.00 mg/kg	比例 (%)	0.50~1.00 mg/kg	比例 (%)	0.20~0.50 mg/kg	比例 (%)	≤0.20 mg/kg	比例 (%)
石质土	0	0	0.02	0.00	0	0	0	0	0	0
水稻土	4.92	0.46	0.69	0.06	0	0	0	0	0	0
新积土	0.44	0.04	4.49	0.42	0.74	0.07	0.54	0.05	0.05	0
沼泽土	0.91	0.09	1.20	0.11	0.31	0.03	0.28	0.03	0	0
砖红壤	30.14	2.82	7.08	0.66	0.62	0.06	0.50	0.05	2.84	0.27
紫色土	2.00	0.19	0	0	0	0	0	0	0	0
棕钙土	2.72	0.25	4.32	0.40	30.98	2.90	7.68	0.72	2.10	0.20
棕壤	33.01	3.09	27.29	2.56	6.08	0.57	0.10	0.01	0	0
棕色针叶林土	1.47	0.14	0.22	0.02	0.03	0.00	0	0	0	0

四、土壤有效铜调控

铜参与酶的组成，影响花器官发育，具有增强光合作应，有利于作物的生长发育，增强作物的抗病力，提高作物抗寒抗旱性的作用。当土壤中有效铜含量＜0.5mg/kg时，作物从土壤中吸收的铜不足，缺铜时作物顶端枯萎，节间缩短，叶尖发白，叶片出现失绿现象，叶片变窄、变薄、扭曲，繁殖器官发育受阻，结实率低。土壤供铜过量，作物铜中毒时会导致缺铁，呈现缺铁症状，叶尖及边缘焦枯，至植株枯死。调控土壤有效铜一般用铜肥。

铜肥有硫酸铜、氧化亚铜、含铜矿渣等，以硫酸铜价格最低最为有效。在缺铜土壤上，可基施、叶面喷施、浸种和拌种。水溶性铜肥如硫酸铜可用作基肥、拌种、浸种，其他铜肥只适于作基肥。基肥每公顷用7.5~15kg千克，施用时将铜肥均匀撒于地表，随翻耕入土。硫酸铜叶面喷施浓度在0.02%以下，浸种浓度为0.01%～0.05%。拌种时每千克种子可拌硫酸铜2~4g。

青藏区土壤酸化严重，在有效铜过量的土壤中，大量铜元素积累于根部会抑制细胞分裂、抑制根生长，从而影响整个植株的生长，使植株矮小、叶片失绿、变黄，光合作用下降。高浓度铜会降低种子的发芽率，影响种子代谢，造成幼根颜色变褐变黑。施用石灰，提高土壤pH，增施铁肥可有效防止铜毒害。

第九节　土壤有效锌

锌在植物体内主要是作为酶的金属活化剂，最早发现的含锌金属酶是碳酸酐酶，这种酶在植物体内分布很广，主要存在于叶绿体中。它催化二氧化碳的水合作用，促进光合作用中二氧化碳的固定，缺锌使碳酸酐酶的活性降低。因此，锌对碳水化合物的形成发挥了重要作用。

锌在植物体内还参与生长素（吲哚乙酸）的合成，缺锌时，植物体内的生长素含量有所降低，生长发育出现停滞状态，茎节缩短，植株矮小，叶片扩展伸长受到阻滞，形成小叶，并呈叶簇状。叶脉间出现淡绿色、黄色或白色锈斑，特别在老叶上，在田间可见植株高低不齐，成熟期推迟，果实发育不良。

一、土壤有效锌含量及其空间差异

（一）土壤有效锌含量概况

共对1 606个土样进行有效锌测试分析，土壤有效锌含量平均值为1.98mg/kg，根据青藏区耕地质量监测指标分级标准属三级标准，有效锌平均含量处于中等水平（表4-105）。

表4-105　青藏区耕地土壤有效锌含量（个，mg/kg）

样本数	平均值
1 606	1.98

（二）土壤有效锌含量的区域分布

1. 不同二级农业区耕地土壤有效锌含量分布　青藏区共有4个二级农业区，其中土壤有效锌含量最低区为川藏林农牧区，平均含量为0.87mg/kg，占32.71%，属三级标准；最高区为青藏高寒地区，平均含量为11.83mg/kg，占36.06%，属一级标准（表4-106）。

表4-106　青藏区不同二级农业区耕地土壤有效锌含量（个，mg/kg，%）

二级农业区	样本数	比例	平均值
藏南农牧区	462	28.62	1.78
青藏高寒地区	582	36.06	11.83
青甘牧农区	42	2.60	1.33
川藏林农牧区	528	32.71	0.87
总计	1 614	100.00	5.10

2. 不同评价区耕地土壤有效锌含量分布　青藏区不同评价区的土壤有效锌平均含量处于三级标准，其中云南评价区和青海评价区有效锌含量的平均值较高，属二级标准，处于较高水平（表4-107）。

表4-107　青藏区不同评价区耕地土壤有效锌含量（个，mg/kg，%）

评价区	样本数	比例	平均值
甘肃评价区	167	10.40	1.39
青海评价区	385	23.97	2.30
四川评价区	135	8.41	1.81
西藏评价区	710	44.21	1.76
云南评价区	209	13.01	2.71
总计	1 606	100.00	1.98

3. 不同评价区地级市及省辖县耕地土壤有效锌含量分布　不同评价区地级市及省辖县中，以青海评价区海南藏族自治州的土壤有效锌含量最高，平均值为5.67mg/kg，属一级

标准，处于高水平；其次是云南评价区迪庆藏族自治州和西藏评价区昌都市，平均值分别为
3.38mg/kg、3.33mg/kg，属二级标准，处于较高水平；青海评价区玉树藏族自治州的土壤
有效锌含量最低，平均值为 0.30mg/kg，属五级标准，处于低水平；其余各地级市及省辖
县介于 0.68～3.21mg/kg 之间（表 4-108）。

表 4-108　青藏区不同评价区地级市及省辖县耕地土壤有效锌含量（个，mg/kg）

评价区	地级市/省辖县	采样点数	平均值
甘肃评价区	甘南藏族自治州	81	1.36
	武威市	86	1.41
青海评价区	海北藏族自治州	89	1.01
	海南藏族自治州	120	5.67
	海西藏族蒙古族自治州	172	0.68
	玉树藏族自治州	4	0.30
四川评价区	阿坝藏族羌族自治州	56	2.29
	甘孜藏族自治州	60	1.52
	凉山彝族自治州	19	1.32
西藏评价区	阿里地区	6	1.25
	昌都市	177	3.33
	拉萨市	131	1.30
	林芝市	51	3.21
	那曲市	11	2.54
	日喀则市	231	0.80
	山南市	103	1.04
云南评价区	迪庆藏族自治州	147	3.38
	怒江州	62	1.12

二、土壤有效锌含量及其影响因素

（一）土壤类型与土壤有效锌含量

在青藏区主要土壤类型中，土壤有效锌含量以栗钙土的含量最高，平均值为
2.98mg/kg，属二级标准，处于较高水平。风沙土的含量最低，平均值为 0.79mg/kg，属
四级标准，处于较低水平，其余土类土壤有效锌平均含量值介于 0.79～2.64mg/kg 之间
（表 4-109）。

表 4-109　青藏区主要土壤类型耕地土壤有效锌含量（个，mg/kg）

土类	采样点数	平均值
暗棕壤	1 803	2.22
草甸土	4 264	1.36

（续）

土类	采样点数	平均值
草甸盐土	311	0.80
草毡土	1 813	1.21
潮土	3 682	0.83
赤红壤	3 059	1.57
粗骨土	104	1.29
风沙土	670	0.79
灌漠土	4	1.23
灌淤土	8	1.61
寒冻土	57	1.37
寒钙土	226	1.12
寒漠土	4	1.30
褐土	5 373	2.64
黑钙土	1 493	1.07
黑垆土	16	1.09
黑毡土	13 064	1.49
红壤	393	1.47
黄褐土	6	1.21
黄壤	1 890	1.56
黄棕壤	1 336	1.80
灰钙土	115	1.17
灰褐土	5 060	2.01
灰化土	8	2.64
灰棕漠土	210	0.80
冷钙土	1 764	0.97
冷漠土	18	1.15
冷棕钙土	12 677	0.79
栗钙土	2 888	2.98
林灌草甸土	140	1.03
漠境盐土	59	1.04
山地草甸土	2 846	0.96
石灰（岩）土	21	2.10
石质土	6	1.08
水稻土	181	1.88
新积土	1 165	0.86

土类	采样点数	平均值
沼泽土	278	1.19
砖红壤	2 154	1.61
紫色土	31	1.66
棕钙土	835	2.36
棕壤	3 074	2.29
棕色针叶林土	49	2.29

在青藏区的主要土壤亚类中，暗栗钙土的土壤有效锌平均含量最高，为 4.32mg/kg；其次是褐土性土，为 2.87mg/kg；盐化栗钙土的土壤有效锌平均含量最低，为 0.48mg/kg；其余亚类介于 0.54～2.76mg/kg（表 4-110）。

表 4-110 青藏区主要土壤亚类耕地土壤有效锌含量（个，mg/kg）

亚类	采样点数	平均值
暗寒钙土	71	1.08
暗黄棕壤	601	1.81
暗冷钙土	230	1.16
暗栗钙土	1 327	4.32
薄草毡土	14	1.14
薄黑毡土	350	1.76
残余盐土	59	1.04
草甸盐土	2	0.84
草甸沼泽土	221	1.23
草原风沙土	176	1.14
潮褐土	17	2.20
冲积土	1 149	0.85
淡寒钙土	27	1.40
淡灰钙土	25	1.05
淡冷钙土	77	1.27
淡栗钙土	244	1.85
典型暗棕壤	1 803	2.22
典型草甸土	2 854	1.26
典型草毡土	1 397	1.12
典型潮土	2 693	0.81
典型灌漠土	4	1.23
典型灌淤土	8	1.61
典型寒钙土	128	1.09

（续）

亚类	采样点数	平均值
典型褐土	829	2.58
典型黑钙土	702	0.99
典型黑毡土	9 556	1.55
典型红壤	12	1.59
典型黄壤	1 883	1.56
典型黄棕壤	722	1.79
典型灰钙土	90	1.20
典型灰褐土	1 848	2.29
典型灰棕漠土	5	1.22
典型冷钙土	1 457	0.92
典型冷棕钙土	12 665	0.79
典型栗钙土	1 313	1.84
典型林灌草甸土	140	1.03
典型山地草甸土	100	1.15
典型新积土	16	1.25
典型沼泽土	25	0.95
典型棕钙土	690	2.71
典型棕壤	2 941	2.29
典型棕色针叶林土	47	2.31
腐泥沼泽土	24	0.54
钙质粗骨土	11	1.25
钙质石质土	6	1.08
灌耕灰棕漠土	205	0.79
硅质岩粗骨土	52	0.77
寒冻土	57	1.37
寒漠土	4	1.30
褐土性土	806	2.87
黑麻土	16	1.09
黑色石灰土	5	1.34
红壤性土	43	2.08
红色石灰土	1	1.31
荒漠风沙土	494	0.66
黄褐土性土	6	1.21
黄红壤	338	1.39

（续）

亚类	采样点数	平均值
黄壤性土	7	2.49
黄色赤红壤	3 059	1.57
黄色石灰土	4	1.90
黄色砖红壤	2 154	1.61
黄棕壤性	13	1.50
灰褐土性土	652	2.70
灰化土	8	2.64
灰化棕色针叶林土	2	1.89
冷漠土	18	1.15
淋淀冷棕钙土	12	1.13
淋溶褐土	1 095	2.25
淋溶黑钙土	192	1.13
淋溶灰褐土	1 688	1.69
泥炭沼泽土	8	2.66
潜育草甸土	184	1.05
山地草原草甸土	637	0.83
山地灌丛草甸土	2 109	0.99
湿草毡土	1	1.17
湿潮土	395	0.82
石灰性草甸土	1 209	1.64
石灰性褐土	2 519	2.76
石灰性黑钙土	599	1.15
石灰性灰褐土	872	1.53
石灰性紫色土	10	1.79
酸性粗骨土	12	1.50
脱潮土	593	0.94
淹育水稻土	53	1.66
盐化草甸土	17	0.95
盐化潮土	1	0.67
盐化栗钙土	4	0.48
盐化棕钙土	145	0.68
燥褐土	107	2.72
沼泽盐土	309	0.80
中性粗骨土	29	2.16

（续）

亚类	采样点数	平均值
中性紫色土	21	1.59
潴育水稻土	128	1.97
棕草毡土	400	1.53
棕黑毡土	3 159	1.28
棕壤性土	133	2.12
棕色石灰土	11	2.59

（二）地貌类型与土壤有效锌含量

青藏区的地貌类型主要有高原、盆地、平原、丘陵和山地。丘陵的土壤有效锌平均含量最高，为 3.85mg/kg；其次是山地和高原，分别是 2.18mg/kg 和 2.08mg/kg，均属于二级标准，处于较高水平；盆地的土壤有效锌平均含量最低，为 0.85mg/kg，属四级标准，处于较低水平（表 4-111）。

表 4-111　青藏区不同地貌类型耕地土壤有效锌含量（个，mg/kg）

地貌类型	样本数	平均值
高原	897	2.08
盆地	204	1.02
丘陵	2	3.85
山地	503	2.18
总计	1 606	1.98

（三）成土母质与土壤有效锌含量

青藏区不同成土母质发育的土壤中，土壤有效锌含量平均值最高的是黄土母质，为 4.08mg/kg，属一级标准，处于高水平；其次是坡残积物和河流冲积物，平均值分别为 3.38mg/kg 和 3.24mg/kg，属二级标准，处于较高水平；洪积物及风积物的土壤有效锌含量平均值最低，为 0.001mg/kg，属五级标准，处于低水平（表 4-112）。

表 4-112　青藏区不同成土母质耕地土壤有效锌含量（个，mg/kg）

成土母质	样本数	平均值
残积物	40	2.06
残坡积物	246	2.46
冲洪积物	153	0.74
冲积物	176	1.29
第四纪红土	15	2.24
第四纪老冲积物	1	0.93
风化物	4	0.89

（续）

成土母质	样本数	平均值
河流冲积物	35	3.24
洪冲积物	357	2.17
洪积物	283	1.13
洪积物及风积物	1	0.001
湖冲积物	5	0.48
湖积物	6	0.72
湖相沉积物	2	1.68
黄土母质	94	4.08
坡残积物	128	3.38
坡堆积物	1	3.05
坡洪积物	1	1.08
坡积物	58	1.36
总计	1 606	1.98

（四）土壤质地与土壤有效锌含量

青藏区不同土壤质地中，砂壤的土壤有效锌含量最高，平均值为 2.37mg/kg，属二级标准，处于较高水平；其次是砂土和轻壤，平均值分别为 2.06mg/kg 和 1.74mg/kg；黏土和中壤土壤有效锌含量平均值分别为 1.73 和 1.69mg/kg；重壤土壤有效锌含量最低，平均值为 1.39mg/kg，属三级标准，处于中等水平（表 4-113）。

表 4-113　青藏区不同土壤质地耕地土壤有效锌含量（个，mg/kg）

土壤质地	采样点数	比例	平均值
黏土	156	9.71	1.73
轻壤	325	20.24	1.74
砂壤	612	38.11	2.37
砂土	182	11.33	2.06
中壤	203	12.64	1.69
重壤	128	7.97	1.39
总计	1 606	100.00	1.98

三、土壤有效锌含量分级与变化情况

根据青藏区土壤有效锌含量状况，参照第二次土壤普查及各省（自治区）分级标准，将土壤有效锌含量划分为 5 级。通过对 1 606 个土样进行有效锌含量分级后，达一级标准的有177 个，占 8.22%；达二级标准的有 240 个，占 14.94%；达三级标准的有 429 个，占26.71%；达四级标准的有 495 个，占 30.82%；达五级标准的有 265 个，占 16.50%。占比最高为四级标准，占比最低为一级标准（表 4-114）。

表 4-114　土壤有效锌分级样点统计（个，mg/kg，%）

等级	分级	样本数	比例	平均值
一级	>4.00	177	11.02	8.22
二级	2.00~4.00	240	14.94	2.78
三级	1.00~2.00	429	26.71	1.41
四级	0.50~1.00	495	30.82	0.73
五级	≤0.50	265	16.50	0.36
总计		1 606	100.00	1.98

青藏区土壤有效锌达到三级水平的面积最多，为 483.45km²，占青藏区耕地面积的 45.29%；达到五级水平的面积最少，为 37.88km²，占青藏区耕地总面积的 3.55%（表 4-115）。

表 4-115　青藏区耕地土壤有效锌含量各等级面积与比例（mg/kg，km²，%）

等级	分级	面积	比例
一级	>4.00	52.17	4.89
二级	2.00~4.00	175.01	16.39
三级	1.00~2.00	483.45	45.29
四级	0.50~1.00	319.05	29.89
五级	≤0.50	37.88	3.55
总计		1 067.56	100.00

按评价区统计，土壤有效锌一级水平中青海评价区面积最大，为 42.73km²，占青藏区耕地面积的 4.0%，其次为西藏评价区，面积为 8.15km²，占青藏区耕地面积的 0.76%，云南评价区面积为 1.29km²，占青藏区耕地面积的 0.12%，甘肃评价区和四川评价区没有一级水平有效锌的分布（表 4-116）。二级水平中四川评价区面积最大，为 70.28km²，占青藏区耕地面积的 6.85%，其次为西藏评价区和云南评价区，分别占青藏区耕地面积的 6.54% 和 2.65%，青海评价区面积最小，为 6.64km²，占青藏区耕地面积的 0.62%，甘肃评价区没有二级水平有效锌的分布；三级水平中西藏评价区面积最大，为 163.87km²，占青藏区耕地面积的 15.35%，其次为甘肃评价区、四川评价区和青海评价区，分别占青藏区耕地面积的 12.19%、9.95% 和 5.22%，云南评价区面积最小，为 27.55km²，占青藏区耕地面积的 2.58%；四级水平中西藏评价区面积最大，为 187.36km²，占青藏区耕地面积的 17.55%，其次为青海评价区、甘肃评价区和四川评价区，分别占青藏区耕地面积的 6.16%、3.07% 和 2.00%，云南评价区面积最小，为 11.88km²，占青藏区耕地面积的 1.11%；五级水平中青海评价区面积最大，为 22.72km²，占青藏区耕地面积的 2.13%，其次为西藏评价区，面积为 15.17km²，占青藏区耕地面积的 1.42%，甘肃评价区、四川评价区和云南评价区没有五级水平有效锌的分布（图 4-9、表 4-116）。

甘肃评价区没有一级和五级水平土壤有效锌的分布，三级水平土壤有效锌面积最大，为130.13khm²，占甘肃评价区的79.89%，四级水平面积为32.76khm²，占甘肃评价区的20.11%；青海评价区四级水平面积最大为65.73khm²，占青海评价区的33.97%，其次为三级、一级和五级水平，分别占青海评价区面积的28.78%、22.08%和11.74%，二级水平面积最小，为6.64khm²，占青海评价区的3.43%；四川评价区土壤有效锌面积大小的顺序为三级、二级和四级，分别占四川评价区面积的53.69%、35.53%和10.78%，四川评价区没有一级和五级水平有效锌面积的分布。西藏评价区土壤有效锌面积从大到小依次为四级、三级、二级、五级和一级，分别占西藏评价区的42.16%、36.88%、15.71%、3.41%和1.83%。云南评价区土壤有效锌面积从大到小依次为二级、三级、四级和一级，分别占云南评价区面积的40.99%、39.93%、17.22%和1.86%，云南评价区没有五级水平有效锌面积的分布。

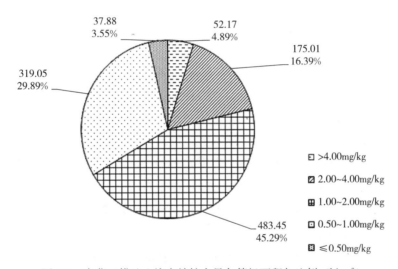

图4-9　青藏区耕地土壤有效锌含量各等级面积与比例（khm²）

表4-116　青藏区评价区耕地土壤有效锌不同等级面积统计（khm²）

评价区	一级 >4.0mg/kg	二级 2.0~4.0mg/kg	三级 1.0~2.0mg/kg	四级 0.5~1.0mg/kg	五级 ≤0.50mg/kg	总计
甘肃评价区	0.00	0.00	130.12	32.76	0.00	162.87
青海评价区	42.73	6.64	55.69	65.73	22.72	193.51
四川评价区	0.00	70.28	106.22	21.33	0.00	197.83
西藏评价区	8.15	69.80	163.87	187.36	15.17	444.35
云南评价区	1.29	28.29	27.55	11.88	0.00	69.00
总计	52.17	175.01	483.45	319.05	37.88	1 067.56

按二级农业区统计，土壤有效锌一级水平中青甘牧农区面积最大，为42.49khm²，占青藏区耕地面积的3.98%，其次为川藏林农牧区和青藏高寒地区，分别占青藏区耕地面积的0.88%和0.02%，藏南农牧区没有一级水平有效锌的分布。二级水平中川藏林农牧区面积最大，为156.80khm²，占青藏区耕地面积的14.69%，其次为青藏高寒地区、青甘牧农

区和藏南农牧区，分别占 0.81%、0.61% 和 0.29%；三级水平中面积大小依次为青甘牧农区、川藏林农牧区、藏南农牧区、青藏高寒地区，分别占 16.67%、15.85%、9.28% 和 3.49%；四级水平中面积大小依次为藏南农牧区、青甘牧农区、川藏林农牧区和青藏高寒地区，分别占青藏区耕地面积的 17.52%、9.10%、2.50% 和 0.77%；五级水平中面积大小依次为青甘牧农区、藏南农牧区和青藏高寒地区，分别占青藏区耕地面积的 1.67%、1.42% 和 0.46%，川藏林农牧区没有五级水平有效锌的分布（表 4-117）。

表 4-117　青藏区二级农业区耕地土壤有效锌不同等级面积统计（khm²）

二级农业区	一级 >4.0mg/kg	二级 2.0～4.0mg/kg	三级 1.0～2.0mg/kg	四级 0.5～1.0mg/kg	五级 ≤0.50mg/kg	总计
藏南农牧区	0.00	3.05	99.04	187.06	15.17	304.31
川藏林农牧区	9.43	156.80	169.24	26.71	0.00	362.19
青藏高寒地区	0.25	8.60	37.24	8.17	4.92	59.18
青甘牧农区	42.49	6.56	177.93	97.11	17.80	341.88
总计	52.17	175.01	483.45	319.05	37.88	1 067.56

按土壤类型统计，黑毡土面积最大，为 110.88khm²，占青藏区耕地面积的 10.39%，其中四级面积最大，为 44.38khm²，占黑毡土总面积的 40.02%，其次为三级、二级和一级，各占黑毡土总面积的 32.34%、25.24% 和 2.33%，五级面积最小，为 0.08khm²，占黑毡土总面积的 0.07%；草毡土面积最小，为 19.29khm²，占青藏区耕地面积的 1.81%，其中三级面积最大，为 8.05khm²，占草毡土总面积的 41.73%，其次为四级、二级和五级，各占草毡土总面积的 32.31%、13.65% 和 9.43%，一级面积最小，为 0.55khm²，占草毡土总面积的 2.87%（表 4-118）。

表 4-118　青藏区主要土壤类型耕地土壤有效锌不同等级面积统计（khm²）

土类	一级 >4.0 mg/kg	比例 (%)	二级 2.0～4.0 mg/kg	比例 (%)	三级 1.0～2.0 mg/kg	比例 (%)	四级 0.5～1.0 mg/kg	比例 (%)	五级 ≤0.50 mg/kg	比例 (%)	总计	占比
黑毡土	2.58	2.33	27.99	25.24	35.85	32.34	44.38	40.02	0.08	0.07	110.88	10.39
冷棕钙土	0.00	0.00	0.39	0.39	17.04	16.92	71.06	70.56	12.23	12.14	100.71	9.43
栗钙土	25.00	26.08	2.54	2.65	35.95	37.51	27.99	29.21	4.37	4.56	5.85	8.98
灰褐土	0.05	0.05	38.58	42.35	49.61	54.45	2.87	3.15	0.00	0.00	91.10	8.53
草甸土	1.63	1.82	5.46	6.10	53.35	59.62	27.36	30.57	1.70	1.90	89.49	8.38
褐土	4.36	5.14	28.67	33.80	43.36	51.12	8.43	9.94	0.00	0.00	84.83	7.95
棕壤	1.14	1.71	28.79	43.30	35.05	52.72	1.51	2.27	0.00	0.00	66.49	6.23
黑钙土	0.00	0.00	0.26	0.46	41.99	74.70	13.96	24.84	0.00	0.00	56.21	5.27
棕钙土	15.35	32.11	2.43	5.08	0.84	1.76	19.30	40.37	9.89	20.68	47.80	4.48
砖红壤	0.00	0.00	0.00	0.00	41.18	100.00	0.00	0.00	0.00	0.00	41.18	3.86
暗棕壤	1.00	2.44	13.91	33.84	23.39	56.92	2.80	6.80	0.00	0.00	41.10	3.85
潮土	0.00	0.00	0.12	0.33	5.64	15.15	29.83	80.05	1.67	4.48	37.26	3.49

（续）

| 土类 | 一级 | | 二级 | | 三级 | | 四级 | | 五级 | | 总计 | 占比 |
	>4.0 mg/kg	比例 (%)	2.0~4.0 mg/kg	比例 (%)	1.0~2.0 mg/kg	比例 (%)	0.5~1.0 mg/kg	比例 (%)	≤0.50 mg/kg	比例 (%)		
黄棕壤	0.00	0.00	11.52	33.33	19.39	56.09	3.66	10.58	0.00	0.00	34.57	3.24
山地草甸土	0.05	0.18	0.08	0.30	9.76	36.58	14.43	54.08	2.36	8.86	26.69	2.50
冷钙土	0.00	0.00	0.00	0.00	8.07	40.65	11.78	59.35	0.00	0.00	19.84	1.86
草毡土	0.55	2.87	2.63	13.65	8.05	41.73	6.23	32.31	1.82	9.43	19.29	1.81

四、土壤有效锌调控

锌是植物正常生长发育所必需的微量营养元素，也是植物某些酶的成分。与叶绿素及生长素物质合成有关，在促进光合作用和碳水化合物的转化中具有重要作用。锌是植物必需的微量元素之一。锌元素以阳离子 Zn^{2+} 形态被植物吸收。锌在植物中的移动性属中等。锌在作物体内间接影响着生长素的合成，当作物缺锌时茎和芽中的生长素含量减少，生长处于停滞状态，植株矮小；同时锌也是许多酶的活化剂，通过对植物碳、氮代谢产生广泛的影响，因此有助于光合作用；施用锌肥还可增强植物的抗逆性，提高籽粒重量，改变籽实与茎秆的比率。对缺锌比较敏感的作物有：玉米、水稻、甜菜、大豆、菜豆、柑橘、梨、桃、番茄等，其中以玉米和水稻最为敏感。施用锌肥对防治玉米缺锌"花白苗"以及果树小叶病有明显作用。通常土壤中有效锌的含量占全锌含量的百分之一左右。土壤中的锌可分为水溶态锌、代换态锌、难溶态锌和有机态锌。

锌肥是指具有锌标明量，以提供植物锌养分的肥料。最常用的锌肥是七水硫酸锌、一水硫酸锌和氧化锌，其次是氯化锌、含锌玻璃肥料，木质素磺酸锌、环烷酸锌乳剂和螯合锌均可作为锌肥。后3种为有机态锌肥，易溶于水。锌肥施用的效果因作物种类和土壤条件而异，只有在缺锌的土壤和对缺锌反应敏感的作物上施用，才有稳定而较好的肥效。锌肥可作基肥、种肥和根外追肥，也可用于浸种或拌种。对木本植物如果树，还可采用注射法施肥。氧化锌可配成悬浮液作水稻蘸秧根。

第十节 土壤有效钼

一、土壤有效钼含量及其空间差异

（一）土壤有效钼含量概况

共对1 598个土样进行有效钼测试分析，土壤有效钼含量平均值为0.32mg/kg（表4-119）。

表4-119 青藏区耕地土壤有效钼含量（个，mg/kg）

样本数	平均值
1 598	0.32

通过对 1 598 个土样进行土壤有效钼含量分级后，达一级标准的有 512 个，占 32.22%；达二级标准的有 203 个，占 12.78%；达三级标准的有 292 个，占 18.38%；达四级标准的有 377 个，占 23.73%；达五级标准的有 205 个，占 12.90%。占比最高为一级标准，占比最低为二级标准（表 4-120）。

表 4-120　土壤有效钼分级样点统计（个，mg/kg，%）

等级	有效钼分级	样本数	比例	平均值
一级	>0.20	512	32.22	0.80
二级	0.15~0.20	203	12.78	0.17
三级	0.10~0.15	292	18.38	0.12
四级	0.05~0.10	377	23.73	0.08
五级	<0.05	205	12.90	0.03
总计		1 589	100.00	0.32

（二）土壤有效钼含量的区域分布

1. 不同二级农业区耕地土壤有效钼含量分布　青藏区共有 4 个二级农业区，其中土壤有效钼含量最低区为青藏高寒地区，平均含量为 0.17mg/kg，占 2.50%，属三级标准；最高区为川藏林农牧区，平均含量为 0.46mg/kg，占 36.42%，属一级标准（表 4-121）。

表 4-121　青藏区不同二级农业区耕地土壤有效钼含量（个，mg/kg，%）

二级农业区	样本数	比例	平均值
甘肃农牧区	462	28.91	0.20
川藏林农牧区	582	36.42	0.46
青藏高寒地区	40	2.50	0.16
青甘牧农区	514	32.17	0.29
总计	1 598	100.00	0.32

2. 不同评价区耕地土壤有效钼含量分布　通过对不同评价区的土壤有效钼平均含量进行分析，青海评价区土壤有效钼平均含量最低 0.10mg/kg，占 23.09%，属四级标准；其次为四川评价区、西藏评价区，土壤有效钼含量平均值为 0.16mg/kg 和 0.18mg/kg，分别占 8.95%、44.43%，属三级标准；甘肃评价区、云南评价区的土壤有效钼平均含量丰富，分别为 0.68mg/kg、1.02mg/kg，分别占 10.45%、13.08%，属一级标准（表 4-122）。

表 4-122　青藏区不同评价区耕地土壤有效钼含量（个，mg/kg，%）

评价区	样本数	比例	平均值
甘肃评价区	167	10.45	0.68
青海评价区	369	23.09	0.10
四川评价区	143	8.95	0.16
西藏评价区	710	44.43	0.18

（续）

评价区	样本数	比例	平均值
云南评价区	209	13.08	1.02
总计	1 598	100.00	0.32

3. 不同评价区地级市及省辖县耕地土壤有效钼含量分布　不同评价区地级市及省辖县中，以云南评价区迪庆藏族自治州的土壤有效钼平均含量最高，为 1.10mg/kg；其次是云南评价区怒江州，为 0.83mg/kg；青海评价区海西藏族蒙古族自治州的土壤有效钼平均含量最低，为 0.05mg/kg（表 4-123）。

表 4-123　青藏区不同评价区地级市及省辖县耕地土壤有效钼含量（个，mg/kg，%）

评价区	地级市/省辖县	采样点数	平均值
甘肃评价区	甘南藏族自治州	81	0.48
	武威市	86	0.87
青海评价区	海北藏族自治州	75	0.13
	海南藏族自治州	120	0.15
	海西蒙古族藏族自治州	172	0.05
	玉树藏族自治州	2	0.19
四川评价区	阿坝藏族羌族自治州	61	0.14
	甘孜藏族自治州	62	0.17
	凉山彝族自治州	20	0.15
西藏评价区	阿里地区	6	0.29
	昌都市	177	0.12
	拉萨市	131	0.28
	林芝市	51	0.23
	那曲市	11	0.08
	日喀则市	231	0.15
	山南市	103	0.18
云南评价区	迪庆藏族自治州	147	1.10
	怒江州	62	0.83

二、土壤有效钼含量及其影响因素

（一）土壤类型与土壤有效钼含量

青藏区主要土壤类型中，土壤有效钼含量以冷钙土的含量最高，平均值为 1.20mg/kg，属于一级标准；沼泽土的含量最低，平均值为 0.04mg/kg，属于五级标准；其余土类有效钼含量平均值见表 4-124。

表 4-124　青藏区主要土壤类型耕地土壤有效钼含量（个，mg/kg）

土类	采样点数	平均值
新积土	393	0.19
褐土	181	0.27
栗钙土	180	0.41
山地草甸土	138	0.06
灰褐土	115	0.16
黑钙土	104	0.27
棕壤	103	0.37
黄棕壤	82	0.53
红壤	78	1.09
灰棕漠土	65	0.95
草甸土	38	0.05
暗棕壤	27	0.27
潮土	24	0.27
黄褐土	16	0.18
黑毡土	7	0.18
黄壤	7	0.05
水稻土	5	0.14
紫色土	5	0.57
棕色针叶林土	5	0.53
草毡土	5	0.22
亚高山草甸土	4	0.06
黑垆土	3	0.65
高山草甸土	2	0.13
寒钙土	2	0.54
石灰（岩）土	2	0.08
林灌草甸土	1	0.10
石质土	1	0.07
寒漠土	1	0.08
沼泽土	1	0.04
冷钙土	1	1.20
冷漠土	1	0.17
风沙土	1	0.08
总计	1 598	0.32

在青藏区的土壤亚类中，典型红壤的土壤有效钼含量平均值最高，为 1.29mg/kg，属于一级标准；棕黑毡土的土壤有效钼含量平均值最低，为 0.02mg/kg，属于五级标准；其余亚类见表 4-125。

表 4-125　青藏区主要土壤亚类耕地土壤有效钼含量（个，mg/kg）

亚类	采样点数	平均值
冲积土	385	0.19
典型棕钙土	116	0.06
石灰性褐土	109	0.31
典型栗钙土	95	0.54
典型棕壤	79	0.54
暗黄棕壤	71	1.18
暗栗钙土	71	0.28
典型黑钙土	66	0.21
石灰性灰褐土	60	0.39
典型山地草甸土	59	0.11
山地灌丛草甸土	56	0.20
黄红壤	49	0.87
灌耕灰棕漠土	38	0.05
石灰性黑钙土	33	0.74
燥褐土	29	0.17
典型灰褐土	28	0.10
淋溶褐土	22	0.30
盐化棕钙土	22	0.05
典型草甸土	20	0.24
典型暗棕壤	18	0.30
典型褐土	15	0.22
脱潮土	14	0.19
淡栗钙土	12	0.08
灰褐土性土	10	0.12
红壤性土	9	1.14
典型新积土	8	0.12
典型黄棕壤	7	0.14
典型红壤	7	1.29
黄褐土性土	7	0.18
褐土性土	6	0.11
淋溶灰褐土	6	0.11
灰化暗棕壤	6	0.17

（续）

亚类	采样点数	平均值
湿黑毡土	5	0.06
中性紫色土	5	0.53
灰化棕色针叶林土	5	0.22
典型草毡土	4	0.06
潜育草甸土	4	0.35
潴育水稻土	4	0.69
典型黄壤	4	0.13
淋溶黑钙土	4	0.03
棕壤性土	3	0.16

（二）地貌类型与土壤有效钼含量

青藏区的地貌类型主要有高原、盆地、丘陵、山地。山地的土壤有效钼含量平均值最高，为 0.60mg/kg；其次是高原和丘陵，平均值分别为 0.29mg/kg、0.21mg/kg，均属于一级标准；盆地的土壤有效钼含量平均值最低，为 0.10mg/kg，属于三级标准（表 4-126）。

表 4-126　青藏区不同地貌类型耕地土壤有效钼含量（个，mg/kg）

地貌类型	采样点数	平均值
高原	881	0.21
盆地	204	0.10
丘陵	2	0.29
山地	511	0.60
总计	1 598	0.32

（三）成土母质与土壤有效钼含量

不同成土母质发育的土壤中，土壤有效钼含量平均值最高的是湖相沉积物，为 1.20mg/kg，其次是第四纪红土，平均值为 1.09mg/kg，均属于一级标准；洪积物及风积物的土壤有效钼含量平均值最低，为 0.05mg/kg，属于四级标准；其余成土母质的有效钼含量平均值在 0.08～0.89mg/kg 之间（表 4-127）。

表 4-127　青藏区不同成土母质耕地土壤有效钼含量（个，mg/kg）

成土母质	采样点数	平均值
残积物	42	0.16
残坡积物	246	0.89
冲洪积物	153	0.08
冲积物	178	0.16
第四纪红土	15	1.09

（续）

成土母质	采样点数	平均值
第四纪老冲积物	1	0.12
风化物	4	0.15
河流冲积物	35	0.38
洪冲积物	348	0.33
洪积物	283	0.21
洪积物及风积物	1	0.05
湖积物	6	0.10
湖相沉积物	1	1.20
黄土母质	94	0.08
坡残积物	129	0.16
坡堆积物	1	0.16
坡洪积物	1	0.16
坡积物	60	0.17
总计	1 598	0.32

（四）土壤质地与土壤有效钼含量

青藏区的土壤质地中，土壤有效钼含量平均值最高的是黏土，为 0.59mg/kg，属于一级标准；砂壤的土壤有效钼含量平均值最低，为 0.17mg/kg，属于二级标准；其余质地的有效钼含量平均值在 0.17～0.59mg/kg 之间（表 4-128）。

表 4-128　青藏区不同土壤质地耕地土壤有效钼含量（个，mg/kg）

土壤质地	采样点数	平均值
黏土	156	0.59
轻壤	327	0.38
砂壤	614	0.17
砂土	182	0.43
中壤	194	0.25
重壤	125	0.51
总计	1 598	0.32

三、土壤有效钼含量分级与变化情况

根据青藏区土壤有效钼含量状况，参照第二次土壤普查及各省（自治区）分级标准，将土壤有效钼含量划分为 5 级。

按评价区统计，土壤有效钼一级水平共计 472.63km² ，占青藏区耕地面积的 44.27%，其中甘肃评价区 150.00km²（占 14.05%），青海评价区 46.01km²（占 4.31%），四川评价区 55.98km²（占 5.24%），西藏评价区 153.27km²（占 14.36%），云南评价区

67.37khm²（占 6.31％）。二级水平共计 188.50khm²，占青藏区耕地面积的 17.66％，其中甘肃评价区 12.77khm²（占 1.20％），青海评价区 11.31khm²（占 1.06％），四川评价区 65.94khm²（占 6.18％），西藏评价区 97.06khm²（占 9.09％），云南评价区 1.42khm²（占 0.31％）。三级水平共计 194.26khm²，占青藏区耕地面积的 14.01％，其中甘肃评价区 0.10khm²（占 0.01％），青海评价区 11.24khm²（占 1.05％），四川评价区 66.49khm²（占 6.23％），西藏评价区 116.22khm²（占 10.89％），云南评价区 0.22khm²（占 0.02％）。四级水平共计 149.61khm²，占青藏区耕地面积的 14.01％，其中甘肃评价区和云南评价区没有四级水平有效钼的分布，青海评价区 62.73khm²（占 5.88％），四川评价区 9.36khm²（占 0.88％），西藏评价区 77.51khm²（占 7.26％）。五级水平共计 62.56khm²，占青藏区耕地面积的 5.86％，其中甘肃评价区和云南评价区没有五级水平有效钼的分布，青海评价区 62.22khm²（占 5.83％），四川评价区 0.06khm²（占 0.01％），西藏评价区 0.29khm²（占 0.03％）（图 4-10、表 4-129）。

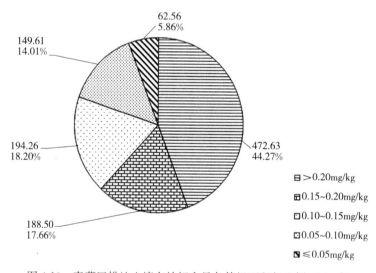

图 4-10　青藏区耕地土壤有效钼含量各等级面积与比例（khm²）

表 4-129　青藏区评价区耕地土壤有效钼不同等级面积统计（khm²）

评价区	一级 >0.20mg/kg	二级 0.15~0.20mg/kg	三级 0.10~0.15mg/kg	四级 0.05~0.10mg/kg	五级 <0.05mg/kg
甘肃评价区	150.00	12.77	0.10	—	—
青海评价区	46.01	11.31	11.24	62.73	62.22
四川评价区	55.98	65.94	66.49	9.36	0.06
西藏评价区	153.27	97.06	116.22	77.51	0.29
云南评价区	67.37	1.42	0.22	—	—
总计	472.63	188.50	194.26	149.61	62.56

按二级农业区统计，土壤有效钼一级水平共计 472.63khm²，占青藏区耕地面积的 44.27％，其中藏南农林区 106.34khm²（占 9.96％），川藏林农牧区 157.25khm²（占 14.73％），青藏高寒地区 18.33khm²（占 1.72％），青甘牧农区 190.71khm²（占 17.86％）。

二级水平共计 188.50km² ，占青藏区耕地面积的 17.66% ，其中藏南农林区 77.96km²（占 7.19%），川藏林农牧区 68.72km²（占 6.44%），青藏高寒地区 26.12km²（占 2.45%），青甘牧农区 16.95km²（占 1.59%）。三级水平共计 194.26km² ，占青藏区耕地面积的 18.20% ，其中藏南农林区 77.96km²（占 7.30%），川藏林农牧区 96.19km²（占 9.01%），青藏高寒地区 10.83km²（占 1.01%），青甘牧农区 9.28km²（占 0.87%）。四级水平共计 149.61km² ，占青藏区耕地面积的 14.01% ，其中藏南农林区 43.29km²（占 4.05%），川藏林农牧区 39.87km²（占 3.73%），青藏高寒地区 3.72km²（占 0.35%），青甘牧农区 62.73km²（占 5.88%）。五级水平共计 62.56km² ，占青藏区耕地面积的 5.86% ，其中藏南农林区 0.004km²（占 0.00%），川藏林农牧区 0.15km²（占 0.01%），青藏高寒地区 0.19km²（占 0.02%），青甘牧农区 62.22km²（占 5.83%）（表 4-130）。

表 4-130　青藏区二级农业区耕地土壤有效钼不同等级面积统计（khm²）

二级农业区	一级 >0.20mg/kg	二级 0.15~0.20mg/kg	三级 0.10~0.15mg/kg	四级 0.05~0.10mg/kg	五级 <0.05mg/kg
藏南农牧区	106.34	76.72	77.96	43.29	0.00
川藏林农牧区	157.25	68.72	96.19	39.87	0.15
青藏高寒地区	18.33	26.12	10.83	3.72	0.19
青甘牧农区	190.71	16.95	9.28	62.73	62.22
总计	472.63	188.50	194.26	149.61	62.56

按土壤类型统计，土壤有效钼一级水平共计 472.63km² ，占青藏区耕地面积的 44.27% ；其中草甸土 67.46km² ，占比最大，为 6.32% ；寒冻土、灰化土、林灌草甸土占比不足 0.05% 。二级水平共计 188.50km² ，占青藏区耕地面积的 17.66% ；其中冷棕钙土 33.04km² ，占比最大，为 3.62% ；其余土类占比均小。三级水平共计 194.26km² ，占青藏区耕地面积的 18.20% ，其中冷棕钙土 33.14km² ，占比最大，为 3.10% ，草甸土、草毡土等土类占比不足 1% 。四级水平共计 149.61km² ，占青藏区耕地面积的 14.01% ；栗钙土 22.72km² ，占比最大，为 2.13% 。红壤、沼泽土占比不足 1% 。五级水平共计 62.56km² ，占青藏区耕地面积的 5.86% ；黑钙土 25.72km² ，占比最大，为 2.41% 。草甸土、草甸盐土等少有分布；灌漠土、灌淤土、黄壤等没有该等级有效钼的分布（表 4-131）。

表 4-131　青藏区主要土壤类型耕地土壤有效钼不同等级面积统计（khm²）

土类	一级 >0.20 mg/kg	比例 （%）	二级 0.15~0.20 mg/kg	比例 （%）	三级 0.10~0.15 mg/kg	比例 （%）	四级 0.05~0.10 mg/kg	比例 （%）	五级 <0.05 mg/kg	比例 （%）
暗棕壤	23.55	2.21	8.21	0.77	5.95	0.56	3.38	0.32	—	—
草甸土	67.46	6.32	5.30	0.50	7.89	0.74	6.07	0.57	2.77	0.26
草甸盐土	0.50	0.05	0.03	0.00	0.08	0.01	3.27	0.31	4.03	0.38
草毡土	6.67	0.63	5.15	0.48	3.84	0.36	1.88	0.18	1.74	0.16
潮土	7.28	0.68	11.69	1.10	9.78	0.92	8.51	0.80	—	—
赤红壤	12.55	1.18	3.06	0.29	—	—	—	—	—	—

青藏区耕地

（续）

土类	一级 >0.20 mg/kg	比例 （%）	二级 0.15～0.20 mg/kg	比例 （%）	三级 0.10～0.15 mg/kg	比例 （%）	四级 0.05～0.10 mg/kg	比例 （%）	五级 <0.05 mg/kg	比例 （%）
粗骨土	1.57	0.15	0.51	0.05	3.70	0.35	0.00	—	—	—
风沙土	0.53	0.05	1.47	0.14	1.41	0.13	2.45	0.23	2.52	0.24
灌漠土	0.15	0.01	—	—	—	—	—	—	—	—
灌淤土	—	—	—	—	0.21	0.02	—	—	—	—
寒冻土	0.01	0.00	0.48	0.04	—	—	—	—	—	—
寒钙土	0.61	0.06	0.39	0.04	0.56	0.05	1.42	0.13	—	—
寒漠土	0.08	0.01	—	—	—	—	—	—	—	—
褐土	25.01	2.34	23.55	2.21	25.60	2.40	10.67	1.00	—	—
黑钙土	14.46	1.35	6.55	0.61	2.51	0.24	6.97	0.65	25.72	2.41
黑垆土	0.29	0.03	—	—	—	—	—	—	—	—
黑毡土	30.36	2.84	27.37	2.56	33.06	3.10	19.90	1.86	0.19	0.02
红壤	15.64	1.47	0.05	0.00	0.10	0.01	0.02	—	—	—
黄褐土	—	—	0.29	0.03	0.14	0.01	—	—	—	—
黄壤	11.69	1.10	1.46	0.14	1.13	0.11	0.02	—	—	—
黄棕壤	27.76	2.60	3.30	0.31	3.41	0.32	0.10	—	—	—
灰钙土	3.89	0.36	0.10	0.01	—	—	—	—	—	—
灰褐土	39.28	3.68	16.49	1.55	23.99	2.25	10.73	1.01	0.62	0.06
灰化土	0.01	0.00	0.01	0.00	0.01	—	—	—	—	—
灰棕漠土	0.10	0.01	—	—	—	—	4.45	0.42	2.00	0.19
冷钙土	1.17	0.11	3.62	0.34	6.30	0.59	8.74	0.82	—	—
冷漠土	—	—	0.06	0.01	0.07	0.01	—	—	—	—
冷棕钙土	21.17	1.98	33.04	3.09	33.14	3.10	13.36	1.25	—	—
栗钙土	56.13	5.26	2.62	0.25	3.19	0.30	22.72	2.13	11.19	1.05
林灌草甸土	0.11	0.01	0.10	0.01	0.21	0.02	0.17	0.02	—	—
漠境盐土	0.36	0.03	—	—	—	—	0.11	0.01	—	—
山地草甸土	3.03	0.28	8.94	0.84	10.49	0.98	2.97	0.28	—	—
石灰（岩）土	0.89	0.08	0.76	0.07	0.11	0.01	—	—	—	—
石质土	—	—	—	—	0.01	—	—	—	—	—
水稻土	5.50	0.52	0.09	0.01	0.02	—	—	—	—	—
新积土	1.23	0.12	1.62	0.15	2.86	0.27	0.55	0.05	—	—
沼泽土	1.34	0.13	0.34	0.03	0.76	0.07	0.27	0.02	—	—
砖红壤	40.06	3.75	1.12	0.10	—	—	—	—	—	—
紫色土	2.00	0.19	—	—	—	—	—	—	—	—

（续）

土类	一级		二级		三级		四级		五级	
	>0.20 mg/kg	比例（%）	0.15～0.20 mg/kg	比例（%）	0.10～0.15 mg/kg	比例（%）	0.05～0.10 mg/kg	比例（%）	<0.05 mg/kg	比例（%）
棕钙土	15.32	1.43	1.90	0.18	1.38	0.13	18.68	1.75	10.52	0.99
棕壤	33.47	3.14	18.74	1.76	12.15	1.14	2.13	0.20	—	—
棕色针叶林土	1.36	0.13	0.09	0.01	0.19	0.02	0.07	0.01	—	—
总计	472.63	44.27	188.50	17.66	194.26	18.20	149.61	14.01	62.56	5.86

第十一节　土壤有效硼

一、土壤有效硼含量及其空间差异

（一）土壤有效硼含量概况

共对 1 613 个土样进行有效硼测试分析青藏区土壤有效硼平均含量为 0.95mg/kg（表 4-132）。

表 4-132　青藏区耕地土壤有效硼含量（个，mg/kg）

样本数	平均值
1 613	0.95

（二）土壤有效硼含量的区域分布

1. 不同二级农业区耕地土壤有效硼含量分布　青藏区 4 个二级农业区中，其中土壤有效硼平均含量最低区为青甘农牧区，平均含量为 0.39mg/kg，最高区为藏南农牧区，平均含量为 1.34mg/kg（表 4-133）。

表 4-133　青藏区不同二级农业区耕地土壤有效硼含量（mg/kg）

二级农业区	平均值
藏南农牧区	1.34
川藏林农牧区	0.7
青藏高寒地区	0.65
青甘牧农区	0.39

2. 不同评价区耕地土壤有效硼含量分布　通过对不同评价区的土壤有效硼含量进行分析，青海评价区土壤有效硼平均含量最低，为 0.12mg/kg；其次为四川评价区，平均含量为 0.50mg/kg；甘肃评价区、云南评价区土壤有效硼平均含量分别为 0.99mg/kg、0.51mg/kg；西藏评价区土壤有效硼平均含量最高，为 1.61mg/kg（表 4-134）。

表 4-134　青藏区不同评价区耕地土壤有效硼含量（个，mg/kg）

评价区	样本数	平均值
甘肃评价区	167	0.99

（续）

评价区	样本数	平均值
青海评价区	385	0.12
四川评价区	142	0.50
西藏评价区	710	1.61
云南评价区	209	0.51
总计	1 613	0.95

3. 不同评价区地级市及省辖县耕地土壤有效硼含量分布　不同评价区地级市及省辖县中，以西藏评价区日喀则市土壤有效硼平均含量最高，为 2.51mg/kg；其次是西藏评价区山南市，平均含量为 1.90mg/kg；青海评价区海西藏族蒙古族自治州土壤有效硼平均含量最低，为 0.09mg/kg（表 4-135）。

表 4-135　青藏区不同评价区地级市及省辖县耕地土壤有效硼含量（个，mg/kg）

评价区	地级市/省辖县	样本数	平均值
甘肃评价区	甘南藏族自治州	81	0.66
	武威市	86	1.30
青海评价区	海北藏族自治州	89	0.11
	海南藏族自治州	120	0.16
	海西藏族蒙古族自治州	172	0.09
	玉树藏族自治州	4	0.53
四川评价区	阿坝藏族羌族自治州	61	0.59
	甘孜藏族自治州	61	0.41
	凉山彝族自治州	20	0.45
西藏评价区	阿里地区	6	1.64
	昌都市	177	0.89
	拉萨市	131	1.21
	林芝市	51	0.58
	那曲市	11	0.80
	日喀则市	231	2.51
	山南市	103	1.90
云南评价区	迪庆藏族自治州	147	0.62
	怒江州	62	0.27

二、土壤有效硼含量及其影响因素

（一）不同土壤类型土壤有效硼含量

青藏区主要土壤类型中，土壤有效硼含量以冷钙土的平均含量最高，为 5.05mg/kg，其次为新积土、冷漠土，平均含量分别为 1.96mg/kg、1.78mg/kg。灰棕漠土的土壤有效硼平均含量最低，为 0.06mg/kg（表 4-136）。

表 4-136 青藏区主要土壤类型耕地土壤有效硼含量（个，mg/kg）

土类	样点数	平均值
暗棕壤	24	0.63
草甸土	27	1.07
草毡土	4	0.91
潮土	16	1.61
高山草甸土	2	0.37
寒钙土	2	0.95
寒漠土	1	1.06
褐土	181	0.68
黑钙土	103	0.52
黑垆土	2	1.27
黑毡土	8	0.57
红壤	65	0.39
黄褐土	7	0.51
黄壤	5	0.64
黄棕壤	78	0.45
灰褐土	103	0.72
灰棕漠土	38	0.06
冷钙土	1	5.05
冷漠土	1	1.78
栗钙土	195	0.50
林灌草甸土	1	0.43
山地草甸土	115	1.53
石灰（岩）土	1	0.62
石质土	1	0.52
水稻土	5	0.52
新积土	393	1.96
亚高山草甸土	3	0.57
沼泽土	1	0.57
紫色土	5	0.29
棕钙土	138	0.10
棕壤	82	0.61
棕色针叶林土	5	0.80

在青藏区的主要土壤亚类中，典型冷钙土的土壤有效硼平均含量最高，为 5.05mg/kg；其次为山地灌丛草甸土，平均含量为 2.19mg/kg；灌耕灰棕漠土的有效硼平均含量最低，

为 0.06mg/kg（表 4-137）。

表 4-137 青藏区主要土壤亚类耕地土壤有效硼含量（个，mg/kg）

亚类	样点数	平均值
暗黄棕壤	71	0.45
暗栗钙土	82	0.28
冲积土	385	2.00
淡栗钙土	16	0.16
典型暗棕壤	18	0.65
典型草甸土	20	1.14
典型草毡土	4	0.91
典型潮土	2	0.14
典型寒钙土	2	0.95
典型褐土	15	0.49
典型黑钙土	66	0.21
典型黑毡土	1	0.64
典型红壤	7	0.46
典型黄壤	4	0.66
典型黄棕壤	7	0.42
典型灰褐土	28	0.80
典型冷钙土	1	5.05
典型栗钙土	95	0.75
典型林灌草甸土	1	0.43
典型山地草甸土	59	0.90
典型新积土	8	0.24
典型棕钙土	116	0.10
典型棕壤	79	0.62
钙质石质土	1	0.52
高山草甸土	1	0.08
高山草原土	2	0.56
高山灌丛草甸土	1	0.65
灌耕灰棕漠土	38	0.06
寒漠土	1	1.06
褐土性土	6	1.35
黑麻土	2	1.27
红壤性土	9	0.62
黄褐土性土	7	0.51
黄红壤	49	0.34

（续）

亚类	样点数	平均值
黄壤性土	1	0.55
黄色石灰土	1	0.62
灰褐土性土	10	1.12
灰化暗棕壤	6	0.56
灰化棕色针叶林土	5	0.80
冷漠土	1	1.78
淋溶褐土	22	0.76
淋溶黑钙土	4	0.09
淋溶灰褐土	6	0.73
泥炭沼泽土	1	0.57
潜育草甸土	4	1.12
山地灌丛草甸土	56	2.19
渗育水稻土	1	0.60
湿黑毡土	5	0.74
石灰性草甸土	3	0.57
石灰性褐土	109	0.72
石灰性黑钙土	33	1.19
石灰性灰褐土	59	0.62
脱潮土	14	1.82
亚高山草甸土	1	0.60
盐化栗钙土	2	0.42
盐化棕钙土	22	0.09
燥褐土	29	0.46
中性紫色土	5	0.29
潴育水稻土	4	0.51
棕黑毡土	2	0.12
棕壤性土	3	0.35

（二）地貌类型与土壤有效硼含量

青藏区的地貌类型主要有高原、盆地、丘陵、山地。高原的土壤有效硼平均含量最高，为 1.25mg/kg；其次是丘陵和山地，平均含量分别为 1.24mg/kg、0.74mg/kg；盆地的土壤有效硼平均含量最低，为 0.14mg/kg（表 4-138）。

表 4-138　青藏区不同地貌类型耕地土壤有效硼含量（个，mg/kg）

地貌类型	高原	盆地	丘陵	山地
有效硼含量	1.25	0.14	1.24	0.74

（续）

地貌类型	高原	盆地	丘陵	山地
样点数	896	204	2	511

（三）成土母质与土壤有效硼含量

不同成土母质发育的土壤中，土壤有效硼平均含量最高的是洪积物，为 1.90mg/kg；其次是冲积物，平均含量为 1.37mg/kg；洪积物及风积物的有效硼平均含量最低，为 0.02mg/kg（表 4-139）。

表 4-139　青藏区不同成土母质耕地土壤有效硼含量（个，mg/kg）

成土母质	平均值	样点数
残积物	0.51	42
残坡积物	0.54	246
冲洪积物	0.10	153
冲积物	1.37	177
第四纪红土	0.59	15
第四纪老冲积物	0.60	1
风化物	0.39	4
河流冲积物	0.39	35
洪冲积物	1.07	357
洪积物	1.90	283
洪积物及风积物	0.02	1
湖冲积物	0.11	5
湖积物	0.64	6
湖相沉积物	0.61	2
黄土母质	0.10	94
坡残积物	0.72	130
坡堆积物	0.73	1
坡洪积物	0.86	1
坡积物	1.05	60
总计	0.95	1 613

（四）土壤质地与土壤有效硼含量

青藏区的土壤质地中，黏土的土壤有效硼平均含量最高，为 1.45mg/kg；其次是轻壤、砂土、砂壤和中壤，平均含量分别为 1.10mg/kg、1.08mg/kg、1.03mg/kg、0.35mg/kg；重壤的土壤有效硼平均含量最低，为 0.34mg/kg（表 4-140）。

表 4-140　青藏区不同土壤质地耕地土壤有效硼含量（个，mg/kg）

土壤质地	平均值	样点数
黏土	1.45	156
轻壤	1.10	328

（续）

土壤质地	平均值	样点数
砂壤	1.03	615
砂土	1.08	182
中壤	0.35	203
重壤	0.34	129
总计	0.95	1 613

三、土壤有效硼含量分级与变化情况

根据青藏区土壤有效硼含量状况，参照第二次土壤普查及各省（自治区）分级标准，将土壤有效硼含量划分为5级。

按评价区统计，土壤有效硼为一级水平的共计47.81khm²，占青藏区耕地面积的4.48%，只分布在西藏评价区。二级水平共计196.61khm²，占青藏区耕地面积的18.42%，其中甘肃评价区42.40khm²（占二级面积21.57%），西藏评价区154.21khm²（占二级面积78.43%），青海评价区、四川评价区和云南评价区均没有分布。三级水平共计433.85khm²，占青藏区耕地面积的40.64%，其中甘肃评价区87.40khm²（占三级面积20.15%），青海评价区11.96khm²（占三级面积2.76%），四川评价区77.92khm²（占三级面积17.96%），西藏评价区234.99khm²（占三级面积54.16%），云南评价区21.58khm²（占三级面积4.97%）。四级水平共计206.20khm²，占青藏区耕地面积的19.32%，其中甘肃评价区33.07khm²（占四级面积16.04%），青海评价区4.39khm²（占四级面积2.13%），四川评价区119.90khm²（占四级面积58.15%），西藏评价区7.34khm²（占四级面积3.56%），云南评价区41.50khm²（占四级面积20.13%）。五级水平共计183.08khm²，占青藏区耕地面积的17.15%，其中甘肃评价区、四川评价区、西藏评价区均没有分布，青海评价区177.16khm²（占五级面积96.77%），云南评价区5.93khm²（占五级面积3.23%）（图4-11、表4-141）。

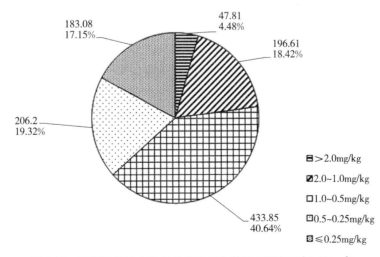

图4-11 青藏区耕地土壤有效硼含量各等级面积与比例（khm²）

表 4-141　青藏区各评价区耕地土壤有效硼不同等级面积统计（khm²）

评价区	一级 >2.0mg/kg	二级 1.0~2.0mg/kg	三级 0.5~1.0mg/kg	四级 0.25~0.5mg/kg	五级 ≤0.25mg/kg
甘肃评价区	—	42.40	87.40	33.07	—
青海评价区		—	11.96	4.39	177.16
四川评价区	—	—	77.92	119.90	
西藏评价区	47.81	154.21	234.99	7.34	—
云南评价区	—	—	21.58	41.50	5.92
总计	47.81	196.61	433.85	206.20	183.08

按二级农业区统计，其中土壤有效硼为一级水平的只分布在藏南农牧区，其余二级区均没有分布。二级水平中，藏南农牧区 138.73khm²（占二级面积 70.52%），川藏林农牧区 12.40khm²（占二级面积 6.31%），青藏高寒地区 3.07khm²（占二级面积 1.56%），青甘牧农区 4.24khm²（占二级面积 2.16%）。三级水平中，其中藏南农牧区 117.41khm²（占三级面积 27.06%），川藏林农牧区 12.40khm²（占三级面积 2.86%），青藏高寒地区 18.53khm²（占三级面积 4.27%），青甘牧农区 88.61khm²（占三级面积 20.42%）。四级水平中，藏南农牧区 0.36khm²（占四级面积 0.17%），川藏林农牧区 134.55khm²（占四级面积 65.25%），青藏高寒地区 37.33khm²（占四级面积 18.10%），青甘牧农区 33.96khm²（占四级面积 16.47%）。五级水平中，藏南农牧区没有分布，川藏林农牧区 5.92khm²（占五级面积 3.23%），青藏高寒地区 0.25khm²（占五级面积 0.14%），青甘牧农区 176.91khm²（占五级面积 96.63%）（表 4-142）。

表 4-142　青藏区二级农业区耕地土壤有效硼不同等级面积统计（khm²）

二级农业区	一级 >2.0mg/kg	二级 2.0~1.0mg/kg	三级 1.0~0.5mg/kg	四级 0.5~0.25mg/kg	五级 ≤0.25mg/kg
藏南农牧区	47.81	138.73	117.41	0.36	—
川藏林农牧区	—	12.40	209.31	134.55	5.92
青藏高寒地区	—	3.07	18.53	37.33	0.25
青甘牧农区	—	4.24	88.61	33.96	176.91
总计	47.81	196.61	433.85	206.20	183.08

按土壤类型统计，土壤有效硼为一级水平的土类主要为黑毡土，面积为 15.01khm²，占一级水平总面积的 31.39%；其次分别为冷棕钙土、潮土、草甸土，面积分别为 7.72khm²、7.61khm²、6.86khm²，分别占一级水平总面积的 16.15%、15.92%、14.35%。土壤有效硼为二级水平的土类主要为冷棕钙土，面积为 62.32khm²，占二级水平总面积的 31.70%；其次为栗钙土、黑毡土、潮土、草甸土，面积分别为 28.41khm²、17.73khm²、17.17khm²、14.07khm²，分别占二级水平总面积的 14.45%、9.02%、8.73%、7.16%。土壤有效硼为三级水平的土类主要为灰褐土，面积为 66.61khm²，占三级水平总面积的 15.35%，其次为黑毡土、草甸土、褐土、棕壤，面积分别为 53.10khm²、42.28khm²、39.91khm²、36.04khm²，分别占三级水平总面积的 12.24%、9.74%、

9.20％、8.31％。土壤有效硼为四级水平的土类主要为褐土，面积为 41.27khm²，占四级水平总面积的 20.01％；其次分别为棕壤、黑毡土、草甸土，面积分别为 29.34khm²、25.03khm²、22.37khm²，分别占四级水平总面积的 14.23％、12.14％、10.85％。土壤有效硼为五级水平的土类主要为栗钙土，面积为 61.66khm²，占五级水平总面积的 33.68％，其次分别为棕钙土、黑钙土，面积分别为 47.76khm²、35.38khm²，分别占五级水平总面积的 26.09％、19.32％（表 4-143）。

表 4-143　青藏区主要土壤类型耕地土壤有效硼不同等级面积统计（khm²）

| 土类 | 一级 | | 二级 | | 三级 | | 四级 | | 五级 | |
	>2.0 mg/kg	比例 (%)	1.0～2.0 mg/kg	比例 (%)	0.5～1.0 mg/kg	比例 (%)	0.25～0.5 mg/kg	比例 (%)	≤0.25 mg/kg	比例 (%)
暗棕壤	—	—	1.49	0.76	20.31	4.68	19.23	9.33	0.06	0.03
草甸土	6.86	14.35	14.07	7.16	42.28	9.75	22.37	10.85	3.90	2.13
草甸盐土	—	—	—	—	0.51	0.12	—	—	7.40	4.04
草毡土	0.41	0.86	0.78	0.40	10.05	2.32	4.36	2.11	3.68	2.01
潮土	7.61	15.92	17.17	8.73	12.34	2.84	0.13	0.06	—	—
赤红壤	—	—	3.66	1.86	11.75	2.71	0.21	0.10	—	—
粗骨土	0.02	0.04	0.08	0.04	3.55	0.82	2.13	1.03	—	—
风沙土	—	—	1.04	0.53	2.51	0.58	0.31	0.15	4.52	2.47
灌漠土	—	—	—	—	0.15	0.03	—	—	—	—
灌淤土	—	—	0.21	0.11	—	—	—	—	—	—
寒冻土	0.02	0.04	0.34	0.17	0.03	0.01	0.08	0.04	—	—
寒钙土	0.43	0.90	1.96	1.00	0.46	0.11	0.12	0.06	0.01	0.01
寒漠土	—	—	—	—	0.08	0.02	—	—	—	—
褐土	—	—	3.65	1.86	39.91	9.20	41.27	20.01	—	—
黑钙土	—	—	4.50	2.29	12.66	2.92	3.67	1.78	35.38	19.32
黑垆土	—	—	—	—	0.29	0.07	—	—	—	—
黑毡土	15.01	31.40	17.73	9.02	53.10	12.24	25.03	12.14	—	—
红壤	—	—	0.03	0.02	1.11	0.26	11.04	5.35	3.61	1.97
黄褐土	—	—	—	—	—	—	0.43	0.21	—	—
黄壤	—	—	3.94	2.00	9.40	2.17	0.96	0.47	—	—
黄棕壤	—	—	1.24	0.63	12.06	2.78	19.61	9.51	1.65	0.90
灰钙土	—	—	1.16	0.59	2.83	0.65	—	—	—	—
灰褐土	—	—	6.16	3.13	66.61	15.35	17.03	8.26	1.30	0.71
灰化土	—	—	—	—	0.03	0.01	—	—	—	—
灰棕漠土	—	—	—	—	0.11	0.03	—	—	6.45	3.52
冷钙土	2.86	5.98	11.10	5.65	5.82	1.34	0.06	0.03	—	—
冷漠土	—	—	0.12	0.06	—	—	—	—	—	—

(续)

土类	一级		二级		三级		四级		五级	
	>2.0 mg/kg	比例 (%)	1.0～2.0 mg/kg	比例 (%)	0.5～1.0 mg/kg	比例 (%)	0.25～0.5 mg/kg	比例 (%)	≤0.25 mg/kg	比例 (%)
冷棕钙土	7.72	16.15	62.32	31.70	30.52	7.03	0.14	0.07	—	—
栗钙土	—	—	28.41	14.45	5.78	1.33	—	—	61.66	33.68
林灌草甸土	0.10	0.21	0.29	0.15	0.20	0.05	—	—	—	—
漠境盐土	—	—	—	—	0.31	0.07	0.06	0.03	0.11	0.06
山地草甸土	3.94	8.24	2.27	1.15	14.54	3.35	1.54	0.75	4.39	2.40
石灰(岩)土	—	—	—	—	1.21	0.28	0.56	0.27	—	—
石质土	—	—	0.02	0.01	—	—	—	—	—	—
水稻土	—	—	0.04	0.02	1.68	0.39	3.89	1.89	—	—
新积土	2.47	5.17	2.00	1.02	1.66	0.38	0.13	0.06	—	—
沼泽土	0.33	0.69	0.70	0.36	1.08	0.25	—	—	0.59	0.32
砖红壤	—	—	9.53	4.85	31.65	7.30	—	—	—	—
紫色土	—	—	—	—	—	—	2.00	0.97	—	—
棕钙土	—	—	—	—	0.04	0.01	—	—	47.76	26.09
棕壤	—	—	0.58	0.30	36.04	8.31	29.34	14.23	0.52	0.28
棕色针叶林土	—	—	0.00	0.76	1.17	0.27	0.55	0.27	0.00	0.03
总计	47.81	100.00	196.61	100.00	433.85	100.00	206.20	100.00	183.08	100.00

四、土壤有效硼调控

硼元素能促进作物分生组织生长和核酸代谢，有利于根系生长发育，促进碳水化合物运输和代谢。硼与生殖器官的建成和发育有关，能促进作物早熟、增强抗逆性。当土壤中有效硼含量<0.5mg/kg时，作物从土壤中吸收的硼不足。缺硼时作物根尖、茎尖的生长点停止生长，严重时生长点萎缩而死亡，侧芽大量发生，植株生长畸形。开花结实不正常，花粉畸形，蕾、花和子房易脱落，果实种子不充实。叶片肥厚、粗糙、发皱卷曲。如油菜"花而不实"、花椰菜"褐心病"、萝卜"黑心病"等。硼在土壤中浓度稍高就引起作物中毒，尤其是干旱土壤。硼过量导致缺钾，作物硼中毒时典型症状是"金边"，即叶缘最容易积累硼而出现失绿而呈黄色，重者焦枯坏死。对硼高度敏感的作物有油菜、花椰菜、芹菜、葡萄、萝卜、甘蓝、莴苣等。中度敏感的作物有番茄、马铃薯、胡萝卜、花生、桃、板栗、茶等。敏感性差的作物有水稻、玉米、大豆、蚕豆、豌豆、黄瓜、洋葱、禾本科牧草等。调控土壤有效硼一般用硼肥。

硼肥品种有硼砂、硼酸、硼镁肥等，硼砂、硼酸为常用硼肥。硼肥的施用方法有基施、浇施、叶面喷施和浸种伴种。基施每公顷为7.5～11.25kg。浇施是在播种时浇入播种穴内作为基肥。叶面喷施浓度为 0.1%~0.3%。油菜移栽时，用硼砂7.5kg/hm² 与有效肥料均匀混合后施入移栽穴或沟内，或在移栽后每公顷用硼砂 7.5kg 加水淋根，或在苗期、结荚期各喷一次浓度为 0.2% 的硼砂溶液，可防止"花而不实"。

第十二节　土壤有效硅

一、土壤有效硅含量及其空间差异

(一) 土壤有效硅含量概况

共对 1 486 个土样进行有效硅测试分析，土壤有效硅平均值为 197.11mg/kg（表 4-144）。

表 4-144　青藏区耕地土壤有效硅含量（个，mg/kg）

样本数	平均值
1 486	197.11

通过对 1 486 个土样进行有效硅含量分级后，达一级标准的有 425 个，占 28.60%；达二级标准的有 402 个，占 27.05%；达三级标准的有 262 个，占 17.63%；达四级标准的有 302 个，占 20.32%；达五级标准的有 95 个，占 6.39%；占比最高为一级标准，占比最低为五级标准（表 4-145）。

表 4-145　有效硅分级样点统计（个，mg/kg，%）

等级	分级标准	样本数	比例	平均值
一级	>250	425	28.60	366.57
二级	250~150	402	27.05	194.52
三级	150~100	262	17.63	126.31
四级	100~50	302	20.32	73.28
五级	≤50	95	6.39	38.86
总计		1 486	100.00	197.11

(二) 土壤有效硅含量的区域分布

1. 不同二级农业区耕地土壤有效硅含量分布　青藏区共有 4 个二级农业区，其中土壤有效硅含量最低区为青甘牧农区，平均含量为 101.64mg/kg，占 34.66%，属三级标准；最高区为青藏高寒地区，平均含量为 281.87mg/kg，占 1.41%，属一级标准；占比最高为青甘农牧区，占比最低为青藏高寒地区（表 4-146）。

表 4-146　青藏区不同二级农业区耕地土壤有效硅含量（个，mg/kg，%）

二级农业区	样本数	比例	平均值
藏南农牧区	462	31.09	254.41

（续）

二级农业区	样本数	比例	平均值
川藏林农牧区	488	32.84	239.96
青藏高寒地区	21	1.41	281.87
青甘牧农区	515	34.66	101.64
总计	1 486	100.00	197.11

2. 不同评价区耕地土壤有效硅含量分布　通过对不同评价区的土壤有效硅平均含量进行分析，云南评价区土壤有效硅含量最高，平均值为290.93mg/kg，占14.06%，属一级标准；青海评价区土壤有效硅含量最低，平均值为71.45mg/kg，占24.97%，属四级标准（表4-147）。

表4-147　青藏区不同评价区耕地土壤有效硅含量（个，mg/kg，%）

评价区	样本数	比例	平均值
甘肃评价区	167	11.24	163.42
青海评价区	371	24.97	71.45
四川评价区	29	1.95	214.62
西藏评价区	710	47.78	242.36
云南评价区	209	14.06	290.93
总计	1 486	100.00	197.11

3. 不同评价区地级市及省辖县耕地土壤有效硅含量分布　不同评价区地级市及自治州中，以西藏评价区阿里地区的土壤有效硅平均含量最高，为314.54mg/kg；其次是云南评价区迪庆藏族自治州，平均含量为297.43mg/kg；青海评价区海南藏族自治州的土壤有效硅平均含量最低，为49.04mg/kg（表4-148）。

表4-148　青藏区不同评价区地级市及省辖县耕地土壤有效硅含量（个，mg/kg，%）

评价区	地级市/省辖县	采样点数	平均值
甘肃评价区	甘南藏族自治州	81	156.12
	武威市	86	170.29
青海评价区	海北藏族自治州	77	69.15
	海南藏族自治州	120	49.04
	海西蒙古族藏族自治州	172	87.22
	玉树藏族自治州	2	148.50
四川评价区	阿坝藏族羌族自治州	15	170.20
	甘孜藏族自治州	13	267.32
	凉山彝族自治州	1	196.00
西藏评价区	阿里地区	6	314.54

（续）

评价区	地级市/省辖县	采样点数	平均值
	昌都市	177	235.66
	拉萨市	131	252.88
	林芝市	51	150.54
	那曲市	11	254.52
	日喀则市	231	261.43
	山南市	103	237.70
云南评价区	迪庆藏族自治州	147	297.43
	怒江州	62	275.52

二、土壤有效硅含量及其影响因素

（一）土壤类型与土壤有效硅含量

青藏区主要土壤类型中，土壤有效硅含量以沼泽土的含量最高，平均值为 433.78mg/kg；棕钙土的含量最低，平均值为 86.35mg/kg（表 4-149）。

表 4-149　青藏区主要土壤类型耕地土壤有效硅含量（个，mg/kg）

土类	采样点数	平均值
暗棕壤	22	213.65
草甸土	25	265.01
草毡土	4	200.11
潮土	16	201.77
高山草甸土	2	196.34
寒钙土	2	312.88
寒漠土	1	126.63
褐土	115	192.67
黑钙土	103	103.33
黑垆土	2	364.58
黑毡土	7	262.94
红壤	65	302.57
黄褐土	1	196.00
黄壤	1	344.11
黄棕壤	74	274.15
灰褐土	96	186.65
灰棕漠土	38	86.53
冷钙土	1	212.32

（续）

土类	采样点数	平均值
冷漠土	1	114.79
栗钙土	182	95.72
林灌草甸土	1	135.04
山地草甸土	113	302.78
石质土	1	107.41
水稻土	4	169.04
新积土	388	243.53
亚高山草甸土	3	221.72
沼泽土	1	433.78
紫色土	5	341.77
棕钙土	138	86.35
棕壤	69	226.52
棕色针叶林土	5	322.66
总计	1 486	197.11

在青藏区的主要土壤亚类中，泥炭沼泽土的土壤有效硅平均含量最高，为 433.78mg/kg；典型栗钙土的有效硅平均含量最低，为 60.80mg/kg。变异系数以暗栗钙土最大，为 55.14%；典型灰棕漠土最小，为 0.01%（表 4-150）。

表 4-150　青藏区主要土壤亚类耕地土壤有效硅含量（个，mg/kg）

亚类	采样点数	平均值
暗黄棕壤	71	277.93
暗栗钙土	72	68.75
冲积土	380	247.06
淡栗钙土	13	54.53
典型暗棕壤	16	226.79
典型草甸土	18	272.71
典型草毡土	4	200.11
典型潮土	2	29.97
典型寒钙土	2	312.88
典型褐土	9	117.79
典型黑钙土	66	82.77
典型红壤	7	381.93
典型黄棕壤	3	184.75
典型灰褐土	28	198.45
典型冷钙土	1	212.32

（续）

亚类	采样点数	平均值
典型栗钙土	95	122.91
典型林灌草甸土	1	135.04
典型山地草甸土	57	333.19
典型新积土	8	75.82
典型棕钙土	116	87.75
典型棕壤	67	226.87
钙质石质土	1	107.41
高山草甸土	1	191.67
高山草原土	2	289.50
高山灌丛草甸土	1	201.00
灌耕灰棕漠土	38	86.53
寒漠土	1	126.63
褐土性土	6	163.57
黑麻土	2	364.58
红壤性土	9	301.74
黄褐土性土	1	196.00
黄红壤	49	291.39
黄壤性土	1	344.11
灰褐土性土	10	299.96
灰化暗棕壤	6	178.62
灰化棕色针叶林土	5	322.66
冷漠土	1	114.79
淋溶褐土	20	172.02
淋溶黑钙土	4	64.91
淋溶灰褐土	6	246.18
泥炭沼泽土	1	433.78
潜育草甸土	4	245.72
山地灌丛草甸土	56	271.83
湿黑毡土	5	329.89
石灰性草甸土	3	244.53
石灰性褐土	74	203.63
石灰性黑钙土	33	149.11
石灰性灰褐土	52	151.64
脱潮土	14	226.31

（续）

亚类	采样点数	平均值
亚高山草甸土	1	86.17
盐化栗钙土	2	42.89
盐化棕钙土	22	78.93
燥褐土	6	267.72
中性紫色土	5	341.77
潴育水稻土	4	169.04
棕黑毡土	2	95.58
棕壤性土	2	214.68
总计	1 486	197.11

（二）地貌类型与土壤有效硅含量

青藏区的地貌类型主要有高原、盆地、丘陵、山地。丘陵的土壤有效硅平均含量最高，为509.28mg/kg；其次是高原和山地，平均含量分别为202.16mg/kg、234.48mg/kg；盆地的土壤有效硅平均含量最低，均为92.59mg/kg（表4-151）。

表4-151　青藏区不同地貌类型耕地土壤有效硅含量（个，mg/kg）

地貌类型	采样点数	平均值
高原	844	202.16
盆地	203	92.59
丘陵	2	509.28
山地	437	234.48
总计	1 486	197.11

（三）成土母质与土壤有效硅含量

不同成土母质发育的土壤中，土壤有效硅含量最高的是湖积物，平均值为335.39mg/kg；其次是第四纪红土，平均值为327.45mg/kg；冲洪积物及黄土母质含量最低，平均值分别为89.47mg/kg、50.85mg/kg。河流冲积物的有效硅变异系数最大，为69.76%；冲洪积物的变异系数最小，为33.28%（表4-152）。

表4-152　青藏区不同成土母质耕地土壤有效硅含量（个，mg/kg）

成土母质	采样点数	平均值
残积物	12	178.88
残坡积物	246	260.60
冲洪积物	153	89.47
冲积物	149	239.29
第四纪红土	15	327.45

（续）

成土母质	采样点数	平均值
河流冲积物	35	101.66
洪冲积物	349	185.34
洪积物	273	225.23
洪积物及风积物	1	—
湖冲积物	1	—
湖积物	6	335.39
湖湘沉积物	1	—
黄土母质	94	50.85
残坡积物	109	225.15
坡积物	42	254.42
总计	1 486	197.11

（四）土壤质地与土壤有效硅含量

青藏区的土壤质地中，砂土的土壤有效硅含量平均值最高，为 260.93mg/kg；其次是黏土、轻壤、重壤、砂壤，平均值分别为 259.00mg/kg、204.58mg/kg、195.61mg/kg、185.41mg/kg；中壤的土壤有效硅含量平均值最低，为 104.65mg/kg（表 4-153）。

表 4-153 青藏区不同土壤质地耕地土壤有效硅含量（个，mg/kg）

土壤质地	采样点数	平均值
黏土	156	259.00
轻壤	272	204.58
砂壤	592	185.41
砂土	181	260.63
中壤	174	104.65
重壤	111	195.61
总计	1 486	197.11

三、土壤有效硅含量分级与变化情况

根据青藏区土壤有效硅含量状况，参照第二次土壤普查及各省（自治区）分级标准，将土壤有效硅含量划分为 5 级。

按评价区统计，土壤有效硅一级水平共计 135.53km²，占青藏区耕地面积的 12.70%，其中西藏评价区分布面积最大，为 95.55km²（占 8.95%）；甘肃省评价区分布面积最小，为 1.04km²（占 0.10%）。二级水平共计 533.55km²，占青藏区耕地面积的 49.98%，其中西藏评价区分布面积最大，为 269.53km²（占 25.25%）；青海评价区分布面积最小，为 12.57km²（占 1.18%）。三级水平共计 231.66km²，占青藏区耕地面积的 21.70%，其中西藏评价区分布面积最大，为 79.27km²（占 7.43%），云南评级区分布面积最小。四级水平共计 129.80km²，占青藏区耕地面积的 12.16%，只分布于青海评价区和甘肃评价区，其他评价区均没有分布。五级水平共计 37.01km²，占青藏区耕地面积的 3.47%，仅分布于青海评价区（图 4-12、表 4-154）。

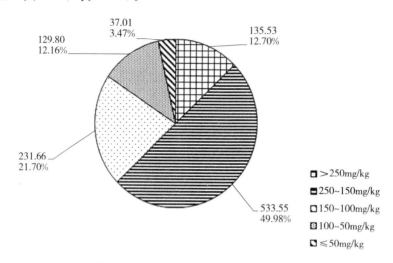

图 4-12　青藏区耕地土壤有效硅含量各等级面积与比例（khm²）

表 4-154　青藏区各评价区耕地土壤有效硅不同等级面积统计（khm²）

评价区	一级 >250mg/kg	二级 150~250mg/kg	三级 100~150mg/kg	四级 50~100mg/kg	五级 ≤50mg/kg
甘肃评价区		69.65	89.75	3.47	
青海评价区	1.04	12.57	16.55	126.33	37.01
四川评价区	6.64	145.10	46.09	—	—
西藏评价区	95.55	269.53	79.27	—	—
云南评价区	32.31	36.69	0.00	—	—
总计	135.53	533.55	231.66	129.80	37.01

　　按二级农业区统计，土壤有效硅一级水平共计 135.53km²，占青藏区耕地面积的 12.70%，其中藏南农牧区分布面积最大，为 81.93km²（占 7.67%）；青藏高寒地区分布面积最小，为 3.50km²（占 0.33%）。二级水平共计 533.55km²，占青藏区耕地面积的 49.98%，川藏林农牧区分布面积最大，为 228.61km²（占 21.41%），青藏高寒地区分布面积最小，为 51.12km²（占 4.79%）。三级水平共计 231.66km²，占青藏区耕地面积的 21.70%，其中青甘牧农区分布面积最大，为 105.66km²（占 9.90%）；青藏高寒地区分布面积最小，为 4.30km²（占 0.40%）。四级水平共计 129.80km²，占青藏区耕地面积的 12.16%，仅分布于青甘牧农区和青藏高寒地区。其中青甘牧农区分布面积最大，为 129.55km²。五级水平共计 37.01km²，占青藏区耕地面积的 3.47%，且仅分布于青甘牧农区（表 4-155）。

表 4-155　青藏区二级农业区耕地土壤有效硅不同等级面积统计（khm²）

二级农业区	一级 >250mg/kg	二级 250~150mg/kg	三级 150~100mg/kg	四级 100~50mg/kg	五级 ≤50mg/kg
藏南农牧区	81.93	184.16	38.22	—	—

（续）

二级农业区	一级 >250mg/kg	二级 250～150mg/kg	三级 150～100mg/kg	四级 100～50mg/kg	五级 ≤50mg/kg
川藏林农牧区	50.10	228.61	83.47	—	—
青藏高寒地区	3.50	51.12	4.30	0.25	—
青甘牧农区	—	69.65	105.66	129.55	37.01
总计	135.53	533.55	231.66	129.80	37.01

按土壤类型统计，土壤有效硅一级水平共计135.53khm²，占青藏区耕地面积的12.70%。其中冷棕钙土分布面积最大，为43.04khm²（占4.03%），石质土、粗骨土等土类分布面积不足1%。二级水平共计533.55khm²，占青藏区耕地面积的49.98%，其中黑毡土分布面积最大，为79.14khm²（占7.41%），褐土、冷棕钙土等少有分布。三级水平共计231.66khm²，占青藏区耕地面积的21.70%，其中草甸土分布面积最大，为41.73khm²（占3.91%），其次褐土、黑钙土少有分布。土壤有效硅四级水平共计129.80khm²，占青藏区耕地面积的12.16%，其中黑钙土分布面积最大，为35.21khm²（占3.3%），其次栗钙土、棕钙土等土类分布面积较少。五级水平共计37.01khm²，占青藏区耕地面积的3.47%，其中仅暗棕壤、山地草甸土、沼泽土、棕钙土有五级土壤有效硅分布，其余土类没有土壤有效硅分布（表4-156）。

表4-156 青藏区主要土壤类型耕地土壤有效硅不同等级面积统计（khm²）

土类	一级 >250 mg/kg	比例 （%）	二级 150～250 mg/kg	比例 （%）	三级 100～150 mg/kg	比例 （%）	四级 50～100 mg/kg	比例 （%）	五级 ≤50 mg/kg	比例 （%）
暗棕壤	2.27	0.21	22.28	2.09	14.88	1.39	1.66	0.16	1.75	0.16
草甸土	5.74	0.54	38.04	3.56	41.73	3.91	2.24	0.21	—	—
草甸盐土	—	—	—	—	2.72	0.25	5.19	0.49	—	—
草毡土	2.17	0.20	13.27	1.24	0.17	0.02	3.68	0.34	—	—
潮土	4.62	0.43	31.92	2.99	0.71	0.07	—	—	—	—
赤红壤	—	—	1.15	0.11	14.47	1.36	—	—	—	—
粗骨土	0.07	0.01	2.31	0.22	3.40	0.32	—	—	—	—
风沙土	1.95	0.18	1.46	0.14	0.46	0.04	2.54	0.24	—	—
灌漠土	—	—	0.15	0.01	—	—	—	—	—	—
灌淤土	—	—	0.21	0.02	—	—	—	—	—	—
寒冻土	—	—	0.48	0.04	—	—	—	—	—	—
寒钙土	0.82	0.08	2.15	0.20	0.00	0.00	0.01	0.00	—	—
寒漠土	—	—	0.01	0.00	0.07	0.01	0.00	0.00	—	—
褐土	1.55	0.15	71.27	6.68	11.64	1.09	0.36	0.03	—	—
黑钙土	—	—	5.69	0.53	14.85	1.39	35.21	3.30	—	—
黑垆土	—	—	0.29	0.03	—	—	—	—	—	—

（续）

土类	一级		二级		三级		四级		五级	
	>250 mg/kg	比例（%）	150～250 mg/kg	比例（%）	100～150 mg/kg	比例（%）	50～100 mg/kg	比例（%）	≤50 mg/kg	比例（%）
黑毡土	23.90	2.24	79.14	7.41	7.84	0.73	—	—	—	—
红壤	6.39	0.60	9.28	0.87	0.14	0.01	—	—	—	—
黄褐土		0.00	0.44	0.04		0.00	—	—	—	—
黄壤		0.00	6.26	0.59	8.03	0.75	—	—	—	—
黄棕壤	11.66	1.09	18.50	1.73	4.41	0.41	—	—	—	—
灰钙土		0.00	2.47	0.23	1.53	0.14	—	—	—	—
灰褐土	2.25	0.21	44.25	4.14	41.85	3.92	2.74	0.26	—	—
灰化土	—	—	0.03	0.00	—	—	—	—	—	—
灰棕漠土	—	—	0.09	0.01	0.16	0.01	6.31	0.59	—	—
冷钙土	4.99	0.47	14.62	1.37	0.22	0.02	—	—	—	—
冷漠土	0.10	0.01	0.02	0.00	—	—	—	—	—	—
冷棕钙土	43.04	4.03	56.88	5.33	0.79	0.07	—	—	—	—
栗钙土	—	—	28.94	2.71	5.25	0.49	30.54	2.86	—	—
林灌草甸土	0.11	0.01	0.45	0.04	0.03		—	—	—	—
漠境盐土	—	—	0.06	0.01	0.31	0.03	0.11	0.01	—	—
山地草甸土	6.03	0.56	15.05	1.41	0.82	0.08	4.75	0.44	0.05	0.00
石灰（岩）土	0.15	0.01	1.21	0.11	0.40	0.04	—	—	—	—
石质土	0.01	0.00	0.00	0.00	—	—	—	—	—	—
水稻土	2.99	0.28	2.62	0.25	—	—	—	—	—	—
新积土	1.26	0.12	4.63	0.43	0.37	0.03	—	—	—	—
沼泽土	0.78	0.07	1.24	0.12	0.10	0.01	0.58	0.05	0.01	0.00
砖红壤	—	—	10.41	0.98	30.77	2.88	—	—	—	—
紫色土	1.42	0.13	0.58	0.05	—	—	—	—	—	—
棕钙土	—	—	—	—	12.28	1.15	33.89	3.17	1.63	0.15
棕壤	11.11	1.04	44.12	4.13	11.25	1.05	—	—	—	—
棕色针叶林土	0.14	0.01	1.56	0.15	0.02	0.00	—	—	—	—
总计	135.53	12.70	533.55	49.98	231.66	21.70	129.80	12.16	37.01	3.47

四、土壤有效硅调控

硅元素对植物的生长有着至关重要的作用。硅有利于提高作物光合效率，提高叶绿素含量，促进作物根系发达，预防根系腐烂和早衰，增强作物的抗病、抗虫、抗旱、抗寒、抗逆等能力，抑制土壤病菌及减轻重金属污染，减轻各种元素毒害，可改善果实品质。当土壤中有效硅含量<25mg/kg时，作物从土壤中吸收的硅不足。缺硅时，作物中部叶片弯曲肥厚。

水稻缺硅时生长受抑，成熟叶片焦枯或整株枯萎，当甘蔗缺硅时，产量会剧降，成熟叶片出现典型的缺硅"叶雀斑症"。新生叶畸形，开花稀疏，授粉率差，严重时叶凋株枯。调控土壤有效硅一般用硅肥。

硅肥是一种很好的品质肥料、保健肥料和植物调节性肥料，是其他化学肥料无法比拟的一种新型多功能肥料。硅肥既可作肥料，提供养分，又可用作土壤调理剂，改良土壤，还兼有防病、防虫和减毒的作用，是发展绿色生态农业的高效优质肥料。青藏区的一些主要作物如水稻、玉米、甘蔗、香蕉、柑橘、荔枝、龙眼、芒果、石榴、杨梅、葡萄等都是喜硅作物，应根据土壤有效硅含量情况适当补硅。

硅肥有枸溶性硅肥、水溶性硅肥两大类。枸溶性硅肥多为炼钢厂的废钢渣、粉煤灰、矿石经高温煅烧工艺等加工而成，价格低，适合做基施，一般施用量每公顷 375～750kg；水溶性硅肥是指溶于水可以被植物直接吸收的硅肥，主要成分是硅酸钠，农作物对其吸收利用率较高，成本较高，用量小，每公顷约 75kg，一般作冲施和滴灌，具体用量可根据作物喜硅情况、当地土壤的缺硅情况以及硅肥的具体含量而定。硅肥应与有机肥配合施用，且注意氮、磷、钾、硅元素的科学搭配，但不能用硅肥代替氮磷钾肥。

第五章 其他指标

第一节 土壤 pH

土壤酸碱性是土壤的重要性质，是土壤一系列化学性状，特别是盐基状况的综合反映，对土壤微生物的活性、元素的溶解性及其存在形态等均具有显著影响，制约着土壤矿质元素的释放、固定、迁移及其有效性等，对土壤肥力、植物吸收养分及其生长发育均具有显著影响。

一、土壤 pH 的空间分布

（一）不同二级农业区耕地土壤 pH 分布

青藏区 1 884 个耕地土壤样本 pH 变化范围为 4.2～9.2，均值为 7.8±0.9，变异系数为 11.10%。可见，青藏区耕地土壤 pH 总体处于碱性，空间差异不甚明显。如表 5-1 所示，4 个二级农业区中，川藏林农牧区的土壤 pH 变化范围为 4.7～9.0，耕地土壤整体偏碱性，土壤 pH 平均值最低，变异系数为 14.57%，样点空间差异性介于明显与不明显的临界点；而青甘牧农区的土壤 pH 变化范围为 7.0～9.2，平均值最高，达 8.3±0.3，变异系数为 3.62%，样点空间差异性不明显。藏南农牧区的土壤 pH 变化范围较大，但处于酸性（＜5.5）的样本点仅有 3 个，对整体 pH 影响不大，故变异系数较小，空间差异不明显；青藏高寒区的土壤 pH 变化范围较小，两个二级农业区的平均值略高于川藏林牧农区，变异系数均在 10.00% 之下，土壤 pH 空间差异性较小。

表 5-1　青藏区不同二级农业区耕地土壤 pH 分布

二级农业区	样点数（个）	范围	平均值	标准差	变异系数（%）
藏南农牧区	461	4.2～8.9	7.8	0.7	8.70
川藏林农牧区	675	4.7～9.0	7.3	1.1	14.57
青藏高寒地区	103	6.4～8.7	8.0	0.5	5.96
青甘牧农区	645	7.0～9.2	8.3	0.3	3.62
合计	1 884	4.2～9.2	7.8	0.9	11.10

（二）不同评价区地级市及省辖县耕地土壤 pH 分布

根据不同评价区 1 884 个耕地土壤样本 pH 统计分析，如表 5-2 所示，青海评价区 pH 平均值最高，为 8.4；甘肃评价区次之，pH 平均值为 8.1；青藏评价区平均值为 7.8；四川评价区与西藏评价区平均值相当，均为 7.7，云南评价区平均值最低，为 6.5。从样点空间差异性来看，甘肃评价区、青海评价区样点空间变异性不明显；西藏评价区和四川评价区变异系数依次增大，但均低于 15.00%，空间差异性不甚明显；而云南评价区 pH 空间差异性最大，达 17.42%。

在各地级市中，以青海评价区海南藏族自治州和海西藏族蒙古族自治州的土壤 pH 平均值最高，均为 8.4；其次是甘肃评价区武威市，为 8.3；土壤 pH 平均值高于 8 的地级市还有青海评价区海北藏族自治州、玉树市，西藏评价区阿里地区、日喀则市和甘肃评价区甘南藏族自治州和四川评价区阿坝藏族羌族自治州；云南评价区怒江州的 pH 平均值最低，为 5.6，低于 7 的还有云南评价区迪庆藏族自治州和西藏评价区林芝市；其余各地市介于 7~8 之间。从 pH 分级情况来看，pH 平均值处于中性水平（6.5~7.5）的有西藏评价区林芝市、拉萨市，云南评价区迪庆藏族自治州和四川评价区凉山彝族自治州等地市；处于微酸性水平（5.5~6.5）的仅有云南评价区怒江州；其他地市均处于碱性水平（7.5~8.5）。

从土壤 pH 空间差异性来看，空间变异系数达 15.00% 以上，则说明样点值空间差异显著。云南评价区的整体 pH 变异系数较高，迪庆藏族自治州变异系数达 15.08%，高于 15.00% 的显著水平，样点 pH 具有较显著的空间差异性，云南评价区其他地市土壤 pH 空间差异不明显；甘肃评价区所有地级市土壤 pH 变异系数低于 3.50%，空间差异不明显；青海评价区所有地级市土壤 pH 变异系数低于 4.50%，空间差异不明显；四川评价区所有地级市土壤 pH 变异系数低于 12.50%，空间差异不明显；西藏评价区所有地级市土壤 pH 变异系数低于 13.50%，空间差异不明显。

表 5-2　青藏区不同评价区地级市及省辖县耕地土壤 pH 分布

评价区	地级市/省辖县	样点数（个）	范围	平均值	标准差	变异系数（%）
甘肃评价区		252	7.1~8.7	8.1	0.3	3.24
	甘南藏族自治州	166	7.1~8.7	8.1	0.3	3.29
	武威市	86	7.9~8.7	8.3	0.2	2.42
青海评价区		419	7.0~9.2	8.4	0.3	3.51
	海北藏族自治州	101	7.0~9.2	8.2	0.3	4.01
	海南藏族自治州	120	8.0~9.1	8.4	0.2	2.41
	海西藏族蒙古族自治州	172	7.7~8.9	8.4	0.3	3.07
	玉树藏族自治州	26	7.7~8.4	8.0	0.2	2.46
四川评价区		294	4.8~9.0	7.7	0.8	10.80
	阿坝藏族羌族自治州	121	5.2~8.7	8.0	0.7	8.59
	甘孜藏族自治州	148	4.8~9.0	7.6	0.9	11.47
	凉山彝族自治州	25	5.9~8.0	7.0	0.7	9.86
西藏评价区		710	4.2~8.9	7.7	0.7	9.29
	阿里地区	6	6.6~8.5	8.1	0.7	9.03
	昌都市	177	5.5~8.6	7.8	0.6	7.17
	拉萨市	131	5.1~8.3	7.3	0.7	9.27
	林芝市	51	5.4~8.4	6.8	0.9	13.36
	那曲市	11	6.5~8.6	7.8	0.7	9.02

（续）

评价区	地级市/省辖县	样点数（个）	范围	平均值	标准差	变异系数（%）
	日喀则市	231	5.6～8.9	8.0	0.5	6.66
	山南市	103	4.2～8.8	7.9	0.6	7.88
云南评价区		209	4.7～8.8	6.5	1.1	17.42
	迪庆藏族自治州	147	4.9～8.8	6.9	1.0	15.08
	怒江州	62	4.7～7.7	5.6	0.7	12.59

二、土壤 pH 分级情况与区域空间分布

（一）不同评价区耕地土壤 pH 分级情况

青藏区土壤 pH 范围在 4.2～9.2 之间，变化范围较大，各级均有分布，主要集中于 7.5～8.5 之间。其中，酸性耕地 pH 变化范围在 4.2～5.5 之间，面积共 7.91km²，占青藏区耕地面积的 0.74%，如表 5-3，全部分布在云南评价区，占该评价区耕地面积的 11.47%，其余评价区均未有分布。

表 5-3　青藏区不同评价区耕地土壤 pH 分级面积

评价区	面积和比例	强碱性（≥8.5）	微碱性（7.5～8.5）	中性（6.5～7.5）	微酸性（5.5～6.5）	酸性（<5.5）
甘肃评价区	面积（khm²）	3.00	156.00	3.87	—	—
	占青藏区（%）	0.28	14.61	0.36	—	—
	占二级农业区（%）	1.84	95.78	2.38	—	—
青海评价区	面积（khm²）	59.65	133.86	—	—	—
	占青藏区（%）	5.59	12.54	—	—	—
	占二级农业区（%）	30.82	69.18	—	—	—
四川评价区	面积（khm²）	—	151.31	39.13	7.39	—
	占青藏区（%）	—	14.17	3.67	0.69	—
	占二级农业区（%）	—	76.48	19.78	3.74	—
西藏评价区	面积（khm²）	11.31	331.05	94.88	7.11	—
	占青藏区（%）	1.06	31.01	8.89	0.67	—
	占二级农业区（%）	2.54	74.5	21.35	1.61	—
云南评价区	面积（khm²）	—	7.29	24.70	29.10	7.91
	占青藏区（%）	—	0.68	2.31	2.73	0.74
	占二级农业区（%）	—	10.57	35.79	42.17	11.47
总计	面积（khm²）	73.96	779.51	162.58	43.60	7.91
	占青藏区（%）	6.93	73.02	15.23	4.08	0.74

青藏区土壤 pH 呈微酸性的耕地 pH 变化范围在 5.5～6.5 之间，面积共 43.60km²，占青藏区耕地面积的 4.08%，主要分布在云南评价区。其中，四川评价区微酸性耕地面积共 7.39km²，占该评价区耕地面积的 3.74%；西藏评价区微酸性耕地面积共有 7.11km²，

占该评价区耕地面积的 1.61%；云南评价区微酸性耕地面积共有 29.10khm²，占该评价区耕地面积的 42.17%。甘肃评价区、青海评价区不存在土壤 pH 呈微酸性的耕地。

青藏区土壤 pH 呈中性的耕地 pH 变化范围在 6.5～7.5 之间，面积 162.58khm²，占青藏区耕地面积的 15.23%，主要分布于西藏评价区、云南评价区、四川评价区。其中，甘肃评价区中性耕地面积 3.87khm²，占该评价区耕地面积的 2.38%；四川评价区中性耕地面积共计 39.13khm²，占该评价区耕地面积的 19.78%；西藏评价区中性耕地面积 94.88khm²，占该评价区耕地面积的 21.35%；云南评价区中性耕地面积共有 24.70khm²，占该评价区耕地面积的 35.79%。青海评价区不存在土壤 pH 呈中性的耕地。

青藏区土壤 pH 呈微碱性的耕地面积 pH 变化范围在 7.5～8.5 之间，共 779.51khm²，占青藏区耕地面积的 73.02%，主要分布在西藏评价区、甘肃评价区、四川评价区。其中，甘肃评价区 156.00khm²，占该评价区耕地面积的 95.78%；青海评价区 133.86khm²，占该评价区耕地面积的 69.18%；四川评价区 151.31khm²，占该评价区耕地面积的 76.48%；西藏评价区 331.05khm²，占该评价区耕地面积的 74.50%；云南评价区 7.29khm²，占该评价区耕地面积的 10.57%。

青藏区土壤 pH 呈强碱性的耕地面积 pH 变化范围在 8.5～9.2 之间，共 73.96khm²，占青藏区耕地面积的 6.93%，主要分布在青海评价区。其中，甘肃评价区 3.00khm²，占该评价区耕地面积的 1.84%；青海评价区 59.65khm²，占该评价区耕地面积的 30.82%；西藏评价区 11.31khm²，占该评价区耕地面积的 2.54%。四川评价区和云南评价区不存在土壤 pH 呈强碱性的耕地。

(二) 不同二级农业区耕地土壤 pH 分级的空间分布

如表 5-4 所示，青藏区耕地土壤 pH 分级主要集中在微碱性（7.5～8.5）和中性（6.5～7.5）之间，其面积有 942.09khm²，占青藏区耕地总面积的 88.25%。其中，藏南农牧区、青藏高寒地区和川藏林农牧区 85% 以上耕地土壤 pH 分级处于微碱性（7.5～8.5）和中性（6.5～7.5）之间，合计面积分别为 292.96khm²、59.07khm² 和 310.83khm²；青甘牧农区 80% 以上的耕地土壤 pH 分级处于微碱性（7.5～8.5）水平。根据样本点位数据统计，藏南农牧区土壤 pH 变化范围在 4.2～8.9 之间，有 0.01% 的耕地土壤呈微酸性（5.5～6.5），有 1.05% 的耕地土壤呈强碱性（≥8.5）；川藏林农牧区土壤 pH 变化范围在 4.7～9.0 之间，有 12% 的耕地土壤呈微酸性（5.5～6.5），有 2.19% 的耕地土壤呈酸性（＜5.5）；青藏高寒地区土壤 pH 变化范围在 6.4～8.7 之间，没有呈酸性（＜5.5）的耕地土壤，但是有 0.05% 的耕地土壤呈微酸性（5.5～6.5）和 0.13% 的耕地土壤呈强碱性（≥8.5）；青甘牧农区土壤 pH 变化范围在 7.0～9.2 之间，有 18.33% 的耕地土壤呈强碱性（≥8.5）和 1.13% 的耕地土壤呈中性（6.5～7.5）。

表 5-4　青藏区不同二级农业区耕地土壤 pH 分级面积

二级农业区	面积和比例	强碱性（≥8.5）	微碱性（7.5～8.5）	中性（6.5～7.5）	微酸性（5.5～6.5）	酸性（＜5.5）
藏南农牧区	面积（khm²）	11.23	243.89	49.07	0.12	—
	占青藏区（%）	1.05	22.85	4.6	0.01	—
	占二级农业区（%）	3.69	80.14	16.13	0.04	—

（续）

二级农业区	面积和比例	强碱性（≥8.5）	微碱性（7.5～8.5）	中性（6.5～7.5）	微酸性（5.5～6.5）	酸性（<5.5）
川藏林农牧区	面积（khm²）	—	202.97	107.86	43.45	7.91
	占青藏区（%）	—	19.01	10.1	4.07	0.74
	占二级农业区（%）	—	56.03	29.78	12	2.19
青藏高寒地区	面积（khm²）	0.08	57.29	1.78	0.03	—
	占青藏区（%）	0.01	5.37	0.17	0.003	—
	占二级农业区（%）	0.13	96.82	3	0.05	—
青甘牧农区	面积（khm²）	62.65	275.36	3.87	—	—
	占青藏区（%）	5.87	25.79	0.36	—	—
	占二级农业区（%）	18.33	80.54	1.13	—	—
总计		73.96	779.51	162.58	43.6	7.91

（三）不同耕地利用类型土壤 pH 分级的空间分布

从青藏区耕地利用现状的土壤 pH 分级面积统计（表 5-5）来看，青藏区耕地利用类型以旱地和水浇地为主，合计面积为 1 020.26khm²，占青藏区耕地总面积的 95.57%。而旱地和水浇地 84.03% 的土壤 pH 分级值处于中性（6.5～7.5）和微碱性（7.5～8.5）水平，合计面积 897.09khm²。

旱地分布面积最大，为 629.67khm²，占青藏区耕地总面积的 58.98%，旱地土壤以中性（6.5～7.5）和微碱性（7.5～8.5）为主，合计面积 562.02khm²，占旱地面积的 89.26%；此外，还分布有 1.24% 的酸性旱地土壤、5.76% 的微酸性旱地土壤和 3.75% 的强碱性旱地土壤。水浇地分布面积其次，面积 390.59khm²，占青藏区耕地总面积的 36.59%，水浇地土壤以中性（6.5～7.5）和微碱性（7.5～8.5）为主，合计面积 335.07khm²，占水浇地面积的 85.79%；青藏区还分布有 1.31% 的微酸性水浇地土壤和 12.90% 的强碱性水浇地土壤。水田分布面积最小，仅有 47.30khm²，占青藏区耕地总面积的 4.43%，水田土壤以微碱性（7.5～8.5）为主，占水田面积的 70.77%，其次为 pH 呈中性（6.5～7.5）的水田土壤，占水田面积的 24.39%，pH 呈微酸性（5.5～6.5）及酸性（<5.5）的水田土壤，分别占水浇地面积的 4.64% 和 0.20%。

表 5-5　青藏区不同耕地利用类型土壤 pH 分级面积（khm²，%）

利用类型	强碱性（≥8.5）		微碱性（7.5～8.5）		中性（6.5～7.5）		微酸性（5.5～6.5）		酸性（<5.5）	
	面积	比例	面积	比例	面积	比例	面积	比例	面积	比例
旱地	23.56	3.75	475.41	75.5	86.61	13.75	36.28	5.76	7.81	1.24
水浇地	50.4	12.9	270.63	69.29	64.44	16.5	5.12	1.31	—	—
水田	—	—	33.47	70.77	11.53	24.39	2.2	4.64	0.1	0.2

（四）不同评价区地级市及省辖县耕地土壤 pH 分级的空间分布

由表 5-6 所知，甘肃评价区耕地面积为 162.87khm²，占青藏区耕地总面积的 15.26%，主要分布于甘南藏族自治州，面积为 105.97khm²，占甘肃评价区耕地面积的 65.06%。甘肃评价区以土壤 pH 呈微碱性（7.5～8.5）耕地为主，面积为 156.00khm²，占甘肃评价区耕地面积的 95.78%，主要分布在甘南藏族自治州，面积为 101.76khm²，占甘肃评价区微碱性耕地面积的 65.23%；甘肃评价区土壤 pH 呈中性（6.5～7.5）的耕地全部分布于甘南藏族自治州，面积为 3.87khm²，占甘肃评价区耕地面积的 2.38%；土壤 pH 呈强碱性（≥8.5）的耕地主要分布在武威市，面积为 2.66khm²，占甘肃评价区强碱性耕地面积的 88.67%。

青海评价区耕地面积为 193.51khm²，占青藏区耕地总面积的 18.13%，主要分布于海北藏族自治州、海南藏族自治州和海西蒙古族藏族自治州 3 个地级市，合计面积为 175.07khm²，占青海评价区耕地面积的 90.47%，耕地土壤全部处于微碱性（7.5～8.5）和强碱性（≥8.5）水平。青海评价区土壤 pH 呈微碱性（7.5～8.5）的耕地主要分布在海北藏族自治州、海南藏族自治州和海西蒙古族藏族自治州 3 个地级市，合计面积为 115.52khm²，占青海评价区微碱性耕地面积的 86.30%；土壤 pH 呈强碱性（≥8.5）的耕地主要分布在海南藏族自治州、海西蒙古族藏族自治州等地市，合计面积为 59.19khm²，占青海评价区强碱性耕地面积的 99.23%。

四川评价区耕地面积为 197.83khm²，占青藏区耕地总面积的 18.53%，主要分布于阿坝藏族羌族自治州、甘孜藏族自治州 2 个地市，合计面积为 181.32khm²，占四川评价区耕地面积的 91.65%；耕地土壤 pH 以微碱性（7.5～8.5）和中性（6.5～7.5）为主，合计面积为 190.44khm²，占四川评价区耕地面积的 96.26%。四川评价区土壤 pH 呈微碱性（7.5～8.5）的耕地主要分布在阿坝藏族羌族自治州和甘孜藏族自治州，合计面积为 150.90khm²，占四川评价区微碱性耕地面积的 99.73%；土壤 pH 呈中性（6.5～7.5）的耕地主要分布在甘孜藏族自治州和凉山彝族自治州，合计面积为 33.64khm²，占四川评价区中性耕地面积的 85.97%；土壤 pH 呈强微酸性（5.5～6.5）的耕地面积为 7.39khm²，仅分布在甘孜藏族自治州。

西藏评价区耕地面积为 444.35khm²，占青藏区耕地总面积的 41.62%，主要分布于日喀则市、山南市、昌都市等地市，合计面积为 324.91khm²，占西藏评价区耕地面积的 73.12%；耕地土壤以土壤 pH 微碱性（7.5～8.5）和中性（6.5～7.5）为主，合计面积为 425.93khm²，占西藏评价区耕地面积的 95.85%。西藏评价区土壤 pH 呈微酸性（5.5～6.5）的耕地主要分布在林芝市，面积为 6.96khm²，占西藏评价区微酸性耕地面积的 97.89%；土壤 pH 呈中性（6.5～7.5）的耕地主要分布在拉萨市、林芝市 2 个地市，面积为 66.07khm²，占西藏评价区中性耕地面积的 69.64%；土壤 pH 呈微碱性（7.5～8.5）的耕地主要分布在日喀则市、山南市、昌都市 3 个地市，面积为 285.99khm²，占西藏评价区微碱性耕地面积的 86.39%；此外，西藏评价区还分布有少量的强碱性（≥8.5）耕地，其面积为 11.31khm²，仅分布在日喀则市。

云南评价区耕地面积为 69.00khm²，占青藏区耕地总面积的 6.46%，主要分布于迪庆藏族自治州，面积为 55.09khm²，占云南评价区耕地面积的 79.84%；耕地以土壤 pH 呈微酸性（5.5～6.5）和中性（6.5～7.5）为主，合计面积为 53.80khm²，占云南评价区耕地面积的 77.96%。云南评价区土壤 pH 呈酸性（<5.5）的耕地主要分布在怒江州，面积为 7.87khm²，占云南评价区酸性耕地面积的 99.49%；土壤 pH 呈微酸性（5.5～6.5）的耕地主要分布在迪庆藏族自治州，面积为 23.50khm²，占云南评价区酸性耕地面积的 87.00%；土壤 pH 呈中性（6.5～7.5）的耕地主要分布在迪庆藏族自治州，面积为 24.26khm²，占云

南评价区中性耕地面积的 98.22%；云南评价区还分布有土壤 pH 呈微碱性（7.5～8.5）的耕地，仅分布在迪庆藏族自治州，面积为 7.29khm²。

表 5-6　青藏区不同评价区地级市及省辖县耕地土壤 pH 分级面积（khm²，%）

评价区	地级市/省辖县	强碱性 (≥8.5)		微碱性 (7.5～8.5)		中性 (6.5～7.5)		微酸性 (5.5～6.5)		酸性 (<5.5)	
		面积	比例	面积	比例	面积	比例	面积	比例	面积	比例
甘肃评价区		3	1.84	156	95.78	3.87	2.38	—	—	—	—
	甘南藏族自治州	0.34	0.32	101.76	96.03	3.87	3.65				
	武威市	2.66	4.68	54.24	95.32	—	—				
青海评价区		59.65	30.82	133.86	69.18						
	果洛藏族自治州			1.27	100						
	海北藏族自治州	0.36	0.63	56.43	99.37						
	海南藏族自治州	41.68	59.87	27.94	40.13						
	海西蒙古族藏族自治州	17.51	35.99	31.15	64.01						
	黄南藏族自治州	0.1	2.55	3.84	97.45						
	玉树藏族自治州	—	—	13.23	100						
四川评价区		—	—	151.31	76.48	39.13	19.78	7.39	3.74		
	阿坝藏族羌族自治州	—	—	84.73	93.92	5.49	6.08	—	—		
	甘孜藏族自治州	—	—	66.17	72.63	17.54	19.25	7.39	8.12		
	凉山彝族自治州	—	—	0.41	2.49	16.1	97.51				
西藏评价区		11.31	2.54	331.05	74.51	94.88	21.35	7.11	1.61		
	阿里地区	—	—	3.31	94.1	0.21	5.9	—	—		
	昌都市	—	—	62.83	86.54	9.77	13.46				
	拉萨市	—	—	21.28	37.61	35.19	62.19	0.12	0.2		
	林芝市	—	—	16.26	30.06	30.88	57.08	6.96	12.86		
	那曲市	—	—	4.21	80.45	0.99	18.98	0.03	0.57		
	日喀则市	11.31	7.65	125.88	85.15	10.65	7.2				
	山南市	—	—	97.28	93.11	7.19	6.89	—	—	—	—
云南评价区				7.29	10.57	24.7	35.79	29.1	42.17	7.91	11.47
	迪庆藏族自治州	—	—	7.29	13.24	24.26	44.03	23.5	42.66	0.04	0.07
	怒江州					0.44	3.18	5.6	40.23	7.87	56.59

（五）主要土壤类型土壤 pH 分级的空间分布

如表 5-7，青藏区耕地土壤类型以褐土、亚高山草甸土、栗钙土、灌丛草原土、棕壤、灰褐土、黑钙土、棕钙土、砖红壤、潮土、暗棕壤、黄棕壤、亚高山草原土、草甸土、高山草甸土、冷钙土、黑毡土、山地灌丛草原土、红壤、赤红壤、黄壤、冷棕钙土和山地草甸土为主，合计面积为 997.22khm²，占青藏区耕地面积的 93.41%。其中，褐土分布最广，面积为 119.49khm²，占青藏区耕地面积的 11.19%，其 pH 分级值以微碱性（7.5～8.5）和中性（6.5～7.5）水平为主，合计面积 117.52khm²，占青藏区褐土面积的 98.35%。第二大面积分布的土壤类型是亚高山草甸土，面积为 113.81khm²，占青藏区耕地面积的 10.66%，其 pH 分级值以微碱性（7.5～8.5）和中性（6.5～7.5）水平为主，合计面积 109.70khm²，占青藏区亚高山草甸土面积的 96.39%。栗钙土为第三大面积分布的土壤类型，面积 95.86khm²，占青藏区耕地面积的 8.98%，其 pH 分级值以微碱性（7.5～8.5）水平为主，面积 63.40khm²，占青藏区栗钙土面积的 66.14%。灌丛草原土为第四大面积分布的土壤类型，面积为 87.11khm²，占青藏区耕地面积的 8.16%，其 pH 分级值以微碱性（7.5～8.5）和中性（6.5～7.5）水平为主，合计面积 87.00khm²，占青藏区灌丛草原土面积的 99.87%。棕壤为第五大面积分布的土壤类型，面积 69.49khm²，占青藏区耕地面积的 6.51%，其 pH 分级值以微碱性（7.5～8.5）和中性（6.5～7.5）水平为主，面积 61.21khm²，占青藏区棕壤面积的 88.08%。灰褐土为第六大面积分布的土壤类型，面积 56.43khm²，占青藏区耕地面积的 5.29%，其 pH 分级值以微碱性（7.5～8.5）水平为主，合计面积 53.03khm²，占青藏区灰褐土面积的 93.98%。黑钙土为第七大面积分布的土壤类型，面积 56.21khm²，占青藏区耕地面积的 5.27%，其 pH 分级值以微碱性（7.5～8.5）水平为主，合计面积 55.57khm²，占青藏区黑钙土面积的 98.86%。棕钙土为第八大面积分布的土壤类型，面积 47.81khm²，占青藏区耕地面积的 4.48%，其 pH 分级值以微碱性（7.5～8.5）水平为主，面积 30.69khm²，占青藏区棕钙土面积的 64.19%。

从 pH 分级情况来看，pH 小于 5.5 的酸性耕地土壤类型主要有红壤和黄棕壤，合计面积为 6.79khm²，占酸性耕地土壤面积的 85.84%。pH 呈微酸性（5.5～6.5）的耕地土壤类型主要有黄棕壤、红壤、棕壤、亚高山草甸土、暗棕壤等，合计面积 35.65khm²，占微酸性耕地土壤面积的 81.77%。pH 呈中性（6.5～7.5）的耕地土壤类型主要有棕壤、褐土、亚高山草甸土、灌丛草原土、黄棕壤、潮土、砖红壤、暗棕壤、黑毡土等，合计面积 124.50khm²，占中性耕地土壤面积的 76.58%。pH 呈微碱性（7.5～8.5）的耕地土壤类型主要有褐土、亚高山草甸土、灌丛草原土、栗钙土、黑钙土、灰褐土等，合计面积 430.71khm²，占微碱性耕地土壤面积的 55.25%。pH 呈强碱性（≥8.5）的耕地土壤类型主要有栗钙土、棕钙土等，合计面积 49.58khm²，占强碱性耕地土壤面积的 67.04%。

表 5-7　青藏区主要土壤类型土壤 pH 分级面积（khm²，%）

土类	强碱性（≥8.5）		微碱性（7.5～8.5）		中性（6.5～7.5）		微酸性（5.5～6.5）		酸性（<5.5）	
	面积	比例	面积	比例	面积	比例	面积	比例	面积	比例
暗棕壤	—	—	24.26	67.72	7.75	21.65	3.56	9.93	0.25	0.7
暗棕土	—	—	0.45	87.96	0.06	12.04	—	—	—	—
草甸土	4.56	18.27	15.88	63.52	3.56	14.26	0.99	3.95	—	—
草甸盐土	0.88	80.02	0.22	19.98	—	—	—	—	—	—
草毡土	0.02	0.5	2.6	98.64	0.02	0.86	—	—	—	—
潮土	0.37	1.03	27.73	76.28	8.25	22.69	—	—	—	—
赤红壤	—	—	10.7	68.49	4.92	31.51	—	—	—	—
粗骨土	—	—	3.98	68.73	1.81	31.27	—	—	—	—

（续）

土类	强碱性 (≥8.5)		微碱性 (7.5～8.5)		中性 (6.5～7.5)		微酸性 (5.5～6.5)		酸性 (<5.5)	
	面积	比例	面积	比例	面积	比例	面积	比例	面积	比例
风沙土	1.98	23.57	5.96	71.02	0.45	5.41	—	—	—	—
高山草甸土	0.12	0.53	19.87	87.27	1.59	6.97	1.19	5.23	—	—
高山草原土	0.79	14.38	4.68	85.62	—	—	—	—	—	—
高山灌丛草甸土	—	—	0.27	23.96	0.87	76.04	—	—	—	—
高山寒漠土	—	—	0.2	100	—	—	—	—	—	—
灌丛草原土	—	—	68.87	79.06	18.13	20.81	0.11	0.13	—	—
灌漠土	—	—	0.15	100	—	—	—	—	—	—
灌淤土	—	—	0.21	100	—	—	—	—	—	—
寒冻土	—	—	0.37	99.66	0	0.34	—	—	—	—
寒钙土	0.1	3.44	2.88	96.51	0	0.05	—	—	—	—
褐土	—	—	98.57	82.49	18.95	15.86	1.97	1.65	—	—
黑钙土	0.45	0.8	55.57	98.86	0.19	0.34	—	—	—	—
黑垆土	—	—	0.29	100	—	—	—	—	—	—
黑毡土	—	—	13.06	71.61	5.18	28.39	—	—	—	—
红壤	—	—	0.18	1.16	2.81	17.77	8.55	54.05	4.27	27.02
黄褐壤	—	—	—	—	0.44	100	—	—	—	—
黄壤	—	—	11.59	81.13	2.25	15.77	0.44	3.1	—	—
黄棕壤	—	—	9.71	28.1	10.37	29.97	11.97	34.64	2.52	7.29
灰钙土	0.01	0.36	3.98	99.64	—	—	—	—	—	—
灰褐土	0.34	0.6	53.03	93.98	3.06	5.42	—	—	—	—
灰棕漠土	3.98	60.67	2.58	39.33	—	—	—	—	—	—
冷钙土	1.96	9.86	17.59	88.66	0.29	1.48	—	—	—	—
冷漠土	—	—	0.12	100	—	—	—	—	—	—
冷棕钙土	—	—	10.24	75.38	3.35	24.62	—	—	—	—
栗钙土	32.46	33.86	63.4	66.14	—	—	—	—	—	—
漠境盐土	0.35	75.38	0.12	24.62	—	—	—	—	—	—
漂灰土	—	—	0.02	63.14	0.01	36.86	—	—	—	—
潜育草甸土	—	—	0.001	5.11	0.02	94.89	—	—	—	—
山地草甸土	0.04	0.37	10.06	99.63	—	—	—	—	—	—
山地灌丛草原土	—	—	14.37	86.59	2.22	13.41	—	—	—	—
石灰（岩）土	—	—	1.14	69.8	0.42	25.53	0.08	4.67	—	—
石质土	—	—	0.02	100	—	—	—	—	—	—
水稻土	—	—	1.2	21.26	2.42	43.16	1.9	33.86	0.1	1.72
脱潮土	—	—	0.91	100	—	—	—	—	—	—

（续）

土类	强碱性 （≥8.5）		微碱性 （7.5～8.5）		中性 （6.5～7.5）		微酸性 （5.5～6.5）		酸性 （<5.5）	
	面积	比例	面积	比例	面积	比例	面积	比例	面积	比例
新积土	0.19	3.19	4.57	76.34	1.12	18.62	0.11	1.85	—	—
亚高山草原土	4.09	13.09	24.74	79.14	2.43	7.77	—	—	—	—
亚高山灌丛草原土	—	—	0.34	26.17	0.96	73.83	—	—	—	—
亚高山草甸土	0.24	0.21	91.27	80.20	18.43	16.19	3.87	3.40	—	—
盐土	3.5	51.44	3.31	48.56	—	—	—	—	—	—
沼泽草甸土	—	—	—	—	0.02	100	—	—	—	—
沼泽土	0.41	26	0.47	29.83	0.7	44.17	—	—	—	—
砖红壤	—	—	33.01	80.16	8.17	19.84	—	—	—	—
紫色土	—	—	—	—	0.89	44.64	1.11	55.36	—	—
棕钙土	17.12	35.81	30.69	64.19	—	—	—	—	—	—
棕壤	—	—	31.94	45.96	29.27	42.12	7.7	11.08	0.58	0.84
棕色针叶林土	—	—	0.86	50.09	0.61	35.71	0.05	3.12	0.19	11.08
棕土	—	—	1.28	68.45	0.59	31.55	—	—	—	—

三、不同耕地质量等级土壤 pH 分级面积

如表 5-8，青藏区高产（一、二、三等地为高产耕地，下文同）耕地合计面积 17.58khm²，占青藏区耕地面积的 1.65%，其 pH 分级值以强碱性（≥8.5）和微碱性（7.5～8.5）水平为主，合计面积 14.47khm²，占青藏区高产耕地面积的 82.30%。青藏区中产（四、五、六等地为中产耕地，下文同）耕地合计面积 347.58khm²，占青藏区耕地面积的 32.56%，其 pH 分级值以微碱性（7.5～8.5）水平为主，合计面积 237.25khm²，占青藏区中产耕地面积的 68.26%。青藏区低产（七、八、九、十等地为低产耕地，下文同）耕地合计面积 702.40khm²，占青藏区耕地面积的 65.79%，其 pH 分级值以微碱性（7.5～8.5）水平为主，合计面积 534.88khm²，占青藏区低产耕地面积的 76.15%。

从 10 个等级的耕地 pH 分级值面积分布情况来看，青藏区一等耕地 pH 分级值以强碱性（≥8.5）和微碱性（7.5～8.5）水平为主，合计面积 1.15khm²，占青藏区一等耕地面积的 98.03%；其中，pH 分级值呈强碱性（≥8.5）的一等耕地分布面积最大，占青藏区一等耕地面积的 69.05%，pH 分级值呈微碱性（7.5～8.5）、中性（6.5～7.5）和微酸性（5.5～6.5）的一等耕地占青藏区一等耕地面积比例依次为 28.98%、1.71% 和 0.26%。青藏区二等耕地 pH 分级值以强碱性（≥8.5）和微碱性（7.5～8.5）水平为主，合计面积 6.35khm²，占青藏区二等耕地面积的 98.76%；其中，pH 分级值呈微碱性（7.5～8.5）的二等耕地分布面积最大，占青藏区二等耕地面积的 51.17%，pH 分级值呈强碱性（≥8.5）、中性（6.5～7.5）的二等耕地占青藏区二等耕地面积比例依次为 47.59% 和 1.24%。青藏区三等耕地 pH 分级值以强碱性（≥8.5）和微碱性（7.5～8.5）水平为主，合计面积 6.97khm²，占青藏区三等耕地面积的 69.84%；其中，pH 分级值呈微碱性（7.5～8.5）的

三等耕地分布面积最大，占青藏区三等耕地面积的 37.58%，pH 分级值呈强碱性（≥8.5）、中性（6.5～7.5）和微酸性（5.5～6.5）的三等耕地占青藏区三等耕地面积比例依次为 32.26%、19.54%和 10.62%。青藏区四等耕地 pH 分级值以微碱性（7.5～8.5）水平为主，面积 24.18khm²，占青藏区四等耕地面积的 62.56%；其次，pH 分级值呈强碱性（≥8.5）的四等耕地分布面积较大，占青藏区四等耕地面积的 19.02%，pH 分级值呈中性（6.5～7.5）和微酸性（5.5～6.5）的四等耕地占青藏区四等耕地面积比例依次为 15.81% 和 2.61%。青藏区五等耕地 pH 分级值以微碱性（7.5～8.5）水平为主，面积 78.06khm²，占青藏区五等耕地面积的 65.00%；其次，pH 分级值呈中性（6.5～7.5）、强碱性（≥8.5）的五等耕地分布面积较大，分别占青藏区五等耕地面积的 14.16% 和 14.13%，pH 分级值呈微酸性（5.5～6.5）和酸性（<5.5）的五等耕地占青藏区五等耕地面积比例依次为 6.63% 和 0.08%。青藏区六等耕地 pH 分级值以微碱性（7.5～8.5）水平为主，面积 135.01khm²，占青藏区六等耕地面积的 71.49%；其次，pH 分级值呈中性（6.5～7.5）的六等耕地分布面积较大，占青藏区六等耕地面积的 13.79%，pH 分级值呈强碱性（≥8.5）、微酸性（5.5～6.5）和酸性（<5.5）的六等耕地占青藏区六等耕地面积比例依次为 8.11%、4.97%和 1.64%。青藏区七等耕地 pH 分级值以微碱性（7.5～8.5）水平为主，面积 141.44khm²，占青藏区七等耕地面积的 73.13%；其次，pH 分级值呈中性（6.5～7.5）的七等耕地分布面积较大，占青藏区七等耕地面积的 16.29%，pH 分级值呈强碱性（≥8.5）、微酸性（5.5～6.5）和酸性（<5.5）的七等耕地占青藏区七等耕地面积比例依次为 5.82%、3.06%和 1.50%。青藏区八等耕地 pH 分级值以微碱性（7.5～8.5）水平为主，合计面积 146.26khm²，占青藏区八等耕地面积的 78.98%；其次，pH 分级值呈中性（6.5～7.5）的八等耕地分布面积较大，占青藏区八等耕地面积的 14.59%，pH 分级值呈强碱性（≥8.5）、微酸性（5.5～6.5）和酸性（<5.5）的八等耕地占青藏区八等耕地面积比例依次为 1.72%、4.23%和 0.48%。青藏区九等耕地 pH 分级值以微碱性（7.5～8.5）水平为主，合计面积 118.51hm²，占青藏区九等耕地面积的 75.46%；其次，pH 分级值呈中性（6.5～7.5）的九等耕地分布面积较大，占青藏区九等耕地面积的 15.08%，pH 分级值呈强碱性（≥8.5）、微酸性（5.5～6.5）和酸性（<5.5）的九等耕地占青藏区九等耕地面积比例依次为 4.06%、4.92%和 0.48%。青藏区十等耕地 pH 分级值以微碱性（7.5～8.5）水平为主，合计面积 128.67khm²，占青藏区十等耕地面积的 76.91%；其次，pH 分级值呈中性（6.5～7.5）的十等耕地分布面积较大，占青藏区十等耕地面积的 17.49%，pH 分级值呈强碱性（≥8.5）、微酸性（5.5～6.5）和酸性（<5.5）的十等耕地占青藏区十等耕地面积比例依次为 3.87%、1.63%和 0.10%。

根据表 5-8，青藏区 pH 分级值呈强碱性（≥8.5）的耕地面积分布主要集中在中低等级耕地，最大面积的强碱性是五等耕地，面积为 16.97khm²，占青藏区强碱性（≥8.5）耕地面积的 22.94%。pH 分级值呈微碱性（7.5～8.5）的耕地集中在六等和十等之间，面积最大的微碱性是八等耕地，面积为 146.26khm²，占青藏区微碱性（7.5～8.5）耕地面积的 18.76%。pH 分级值呈中性（6.5～7.5）的耕地集中在六等至十等之间，面积最大的中性是七等耕地，面积为 31.42khm²，占青藏区中性（6.5～7.5）耕地面积的 19.33%。pH 分级值呈微酸性（5.5～6.5）的耕地集中在五等至九等之间。面积最大的微酸性是六等耕地，面积为 9.38khm²，占青藏区微酸性（5.5～6.5）耕地面积的 21.51%。pH 分级值呈酸性

（<5.5）的耕地集中在六等至七等之间，面积最大的酸性是六等耕地，面积为 3.110khm²，占青藏区酸性（<5.5）耕地面积的 39.19%。

表 5-8 青藏区不同耕地质量等级土壤 pH 分级面积（khm²，%）

耕地质量等级	强碱性 (≥8.5)		微碱性 (7.5~8.5)		中性 (6.5~7.5)		微酸性 (5.5~6.5)		酸性 (<5.5)	
	面积	比例	面积	比例	面积	比例	面积	比例	面积	比例
一等地	0.81	69.05	0.34	28.98	0.02	1.71	0.003	0.26	—	—
二等地	3.06	47.59	3.29	51.17	0.08	1.24	—	—	—	—
三等地	3.22	32.26	3.75	37.58	1.95	19.54	1.06	10.62	—	—
四等地	7.35	19.02	24.18	62.56	6.11	15.81	1.01	2.61	—	—
五等地	16.97	14.13	78.06	65.00	17	14.16	7.96	6.63	0.1	0.08
六等地	15.31	8.11	135.01	71.49	26.04	13.79	9.38	4.97	3.1	1.64
七等地	11.22	5.82	141.44	73.33	31.42	16.29	5.91	3.06	2.9	1.50
八等地	3.18	1.72	146.26	78.98	27.01	14.59	7.83	4.23	0.88	0.48
九等地	6.37	4.06	118.51	75.46	23.69	15.08	7.73	4.92	0.76	0.48
十等地	6.47	3.87	128.67	76.91	29.26	17.49	2.72	1.63	0.17	0.10

第二节 灌溉能力

灌溉能力涉及灌溉设施、灌溉技术和灌溉方式等。灌溉能力直接影响农作物的长势和产量，对于在时间和空间降雨分布差异大的青藏区耕地影响尤其明显。在降水量极少的干旱、半干旱地区，有些农业需要完全依靠灌溉才能存在。灌溉能够调节农田水分状况，增加土壤水分，满足作物对水分的需要，保证作物的高产稳产；能够改善田间农业生态气候条件，维持农业生态的良性循环。灌溉的作用除满足水分的需要、调节土壤温度、湿度、土壤空气和养分外，有些灌溉形式还可以培肥地力和冲洗盐碱，对耕地质量具有重要影响。

一、灌溉能力分布情况

青藏区灌溉能力充分满足的耕地面积有 50.80khm²，占青藏区耕地面积的 4.76%；满足的耕地面积有 327.36khm²，占青藏区耕地面积的 30.66%；基本满足的耕地面积有 372.26hm²，占青藏区耕地面积的 34.87%；不满足的耕地面积有 317.14khm²，占青藏区耕地面积的 29.71%。

（一）不同二级农业区耕地灌溉能力

灌溉能力最强的（充分满足灌溉）的最大耕地面积分布在川藏林农牧区，其面积为 34.59khm²，灌溉能力最差（不满足灌溉）的最大面积分布在青甘牧农区，其面积为 3.44khm²。青藏各个区灌溉能力差异较大（表 5-9）。

表 5-9　青藏区不同二级农业区耕地灌溉能力面积分布

二级农业区	面积和比例	充分满足	满足	基本满足	不满足
藏南农牧区	面积（khm²）	—	202.6	97.12	4.59
	占青藏区（%）	—	18.98	9.10	0.43
	占二级农业区（%）	—	66.58	31.91	1.51
川藏林农牧区	面积（khm²）	34.59	60.69	194.2	72.71
	占青藏区（%）	3.24	5.68	18.19	6.81
	占二级农业区（%）	9.55	16.76	53.62	20.07
青藏高寒地区	面积（khm²）	12.77	5.55	24.1	16.76
	占青藏区（%）	1.20	0.52	2.26	1.57
	占二级农业区（%）	21.58	9.38	40.72	28.32
青甘牧农区	面积（khm²）	3.44	58.52	56.84	223.08
	占青藏区（%）	0.32	5.48	5.32	20.90
	占二级农业区（%）	1.01	17.12	16.62	65.25
总计		50.8	327.36	372.26	317.14

从各地区来看，藏南农牧区没有灌溉能力充分满足的耕地；灌溉能力满足的耕地面积有 202.60khm²，占该二级农业区耕地的 66.58%；藏南农牧区灌溉能力基本满足的耕地面积为 97.12khm²，占该二级农业区耕地的 31.91%；藏南农牧区灌溉能力不满足的耕地面积为 4.59khm²，占该二级农业区耕地的 1.51%，可见藏南农牧区灌溉能力较好。

川藏林农牧区灌溉能力充分满足的耕地面积 34.59khm²，占该二级农业区耕地的 9.55%；灌溉能力满足的耕地面积为 60.69khm²，占该二级农业区耕地的 16.76%；灌溉基本满足的耕地面积为 194.20khm²，占该二级农业区耕地的 53.62%；灌溉能力不满足的耕地面积为 72.71khm²，占该二级农业区耕地的 20.07%。川藏林农牧区耕地灌溉能力大多基本能满足。

青藏高寒地区灌溉能力充分满足的耕地面积为 12.77khm²，占该二级农业区耕地的 21.58%；灌溉满足的耕地面积 5.55khm²，占该二级农业区耕地的 9.38%；灌溉能力基本满足的耕地面积为 24.10khm²，占该二级农业区耕地的 40.72%；灌溉能力不满足的耕地面积为 16.76khm²，占该二级农业区耕地的 28.32%。青藏高寒地区耕地灌溉能力一般。

青甘牧农区灌溉能力充分满足的耕地面积为 3.44khm²，占该二级农业区耕地的 1.01%；灌溉能力满足的耕地面积为 58.52khm²，占该二级农业区耕地的 17.12%；灌溉能力基本满足的耕地面积 56.84khm²，占该二级农业区耕地的 16.62%；灌溉能力不满足的耕地面积为 223.08hm²，占该二级农业区耕地的 65.25%。青甘牧农区耕地灌溉能力不满足的灌溉的面积较大。

综上所述，青藏区各二级农业区的灌溉水平差异较大，有较大面积耕地无法满足灌溉，大部分耕地排水能力较好。

（二）不同评价区耕地灌溉能力

青藏区灌溉能力充分满足的耕地面积共 50.80khm²，占青藏区耕地面积的 4.76%，主要分布在四川评价区和西藏评价区，合计 45.49khm²，占青藏区灌溉能力充分满足耕地面积的 89.55％。如表 5-10，甘肃评价区灌溉能力充分满足的耕地面积共计 3.29km²，占该评价区耕地面积的 2.02％；青海评价区灌溉能力充分满足的耕地面积共有 0.15km²，占该评价区耕地面积的 0.08％；四川评价区灌溉能力充分满足的耕地面积共有 36.10km²，占该评价区耕地面积的 18.24％；西藏评价区灌溉能力充分满足的耕地面积共有 9.39km²，占该评价区耕地面积的 2.11％；云南评价区灌溉能力充分满足的耕地面积共有 1.87km²，占该评价区耕地面积的 2.72％。

青藏区灌溉能力满足的耕地面积共 327.36km²，占青藏区耕地面积的 30.66％，主要分布在西藏评价区和四川评价区，合计面积 266.66km²，占青藏区灌溉能力满足耕地面积的 81.46％。如表 5-10，甘肃评价区灌溉能力满足的耕地面积共计 25.13km²，占该评价区耕地面积的 15.43％；青海评价区灌溉能力满足的耕地面积共有 33.39km²，占该评价区耕地面积的 17.25％；四川评价区灌溉能力满足的耕地面积共有 45.97km²，占该评价区耕地面积的 23.24％；西藏评价区灌溉能力满足的耕地面积共有 220.69km²，占该评价区耕地面积的 49.67％；云南评价区灌溉能力满足的耕地面积共有 2.18km²，占该评价区耕地面积的 3.16％。

青藏区灌溉能力基本满足的耕地面积共 372.26km²，占青藏区耕地面积的 34.87％，主要分布在四川评价区、西藏评价区，合计面积共 280.19km²，占青藏区灌溉能力基本满足的耕地面积的 75.27％。如表 5-10，甘肃评价区没有灌溉能力处于基本满足水平的耕地分布；青海评价区灌溉能力基本满足的耕地面积有 58.11km²，占该评价区耕地面积的 30.03％；四川评价区灌溉能力基本满足的耕地面积共有 107.89km²，占该评价区耕地面积的 54.54％；西藏评价区灌溉能力基本满足的耕地面积共有 172.30km²，占该评价区耕地面积的 38.77％；云南评价区灌溉能力基本满足的耕地面积共有 33.96km²，占该评价区耕地面积的 49.21％。

青藏区灌溉能力不满足的耕地面积共 317.14km²，占青藏区耕地面积的 29.71％，主要分布在甘肃评价区和青海评价区，合计面积 236.31km²，占青藏区灌溉能力不满足耕地面积的 74.51％。如表 5-10，甘肃评价区灌溉能力不满足的耕地面积共计 134.45km²，占该评价区耕地面积的 82.55％；青海评价区灌溉能力不满足的耕地面积共有 101.86km²，占该评价区耕地面积的 52.64％；四川评价区灌溉能力不满足的耕地面积共有 7.87km²，占该评价区耕地面积的 3.98％；西藏评价区灌溉能力不满足的耕地面积共有 41.97km²，占该评价区耕地面积的 9.45％；云南评价区灌溉能力不满足的耕地面积共有 30.99km²，占该评价区耕地面积的 44.91％。

表 5-10　青藏区不同评价区耕地灌溉能力面积分布（khm²）

评价区	面积和比例	充分满足	满足	基本满足	不满足
甘肃评价区	面积（khm²）	3.29	25.13	—	134.45
	占青藏区（％）	0.31	2.36	—	12.59
	占评价区（％）	2.02	15.43	—	82.55
青海评价区	面积（khm²）	0.15	33.39	58.11	101.86
	占青藏区（％）	0.01	3.13	5.44	9.54
	占评价区（％）	0.08	17.25	30.03	52.64

（续）

评价区	面积和比例	充分满足	满足	基本满足	不满足
四川评价区	面积（khm²）	36.10	45.97	107.89	7.87
	占青藏区（%）	3.38	4.31	10.11	0.74
	占评价区（%）	18.24	23.24	54.54	3.98
西藏评价区	面积（khm²）	9.39	220.69	172.3	41.97
	占青藏区（%）	0.88	20.67	16.14	3.93
	占评价区（%）	2.11	49.67	38.77	9.45
云南评价区	面积（khm²）	1.87	2.18	33.96	30.99
	占青藏区（%）	0.18	0.2	3.18	2.9
	占评价区（%）	2.72	3.16	49.21	44.91
总计		50.80	327.36	372.26	317.14

（三）不同评价区各地级市及省辖县耕地灌溉能力

就甘肃评价区耕地灌溉能力而言，甘肃省耕地灌溉能力充分满足、满足、基本满足和不满足的面积比例差异较大，不满足状态耕地面积最大，比例达82.55%，其次是满足耕地，面积比例为15.43%，充分满足状态的耕地仅有2.02%，没有灌溉能力处于基本满足的耕地。灌溉能力处于不满足水平的甘肃耕地中，甘南藏族自治州所占面积最大，其面积为100.26khm²，占该评价区不满足耕地面积的74.57%；灌溉能力处于充分满足水平的甘肃耕地面积为3.29khm²，全部分布于甘南藏族自治州；灌溉能力处于满足水平的甘肃耕地中，武威市所占面积最大，其面积为22.71khm²，占该评价区满足耕地面积的90.37%；甘肃耕地中无灌溉能力为基本满足的耕地。从各灌溉能力状态占该市区耕地面积比例最大值而言，甘南藏族自治州94.62%的耕地灌溉能力处于不满足水平，武威市60.08%的灌溉能力耕地处于不满足水平，表明该区域内灌溉能力较差。

就青海评价区耕地灌溉能力而言，耕地灌溉能力不满足状态面积最大，比例达52.64%，其次为基本满足状态耕地，面积比例为30.03%。灌溉能力处于充分满足水平的耕地面积为0.15khm²，仅分布在海南藏族自治州。灌溉能力处于满足水平的青海耕地主要分布在海北藏族自治州、海西蒙古族藏族自治州，合计面积31.25khm²，占该评价区满足状态耕地面积的93.59%，其中海北藏族自治州面积最大，其面积为18.6khm²，其次是海西蒙古族藏族自治州，面积为12.65khm²。灌溉能力处于基本满足水平的青海耕地主要分布在海西蒙古族藏族自治州、海南藏族自治州等，合计面积53.66khm²，占该评价区基本满足耕地面积的92.36%，其中海西蒙古族藏族自治州面积最大，其面积为36.01khm²，其次是海南藏族自治州，面积为17.66khm²。灌溉能力处于不满足水平的青海耕地主要分布在海南藏族自治州、海北藏族自治州等，合计面积85.02khm²，占该评价区不满足耕地面积的83.47%，其中海南藏族自治州面积最大，其面积为49.67khm²，其次是海北藏族自治州，面积为35.35khm²。从各灌溉能力状态占该市区耕地面积比例最大值而言，果洛藏族自治州100%的耕地灌溉能力处于基本满足水平，海北藏族自治州62.25%的耕地灌溉能力处于不满足水平，海南藏族自治州71.35%的耕地灌溉能力处于不满足水平，海西蒙古族藏族自治州74.00%的耕地灌溉能力处于基本满足水平，黄南藏族自治州91.65%的耕地灌溉能力处于不满足水平，玉树藏族自治州 100%的耕地灌溉能力处于不满足水平。

就四川评价区耕地灌溉能力而言，耕地灌溉能力基本满足状态面积最大，比例达 54.53%，其次为满足状态耕地，面积比例为 23.24%。灌溉能力处于充分满足水平的四川耕地主要分布在甘孜藏族自治州，面积 33.07km²，占该评价区充分满足耕地面积的 91.61%，其次是阿坝藏族羌族自治州，面积为 2.73km²。灌溉能力处于满足水平的四川耕地主要分布在甘孜藏族自治州、阿坝藏族羌族自治州等，合计面积 44.23km²，占该评价区满足状态耕地面积的 96.21%，其中甘孜藏族自治州面积最大，其面积为 35.54km²，其次是阿坝藏族羌族自治州，面积为 8.69km²。灌溉能力处于基本满足水平的四川耕地主要分布在阿坝藏族羌族自治州、甘孜藏族自治州等，合计面积 97.48km²，占该评价区基本满足耕地面积的 90.35%，其中阿坝藏族羌族自治州面积最大，其面积为 77.06km²，其次是甘孜藏族自治州，面积为 20.42km²。灌溉能力处于不满足水平的四川耕地主要分布在凉山彝族自治州，面积 4.07km²，占该评价区不满足耕地面积的 51.72%，其次是甘孜藏族自治州，面积为 2.07km²。从各灌溉能力状态占该地市耕地面积比例最大值而言，阿坝藏族羌族自治州 85.42%的耕地灌溉能力处于基本满足水平，甘孜藏族自治州 39.01%的耕地灌溉能力处于满足水平，凉山彝族自治州 63.02%的耕地灌溉能力处于基本满足水平。

就西藏评价区耕地灌溉能力而言，耕地灌溉能力满足状态面积最大，比例达 49.66%，其次为基本满足状态耕地，面积比例为 38.78%。灌溉能力处于充分满足水平的耕地主要分布在林芝市，面积最大，其面积 8.42km²，占该评价区充分满足耕地面积的 89.67%，其次是昌都市，面积为 0.97km²。灌溉能力处于满足水平的西藏自治区耕地主要分布在日喀则市、山南市等，占该评价区满足耕地面积的 77.96%，其中日喀则市面积最大，其面积为 90.00km²，其次是山南市，其面积为 82.04km²。灌溉能力处于基本满足水平的西藏自治区耕地主要分布在日喀则市、林芝市和昌都市等，占该评价区基本满足耕地面积的 73.24%，其中日喀则市面积最大，其面积为 57.57km²，其次是林芝市，面积为 39.25km²。灌溉能力处于不满足水平的西藏自治区耕地主要分布在昌都市，面积 32.22km²，占该评价区不满足耕地面积的 76.77%。从各灌溉能力状态占该地市耕地面积比例而言，灌溉能力处于充分满足水平耕地面积比例超过 15%的地级市仅有林芝市，为 15.56%；灌溉能力处于满足水平耕地面积比例超过 50%的地级市有拉萨市、日喀则市、山南市等；灌溉能力处于基本满足水平耕地面积比例超过 50%的地级市有阿里地区、林芝市等；灌溉能力处于不满足水平耕地面积比例超过 40%的地级市有昌都市、那曲市等。

就云南评价区耕地灌溉能力而言，云南耕地灌溉能力基本满足状态面积最大，比例达 49.21%，其次为不满足状态耕地，面积比例为 44.91%。灌溉能力处于充分满足水平的云南耕地主要分布在迪庆藏族自治州，面积最大，其面积为 1.75km²，占该评价区充分满足耕地面积的 93.58%，其次是怒江州，面积为 0.12km²。灌溉能力处于满足水平的云南耕地面积 2.18km²，全部分布于迪庆藏族自治州。灌溉能力处于基本满足水平的云南耕地主要分布于迪庆藏族自治州，面积为 23.71km²，占该评价区基本满足状态耕地面积的 69.82%。灌溉能力处于不满足水平的云南耕地主要有迪庆藏族自治州，面积最大，其面积为 27.44km²，占该评价区不满足耕地面积的 88.54%，其次是怒江州，面积为 3.55km²。从各灌溉能力状态占该市区耕地面积比例最大值而言，迪庆藏族自治州 49.82%的耕地灌溉能力处于不满足水平，怒江州 73.68%的耕地灌溉能力处于基本满足水平（表 5-11）。

表 5-11　青藏区不同评价区地级市及省辖县耕地灌溉能力面积分布（khm², %）

评价区	地级市/省辖县	充分满足		满足		基本满足		不满足	
		面积	比例	面积	比例	面积	比例	面积	比例
甘肃评价区		3.29	2.02	25.13	15.43	—	—	134.45	82.55
	甘南藏族自治州	3.29	3.1	2.42	2.28	—	—	100.26	94.62
	武威市	—	—	22.71	39.92	—	—	34.19	60.08
青海评价区		0.15	0.08	33.39	17.25	58.11	30.03	101.86	52.64
	果洛藏族自治州	—	—	—	—	1.27	100	—	—
	海北藏族自治州	—	—	18.6	32.74	2.84	5	35.35	62.26
	海南藏族自治州	0.15	0.22	2.14	3.07	17.66	25.36	49.67	71.35
	海西蒙古族藏族自治州	—	—	12.65	26	36.01	74	—	—
	黄南藏族自治州	—	—	—	—	0.33	8.35	3.61	91.65
	玉树藏族自治州	—	—	—	—	—	—	13.23	100
四川评价区		36.1	18.25	45.97	23.24	107.89	54.53	7.87	3.98
	阿坝藏族羌族自治州	2.74	3.03	8.69	9.63	77.06	85.42	1.73	1.92
	甘孜藏族自治州	33.07	36.31	35.54	39.01	20.42	22.41	2.07	2.27
	凉山彝族自治州	0.29	1.76	1.74	10.59	10.41	63.02	4.07	24.63
西藏评价区		9.39	2.11	220.69	49.66	172.3	38.78	41.97	9.45
	阿里地区	—	—	—	—	3.52	100	—	—
	昌都市	0.97	1.34	10.03	13.82	29.37	40.45	32.22	44.39
	拉萨市	—	—	34.36	60.72	21.34	37.7	0.89	1.58
	林芝市	8.42	15.56	4.26	7.87	39.25	72.56	2.17	4.01
	那曲市	—	—	—	—	2.25	42.91	2.99	57.09
	日喀则市	—	—	90	60.88	57.57	38.94	0.27	0.18
	山南市	—	—	82.04	78.53	19	18.19	3.43	3.28
云南评价区		1.87	2.72	2.18	3.16	33.96	49.21	30.99	44.91
	迪庆藏族自治州	1.75	3.19	2.18	3.96	23.71	43.03	27.44	49.82
	怒江傈僳族自治州	0.12	0.84	—	—	10.25	73.68	3.55	25.48

二、主要土壤类型灌溉能力

青藏区耕地土壤土类主要有暗棕壤、草甸土、潮土、高山草甸土、灌丛草原土、褐土、黑钙土、黄棕壤、灰褐土、栗钙土、亚高山草甸土、亚高山草原土、砖红壤、棕钙土和棕壤等，合计面积871.94khm²，占青藏区耕地面积的81.68%。根据表5-12可知，青藏区灌溉能力处于充分满足水平的耕地主要为褐土，占褐土面积的17.94%，表明褐土灌溉条件较好。灌溉能力处于满足水平的耕地多数为灌丛草原土，面积为68.41khm²，占灌丛草原土面积的78.52%；另外占自身比例82.48%的潮土、22.74%的褐土、64.47%的砖红壤等灌溉能力都处于满足水平。灌溉能力处于基本满足水平的耕地多数为褐土，面积为59.76khm²，占褐土面积的50.01%；另外还有部分土类灌溉能力处于基本满足水平，如亚高山草甸土、棕钙土、棕壤、冷钙土等，分别占各自土类面积的 23.87%、56.93%、51.00%、87.53%。灌溉能力处于不满足水平的耕地主要有黑钙土、灰褐土、栗钙土、亚高山草甸土等，合计面积 202.88khm^2，占灌溉能力不满足状态的耕地面积为 63.97%。

表 5-12　青藏区耕地主要土壤类型灌溉能力面积分布（khm^2，%）

土类	充分满足		满足		基本满足		不满足	
	面积	比例	面积	比例	面积	比例	面积	比例
暗棕壤	2.88	8.03	6.02	16.82	16.16	45.12	10.76	30.03
暗棕土	0.01	0.97	0.05	9.57	0.43	83.86	0.03	5.60
草甸土	0.31	1.25	7.67	30.71	16.08	64.32	0.93	3.72
草甸盐土	—	—	0.99	89.82	0.11	10.18	—	—
草毡土	—	—	0.58	22.09	1.89	71.87	0.16	6.05
潮土	—	—	29.98	82.48	5.66	15.58	0.70	1.93
赤红壤	0.00	0.02	4.82	30.87	9.49	60.76	1.30	8.36
粗骨土	0.12	2.15	1.59	27.42	4.07	70.27	0.01	0.16
风沙土	—	—	3.25	38.78	4.38	52.21	0.76	9.01
高山草甸土	1.54	6.74	6.17	27.10	2.29	10.04	12.78	56.11
高山草原土	—	—	0.53	9.65	1.13	20.61	3.81	69.74
高山灌丛草甸土	—	—	0.90	78.75	0.24	21.25	—	—
高山寒漠土	—	—	0.12	58.05	—	—	0.08	41.95
灌丛草原土	—	—	68.41	78.52	18.27	20.97	0.44	0.51
灌漠土	—	—	0.15	100.00	—	—	—	—
灌淤土	—	—	—	—	0.21	100.00	—	—
寒冻土	—	—	0.10	26.18	0.08	22.22	0.19	51.60
寒钙土	—	—	0.69	22.98	2.30	77.02	—	—
褐土	21.43	17.94	27.17	22.74	59.76	50.01	11.13	9.31
黑钙土	0.04	0.07	15.19	27.03	2.23	3.96	38.75	68.95
黑垆土	0.16	54.03	—	—	—	—	0.14	45.97
黑毡土	—	—	1.58	8.64	11.53	63.21	5.13	28.15
红壤	0.24	1.50	0.03	0.21	10.43	65.96	5.11	32.32
黄褐壤	—	—	0.14	33.13	0.29	66.87	—	—
黄壤	1.53	10.72	8.41	58.83	3.46	24.23	0.89	—
黄棕壤	0.25	0.71	4.65	13.46	15.99	46.25	13.68	39.59
灰钙土	—	—	3.39	84.93	—	—	0.60	15.07
灰褐土	1.42	2.52	4.80	8.51	9.07	16.07	41.14	72.91
灰棕漠土	—	—	4.23	64.44	2.24	34.15	0.09	1.41
冷钙土	—	—	2.47	12.47	17.37	87.53	—	—
冷漠土	—	—	—	—	0.12	100.00	—	—
冷棕钙土	—	—	6.93	51.02	6.66	48.98	—	—

（续）

土类	充分满足		满足		基本满足		不满足	
	面积	比例	面积	比例	面积	比例	面积	比例
栗钙土	0.16	0.16	17.31	18.06	14.82	15.46	63.57	66.32
漠境盐土	—	—	0.39	83.23	0.08	16.77	—	—
漂灰土	—	—	0.03	100.00	—	—	—	—
潜育草甸土	—	—	0.02	94.89	0.001	5.11	—	—
山地草甸土	0.49	4.87	0.36	3.55	0.22	2.21	9.03	89.38
山地灌丛草原土			10.00	60.27	6.59	39.73		
石灰（岩）土	0.22	13.39	0.49	29.86	0.93	56.75		
石质土			0.02	100.00	—	—		
水稻土	2.76	49.16	0.04	0.65	1.94	34.57	0.88	15.62
脱潮土			0.15	16.43	0.76	83.57		
新积土	0.02	0.30	3.89	64.94	2.07	34.56	0.01	0.20
亚高山草甸土	9.42	8.37	16.89	15.00	26.87	23.87	59.41	52.77
亚高山草原土	—	—	17.51	56.00	13.75	43.98	0.01	0.02
亚高山灌丛草原土	—	—	0.86	66.50	0.43	33.50	—	—
亚高山草甸土	—	—	1.20	100.00	—	—	—	—
盐土			2.00	29.40	4.81	70.60	—	—
沼泽草甸土	—	—	0.00	23.23	0.02	76.77	—	—
沼泽土	—	—	0.24	15.08	0.86	54.45	0.48	30.47
砖红壤	3.15	7.66	26.55	64.47	10.44	25.36	1.04	2.51
紫色土	—	—	—	—	0.84	41.89	1.16	58.11
棕钙土	—	—	4.54	9.50	27.21	56.93	16.05	33.58
棕壤	4.66	6.70	12.86	18.51	35.44	51.00	16.53	23.79
棕色针叶林土	—	—	0.90	52.60	0.50	29.37	0.31	18.03
棕土	—	—	0.10	5.09	1.74	92.72	0.04	2.20

三、不同耕地利用类型灌溉能力

从不同耕地利用类型来看，青藏区耕地以旱地和水浇地为主，合计面积 1 020.26km²，占青藏区耕地面积的 95.57%；旱地面积最大，占青藏区耕地面积的 58.98%，其次为水浇地，占青藏区耕地面积的 33.59%，水田最小。其中，旱地灌溉能力处于不满足状态的耕地分布最广，面积为 280.05km²，占旱地面积的 44.48%；灌溉能力处于基本满足状态和满足状态的旱地面积分别为 189.79km² 和 123.94km²，分别占旱地面积的 30.14% 和 19.68%。水浇地满足的耕地面积最大，为 176.25km²，占水浇地面积的 45.12%。基本满足的面积为 171.42km²，不满足的面积为 36.21km²，充分满足的面积为 6.71km²，分别占水浇地面积的 43.89%、9.27% 和 1.72%。水田灌溉能力处于充分满足状态的耕地面积最大，为 8.20km²，占水田面积的 17.34%；满足的面积为 27.17km²，基本满足的面积为 11.05khm²，不满足的面积为 0.88khm²。由此可见，青藏区耕地中 74.79% 以上的水田灌溉能力处于充分满足和满足状态，灌溉条件较好；几乎半数以上的旱地灌溉能力处于不满足状态，灌溉条件较差；几乎半数以上的水浇地灌溉能力处于充分满足和满足状态，灌溉条件较好（表 5-13）。

表 5-13　青藏区不同耕地利用类型灌溉能力面积分布（khm²，%）

利用类型	充分满足		满足		基本满足		不满足	
	面积	比例	面积	比例	面积	比例	面积	比例
旱地	35.89	5.7	123.94	19.68	189.79	30.14	280.05	44.48
水浇地	6.71	1.72	176.25	45.12	171.42	43.89	36.21	9.27
水田	8.2	17.34	27.17	57.45	11.05	23.35	0.88	1.86

四、不同地形部位灌溉能力

青藏区耕地地貌类型分为河流低谷地、河流宽谷阶地、洪积扇前缘、洪积扇中后部、湖盆阶地、坡积裙、起伏侵蚀高台地、山地坡上、山地坡下、山地坡中台地等。根据表 5-14 可知，从不同地形部位来看，青藏区耕地地形部位以山地坡下、山地坡中和河流宽谷阶地为主，合计面积 750.62khm²，占青藏区耕地面积的 70.31%。其中，湖盆阶地和坡积裙等地形部位的耕地灌溉能力主要为满足，分别占其地形部位面积的 83.05%、63.23%；河流低谷地、河流宽谷阶地、洪积扇中后部、起伏侵蚀高台地、山地坡中和台地等地形部位的耕地灌溉能力主要为基本满足，分别占其地形部位面积的 66.95%、42.22%、57.03%、48.12%、39.53% 和 96.42%；洪积扇前缘、起伏侵蚀高台地、山地坡上和山地坡下等地形部位的耕地灌溉能力主要为不满足，分别占其他地形部位面积的 45.17%、42.83、77.30%、40.88%。

从灌溉能力来看，充分满足的耕地主要分布于河流宽谷阶地、山地坡下和山地坡中，合计面积 47.56khm²，占充分满足耕地面积的 93.62%，河流宽谷阶地面积最大，其值为 20.61khm²；灌溉能力为满足的耕地主要分布于河流宽谷阶地、湖盆阶地、山地坡下和山地坡中，合计面积 265.36khm²，占满足耕地面积的 81.06%，在山地坡下分布最大，其值为 100.52khm²；基本满足的耕地主要分布于河流宽谷阶地、山地坡下和山地坡中等地形部位，合计有 255.64khm²，占基本满足耕地面积的 68.67%；灌溉能力不满足的耕地主要分布于山地坡上、山地坡下、山地坡中，合计面积 256.39khm²，占不满足耕地的 80.85%，其中山地坡下面积最大，其值为 142.99khm²。

表 5-14　青藏区耕地不同地形部位灌溉能力面积分布（khm²，%）

地形部位	充分满足		满足		基本满足		不满足	
	面积	比例	面积	比例	面积	比例	面积	比例
河流低谷地	0.15	0.38	6.38	14.93	28.61	66.95	7.58	17.74
河流宽谷阶地	20.61	11.03	75.98	40.65	78.92	42.22	11.41	6.1
洪积扇前缘	—	—	13.42	23.59	17.78	31.24	25.7	45.17
洪积扇中后部	—	—	25.51	40.84	35.61	57.03	1.33	2.13

（续）

地形部位	充分满足		满足		基本满足		不满足	
	面积	比例	面积	比例	面积	比例	面积	比例
湖盆阶地	0.38	0.97	32.57	83.05	2.54	6.48	3.73	9.5
坡积裙	1.06	10.7	6.26	63.23	2.08	21.04	0.5	5.03
起伏侵蚀高台地	0.59	2.54	1.52	6.51	11.25	48.12	10.01	42.83
山地坡上	1.06	1.53	8.91	12.95	5.65	8.22	53.17	77.3
山地坡下	14.09	4.03	100.52	28.74	92.15	26.35	142.99	40.88
山地坡中	12.86	6.01	56.29	26.31	84.57	39.53	60.23	28.15
台地	—	—	—	—	13.1	96.42	0.49	3.58

五、不同耕地质量等级灌溉能力

如表 5-15，青藏区高产（一、二、三等地）耕地灌溉能力主要处于满足，合计面积 11.08km²，占青藏区高产耕地面积的 63.00%，灌溉能力处于充分满足、基本满足占高产耕地面积比例分别为 13.28%、23.72%。青藏区高产耕地无不满足灌溉的情况。青藏区中产（四、五、六等地）耕地灌溉能力主要处于基本满足，面积 153.60km²，占青藏区中产耕地面积的 44.19%，灌溉能力处于充分满足、满足、不满足耕地占中产耕地面积比例分别为 11.33%、23.08%、21.40%。青藏区低产（七、八、九、十等地）耕地灌溉能力主要处于不满足，合计面积 242.77km²，占青藏区低产耕地面积的 34.56%，灌溉能力处于充分满足、满足、基本满足耕地占低产耕地面积比例分别为 1.29%、33.61%、30.54%。由此可见，青藏区耕地质量等级较高的耕地灌溉条件较好，而低产耕地则绝大多数靠天降雨得以灌溉，灌溉基础设施差。

从灌溉保障情况而言，灌溉能力主要处于充分满足的耕地质量为四等地到六等地，合计面积 39.39km²，占青藏区充分满足灌溉能力耕地面积的 77.54%；灌溉能力主要处于满足的耕地质量为五等地到十等地，合计面积 306.37km²，占青藏区满足灌溉能力耕地面积的 93.59%；灌溉能力主要处于基本满足的耕地质量为四等地到十等地，合计面积 368.08km²，占青藏区基本满足灌溉能力耕地面积的 98.88%；灌溉能力主要处于不满足的耕地质量为六等地到十等地，合计面积 296.99km²，占青藏区不满足灌溉能力耕地面积的 93.65%。

从 10 个等级的耕地灌溉保障情况来看，青藏区一等地灌溉能力主要处于满足，合计面积 0.91km²，占青藏区一等地面积的 77.78%，其中灌溉能力处于充分满足、基本满足的耕地占青藏区一等地面积比例依次为 2.25%、19.97%。青藏区一等地无灌溉不满足的耕地。青藏区二等地灌溉能力主要处于满足，合计面积 4.94km²，占青藏区二等地面积的 76.81%，其中灌溉能力处于充分满足、基本满足的耕地占青藏区二等地面积比例依次为 1.28%、21.90%。青藏区二等地无灌溉不满足的耕地。青藏区三等地灌溉能力主要处于满足，合计面积 5.23km²，占青藏区三等地面积的 52.36%，其中灌溉能力处于充分满足、基本满足的耕地占青藏区三等地面积比例依次为 22.30%、25.33%。青藏区三等地无灌溉不满足的耕地。青藏区四等地灌溉能力主要处于基本满足，合计面积 22.16km²，占青藏区四等地面积的 57.33%，其中灌溉能力处于充分满足、满足、不满足的耕地占青藏区四等地面积比例依次为 14.36%、25.66%、2.65%。青藏区五等地灌溉能力主要处于基本满足，合计面积 58.45km²，占青藏区五等地面积的 48.67%，其中灌溉能力处于充分满足、满足、不满足的耕地占青藏区五等地面积比例依次为 15.57%、19.83%、15.93%。青藏区六等地灌溉能力主要处于基本满足，合计面积 72.99km²，占青藏区六等地面积的 38.65%，其中灌溉能力处于充分满足、满足、不满足的耕地占青藏区六等地面积比例依次为 8.02%、24.62%、28.71%。青藏区七等地灌溉能力主要处于满足，合计面积 71.09km²，占青藏区七等地面积的 36.85%，其中灌溉能力处于充分满足、基本满足、不满足的耕地占青藏区七等地面积比例依次为 2.56%、30.17%、30.42%。青藏区八等地灌溉能力主要处于不满足，合计面积 72.08km²，占青藏区八等地面积的 38.93%，其中灌溉能力处于充分满足、满足、基本满足的耕地占青藏区八等地面积比例依次为 2.07%、35.99%、23.01%。青藏区九等地灌溉能力主要处于不满足，合计面积 70.24km²，占青藏区九等地面积的 44.72%，其中灌溉能力处于充分满足、满足、基本满足的耕地占青藏区九等地面积比例依次为 0.19%、26.64%、28.45%。青藏区十等地灌溉能力主要处于基本满足，合计面积 69.01km²，占青藏区十等地面积的 41.25%，其中灌溉能力处于满足、不满足的耕地占青藏区十等地面积比例依次为 33.77%、24.98%。青藏区十等地无充分满足灌溉的耕地。

表 5-15　青藏区不同耕地质量等级灌溉能力面积分布（khm²,%）

耕地质量等级	充分满足		满足		基本满足		不满足	
	面积	比例	面积	比例	面积	比例	面积	比例
一等地	0.03	2.25	0.91	77.78	0.23	19.97	—	—
二等地	0.08	1.28	4.94	76.81	1.41	21.90	—	—
三等地	2.23	22.30	5.23	52.36	2.53	25.33	—	—
四等地	5.55	14.36	9.91	25.66	22.16	57.33	1.02	2.65
五等地	18.70	15.57	23.81	19.83	58.45	48.67	19.13	15.93
六等地	15.14	8.02	46.48	24.62	72.99	38.65	54.22	28.71
七等地	4.94	2.56	71.09	36.85	58.19	30.17	58.67	30.42
八等地	3.84	2.07	66.65	35.99	42.60	23.01	72.08	38.93
九等地	0.29	0.19	41.85	26.64	44.68	28.45	70.24	44.72
十等地	—	—	56.49	33.77	69.01	41.25	41.78	24.98

第三节　排水能力

排水能力即排涝能力，涉及排水设施、排水技术和排水方式等。排水能力直接影响农作物的长势和产量，对于在时间和空间降雨分布差异大的青藏区耕地影响尤其明显。在降水量大或者雨水过于集中的地区，健全田间排水系统则显得极为重要。当土壤水分过多时，旱田作物根系的生长及生理功能会受到严重的影响，进而影响地上部分生长发育，造成生理性损伤；长期在阴雨湿涝环境条件下，极易引发病虫害的发生和流行，因此，耕地排水能力的好坏对农业生产具有重大影响。

一、排水能力分布情况

青藏区排水能力充分满足的耕地面积有 49.27khm²，占青藏区耕地面积的 4.62%；满足的耕地面积有 541.56khm²，占青藏区耕地面积的 50.72%；基本满足的耕地面积有 365.71khm²，占青藏区耕地面积的 34.26%；不满足的耕地面积有 111.02khm²，占青藏区耕地面积的 10.40%。

（一）不同二级农业区耕地排水能力

排水能力最强的（充分满足排水）的最大耕地面积分布在川藏林农牧区，其面积为 44.58khm²，排水能力最差（不满足排水）的最大面积分布在川藏林农牧区，其面积为 60.83khm²。青藏各个区排水能力差异较大（表 5-16）。

表 5-16　青藏区不同二级农业区耕地排水能力面积分布

二级农业区	面积和比例	充分满足	满足	基本满足	不满足
藏南农牧区	面积（khm²）	—	222.29	64.88	17.14
	占青藏区（%）	—	20.81	6.08	1.61
	占二级农业区（%）	—	73.05	21.32	5.63
川藏林农牧区	面积（khm²）	44.58	81.21	175.57	60.83
	占青藏区（%）	4.18	7.61	16.45	5.7
	占二级农业区（%）	12.31	22.42	48.47	16.8
青藏高寒地区	面积（khm²）	—	22.29	24.42	12.47
	占青藏区（%）	—	2.09	2.28	1.17
	占二级农业区（%）	—	37.67	41.26	21.07
青甘牧农区	面积（khm²）	4.69	215.77	100.84	20.58
	占青藏区（%）	0.44	20.2	9.45	1.93
	占二级农业区（%）	1.37	63.11	29.5	6.02
总计		49.27	541.56	365.71	111.02

从各地区来看，藏南农牧区没有排水能力充分满足的耕地；排水能力满足的耕地面积为 222.29khm²，占该二级农业区耕地的 73.05%；藏南农牧区排水能力基本满足的耕地面积为 64.88khm²，占该二级农业区耕地的 21.32%；藏南农牧区排水能力不满足的耕地面积为 17.14khm²，占该二级农业区耕地的 5.63%，可见藏南农牧区排水能力较好。

川藏林农牧区排水能力充分满足的耕地面积为 44.58khm²，占该二级农业区耕地的 12.31%；排水能力满足的耕地面积为 81.21khm²，占该二级农业区耕地的 22.42%；排水基本满足的耕地面积为 175.57khm²，占该二级农业区耕地的 48.47%；排水能力不满足的耕地面积为 60.83khm²，占该二级农业区耕地的 16.80%。川藏林农牧区耕地排水能力大多基本能满足。

青藏高寒地区排水能力充分满足的耕地在青藏高寒地区没有分布；排水能力为满足的耕地面积为 22.29khm²，占该二级农业区耕地的 37.67%；排水能力基本满足的耕地面积为 24.42khm²，占该二级农业区耕地的 41.26%；排水能力不满足的耕地面积为 12.47khm²，占该二级农业区耕地的 21.07%。青藏高寒地区耕地排水能力一般。

青甘牧农区排水能力充分满足的耕地面积为 4.69km², 占该二级农业区耕地的 1.37%; 排水能力满足的耕地面积为 215.77km², 占该二级农业区耕地的 63.11%; 排水能力基本满足的耕地面积为 100.84km², 占该二级农业区耕地的 29.50%; 排水能力不满足的耕地面积为 20.58km², 占该二级农业区耕地的 6.02%。青甘牧农区耕地排水能力满足排水的面积较大。

综上所述, 青藏区各二级农业区的排水水平差异较大, 有较大面积耕地无法满足排水, 大部分耕地排水水平较好。

（二）不同评价区耕地排水能力

青藏区排水能力充分满足的耕地面积共有 49.27km², 占青藏区耕地面积的 4.62%, 主要分布在云南评价区, 面积 37.71km², 占青藏区排水能力充分满足耕地面积的 76.54%。如表 5-17, 甘肃评价区排水能力充分满足耕地面积共计 4.69km², 占该评价区耕地面积的 2.88%; 青海评价区没有排水能力为充分满足的耕地; 四川评价区排水能力充分满足耕地面积共有 3.94km², 占该评价区耕地面积的 1.99%; 西藏评价区排水能力充分满足耕地面积共有 2.93km², 占该评价区耕地面积的 0.66%; 云南评价区排水能力充分满足耕地面积共有 37.71km², 占该评价区耕地面积的 54.66%。

青藏区排水能力满足的耕地面积共有 541.56km², 占青藏区耕地面积的 50.73%, 主要分布在西藏评价区、甘肃评价区和青海评价区, 合计面积 483.53hm², 占青藏区排水能力满足耕地面积的 89.28%。如表 5-17, 甘肃评价区排水能力满足耕地面积共计 121.41km², 占该评价区耕地面积的 74.54%; 青海评价区排水能力满足耕地面积共有 107.69km², 占该评价区耕地面积的 55.65%; 四川评价区排水能力满足耕地面积共有 39.68km², 占该评价区耕地面积的 20.06%; 西藏评价区排水能力满足耕地面积共有 254.43km², 占该评价区耕地面积的 57.26%; 云南评价区排水能力满足耕地面积共有 18.35km², 占该评价区耕地面积的 26.59%。

青藏区排水能力基本满足的耕地面积共有 365.71km², 占青藏区耕地面积的 34.26%, 主要分布在四川评价区、西藏评价区, 合计面积共 252.17hm², 占青藏区排水能力基本满足耕地面积的 68.95%。如表 5-17, 甘肃评价区排水能力基本满足耕地面积有 36.77km², 占该评价区耕地面积的 22.58%; 青海评价区排水能力基本满足耕地面积有 65.24km², 占该评价区耕地面积的 33.72%; 四川评价区排水能力基本满足耕地面积共有 120.74km², 占该评价区耕地面积的 61.03%; 西藏评价区排水能力基本满足耕地面积共有 131.43km², 占该评价区耕地面积的 29.58%; 云南评价区排水能力基本满足耕地的面积共有 11.53km², 占该评价区耕地面积的 16.71%。

青藏区排水能力不满足的耕地面积共有 111.02km², 占青藏区耕地面积的 10.40%, 主要分布在青海评价区、四川评价区和西藏评价区, 合计面积 109.61km², 占青藏区排水能力不满足耕地面积的 98.73%。如表 5-17, 甘肃评价区没有排水能力为不满足的耕地; 青海评价区排水能力不满足耕地面积共有 20.58km², 占该评价区耕地面积的 10.63%; 四川评价区排水能力不满足耕地面积共有 33.47km², 占该评价区耕地面积的 16.92%; 西藏评价区排水能力不满足耕地面积共有 55.56km², 占该评价区耕地面积的 12.50%; 云南评价区排水能力不满足耕地面积共有 1.41km², 占该评价区耕地面积的 2.04%。

表 5-17　青藏区不同评价区耕地排水能力面积分布

评价区	面积和比例	充分满足	满足	基本满足	不满足
甘肃评价区	面积（khm²）	4.69	121.41	36.77	—
	占青藏区（%）	0.44	11.37	3.45	—
	占二级农业区（%）	2.88	74.54	22.58	—
青海评价区	面积（khm²）	—	107.69	65.24	20.58
	占青藏区（%）	—	10.09	6.11	1.93
	占二级农业区（%）	—	55.65	33.72	10.63
四川评价区	面积（khm²）	3.94	39.68	120.74	33.47
	占青藏区（%）	0.37	3.72	11.31	3.14
	占二级农业区（%）	1.99	20.06	61.03	16.92
西藏评价区	面积（khm²）	2.93	254.43	131.43	55.56
	占青藏区（%）	0.27	23.83	12.31	5.2
	占二级农业区（%）	0.66	57.26	29.58	12.5
云南评价区	面积（khm²）	37.71	18.35	11.53	1.41
	占青藏区（%）	3.53	1.72	1.08	0.13
	占二级农业区（%）	54.66	26.59	16.71	2.04
总计		49.27	541.56	365.71	111.02

（三）不同评价区各地级市及省辖县耕地排水能力

就甘肃评价区耕地排水能力而言，甘肃各州市耕地排水能力充分满足、满足、基本满足和不满足的面积比例差异较大，满足的耕地面积最大，比例达 74.54%，其次是基本满足的耕地，面积比例为 22.58%，充分满足的耕地仅有 2.88%，没有排水能力为不满足的耕地。排水能力处于满足的耕地中，甘南藏族自治州所占面积最大，其面积为 98.69khm²，占该评价区不满足耕地面积的 81.29%；排水能力处于充分满足的耕地面积为 4.69khm²，全部分布于甘南藏族自治州；排水能力处于基本满足的耕地中，武威市所占面积最大，其面积为 34.19khm²，占该评价区满足耕地面积的 92.96%。从各排水能力占该州市耕地面积比例最大值而言，甘南藏族自治州 93.13% 的耕地排水能力处于满足，武威市 60.08% 的排水能力耕地处于基本满足，表明该区域内排水能力较好。

就青海评价区耕地排水能力而言，排水能力处于充分满足的耕地在青海各州市没有分布，耕地排水能力满足的面积最大，比例达 55.65%，其次为基本满足的耕地，面积比例为 33.72%，排水能力处于满足的耕地主要分布在海南藏族自治州、海西蒙古族藏族自治州，合计面积 91.66khm²，占该评价区满足耕地面积的 85.11%，其中海西蒙古族藏族自治州面积最大，面积为 48.67khm²，其次是海南藏族自治州，面积为 42.99khm²。排水能力处于基本满足的耕地主要分布在海北藏族自治州等，合计面积 56.78khm²，占该评价区基本满足耕地面积的 87.03%，其中海西蒙古族藏族自治州面积最大，面积为 56.78khm²，其次是海南藏族自治州，面积为 6.95khm²。排水能力处于不满足的耕地主要分布在海南藏族自治州，面积 19.68km²，占该评价区不满足耕地面积的 95.63%，其次是海北藏族自治州，面积为 0.90km²。从各排水能力占该州区耕地面积比例最大值而言，果洛藏族自治州 100%的耕地排水能力处于满足，海北藏族自治州 100%的耕地排水能力处于基本满足，海南藏族自治州 61.75%的耕地排水能力处于满足，海西蒙古族藏族自治州 100%的耕地排水能力处于满足，黄南藏族自治州 68.86%的耕地排水能力处于满足，玉树藏族自治州 91.11%的耕地排水能力处于满足。

就四川评价区耕地排水能力而言，耕地排水能力基本满足的面积最大，比例达 61.03%，其次为满足的耕地，面积比例为 20.06%。排水能力处于充分满足的耕地主要分布在甘孜藏族自治州，面积 2.74km²，占该评价区充分满足耕地面积的 69.54%，其次是阿坝藏族羌族自治州，面积为 1.2km²。排水能力处于满足的耕地主要分布在甘孜藏族自治州、阿坝藏族羌族自治州等，合计面积 35.23km²，占该评价区满足状态耕地面积的 88.79%，其中阿坝藏族羌族自治州面积最大，面积为 23.85km²，其次是甘孜藏族自治州，面积为 11.38km²。排水能力处于基本满足的耕地主要分布在阿坝藏族羌族自治州、甘孜藏族自治州等，合计面积 109.88km²，占该评价区基本满足耕地面积的 91.01%，其中阿坝藏族羌族自治州面积最大，其面积为 66.37km²，其次是甘孜藏族自治州，面积为 43.51km²。排水能力处于不满足的耕地面积 33.47km²，仅分布在甘孜藏族自治州。从各排水能力状态占该州市耕地面积比例最大值而言，阿坝藏族羌族自治州 73.57%的耕地排水能力处于基本满足，甘孜藏族自治州 47.75%的耕地排水能力处于基本满足，凉山彝族自治州 65.77%的耕地排水能力处于基本满足。

就西藏评价区耕地排水能力而言，耕地排水能力满足的面积最大，比例达 57.26%，其次为基本满足的耕地，面积比例为 29.58%。排水能力处于充分满足的耕地主要分布在林芝市，面积为 2.16km²，占该评价区充分满足耕地面积的 73.97%，其次是昌都市，面积为 0.76km²。排水能力处于满足的耕地主要分布在日喀则市，面积为 147.20km²，占该评价区满足耕地面积的 57.85%，其次是山南市，其面积为 78.00km²。排水能力处于基本满足的耕地主要分布在拉萨市、林芝市、昌都市等，占该评价区基本满足耕地面积的 87.72%，其中拉萨市面积最大，面积为 53.19km²，其次是林芝市，面积为 32.69km²。排水能力处于不满足的耕地主要分布在昌都市等，面积为 34.78km²，占该评价区不满足耕地面积的 62.60%。从各排水能力状态占该市区耕地面积比例而言，排水能力处于充分满足的耕地面积比例在各市较小，均低于 5%；排水能力处于满足的耕地面积比例超过 50%的地级市有日喀则市、山南市等；排水能力处于基本满足的耕地面积比例超过 50%的地级市有阿里地区、林芝市、拉萨市等；排水能力处于不满足的耕地面积比例超过 45%的地级市有昌都市、那曲市等。

就云南评价区耕地排水能力而言，耕地排水能力充分满足的面积最大，比例达 54.66%，其次为满足的耕地，面积比例为 26.59%。排水能力处于充分满足的耕地主要分布在迪庆藏族自治州，面积最大，面积为 25.90km²，占该评价区充分满足耕地面积的 68.66%，其次是怒江州，面积为 11.82km²。排水能力处于满足的耕地主要分布于迪庆藏族自治州，面积为 16.68km²，占该评价区满足耕地面积的 90.90%。排水能力处于基本满足的耕地主要分布于迪庆藏族自治州，面积最大其值为 11.10km²，占该评价区基本满足耕地面积的 96.27%。排水能力处于不满足的耕地面积为 1.41km²，全部分布在迪庆藏族自治州。从各排水能力占该州区耕地面积比例最大值而言，红黏土 47.02%的耕地排水能力处于充分满足，怒江州 84.89％的耕地排水能力处于充分满足（表 5-18）。

表 5-18　青藏区不同评价区地级市及省辖县耕地排水能力面积及比例（khm²，％）

评价区	地级市/省辖县	充分满足		满足		基本满足		不满足	
		面积	比例	面积	比例	面积	比例	面积	比例
甘肃评价区		4.69	2.88	121.4	74.54	36.78	22.58	—	—
	甘南藏族自治州	4.69	4.43	98.69	93.13	2.59	2.44		
	武威市	—	—	22.71	39.92	34.19	60.08		
青海评价区		—	—	107.69	55.65	65.24	33.72	20.58	10.63
	果洛藏族自治州			1.27	100	—	—		
	海北藏族自治州			—	—	56.78	100		
	海南藏族自治州			42.99	61.75	6.95	9.98	19.68	28.27
	海西蒙古族藏族自治州			48.67	100				
	黄南藏族自治州			2.71	68.86	0.33	8.35	0.90	22.79
	玉树藏族自治州			12.05	91.11	1.18	8.89		
四川评价区		3.94	1.99	39.68	20.06	120.74	61.03	33.47	16.92
	阿坝藏族羌族自治州			23.85	26.43	66.37	73.57		
	甘孜藏族自治州	2.74	3.02	11.38	12.49	43.51	47.75	33.47	36.74
	凉山彝族自治州	1.20	7.25	4.45	26.98	10.86	65.77		
西藏评价区		2.92	0.66	254.44	57.26	131.43	29.58	55.56	12.50
	阿里地区	—	—	0.29	8.29	3.23	91.71	—	—
	昌都市	0.76	1.07	7.65	10.52	29.41	40.50	34.78	47.91
	拉萨市	—	—	1.67	2.95	53.19	93.99	1.73	3.06
	林芝市	2.16	3.97	18.08	33.43	32.69	60.43	1.17	2.17
	那曲市			1.55	29.57	1.22	23.31	2.47	47.12
	日喀则市			147.20	99.57	0.63	0.43	—	—
	山南市			78	74.66	11.06	10.59	15.41	14.75
云南评价区		37.72	54.66	18.35	26.59	11.52	16.71	1.41	2.04
	迪庆藏族自治州	25.9	47.02	16.68	30.28	11.09	20.14	1.41	2.56
	怒江傈僳族自治州	11.82	84.89	1.67	11.99	0.43	3.12		

二、主要土壤类型排水能力

青藏区耕地土壤土类主要有暗棕壤、草甸土、潮土、高山草甸土、灌丛草原土、褐土、黑钙土、黄棕壤、灰褐土、栗钙土、亚高山草甸土、亚高山草原土、砖红壤、棕钙土和棕壤等，合计面积 871.94khm²，占青藏区耕地面积的 81.68％。根据表 5-19 可知，青藏区排水能力处于充分满足的耕地主要为黄棕壤，占红壤面积的 40.55％，表明黄棕壤的排水条件较好。排水能力处于满足的耕地多数为灌丛草原土，面积为 72.49khm²，占灌丛草原土面积的 83.21％；另外占自身比例 43.93％的栗钙土、48.58％的亚高山草甸土、86.43％的棕钙土等排水能力都处于满足。排水能力处于基本满足的耕地多数为褐土，面积为 62.52khm²，占褐土面积的52.32%；另外还有部分土类排水能力处于基本满足，如黑钙土、栗钙土、亚高山草甸土、棕壤等，分别占各自土类面积的66.46%、37.17%、27.61%、48.07%。排水能力处于不满足的耕地主要有褐土、灰褐土、栗钙土、亚高山草甸土等，合计面积71.98khm²，占排水能力不满足的耕地面积为64.84%（表5-19）。

表5-19　青藏区耕地主要土壤类型排水能力面积分布（khm²，%）

土类	充分满足		满足		基本满足		不满足	
	面积	比例	面积	比例	面积	比例	面积	比例
暗棕壤	2.15	6.02	10.53	29.41	15.96	44.55	7.17	20.03
暗棕土	—	—	0.01	1.92	0.48	92.48	0.03	5.60
草甸土	0.01	0.04	16.56	66.28	7.47	29.90	0.95	3.78
草甸盐土	—	—	1.10	100.00	—	—	—	—
草毡土	—	—	2.23	84.67	0.34	12.75	0.07	2.57
潮土	—	—	24.63	67.76	11.02	30.31	0.70	1.92
赤红壤	—	—	6.30	40.36	9.23	59.13	0.08	0.51
粗骨土	—	—	2.21	38.21	3.57	61.70	0.01	0.10
风沙土	—	—	7.69	91.72	0.16	1.93	0.53	6.35
高山草甸土	0.56	2.45	12.36	54.29	6.94	30.47	2.91	12.79
高山草原土	—	—	3.70	67.71	0.84	15.41	0.92	16.87
高山灌丛草甸土	—	—	0.11	9.65	1.04	90.35	—	—
高山寒漠土	—	—	0.08	38.04	0.01	3.91	0.12	58.05
灌丛草原土	—	—	72.49	83.21	14.16	16.26	0.47	0.53
灌漠土	—	—	0.15	100.00	—	—	—	—
灌淤土	—	—	—	—	0.21	100.00	—	—
寒冻土	—	—	0.36	98.00	—	—	0.01	2.00
寒钙土	—	—	1.58	53.14	1.40	46.86	—	—
褐土	4.66	3.90	32.71	27.38	62.52	52.32	19.59	16.40
黑钙土	—	—	18.36	32.67	37.35	66.46	0.49	0.88
黑垆土	—	—	0.29	100.00	—	—	—	—
黑毡土	—	—	4.82	26.43	8.99	49.27	4.43	24.30
红壤	10.73	67.86	4.08	25.79	0.97	6.14	0.03	0.21
黄褐壤	—	—	0.33	75.81	0.11	24.19	—	—
黄壤	1.32	9.23	6.10	42.65	4.15	29.07	2.72	19.05
黄棕壤	14.02	40.55	9.99	28.90	7.97	23.06	2.59	7.49
灰钙土	—	—	3.39	84.93	0.60	15.07	—	—
灰褐土	0.64	1.13	29.17	51.70	15.57	27.59	11.05	19.58
灰棕漠土	—	—	6.47	98.59	0.09	1.41	—	—
冷钙土	—	—	15.14	76.31	3.94	19.84	0.76	3.85
冷漠土	—	—	0.05	39.25	0.07	60.75	—	—

（续）

土类	充分满足		满足		基本满足		不满足	
	面积	比例	面积	比例	面积	比例	面积	比例
冷棕钙土	—	—	5.52	40.61	7.51	55.25	0.56	4.13
栗钙土	—	—	42.11	43.93	35.63	37.17	18.12	18.90
漠境盐土	—	—	0.47	100.00	—	—	—	—
漂灰土	—	—	0.03	100.00	—	—	—	—
潜育草甸土	—	—	—	—	0.03	100.00	—	—
山地草甸土	—	—	4.89	48.37	4.48	44.38	0.73	7.25
山地灌丛草原土	—	—	7.01	42.23	9.58	57.77	—	—
石灰（岩）土	—	—	1.09	66.57	0.55	33.27	0.00	0.16
石质土	—	—	0.01	89.83	0.00	10.17	—	—
水稻土	1.37	24.44	1.78	31.65	2.25	40.16	0.21	3.75
脱潮土	—	—	0.91	99.84	0.00	0.16	—	—
新积土	—	—	5.20	86.69	0.79	13.11	0.01	0.20
亚高山草甸土	3.59	3.19	54.70	48.58	31.09	27.61	23.22	20.62
亚高山草原土	—	—	31.21	99.84	0.05	0.16	—	—
亚高山灌丛草原土	—	—	0.13	9.75	1.17	90.25	—	—
亚高山草甸土	—	—	0.87	71.88	0.34	28.12	—	—
盐土	—	—	6.81	100.00	—	—	—	—
沼泽草甸土	—	—	—	—	0.02	100.00	—	—
沼泽土	—	—	0.81	51.51	0.35	22.43	0.41	26.06
砖红壤	—	—	20.15	48.94	13.98	33.95	7.04	17.10
紫色土	1.50	74.73	0.51	25.27	—	—	—	—
棕钙土	—	—	41.32	86.43	6.49	13.57	—	—
棕壤	8.24	11.86	22.88	32.92	33.41	48.07	4.97	7.15
棕色针叶林土	0.49	28.49	0.10	5.80	1.08	62.72	0.05	2.99
棕土	0.00	0.17	0.06	2.93	1.76	94.02	0.05	2.88

三、不同耕地利用类型排水能力

从不同耕地利用类型来看，青藏区耕地以旱地和水浇地为主，合计面积 1 020.26km²，占青藏区耕地面积的 95.57%；旱地面积最大，占青藏区耕地面积的 58.98%，其次为水浇地，占青藏区耕地面积的 36.59%，水田面积最小，仅占青藏区耕地面积的 4.43%。其中，旱地排水能力处于满足的耕地分布最广，面积为 251.18km²，占旱地面积的 39.89%；其次，排水能力处于基本满足的耕地面积有 240.22km²，占旱地面积的 38.15%，排水能力处于充分满足和不满足的旱地面积分别为 46.93km²、91.34km²，分别占旱地面积的 7.45% 和 14.51%。水浇地满足的耕地面积最大，为 265.82km²，占水浇地面积的 68.05%，其次，基本满足的面积为 111.93km²，占水浇地面积的 28.66%，充分满足的面积为 0.66khm²，不满足的面积为 12.18khm²，分别占水浇地面积的 0.17％和 3.12％。水田排水能力处于满足的面积最大，为 24.56khm²，占水田面积的 51.92％。充分满足的耕地面积 1.68khm²，基本满足的耕地面积为 13.56khm²，不满足的耕地面积为 7.50khm²，分别占水田面积的 3.55％、28.66％、15.86％。由此可见，青藏区耕地中，55％以上的水田和水浇地排水能力处于充分满足和满足，排水条件较好；几乎半数以上的旱地排水能力处于满足和基本满足，排水条件一般（表 5-20）。

表 5-20　青藏区不同耕地利用类型排水能力面积分布（khm²，％）

利用类型	充分满足		满足		基本满足		不满足	
	面积	比例	面积	比例	面积	比例	面积	比例
旱地	46.93	7.45	251.18	39.89	240.22	38.15	91.34	14.51
水浇地	0.66	0.17	265.82	68.05	111.93	28.66	12.18	3.12
水田	1.68	3.55	24.56	51.92	13.56	28.66	7.5	15.86

四、不同地形部位排水能力

青藏区耕地地貌类型分为河流低谷地、河流宽谷阶地、洪积扇前缘、洪积扇中后部、湖盆阶地、坡积裙、起伏侵蚀高台地、山地坡上、山地坡下、山地坡中台地等。从各地形部位的排水能力分布情况来看，河流低谷地、河流宽谷阶地、洪积扇前缘、洪积扇中后部、湖盆阶地、山地坡下等地形部位的耕地排水能力主要为满足，分别占其地形部位面积的 57.29％、57.27％、59.47％、87.22％、87.54％、51.11％；坡积裙、起伏侵蚀高台地、山地坡上、山地坡中、台地等地形部位的耕地排水能力主要为基本满足，分别占其地形部位面积的 56.79％、50.72％、50.36％、51.35％、73.64％。由此可知，青藏区各地形部位的排水能力大多处于满足和基本满足。

从排水能力来看，充分满足的耕地主要分布于山地坡下和山地坡中，合计面积 36.93khm²，占充分满足耕地面积的 74.95％，山地坡下面积最大，其面积为 21.81khm²；排水能力为满足的耕地主要分布于山地坡下、河流宽谷阶地、山地坡中和洪积扇中后部，合计面积 418.34khm²，占满足耕地面积的 77.25％，在山地坡下分布最大，其面积为 178.75khm²；基本满足的耕地主要分布于河流宽谷阶地、山地坡中和山地坡下等地形部位处，合计有 262.81khm²，占基本满足耕地面积的 71.86％；排水能力不满足的耕地主要分布于河流宽谷阶地、山地坡下等地形部位处，合计面积 74.23khm²，占不满足耕地的 66.86％，其中山地坡下面积最大，面积为 41.45khm²（表 5-21）。

表 5-21　青藏区耕地不同地形部位排水能力面积分布（khm²，％）

地形部位	充分满足		满足		基本满足		不满足	
	面积	比例	面积	比例	面积	比例	面积	比例
河流低谷地	0.97	2.29	24.48	57.29	9.86	23.08	7.41	17.34
河流宽谷阶地	1.89	1.01	107.04	57.27	45.21	24.18	32.78	17.54
洪积扇前缘	—	—	33.84	59.47	22.16	38.95	0.9	1.58
洪积扇中后部	—	—	54.47	87.22	7.98	12.78	—	—

（续）

地形部位	充分满足		满足		基本满足		不满足	
	面积	比例	面积	比例	面积	比例	面积	比例
湖盆阶地	—	—	34.33	87.54	0.78	1.99	4.11	10.47
坡积裙	—	—	—	—	5.62	56.79	4.28	43.21
起伏侵蚀高台地	1.15	4.92	1.34	5.75	11.85	50.72	9.02	38.61
山地坡上	8.33	12.1	25.65	37.28	34.64	50.36	0.18	0.26
山地坡下	21.81	6.24	178.75	51.11	107.74	30.8	41.45	11.85
山地坡中	15.12	7.07	78.08	36.49	109.86	51.35	10.89	5.09
台地	—	—	3.58	26.34	10.01	73.64	0.003	0.02

五、不同耕地质量等级排水能力

如表 5-22，青藏区高产（一、二、三等地）耕地排水能力主要处于满足，合计面积 13.21km²，占青藏区高产耕地面积的 75.15%，排水能力处于充分满足、基本满足、不满足占高产耕地面积比例分别为 3.06%、21.49%、0.29%。青藏区中产（四、五、六等地）耕地排水能力主要处于满足，面积 176.23km²，占青藏区中产耕地面积的 50.70%，排水能力处于充分满足、基本满足、不满足耕地占中产耕地面积比例分别为 5.98%、30.64%、12.68%。青藏区低产（七、八、九、十等地）耕地排水能力主要处于满足，合计面积 352.11km²，占青藏区低产耕地面积的 50.13%，排水能力处于充分满足、基本满足、不满足耕地占低产耕地面积比例分别为 3.98%、36.37%、9.53%。由此可见，青藏区耕地质量等级无论好坏，耕地排水条件均较好，土壤通透性较高。

从排水保障情况而言，排水能力主要处于充分满足的耕地为六等地到七等地，合计面积 26.68km²，占青藏区充分满足排水能力耕地面积的 54.14%；排水能力主要处于满足的耕地为五等地到十等地，合计面积 502.93km²，占青藏区满足排水能力耕地面积的 92.87%；排水能力主要处于基本满足的耕地为六等地到十等地，合计面积 316.32km²，占青藏区基本满足排水能力耕地面积的 86.49%；排水能力主要处于不满足的耕地为五等地到十等地，合计面积 110.37km²，占青藏区不满足排水能力耕地面积的 99.42%。

从 10 个等级的耕地排水保障情况来看，青藏区一等地排水能力主要处于满足，合计面积 0.87km²，占青藏区一等地面积的 74.27%，其中排水能力处于基本满足的耕地占青藏区一等地面积比例为 25.73%。青藏区一等地无排水充分满足和不满足的耕地。青藏区二等地排水能力主要处于满足，合计面积 4.61km²，占青藏区二等地面积的 71.68%，其中排水能力处于基本满足的耕地占青藏区二等地面积比例为 28.32%。青藏区二等地无排水充分满足和不满足的耕地。青藏区三等地排水能力主要处于满足，合计面积 7.73km²，占青藏区三等地面积的 77.50%，其中排水能力处于充分满足、基本满足、不满足的耕地占青藏区三等地面积比例依次为 5.40%、16.59%、0.52%。青藏区四等地排水能力主要处于满足，合计面积 25.41km²，占青藏区四等地面积的 65.77%，其中排水能力处于充分满足、基本满足、不满足的耕地占青藏区四等地面积比例依次为 2.82%、29.88%、1.53%。青藏区五等地排水能力主要处于满足，合计面积 69.54km²，占青藏区五等地面积的 57.90%，其中排水能力处于充分满足、基本满足、不满足的耕地占青藏区五等地面积比例依次为 3.81%、28.37%、9.91%。青藏区六等地排水能力主要处于满足，合计面积 81.28khm²，占青藏区六等地面积的 43.04%，其中排水能力处于充分满足、基本满足、不满足的耕地占青藏区六等地面积比例依次为 8.01%、32.24%、16.71%。青藏区七等地排水能力主要处于满足，合计面积 101.42khm²，占青藏区七等地面积的 52.58%，其中排水能力处于充分满足、基本满足、不满足的耕地占青藏区七等地面积比例依次为 5.99%、34.09%、7.34%。青藏区八等地排水能力主要处于满足，合计面积 96.61khm²，占青藏区八等地面积的 52.17%，其中排水能力处于充分满足、基本满足、不满足的耕地占青藏区八等地面积比例依次为 4.32%、36.45%、7.05%。青藏区九等地排水能力主要处于满足，合计面积 76.71khm²，占青藏区九等地面积的 48.84%，其中排水能力处于充分满足、基本满足、不满足的耕地占青藏区九等地面积比例依次为 4.34%、38.12%、8.70%。青藏区十等地排水能力主要处于满足，合计面积 77.38khm²，占青藏区十等地面积的 46.25%，其中排水能力处于充分满足、基本满足、不满足的耕地占青藏区十等地面积比例依次为 0.94%、37.25%、15.56%。

表 5-22 青藏区不同耕地质量等级灌溉能力面积分布 (khm², %)

耕地质量等级	充分满足		满足		基本满足		不满足	
	面积	比例	面积	比例	面积	比例	面积	比例
一等地	—	—	0.87	74.27	0.30	25.73	—	—
二等地	—	—	4.61	71.68	1.82	28.32	—	—
三等地	0.54	5.40	7.73	77.50	1.66	16.59	0.05	0.52
四等地	1.09	2.82	25.41	65.77	11.55	29.88	0.59	1.53
五等地	4.58	3.81	69.54	57.90	34.07	28.37	11.91	9.91
六等地	15.13	8.01	81.28	43.04	60.87	32.24	31.56	16.71
七等地	11.55	5.99	101.42	52.58	65.76	34.09	14.16	7.34
八等地	8.01	4.32	96.61	52.17	67.50	36.45	13.05	7.05
九等地	6.81	4.34	76.71	48.84	59.87	38.12	13.66	8.70
十等地	1.57	0.94	77.38	46.25	62.31	37.25	26.02	15.56

第四节 耕层厚度

耕层厚度在农业生产中有着重要的作用，影响土壤水分、养分库的容量和农作物根系的伸长，对作物生长发育、水分和养分吸收、产量和品质等均具有显著影响。土壤耕层厚度取决于有效土层厚度和人为耕作施肥，在有效土层厚度许可的情况下，主要受人为耕作施肥的影响。因此，耕地耕层厚度的调控主要通过人为耕作施肥措施来实现。

一、耕层厚度分布情况

（一）不同二级农业区耕地耕层厚度分布

青藏区耕地耕层厚度均值为（21±6）cm，范围变化于 5～40cm 之间，变异系数为 28.62%，空间差异性较大。4 个二级农业区中（表 5-23），青甘牧农区的耕层厚度均值为

25cm，在 4 个二级农业区中最厚，高于青藏区均值，有 645 个样点数，占青藏区的比例为 34.24%，变异系数为 17.67%，样本有一定空间差异性；川藏林农牧区和青藏高寒地区的耕层厚度均值与青藏区大致持平，分别为（21±6）cm 和（21±7）cm，合计 778 个样点数，占青藏区的比例为 41.30%，变异系数分别为 28.82% 和 34.07%。空间差异性大；藏南农牧区的耕层厚度薄于青藏区均值，为（16±4）cm，有 461 个样点数，占青藏区的比例为 24.47%，变异系数为 22.87%。青藏高寒区耕地耕层厚度空间差异最大，青甘牧农区耕地耕层厚度空间差异最小。

表 5-23　青藏区不同二级农业区耕地耕层厚度分布

二级农业区	样点数（个）	耕层厚度（cm）	平均值（cm）	标准差（cm）
藏南农牧区	461	9～25	16	4
川藏林农牧区	675	9～40	21	6
青藏高寒地区	103	5～36	21	7
青甘牧农区	645	20～40	25	4
合计	1 884	·5～40	21	6

（二）不同评价区耕地耕层厚度分布

青藏区 5 个评价区中，青海评价区的耕层厚度最厚，达（26±5）cm，共有 419 个样点数，变化范围介于 5～40cm，占青藏区的比例为 22.24%，变异系数为 19.11%，样本有一定空间差异性；西藏评价区和云南评价区耕层厚度最薄，均为（17±4）cm，两个评价区的共有 919 个样点数，占青藏区的比例为 48.78%，变化范围分别介于 9～25cm，变异系数分别为 22.99% 和 20.60%，空间分布差异性较大；甘肃评价区样本数为 252 个，占青藏区总数的 13.38%，耕层厚度值变化范围最小，介于 20～26cm，空间变异系数最低，仅 9.75%；四川评价区样本数为 294 个，占青藏区总数的 15.61%，耕层厚度值变化范围介于 18～40cm，空间变异系数最大，达 25.19%。由此可见，青海评价区的耕层厚度最厚，西藏评价区和云南评价区耕层厚度最薄；青海评价区和云南评价区的耕层厚度变化范围最大，变异系数较高；四川评价区标准差最大，变异系数最高；甘肃评价区的耕层厚度变化范围、标准差最小，变异系数最小（表 5-24）。

表 5-24　青藏区不同评价区耕地耕层厚度分布

评价区	样点数（个）	耕层厚度范围（cm）	平均值（cm）	标准差（cm）
甘肃评价区	252	20～26	21	2
青海评价区	419	5～40	26	5
四川评价区	294	18～40	25	6
西藏评价区	710	9～25	17	4
云南评价区	209	9～25	17	4

（三）不同评价区地级市耕地耕层厚度分布

从表 5-25 可以看出，除去西藏评价区阿里地区仅 6 个样点，不具大样本原则外，不同地级市以阿坝藏族羌族自治州的耕层厚度最厚，耕层厚度均值为 32cm；其次是海西藏族蒙古族自治州、海南藏族自治州的耕层厚度仅次于阿坝藏族羌族自治州，耕层厚度分别为29cm 和 27cm；青海评价区玉树藏族自治州、西藏评价区日喀则市耕层厚度最薄，耕层厚度均值为 15cm；青海评价区玉树藏族自治州、四川评价区阿坝藏族羌族自治州和西藏评价区拉萨市的耕层厚度标准差最大，为 5cm；甘肃评价区甘南藏族自治州和四川评价区凉山彝族自治州的耕层厚度标准差最小，为 1cm。西藏评价区和云南评价区所有的地级市耕地耕层厚度均值均低于青藏区均值 20.88cm；甘肃评价区武海市耕层厚度均值略高于青藏区均值，其他地级市耕地耕层厚度均值也低于青藏区均值；青海评价区除玉树藏族自治州外，均高出青藏区均值的2~8cm；四川评价区凉山彝族自治州耕层厚度均值略低于青藏区均值，甘孜藏族自治州耕层厚度均值与青藏区均值持平，阿坝藏族羌族自治州耕层厚度均值高出青藏区 11cm。

从耕地耕层厚度值空间差异性来看，空间变异系数达 15% 以上，则说明样点值空间差异显著。根据表 5-25 计算可知，甘肃评价区和四川评价区所有的地级市耕地耕层厚度值变异系数均小于 15%，空间差异性较小；青海评价区玉树藏族自治州耕地土壤耕层厚度值变异系数高于 15%，达 36.51%，样点耕层厚度值有明显的空间差异性，其他地级市耕地土壤耕层厚度值变异系数小于 15% 的显著水平；西藏评价区昌都市、拉萨市、林芝市、日喀则市等耕地土壤耕层厚度值变异系数均高于 15%，多数高达 20% 以上，表明样点耕层厚度值有较为明显的空间差异性，其他地级市耕地土壤耕层厚度值变异系数小于 15% 的显著水平；云南评价区迪庆藏族自治州耕地耕层厚度值变异系数高于 15%，耕层厚度值空间差异明显；其余地级市空间差异不明显。

表 5-25 青藏区不同评价区地级市及省辖县耕地耕层厚度分布

评价区	地级市/省辖县	样点数（个）	耕层厚度范围（cm）	平均值（cm）	标准差（cm）
甘肃评价区		252	20~26	21	2
	甘南藏族自治州	166	20~25	20	1
	武威市	86	20~26	23	2
青海评价区		419	5~40	26	5
	海北藏族自治州	101	20~25	23	2
	海南藏族自治州	120	20~40	27	4
	海西藏族蒙古族自治州	172	20~35	29	4
	玉树藏族自治州	26	5~20	15	5
四川评价区		294	18~40	25	6
	阿坝藏族羌族自治州	121	22~40	32	5
	甘孜藏族自治州	148	20~25	21	2
	凉山彝族自治州	25	18~25	20	1
西藏评价区		710	9~25	17	4
	阿里地区	6	15~20	17	2
	昌都市	177	13~25	19	4
	拉萨市	131	9~25	17	5
	林芝市	51	15~25	20	3
	那曲市	11	15~20	17	2

（续）

评价区	地级市/省辖县	样点数（个）	耕层厚度范围（cm）	平均值（cm）	标准差（cm）
	日喀则市	231	10～20	15	3
	山南市	103	14～20	17	2
云南评价区		209	9～25	17	4
	迪庆藏族自治州	147	9～25	17	4
	怒江傈僳族自治州	62	14～20	17	2

二、主要土壤类型耕层厚度

从表 5-26 以看出，不同土类中以石灰（岩）土的耕层厚度最厚，耕层厚度均值为35cm；棕色针叶林土的耕层厚度最薄，耕层厚度均值为 9cm；寒漠土、褐土、黑钙土、黄壤、灰棕漠土、栗钙土、林灌草甸土、石灰（岩）土、沼泽土、棕钙土、棕壤均值都高于青藏区平均水平。

表 5-26　青藏区主要土壤类型耕地耕层厚度分布

土类	样点数（个）	耕层厚度范围（cm）	平均值（cm）	标准差（cm）
暗棕壤	32	9～32	19	5
草甸土	28	10～36	19	7
草毡土	4	18～20	20	1
潮土	18	9～25	18	5
风沙土	1	20	20	—
高山草甸土	3	20	20	—
寒钙土	2	16～18	17	1
寒漠土	1	23	23	—
褐土	279	13～40	23	6
黑钙土	111	20～30	23	3
黑垆土	2	20	20	—
黑毡土	17	5～32	15	8
红壤	65	17～25	20	2
红黏土	1	20	20	—
黄褐土	8	18～25	20	2
黄壤	6	19～40	30	7
黄棕壤	80	12～40	16	5
灰褐土	169	13～40	21	4
灰棕漠土	38	20～35	29	4
冷钙土	1	15	15	—

（续）

土类	样点数 （个）	耕层厚度范围 （cm）	平均值 （cm）	标准差 （cm）
冷漠土	1	20	20	—
栗钙土	227	15～40	24	4
林灌草甸土	1	23	23	—
山地草甸土	118	9～35	18	5
石灰（岩）土	1	35	35	—
石质土	1	16	16	—
水稻土	5	19～23	20	2
新积土	399	9～37	16	4
亚高山草甸土	15	20～25	20	1
亚高山草原草甸土	2	20	20	—
亚高山灌丛草甸土	1	20	20	—
沼泽土	1	25	25	—
紫色土	5	16	16	—
棕钙土	138	20～35	29	4
棕壤	98	9～35	22	6
棕色针叶林土	5	9	9	—

从耕地样点数来看，新积土的样本数最大，达 399 个，占青藏区样本数的 21.18%，耕层厚度均值为（16±4）cm，低于青藏区平均水平，变异系数为 23.34%，样本值空间差异性明显。褐土的样本数量居第二，为 279 个，占青藏区样本数的 14.81%，耕层厚度均值为（23±6）cm，略高于青藏区平均水平，变异系数为 27.69%，样本值空间差异性明显。栗钙土的样本数量居第三，为 227 个，占青藏区样本数的 12.05%，耕层厚度均值为（24±4）cm，略高于青藏区平均水平，变异系数为 17.5%，样本值空间差异性较为明显。灰褐土的样本数量居第四，为 169 个，占青藏区样本数的 8.97%，耕层厚度均值为（21±4）cm，低于青藏区平均水平，变异系数为 17.39%，样本值空间差异性较明显。棕钙土的样本数量居第五，为 138 个，占青藏区样本数的 7.32%，耕层厚度均值为（29±4）cm，高于青藏区平均水平，变异系数为 12.39%，样本值空间差异性不明显。

三、不同地貌类型耕层厚度

从表 5-27 可以出看，高原样本数最大，达 1 004 个，占青藏区样本数的 53.29%，耕层厚度值变化范围介于 5～40cm，均值为（20±6）cm，略低于青藏区平均水平，变异系数为 28.51%，高于标准值 15.00%，样本值存在一定的空间差异性。山地的样本数量居第二，为 651 个，占青藏区样本数的 34.55%，耕层厚度值变化范围介于 9～40cm，均值为（21±6）cm，与青藏区平均水平一致，变异系数为 27.26%，样本值空间差异性明显。盆地区的样本数量处于第三水平，为 227 个，占青藏区样本数的 12.05%，耕层厚度值变化范围介于

15～35cm，均值为（27±5）cm，高于青藏区平均水平，变异系数为17.73%，样本值空间差异性较为明显。丘陵区的样本数量最少，仅2个，占青藏区样本数的0.11%，耕层厚度值变化范围介于9～40cm，均值为（21±6）cm，略高于青藏区平均水平，变异系数为22.33%，样本值空间差异性明显。

可见，不同地貌类型中以丘陵的耕层厚度最薄，耕层厚度均值为19cm；高原的耕层厚度略高于丘陵的耕层厚度，其值为20cm；盆地耕层厚度高于青藏区耕层厚度平均值，其值为27cm，高原、山地耕层厚度标准差大，盆地的耕层厚度标准差最小。

表 5-27 青藏区不同地貌类型耕地耕层厚度分布

地貌类型	样点数 （个）	耕层厚度范围 （cm）	平均值 （cm）	标准差 （cm
高原	1 004	5～40	20	6
盆地	227	15～35	27	5
丘陵	2	16～22	19	4
山地	651	9～40	21	6

第五节　剖面质地构型

一、剖面质地构型分布情况

（一）不同二级农业区耕地剖面质地构型分布

青藏区剖面质地构型分为6种，各区域面积分布及所占比例见表5-28。薄层型的面积全区共112.72khm²，占青藏区耕地面积的10.56%，其中，藏南农牧区占31.71%，川藏林农牧区占52.15%，青藏高寒地区占0.88%，青甘牧农区占15.26%。夹层型的面积全区共62.74khm²，占青藏区耕地面积的5.88%，其中，藏南农牧区占24.79%，川藏林农牧区占60.81%，青藏高寒地区占12.91%，青甘牧农区占1.48%。紧实型的面积全区共219.24khm²，占青藏区耕地面积的20.54%，其中，藏南农牧区占3.60%，川藏林农牧区占32.48%，青藏高寒地区占16.21%，青甘牧农区占47.71%。上紧下松型的面积全区共96.84khm²，占青藏区耕地面积的9.07%，其中，藏南农牧区占64.29%，川藏林农牧区占27.17%，青藏高寒地区占0.64%，青甘牧农区占7.91%。上松下紧型的面积全区共225.67khm²，占青藏区耕地面积的21.14%，其中，藏南农牧区占31.93%，川藏林农牧区占24.26%，青藏高寒地区占0.80%，青甘牧农区占43.02%。松散型的面积全区共350.35khm²，占青藏区耕地面积的32.82%，其中，藏南农牧区占31.63%，川藏林农牧区占32.25%，青藏高寒地区占3.46%，青甘牧农区占32.66%。

表 5-28 青藏区不同二级农业区耕地剖面质地构型面积分布

二级农业区	面积和比例	上松下紧	紧实型	夹层型	上紧下松	松散型	薄层型
藏南农牧区	面积（khm²）	72.05	7.9	15.56	62.26	110.8	35.74
	占青藏区（%）	6.75	0.74	1.46	5.83	10.38	3.35
	占二级农业区（%）	23.68	2.59	5.11	20.46	36.41	11.75

（续）

二级农业区	面积和比例	上松下紧	紧实型	夹层型	上紧下松	松散型	薄层型
川藏林农牧区	面积（khm²）	54.74	71.2	38.15	26.31	113.01	58.78
	占青藏区（%）	5.13	6.67	3.57	2.46	10.59	5.51
	占二级农业区（%）	15.12	19.66	10.53	7.26	31.2	16.23
青藏高寒地区	面积（khm²）	1.8	35.54	8.1	0.61	12.13	1
	占青藏区（%）	0.17	3.33	0.76	0.06	1.14	0.09
	占二级农业区（%）	3.04	60.06	13.68	1.04	20.5	1.68
青甘牧农区	面积（khm²）	97.08	104.6	0.93	7.66	114.41	17.2
	占青藏区（%）	9.09	9.8	0.09	0.72	10.72	1.61
	占二级农业区（%）	28.4	30.6	0.27	2.24	33.46	5.03
总计		225.67	219.24	62.74	96.84	350.35	112.72

从二级农业区的剖面质地构型来看，藏南农牧区耕地剖面质地构型以上紧下松型、上松下紧型、松散型为主，合计面积 245.11khm²，占藏南农牧区耕地面积的 80.55%；川藏林农牧区耕地剖面质地构型以松散型、紧实型、薄层型和上松下紧型为主，合计面积 297.73khm²，占川藏林农牧区耕地面积 82.20%；青藏高寒地区耕地剖面质地构型以紧实型和松散型为主，合计面积 47.67khm²，占青藏高寒地区耕地面积的 80.55%；青甘牧农区耕地剖面质地构型以松散型、上松下紧型和紧实型为主，合计面积 316.09khm²，占粤西桂南农林区耕地面积的 92.46%。由此可见，青藏区耕地剖面质地构型以松散型为主，土壤透水通气性和保肥性能较好。

（二）不同评价区耕地剖面质地构型分布

从表 5-29 可以看出，薄层型的面积全区共 112.72khm²，其中，甘肃评价区占 15.12%，青海评价区占 0.14%，西藏评价区占 34.16%，云南评价区占 50.58%。夹层型的面积全区共 62.74khm²，其中，青海评价区占 10.10%，四川评价区占 64.26%，西藏评价区占 25.64%。紧实型的面积全区共 219.24khm²，其中，甘肃评价区占 2.67%，青海评价区占 45.62%，四川评价区占 41.86%，西藏评价区占 7.24%，云南评价区占 2.61%。上紧下松型的面积全区共 96.84khm²，其中，甘肃评价区占 3.67%，青海评价区占 4.24%，西藏评价区占 90.24%，云南评价区占 1.85%。上松下紧型的面积全区共 225.67khm²，其中，甘肃评价区占 18.41%，青海评价区占 24.61%，四川评价区占 17.42%，西藏评价区占 38.08%，云南评价区占 1.48%。松散型的面积全区共 350.35khm²，其中，甘肃评价区占 27.09%，青海评价区占 7.80%，四川评价区占 7.54%，西藏评价区占 57.25%，云南评价区占 0.32%。

表 5-29　青藏区不同评价区耕地剖面质地构型面积分布

评价区	面积和比例	上松下紧	紧实型	夹层型	上紧下松	松散型	薄层型
甘肃评价区	面积（khm²）	41.53	5.85	—	3.55	94.9	17.04
	占青藏区（%）	3.89	0.55	—	0.33	8.89	1.6
	占评价区（%）	25.5	3.59	—	2.18	58.27	10.46

（续）

评价区	面积和比例	上松下紧	紧实型	夹层型	上紧下松	松散型	薄层型
青海评价区	面积（khm²）	55.55	100.03	6.33	4.11	27.33	0.16
	占青藏区（%）	5.2	9.37	0.59	0.38	2.56	0.01
	占评价区（%）	28.71	51.69	3.27	2.12	14.13	0.08
四川评价区	面积（khm²）	39.31	91.77	40.32	—	26.43	—
	占青藏区（%）	3.68	8.6	3.78	—	2.48	—
	占评价区（%）	19.87	46.39	20.38	—	13.36	—
西藏评价区	面积（khm²）	85.94	15.86	16.09	87.39	200.57	38.5
	占青藏区（%）	8.05	1.49	1.51	8.18	18.79	3.61
	占评价区（%）	19.34	3.57	3.62	19.67	45.14	8.66
云南评价区	面积（khm²）	3.34	5.73	—	1.79	1.12	57.02
	占青藏区（%）	0.31	0.54	—	0.17	0.1	5.34
	占评价区（%）	4.85	8.31	—	2.59	1.62	82.63
总计		225.67	219.24	62.74	96.84	350.35	112.72

从评价区域的剖面质地构型来看，甘肃评价区耕地剖面质地构型以上松下紧型和松散型为主，合计面积 136.43khm²，占甘肃评价区耕地面积的 83.77%；青海评价区耕地剖面质地构型以紧实型和上松下紧型为主，合计面积 155.58khm²，占青海评价区耕地面积的 80.40%；四川评价区耕地剖面质地构型以夹层型和紧实型为主，合计面积 171.4khm²，占四川评价区耕地面积的 86.64%；西藏评价区耕地剖面质地构型以松散型、上松下紧型和上紧下松型为主，合计面积 373.90khm²，占西藏评价区耕地面积的 84.15%；云南评价区耕地剖面质地构型以薄层型为主，面积 57.02khm²，占云南评价区耕地面积的 82.63%。由此可见，青藏区 53.96% 的耕地剖面质地构型以松散型和上松下紧型为主，土壤透水通气性好。

（三）不同评价区地级市及省辖县耕地剖面质地构型分布

从表 5-30 可以看出，耕地剖面质地构型为薄层型的耕地主要分布在甘肃评价区武威市、西藏评价区拉萨市、云南评价区迪庆藏族自治州、怒江州等地市，合计面积 100.99khm²，占薄层型耕地面积的 89.59%，其中迪庆藏族自治州的薄层型面积最多，面积为 44.92khm²，占薄层型的比例为 39.85%。耕地剖面质地构型为夹层型的耕地主要分布在四川评价区的阿坝藏族羌族自治州、甘孜藏族自治州和西藏评价区拉萨市等地市，合计面积 55.36khm²，占夹层型耕地面积的 88.24%，其中甘孜市的夹层型耕地分布最多，面积为 25.55khm²，占夹层型的比例为 40.72%。耕地剖面质地构型为紧实型的耕地主要分布在青海评价区海北藏族自治州、海南藏族自治州、海西蒙古族藏族自治州、四川评价区阿坝藏族羌族自治州、甘孜藏族自治州等，合计面积 171.30khm²，占紧实型耕地面积的 78.13%，其中甘孜藏族自治州的紧实型面积最多，面积为 38.80khm²，占紧实型的比例为 17.70%。耕地剖面质地构型为上紧下松型的耕地主要分布在西藏评价区的日喀则市、林芝市等，合计面积 82.62khm²，占上紧下松型耕地面积的 85.32%，其中日喀则市的上紧下松型面积最多，面积为 58.31khm²，占上紧下松型的比例为 60.21%。耕地剖面质地构型为上松下紧型的耕地主要分布在甘肃评价区甘南藏族自治州、青海评价区海南藏族自治州、四川评价区阿坝藏族羌族自治州、西藏评价区日喀则市等，合计面积 149.13khm²，占上松下紧型耕地面积的 66.08%，其中日喀则市的上松下紧型面积最多，面积为 43.00khm²，占上松下紧型的比例为 19.05%。耕地剖面质地构型为松散型的耕地主要分布在甘肃评价区甘南藏族自治州、武威市、西藏评价区昌都市、日喀则市和山南市等，合计面积 276.81khm²，占松散型耕地面积的 79.01%，其中昌都市的松散型面积最多，面积为 69.40khm²，占松散型的比例为 19.81%。

表 5-30　青藏区不同评价区地级市及省辖县耕地剖面质地构型面积分布（khm²,%）

评价区	地级市/省辖县	上松下紧型		紧实型		夹层型		上紧下松型		松散型		薄层型	
		面积	比例	面积	比例	面积	比例	面积	比例	面积	比例	面积	比例
甘肃评价区		41.53	25.5	5.85	3.59	—	—	3.55	2.18	94.9	58.27	17.04	10.46
	甘南藏族自治州	41.53	39.19	5.85	5.52	—	—	3.55	3.35	48	45.3	7.04	6.64
	武威市	—	—	—	—	—	—	—	—	46.9	82.42	10	17.58
青海评价区		55.55	28.71	100.03	51.69	6.33	3.27	4.11	2.12	27.33	14.13	0.16	0.08
	果洛藏族自治州	—	—	1.27	100	—	—	—	—	—	—	·	·
	海北藏族自治州	3.75	6.61	32.12	56.54	—	—	4.11	7.24	16.81	29.61	·	·
	海南藏族自治州	33.29	47.81	32.87	47.23	0.6	0.87	—	—	2.7	3.87	0.16	0.22
	海西蒙古族藏族自治州	17.61	36.19	31.05	63.81	—	—	—	—	—	—	·	·
	黄南藏族自治州	0.9	22.79	2.72	68.86	0.33	8.35	—	—	—	—	·	·
	玉树藏族自治州	—	—	—	—	5.4	40.85	—	—	7.82	59.15	·	·
四川评价区		39.31	19.87	91.77	46.39	40.32	20.38	—	—	26.43	13.36	·	·
	阿坝藏族羌族自治州	31.31	34.71	36.46	40.41	14.77	16.37	—	—	7.68	8.51	·	·
	甘孜藏族自治州	8	8.78	38.8	42.59	25.55	28.05	—	—	18.75	20.58	·	·
	凉山彝族自治州	—	—	16.51	100	—	—	—	—	—	—	·	·
西藏评价区		85.94	19.34	15.86	3.57	16.09	3.62	87.39	19.67	200.57	45.14	38.5	8.66
	阿里地区	—	—	1.12	31.93	—	—	—	—	1.61	45.59	0.79	22.48
	昌都市	0.23	0.32	2.96	4.08	—	—	—	—	69.4	95.6	—	—
	拉萨市	5.29	9.34	1.43	2.52	15.04	26.57	0.13	0.24	0.74	1.3	33.97	60.03
	林芝市	11.89	21.98	3.32	6.13	0.2	0.37	24.31	44.94	14.04	25.95	0.34	0.63
	那曲市	1.76	33.67	0.56	10.76	0.33	6.31	0.03	0.66	2.27	43.33	0.28	5.27
	日喀则市	43	29.09	—	—	—	—	58.31	39.43	45.9	31.05	0.63	0.43
	山南市	23.77	22.75	6.47	6.19	0.52	0.5	4.61	4.41	66.61	63.77	2.49	2.38
云南评价区		3.34	4.85	5.73	8.31	—	—	1.79	2.59	1.12	1.62	57.02	82.63
	迪庆藏族自治州	3.34	6.07	5.34	9.69	—	—	0.36	0.66	1.12	2.03	44.92	81.55
	怒江傈僳族自治州	—	—	0.39	2.82	—	—	1.43	10.23	—	—	12.1	86.95

二、主要土壤类型剖面质地构型

从表 5-31 可以看出，耕地剖面质地构型为薄层型的耕地土类主要有黄棕壤、棕壤、红壤、栗钙土、亚高山草甸土、山地灌丛草原土、灌丛草原土、潮土等，合计面积

89.42khm²，占薄层型耕地面积的 79.33%，其中黄棕壤的薄层型面积最多，面积为 19.12khm²，占薄层型的比例为 16.96%。耕地剖面质地构型为夹层型的耕地土类主要有亚高山草甸土、褐土、暗棕壤、棕壤等，合计面积 35.02khm²，占夹层型耕地面积的 55.98%，亚高山草甸土的夹层型面积最多，面积为 11.91khm²，占夹层型的比例为 18.98%。耕地剖面质地构型为紧实型的耕地土类主要有褐土、棕钙土、栗钙土、黑钙土、棕壤、亚高山草甸土等，合计面积 166.57khm²，占紧实型耕地面积的 75.98%，其中褐土的紧实型面积最多，面积为 46.26khm²，占紧实型的比例为 21.10%。耕地剖面质地构型为上紧下松型的耕地土类主要有亚高山草原土、灌丛草原土、砖红壤、赤红壤、草甸土、冷钙土等，合计面积 62.43khm²，占上紧下松型耕地面积的 64.47%，其中亚高山草原土的上紧下松型面积最多，面积为 18.07khm²，占上紧下松型的比例为 18.66%。耕地剖面质地构型为上松下紧型的耕地土类主要有灌丛草原土、亚高山草甸土、栗钙土、褐土、灰褐土、棕钙土、棕壤等，合计面积 149.95khm²，占上松下紧型耕地面积的 66.45%，其中灌丛草原土的上松下紧型面积最多，面积为 34.16khm²，占上松下紧型的比例为 15.14%。耕地剖面质地构型为松散型的耕地土类主要有亚高山草甸土、灰褐土、褐土、砖红壤、栗钙土、黑钙土、灌丛草原土等，合计面积 220.02khm²，占松散型耕地面积的 62.80%，其中亚高山草甸土的松散型面积最多，面积为 44.95khm²，占松散型的比例为 12.83%。

从耕地不同土类剖面质地构型来看，分布面积最大的褐土剖面质地构型以紧实型、上松下紧型和松散型为主，合计面积 103.96khm²，占该土类耕地面积的 87.00%；分布面积第二的亚高山草甸土剖面质地构型以松散型、上松下紧型和紧实型为主，合计面积 90.80khm²，占该土类耕地面积的 79.78%；分布面积第三的栗钙土以紧实型、上松下紧型和松散型为主，合计面积 81.80khm²，占该土类耕地面积的 85.33%；分布面积第四的灌丛草原土以上松下紧型、上紧下松型和松散型为主，合计面积 74.30khm²，占该土类耕地面积的 85.29%；分布面积第五的棕壤以松散型、紧实型和薄层型为主，合计面积 49.67khm²，占该土类耕地面积的 71.47%。紫色土、红壤、黄棕壤、山地灌丛草原土、沼泽土、棕色针叶林土、漂灰土等土类以薄层型为主，分别合计其面积为 2km²、13.47khm²、19.12khm²、7.66khm²、0.69khm²、0.69khm²、0.01khm²，各自占各自土类耕地面积的 100%、85.2%、55.31%、46.17%、43.95%、40.35%、33.33%；冷漠土、棕钙土、草毡土、高山寒漠土、盐土、石灰（岩）土、水稻土、黑钙土、褐土、高山草原土等土类均以紧实型为主，其面积分别为 0.12khm²、36.16khm²、1.64khm²、0.12khm²、4.04khm²、0.91khm²、2.51khm²、21.87khm²、46.26khm²、1.99khm²，各自占各自土类耕地面积的 100%、75.65%、62.1%、60%、59.32%、55.15%、44.74%、38.91%、38.71%、36.38%；石质土、亚高山草原土、赤红壤、新积土等土类均以上紧下松型为主，分别合计其面积为 0.01khm²、18.07khm²、7.29khm²、2.17khm²，分别占各自土类耕地面积的 83.33%、57.83%、46.7%、36.17%；草甸盐土、潜育草甸土、脱潮土、沼泽草甸土、漠境盐土、高山灌丛草甸土、亚高山灌丛草原土、灰棕漠土、漂灰土、寒冻土等土类均以上松下紧型为主，分别合计其面积为 1.1khm²、0.03khm²、0.91khm²、0.02khm²、0.41khm²、0.98khm²、0.97khm²、4.87khm²、0.02khm²、0.22khm²，分别占各自土类耕地面积的 100%、100%、100%、90.91%、87.23%、85.21%、71.62%、74.24%、66.67%、59.46%；灌漠土、灌淤土、灰钙土、暗棕土、棕土、砖红壤、黄壤、灰褐土、黑毡土、山地草甸土、寒钙土、黑垆土、高山草甸土、赤红壤等土类以松散型为主，分别合计其面积为 0.15khm²、0.21khm²、3.99khm²、0.5khm²、1.82khm²、33.42khm²、9.94khm²、35.4khm²、11.33khm²、5.65khm²、1.65khm²、0.16khm²、11.68khm²、7.81khm²，分别占各自土类耕地面积的 100%、100%、100%、98.04%、96.65%、81.16%、69.51%、62.75%、62.12%、55.94%、55.37%、55.17%、51.27%、50.03%。

表 5-31 青藏区耕地主要土壤类型剖面质地构型面积分布（khm²,%）

土类	上松下紧型		紧实型		夹层型		上紧下松型		松散型		薄层型	
	面积	比例	面积	比例	面积	比例	面积	比例	面积	比例	面积	比例
暗棕壤	6.96	19.43	6.65	18.57	6.64	18.54	2.25	6.28	10.93	30.51	2.39	6.67
暗棕土	0.01	1.96	—	—	—	—	—	—	0.5	98.04	—	—
草甸土	6.02	24.09	3.84	15.37	0.52	2.08	6.73	26.93	6	24.01	1.88	7.52
草甸盐土	1.1	100	—	—	—	—	—	—	—	—	—	—
草毡土	0.13	4.92	1.64	62.1	0.07	2.65	0.27	10.22	0.53	20.07	0.001	0.04
潮土	6.59	18.13	2	5.5	4.21	11.58	4.88	13.43	12.21	33.59	6.46	17.77
赤红壤	0.51	3.27	—	—	—	—	7.29	46.7	7.81	50.03	—	—
粗骨土	1.45	25.09	1.74	30.1	2.3	39.79	0.03	0.52	0.26	4.5	—	—
风沙土	3.07	36.63	1.75	20.89	0.43	5.13	1.33	15.87	1.8	21.48	—	—
高山草甸土	3.31	14.53	3.94	17.3	3.6	15.8	0.22	0.97	11.68	51.27	0.03	0.13
高山草原土	1.6	29.25	1.99	36.38	1.16	21.21	—	—	0.72	13.16	—	—
高山灌丛草甸土	0.98	85.21	—	—	—	—	0.06	5.22	0.05	4.35	0.06	5.22
高山寒漠土	0.01	5	0.12	60	—	—	—	—	0.07	35	—	—
灌丛草原土	34.16	39.21	1.52	1.74	4.05	4.65	17.72	20.35	22.42	25.74	7.24	8.31
灌漠土	—	—	—	—	—	—	—	—	0.15	100	—	—
灌淤土	—	—	—	—	—	—	—	—	0.21	100	—	—
寒冻土	0.22	59.46	0.12	32.43	—	—	—	—	0.03	8.11	—	—
寒钙土	0.53	17.79	0.43	14.34	—	—	0.24	8.05	1.65	55.37	0.13	4.36
褐土	24.06	20.14	46.26	38.71	10.18	8.52	3.32	2.78	33.64	28.15	2.03	1.7
黑钙土	5.13	9.13	21.87	38.91	—	—	2.5	4.45	24.16	42.99	2.54	4.52
黑垆土	0.13	44.83	—	—	—	—	—	—	0.16	55.17	—	—
黑毡土	2.49	13.65	0.65	3.57	0.65	3.56	1.46	8	11.33	62.12	1.66	9.1
红壤	0.7	4.43	0.16	1.01	—	—	1.07	6.77	0.41	2.59	13.47	85.2
黄褐壤	0.11	25	0.14	31.82	—	—	—	—	0.19	43.18	—	—
黄壤	0.23	1.61	2.22	15.52	0.04	0.28	1.71	11.96	9.94	69.51	0.16	1.12
黄棕壤	2.59	7.49	5.26	15.21	3	8.68	0.57	1.65	4.03	11.66	19.12	55.31
灰钙土	—	—	—	—	—	—	—	—	3.99	100	—	—
灰褐土	13.74	24.35	3.94	6.98	—	—	0.92	1.63	35.4	62.75	2.42	4.29
灰棕漠土	4.87	74.24	1.6	24.39	—	—	—	—	0.09	1.37	—	—
冷钙土	7.21	36.34	1.53	7.71	—	—	5.17	26.06	5.46	27.52	0.47	2.37

（续）

土类	上松下紧型		紧实型		夹层型		上紧下松型		松散型		薄层型	
	面积	比例	面积	比例	面积	比例	面积	比例	面积	比例	面积	比例
冷漠土	—	—	0.12	100								
冷棕钙土	2.77	20.38	0.18	1.32	3.41	25.09	1.72	12.66	1.5	11.04	4.01	29.51
栗钙土	26.27	27.4	29.5	30.78	0.26	0.27	3.75	3.91	26.03	27.16	10.05	10.48
漠境盐土	0.41	87.23	0.06	12.77								
漂灰土	0.02	66.67									0.01	33.33
潜育草甸土	0.03	100										
山地草甸土	0.63	6.24	0.9	8.91	2.68	26.53	0.24	2.38	5.65	55.94		
山地灌丛草原土	4.83	29.12	1.72	10.37	0.39	2.35	0.84	5.06	1.15	6.93	7.66	46.17
石灰（岩）土	0.38	23.03	0.91	55.15	0.19	11.52	—	—	0.17	10.3		
石质土	—	—					0.01	83.33	0.002	16.67		
水稻土	1.13	20.14	2.51	44.74			0.3	5.35	0.04	0.71	1.63	29.06
脱潮土	0.91	100										
新积土	1.27	21.17	0.06	1	0.39	6.5	2.17	36.17	1.82	30.33	0.29	4.83
亚高山草甸土	29.76	26.15	16.09	14.14	11.91	10.46	1.18	1.04	44.95	39.49	9.93	8.72
亚高山草原土	2.86	9.15	0.02	0.06			18.07	57.83	10.29	32.93	0.01	0.03
亚高山灌丛草原土	0.97	74.62					0.02	1.54	0.11	8.46	0.2	15.38
盐土	2.77	40.68	4.04	59.32			—	—	—	—		
沼泽草甸土	0.02	90.91									0.002	9.09
沼泽土	0.4	25.48	0.36	22.93			0.11	7	0.01	0.64	0.69	43.95
砖红壤	0.31	0.75					7.45	18.09	33.42	81.16		
紫色土	—	—									2	100
棕钙土	11.64	24.35	36.16	75.65								
棕壤	10.32	14.85	16.69	24.01	6.29	9.05	3.22	4.63	17.49	25.17	15.49	22.29
棕色针叶林土	—	—	0.55	32.16	0.37	21.64	0.02	1.17	0.08	4.68	0.69	40.35
棕土	0.06	3.19	0.003	0.16					1.82	96.65		

三、不同耕地利用类型剖面质地构型

从表 5-32 可以看出，薄层型的面积全区共 112.72khm²，旱地占 70.00%，水浇地占 28.53%，水田占 1.47%，薄层型旱地占绝对优势。夹层型的面积全区共 62.74khm²，旱地占 67.61%，水浇地占 32.39%，夹层型旱地占绝对优势。紧实型的面积全区共 219.24khm²，旱地占 64.17%，水浇地占 34.03%，水田占 1.80%，紧实型旱地、水浇地和水田皆有分布，但旱地面积大于水浇地和水田的面积。上紧下松型的面积全区共 96.84khm²，旱地占 26.35%，水浇地占 67.61%，水田占 6.04%，上紧下松型水浇地占绝对优势。上松下紧型的面积全区共 225.67khm²，旱地占 52.00%，水浇地占 47.19%，水田占 0.81%。松散型的面积全区共 350.35km²，旱地占 64.17%，水浇地占 26.13%，水田占 9.70%，松散型旱地面积比例较大。

从耕地利用类型剖面质地构型来看，旱地剖面质地构型以松散型和紧实型为主，合计面积 365.49km²，占该地类耕地面积的 58.04%；水浇地剖面质地构型以上松下紧型、松散型和紧实型为主，合计面积 272.64km²，占该地类耕地面积的 69.80%；水田剖面质地构型以松散型为主，面积 33.99km²，占该地类耕地面积的 71.86%。

表 5-32　青藏区不同耕地利用类型剖面质地构型面积分布（khm²，%）

利用类型	上松下紧型		紧实型		夹层型		上紧下松型		松散型		薄层型	
	面积	比例	面积	比例	面积	比例	面积	比例	面积	比例	面积	比例
旱地	117.34	18.64	140.68	22.34	42.42	6.74	25.51	4.05	224.81	0.36	78.91	12.53
水浇地	106.49	27.26	74.6	19.1	20.32	5.2	65.48	16.76	91.55	0.23	32.15	8.23
水田	1.84	3.89	3.96	8.37	—	—	5.85	12.36	33.99	0.72	1.66	3.5

四、不同耕地质量等级剖面质地构型

从表 5-33 可以看出，不同土壤类型剖面质地构型在不同耕地质量等级中的分布情况。薄层型耕地的面积全区共 112.72km²，其质量等级主要为六等到十等，合计面积 108.16km²，占该类型耕地面积的 95.95%；其中，三等地占 0.51%，四等地占 1.20%，五等地占 2.34%，六等地占 17.25%，七等地占 17.99%，八等地占 20.54%，九等地占 14.40%，十等地占 25.76%。夹层型耕地的面积全区共 62.74km²，其质量等级主要为六等到九等，合计面积 54.58km²，占该类型耕地面积的 86.99%；其中，三等地占 0.04%，四等地占 1.02%，五等地占 7.61%，六等地占 20.18%，七等地占 23.05%，八等地占 22.81%，九等地占 20.95%，十等地占 4.34%。紧实型耕地的面积全区共 219.24km²，其质量等级主要为五等到七等，合计面积 146.38km²，占该类型耕地面积的 66.77%；其中，二等地占 0.36%，三等地占 0.62%，四等地占 7.40%，五等地占 18.21%，六等地占 28.92%，七等地占 19.63%，八等地占 9.59%，九等地占 13.33%，十等地占 1.92%。上紧下松型耕地的面积全区共 96.84km²，其质量等级主要为九等和十等，合计面积 55.69km²，占该类型耕地面积的 57.50%；其中，二等地占 0.05%，四等地占 0.02%，五等地占 9.93%，六等地占 7.57%，七等地占 17.60%，八等地占 7.33%，九等地占 26.27%，十等地占 31.23%。上松下紧型耕地的面积全区共 225.67km²，其质量等级主要为五等到八等，合计面积 177.50km²，占该类型耕地面积的 78.65%；其中，一等地占 0.52%，二等地占 2.48%，三等地占 3.12%，四等地占 6.60%，五等地占 16.93%，六等地占 23.74%，七等地占 20.69%，八等地占 17.30%，九等地占 7.18%，十等地占 1.45%。松散型耕地的面积全区共 350.35km²，其质量等级主要为七等到十等，合计面积 286.52km²，占该类型耕地面积的 81.78%；其中，三等地占 0.27%，四等地占 1.57%，五等地占 7.12%，六等地占 9.25%，七等地占 14.67%，八等地占 22.99%，九等地占 16.21%，十等地占 27.92%。由此可见，上松下紧型耕地质量等级较高，各质量等级中，50%以上的耕地剖面质地构型以上松下紧型和松散为主，而夹层型和上紧下松型耕地质量等级较低。

表 5-33　青藏区不同耕地质量等级剖面质地构型面积分布（khm²，%）

耕地质量等级	上松下紧型		紧实型		夹层型		上紧下松型		松散型		薄层型	
	面积	比例	面积	比例	面积	比例	面积	比例	面积	比例	面积	比例
一等地	1.17	100	—	—	—	—	—	—	—	—	—	—
二等地	5.59	86.91	0.8	12.37	—	—	0.05	0.72	—	—	—	—
三等地	7.05	70.64	1.37	13.7	0.03	0.26	—	—	0.96	9.64	0.57	5.76
四等地	14.89	38.55	16.22	41.98	0.64	1.66	0.02	0.04	5.52	14.28	1.35	3.5
五等地	38.2	31.81	39.92	33.24	4.77	3.98	9.61	8.01	24.95	20.77	2.64	2.2
六等地	53.57	28.37	63.43	33.59	12.66	6.71	7.33	3.88	32.4	17.16	19.45	10.3
七等地	46.69	24.21	43.03	22.31	14.46	7.5	17.05	8.84	51.38	26.64	20.28	10.52
八等地	39.04	21.08	21.03	11.36	14.31	7.73	7.1	3.83	80.54	43.49	23.15	12.5
九等地	16.2	10.32	29.23	18.61	13.15	8.37	25.44	16.2	56.8	36.17	16.24	10.34
十等地	3.27	1.95	4.21	2.52	2.72	1.63	30.24	18.08	97.8	58.46	29.04	17.36

第六节　障碍因素

一、障碍因素分布情况

根据青藏区不同二级农业区耕地障碍因素面积分布（表 5-34），影响制约青藏区耕地质量的障碍因素有瘠薄、酸化、盐碱、障碍层次等，合计面积为 444.33km²，占青藏区耕地总面积的 41.62%。障碍因素为瘠薄、酸化、盐碱、障碍层次的耕地面积依次为 239.26km²、2.29km²、55.75km² 和 147.03km²，占青藏区障碍因素耕地面积的 22.41%、0.21%、5.22% 和 13.77%。由此可见，青藏区耕地分布面积较大的主要障碍因素为瘠薄和障碍层次合计面积 386.29km²，占存在障碍因素耕地面积的 36.18%。

从障碍因素的空间分布而言，障碍因素为酸化的耕地全部位于川藏林农牧区，占青藏区耕地面积的 0.22%；障碍因素为瘠薄的耕地面积占青藏区耕地面积的 22.41%，主要分布于藏南农牧区、川藏林农牧区、青甘牧农区等，合计面积 221.60km²，占青藏区该障碍因素耕地面积的 92.62%；障碍因素为盐碱的耕地面积占青藏区耕地面积的 5.22%，主要分布于藏南农牧区和青甘牧农区，合计面积 53.34km²，占青藏区该障碍因素耕地面积的 95.68%；障碍因素为障碍层次的耕地面积占青藏区耕地面积的 13.77%，主要分布于川藏林农牧区，面积 93.94km²，占青藏区该障碍因素耕地面积的 63.89%。

不同二级农业区中，影响的主要障碍因素也不一样。藏南农牧区耕地主要障碍因素是瘠薄、盐碱和障碍层次等，合计面积 157.11km²，占该区耕地面积的 51.63%，瘠薄耕地面积占该区障碍因素耕地面积的 73.29%。川藏林农牧区耕地主要障碍因素是障碍层次，以及部分的瘠薄、酸化等，合计面积 152.69km²，占该区耕地面积的 42.16%，瘠薄、酸化、障碍层次的耕地面积分别占该区障碍因素耕地面积的 36.98%、1.50%、61.52%。青藏高寒地区耕地主要障碍因素是瘠薄、障碍层次等，以及部分的盐碱等，合计面积 38.42km²，占该区耕地面积的 64.92%，瘠薄、障碍层次、盐碱的耕地面积分别占该区障碍因素耕地面积的 45.97%、6.27%、47.75%。青甘牧农区耕地主要障碍因素是瘠薄、障碍层次等，以及少部分的盐碱，合计面积96.10km²，占该区耕地面积的28.11%，瘠薄、盐碱、障碍层次的耕地面积分别占该区障碍因素耕地面积的52.01%、13.04%、34.95%。

表5-34 青藏区不同二级农业区耕地障碍因素面积分布

二级农业区	面积和比例	瘠薄	酸化	盐碱	障碍层次	无
藏南农牧区	面积（km²）	115.15	—	40.8	1.16	147.2
	占青藏区（%）	10.79		3.82	0.11	13.79
	占二级农业区（%）	37.84	—	13.41	0.38	48.37
川藏林农牧区	面积（km²）	56.47	2.29	—	93.94	209.49
	占青藏区（%）	5.29	0.22	—	8.8	19.62
	占二级农业区（%）	15.59	0.63	—	25.94	57.84
青藏高寒地区	面积（km²）	17.66	—	2.41	18.35	20.76
	占青藏区（%）	1.65	—	0.23	1.72	1.94
	占二级农业区（%）	29.85	—	4.07	31	35.08
青甘牧农区	面积（km²）	49.98	—	12.54	33.58	245.78
	占青藏区（%）	4.68	—	1.17	3.15	23.02
	占二级农业区（%）	14.62	—	3.67	9.82	71.89
总计		239.26	2.29	55.75	147.03	623.23

二、障碍因素分类

根据青藏区不同评价区耕地障碍因素面积分布（表5-35），甘肃评价区耕地障碍因素全部为障碍层次，合计面积32.83km²，占该区耕地面积的20.16%。青海评价区耕地主要障碍因素是瘠薄，以及部分的盐碱、障碍层次等，合计面积66.99km²，占该区耕地面积的34.62%，瘠薄、盐碱和障碍层次的耕地面积分别占该区障碍因素耕地面积的74.62%、20.61%和4.77%。四川评价区耕地主要障碍因素是障碍层次，以及部分瘠薄，合计面积135.14km²，占该区耕地面积的68.31%，障碍层次、瘠薄的耕地面积分别占该区障碍因素耕地面积的77.33%、22.67%。西藏评价区耕地主要障碍因素是瘠薄，以及部分的盐碱、障碍层次等，合计190.67km²，占该区耕地面积的42.91%，瘠薄、盐碱和障碍层次的耕地面积分别占该区障碍因素耕地面积的76.82%、22.00%和1.18%。云南评价区耕地主要障碍因素是瘠薄，以及部分的酸化、障碍层次等，合计面积18.70km²，占该区耕地面积的27.10%，瘠薄、酸化和障碍层次的耕地面积分别占该区障碍因素耕地面积的64.98%、12.23%和22.79%。

从障碍因素的空间分布而言，障碍因素为瘠薄的耕地主要分布于青海评价区海北藏族自治州、四川评价区甘孜藏族自治州、西藏评价区日喀则市、昌都市、山南市、拉萨市等地市，合计面积204.22km²，占青藏区该障碍因素耕地面积的85.35%；其中，西藏评价区日喀则市瘠薄障碍耕地最多，面积为68.23km²，占该障碍因素耕地面积比例为28.52%。障碍因素为酸化的耕地全部分布于云南评价区迪庆藏族自治州、怒江州两个地市，合计面积2.29km²；其中，云南评价区怒江州酸化障碍耕地最多，面积为1.37km²，占该障碍因素耕地面积比例为

59.83%。障碍因素为盐碱的耕地主要分布于西藏评价区山南市，面积40.38khm²，占青藏区该障碍因素耕地面积的72.43%。障碍因素为障碍层次的耕地主要分布于四川评价区阿坝藏族羌族自治州、甘孜藏族自治州、甘肃评价区甘南藏族自治州等地市，合计面积137.33khm²，占青藏区该障碍因素耕地面积的93.40%；其中，四川评价区阿坝藏族羌族自治州障碍层次障碍耕地最多，面积为55.73khm²，占该障碍因素耕地面积比例为37.90%。

表5-35　青藏区不同评价区地级市及省辖县耕地障碍因素面积分布（khm²，%）

评价区	地级市/省辖县	瘠薄		酸化		盐碱		障碍层次		无	
		面积	比例	面积	比例	面积	比例	面积	比例	面积	比例
甘肃评价区		—	—	—	—	—	—	32.83	20.16	130.04	79.84
	甘南藏族自治州	—	—	—	—	—	—	32.83	30.98	73.14	69.02
	武威市	—	—	—	—	—	—			56.9	100
青海评价区		49.98	25.83	—	—	13.81	7.14	3.2	1.65	126.52	65.38
	果洛藏族自治州	—	—	—	—	1.27	100				
	海北藏族自治州	37.27	65.63	—	—	4.72	8.31	—	—	14.8	26.06
	海南藏族自治州	9.5	13.65	—	—	7.11	10.21	0.76	1.09	52.24	75.05
	海西蒙古族藏族自治州	0.49	1.01	—	—	0.71	1.46	—	—	47.46	97.53
	黄南藏族自治州	2.72	68.86	—	—	—	—	—	—	1.23	31.14
	玉树藏族自治州	—	—	—	—	—	—	2.44	18.46	10.79	81.54
四川评价区		30.64	15.49	—	—	—	—	104.5	52.82	62.69	31.69
	阿坝藏族羌族自治州	2.22	2.46	—	—	—	—	55.73	61.78	32.27	35.76
	甘孜藏族自治州	28.42	31.2	—	—	—	—	48.77	53.53	13.91	15.27
	凉山彝族自治州	—	—	—	—	—	—	—	—	16.51	100
西藏评价区		146.49	32.97	—	—	41.94	9.44	2.25	0.5	253.67	57.09
	阿里地区	2.44	69.18	—	—	—	—	1.09	30.82		
	昌都市	21.28	29.31	—	—	—	—	—	—	51.32	70.69
	拉萨市	20.78	36.71	—	—	0.42	0.75	—	—	35.38	62.54
	林芝市	1.43	2.65	—	—	—	—	—	—	52.67	97.35
	那曲市	4.09	78.26	—	—	1.14	21.74	—	—		
	日喀则市	68.23	46.15	—	—	—	—	—	—	79.61	53.85
	山南市	28.24	27.03	—	—	40.38	38.65	1.16	1.11	34.69	33.21
云南评价区		12.15	17.61	2.29	3.31	—	—	4.25	6.18	50.31	72.9
	迪庆藏族自治州	3.81	6.91	0.92	1.68	—	—	3.86	7.02	46.49	84.39
	怒江傈僳族自治州	8.34	59.91	1.37	9.85	—	—	0.39	2.8	3.82	27.44

三、主要土壤类型障碍因素

从表5-36可知，障碍因素为瘠薄的耕地土类主要有黑钙土、亚高山草原土、褐土、亚高山草甸土、冷钙土、草甸土、栗钙土等，合计面积 142.38km²，占该障碍因素耕地面积的 59.51%，其中黑钙土的瘠薄面积最多，为 29.76km²，占该障碍因素耕地比例为 12.44%。障碍因素为酸化的耕地土类主要是黄棕壤和棕壤，合计面积 1.81km²，占该障碍因素耕地面积的 79.04%，其中黄棕壤的酸化面积最多，为 1.33km²，占该障碍因素耕地比例 58.08%。障碍因素为盐碱的耕地土类主要是砖红壤、栗钙土、黄壤、赤红壤、山地灌丛草原土和黑钙土等，合计面积 43.11km²，占该障碍因素耕地面积的 77.33%，其中砖红壤的盐碱面积最多，为 19.49km²，占该障碍因素耕地比例 34.96%。障碍因素为障碍层次的耕地土类主要是褐土、亚高山草甸土、棕壤和暗棕壤等，合计面积 115.72km²，占该障碍因素耕地面积的 78.71%，其中褐土的障碍层次面积最多，为 47.86km²，占该障碍因素耕地面积的 32.55%。

从耕地不同土类障碍因素来看，草甸盐土、灌漠土、灰钙土、漂灰土和脱潮土等耕地土壤类型不存在障碍因素。存在障碍因素的耕地有 15.40% 是褐土，其障碍因素耕地面积最大，其次 11.29% 是亚高山草甸土，7.72% 是黑钙土，6.21% 是砖红壤，5.74% 是棕壤，5.17% 是亚高山草原土，5.07% 是暗棕壤等，其余各土类分布面积占比低于 5%。冷漠土、寒冻土、冷钙土、亚高山草原土、黑毡土、高山寒漠土、寒钙土、红壤、黑钙土、冷棕钙土等土类，障碍因素主要为瘠薄，各自面积分别为 0.12km²、0.3km²、15.87km²、22.92km²、11.78km²、0.12km²、1.68km²、8.63km²、29.76km²、7.03km²，分别占各自土类耕地面积的 100.00%、81.08%、79.99%、73.32%、64.58%、57.14%、56.19%、54.62%、52.94%、51.73%；草毡土、砖红壤、寒钙土等土类障碍因素主要为盐碱，各自面积分别为 1.39km²、19.49km²、1.26km²，分别占各自土类耕地面积的 52.65%、47.32%、42.14%；灌淤土、粗骨土、黄褐壤、黑垆土和棕色针叶林土等土类，障碍因素主要为障碍层次，各自面积分别为 0.21km²、5.3km²、0.29km²、0.16km²、0.91km²，分别占各自土类耕地面积的 100.00%、91.54%、67.44%、53.33%、52.91%。褐土、亚高山草甸土、黑钙土、砖红壤、亚高山草原土、栗钙土、冷钙土等土类障碍因素面积较大，主要为瘠薄、障碍层次以及盐碱等，各自面积分别为 68.42km²、50.18km²、34.32km²、27.59km²、22.95km²、17.91km²、17.13km²，分别占各自土类耕地面积的 57.26%、44.09%、61.06%、66.98%、73.42%、18.68%、86.34%。砖红壤、亚高山草原土、黑毡土、灌丛草原土、赤红壤、新积土、草毡土、高山草原土和棕钙土障碍因素主要为瘠薄、盐碱，各自面积分别为 27.59km²、22.95km²、13.27km²、10.28km²、6.33km²、2.73km²、2.45km²、1.89km²、1.38km²，分别占各自土类耕地面积的 66.98%、73.42%、72.75%、11.80%、40.52%、45.58%、92.80%、34.55%、2.89%；棕壤、暗棕壤和黄棕壤障碍因主要为主要为瘠薄、障碍层次，以及部分酸化、盐碱，各自合计面积分别为 25.51km²、22.53km²、12.63km²，分别占该土类耕地面积的 36.71%、62.89% 和 36.55%；棕色针叶林土和红壤障碍因素主要为瘠薄和障碍层次，以及部分酸化，各自合计面积分别为 1.12km²、10.73km²，分别占各自土类耕地面积的 65.05%、67.86%；粗骨土、风沙土、石灰（岩）土、高山寒漠土障碍因素主要为瘠薄和障碍层次，各自合计面积分别为 5.36km²、1.64km²、0.89km²、0.19km²，分别占各自土类耕地面积的 92.57%、19.55%、54.27%、95.00%。

表 5-36　青藏区主要土壤类型障碍因素面积分布（khm²，%）

土类	瘠薄		酸化		盐碱		障碍层次		无	
	面积	比例	面积	比例	面积	比例	面积	比例	面积	比例
暗棕壤	6.63	18.51	0.16	0.45	0.16	0.45	15.58	43.50	13.29	37.10
暗棕土	0.04	7.84	—	—	—	—	—	—	0.47	92.16
草甸土	12	48.02	—	—	0.17	0.68	1.2	4.80	11.62	46.50
草甸盐土	—	—	—	—	—	—	—	—	1.1	100.00
草毡土	1.06	40.15	—	—	1.39	52.65	—	—	0.19	7.20
潮土	7.65	21.05	—	—	0.37	1.02	0.04	0.11	28.28	77.82
赤红壤	1.59	10.12	—	—	4.74	30.37	—	—	9.29	59.51
粗骨土	0.06	1.04	—	—	—	—	5.3	91.54	0.43	7.43
风沙土	1.3	15.49	—	—	—	—	0.34	4.05	6.75	80.45
高山草甸土	3.23	14.19	—	—	0.8	3.51	4.78	20.99	13.96	61.31
高山草原土	1.35	24.73	—	—	0.54	9.71	—	—	3.58	65.57
高山灌丛草甸土	0.18	15.65	—	—	—	—	—	—	0.97	84.35
高山寒漠土	0.12	57.14	—	—	—	—	0.07	38.10	0.01	4.76
灌丛草原土	9.99	11.47	—	—	0.29	0.33	—	—	76.84	88.20
灌漠土	—	—	—	—	—	—	—	—	0.15	100.00
灌淤土	—	—	—	—	—	—	0.21	100.00	—	—
寒冻土	0.3	81.08	—	—	0.06	16.22	—	—	0.01	2.70
寒钙土	1.68	56.19	—	—	1.26	42.14	0.04	1.34	0.01	0.33
褐土	20.33	17.01	—	—	0.23	0.19	47.86	40.05	51.07	42.74
黑钙土	29.76	52.94	—	—	3.48	6.19	1.08	1.92	21.89	38.94
黑垆土	—	—	—	—	—	—	0.16	53.33	0.14	46.67
黑毡土	11.78	64.58	—	—	1.49	8.17	—	—	4.97	27.25
红壤	8.63	54.62	0.11	0.63	—	—	1.99	12.59	5.08	32.15
黄褐壤	—	—	—	—	—	—	0.29	67.44	0.14	32.56
黄壤	3.74	26.19	—	—	5.14	35.99	0.73	5.11	4.67	32.70
黄棕壤	5.21	15.08	1.33	3.85	1	2.89	5.09	14.73	21.93	63.45
灰钙土	—	—	—	—	—	—	—	—	3.99	100.00
灰褐土	9.49	16.82	—	—	0.22	0.39	4.05	7.18	42.66	75.61
灰棕漠土	0.49	7.47	—	—	0.38	5.79	—	—	5.69	86.74
冷钙土	15.87	79.99	—	—	0.58	2.92	0.68	3.43	2.71	13.66
冷漠土	0.12	100.00	—	—	—	—	—	—	—	—
冷棕钙土	7.03	51.73	—	—	1.58	11.63	0.06	0.44	4.92	36.20
栗钙土	11.96	12.48	—	—	5.53	5.77	0.42	0.44	77.95	81.32
漠境盐土	—	—	—	—	0.06	12.77	—	—	0.41	87.23
漂灰土	—	—	—	—	—	—	—	—	0.03	100.00

（续）

土类	瘠薄		酸化		盐碱		障碍层次		无	
	面积	比例	面积	比例	面积	比例	面积	比例	面积	比例
潜育草甸土	0.001	4.76	—	—	—	—	—	—	0.02	95.24
山地草甸土	4.41	43.62	—	—	0.09	0.89	1.52	15.03	4.09	40.45
山地灌丛草原土	5.96	35.93	—	—	4.73	28.51	0.82	4.94	5.08	30.62
石灰（岩）土	0.1	6.10	—	—	—	—	0.79	48.17	0.75	45.73
石质土	0.002	16.67	—	—	—	—	—	—	0.01	83.33
水稻土	0.07	1.25	0.02	0.36	—	—	0.41	7.32	5.1	91.07
脱潮土	—	—	—	—	—	—	—	—	0.91	100.00
新积土	2.63	43.83	—	—	0.1	1.67	—	—	3.26	54.50
亚高山草甸土	17.76	15.60	—	—	0.13	0.11	32.29	28.37	63.63	55.91
亚高山草原土	22.92	73.32	—	—	0.03	0.10	—	—	8.31	26.58
亚高山灌丛草原土	0.37	28.46	—	—	—	—	—	—	0.93	71.54
盐土	0.004	0.06	—	—	0.33	4.85	—	—	6.47	95.09
沼泽草甸土	0.002	9.09	—	—	—	—	—	—	0.02	90.91
沼泽土	0.18	11.46	—	—	—	—	—	—	1.39	88.54
砖红壤	8.1	19.66	—	—	19.49	47.32	—	—	13.6	33.02
紫色土	—	—	—	—	—	—	0.33	16.50	1.67	83.50
棕钙土	—	—	—	—	1.38	2.89	—	—	46.42	97.11
棕壤	5.04	7.25	0.48	0.69	—	—	19.99	28.76	43.99	63.29
棕色针叶林土	0.02	1.16	0.19	11.05	—	—	0.91	52.91	0.6	34.88
棕土	0.1	5.32	—	—	—	—	—	—	1.78	94.68

四、不同耕地利用类型障碍因素

根据青藏区不同耕地利用类型障碍因素面积分布（表5-37），旱地存在障碍因素的面积为286.43khm²，占障碍因素耕地面积的64.46%，占该地类耕地面积的45.49%；旱地主要障碍因素是瘠薄，面积为133.82khm²，占该地类存在障碍因素耕地面积的46.72%；酸化、盐碱、障碍层次旱地面积分别占该地类障碍因素耕地面积的0.79%、6.75%、45.74%。水浇地存在障碍因素的面积为128.75khm²，占障碍因素耕地面积的28.98%，占该地类耕地面积的32.96%；水浇地主要障碍因素是瘠薄，面积为98.25khm²，占该地类存在障碍因素耕地面积的76.32%；盐碱、障碍层次水浇地面积分别占该地类障碍因素耕地面积的12.71%、10.97%。水田存在障碍因素的面积为29.16khm²，占障碍因素耕地面积的6.56%，占该地类耕地面积的61.65%；水田主要障碍因素是盐碱，面积为20.04khm²，占该地类存在障碍因素耕地面积的68.72%；瘠薄、酸化、障碍层次水田面积分别占该地类障碍因素耕地面积的24.66%、0.10%、6.52%。

表 5-37　青藏区不同利用类型障碍因素面积及占本类型比例（khm², %）

利用类型	瘠薄		酸化		盐碱		障碍层次		无	
	面积	比例	面积	比例	面积	比例	面积	比例	面积	比例
旱地	133.82	21.25	2.26	0.36	19.34	3.07	131	20.8	343.25	54.51
水浇地	98.25	25.15	—	—	16.37	4.19	14.13	3.62	261.84	67.04
水田	7.19	15.2	0.03	0.05	20.04	42.37	1.9	4.02	18.14	38.36

　　从表 5-37 可以看出，障碍因素为瘠薄的耕地主要是旱地和水浇地，合计面积为 232.07khm²，占该障碍因素耕地面积的 96.99%，以旱地的瘠薄面积最多。障碍因素为酸化的耕地主要是旱地，面积为 2.26khm²，占该障碍因素耕地面积的 98.69%。障碍因素为盐碱的耕地主要是旱地和水田，合计面积为 39.38khm²，占该障碍因素耕地面积的 70.64%；其中水田的盐碱面积略高于旱地。障碍因素为障碍层次的耕地主要是旱地，面积为 131.00khm²，占该障碍因素耕地面积的 89.10%。

五、不同耕地质量等级障碍因素

　　如表 5-38，青藏区高产（一、二、三等地）耕地存在障碍因素的面积合计为 1.36khm²，占青藏区高产耕地面积的 7.75%，占存在障碍因素耕地面积的 0.31%；其主要障碍因素为盐碱，面积为 0.71khm²，占存有障碍因素高产耕地面积的 52.24%；其中，瘠薄、障碍层次耕地面积分别占存有障碍因素高产耕地面积的 36.02%、11.74%。青藏区中产（四、五、六等地）耕地存在障碍因素的面积合计为 93.23khm²，占青藏区中产耕地面积的 26.82%，占存在障碍因素耕地面积的 20.98%；其主要障碍因素为障碍层次，面积 52.37khm²，占存有障碍因素中产耕地面积的 56.17%；瘠薄、盐碱耕地面积分别占存有障碍因素中产耕地面积的 38.01%、5.82%。青藏区低产（七、八、九、十等地）耕地存在障碍因素的面积合计为 349.74khm²，占青藏区低产耕地面积的 49.79%，占存在障碍因素耕地面积的 78.71%；其主要障碍因素为瘠薄，面积 203.33khm²，占存有障碍因素低产耕地面积的 58.14%；酸化、盐碱、障碍层次耕地面积分别占存有障碍因素低产耕地面积的 0.65%、14.19%、27.02%。由此可见，青藏区中、低等的耕地存在着较大面积的障碍因素，中低产改造潜力大。

　　由表 5-38 计算可知，障碍因素为瘠薄的耕地主要处于六等到十等，合计面积 228.86khm²，占青藏区该障碍因素耕地面积的 95.65%，十等地瘠薄面积最大。障碍因素为酸化的耕地主要分布在九等地，面积 1.35khm²，占青藏区该障碍因素耕地面积的 58.74%。障碍因素为盐碱的耕地主要处于七等到十等，合计面积 49.62khm²，占青藏区该障碍因素耕地面积的 89.00%，七等地盐碱面积最大。障碍因素为障碍层次的耕地主要处于六等到八等，合计面积 110.52khm²，占青藏区该障碍因素耕地面积的 75.17%，六等地障碍层次面积最大。

表 5-38　青藏区不同耕地质量等级障碍因素面积分布（khm², %）

耕地质量等级	瘠薄		酸化		盐碱		障碍层次		无	
	面积	比例	面积	比例	面积	比例	面积	比例	面积	比例
一等地	—	—	—	—	—	—	—	—	1.17	100

（续）

耕地质量等级	瘠薄		酸化		盐碱		障碍层次		无	
	面积	比例	面积	比例	面积	比例	面积	比例	面积	比例
二等地	0.001	0.02	—	—	0.002	0.02	—	—	6.43	99.96
三等地	0.49	4.87	—	—	0.71	7.09	0.16	1.66	8.62	86.38
四等地	0.95	2.45	—	—	0	0.01	2.47	6.39	35.22	91.15
五等地	8.96	7.46			2.33	1.94	11.96	9.96	96.85	80.64
六等地	25.53	13.52	—	—	3.09	1.64	37.94	20.09	122.28	64.75
七等地	24.91	12.91	0.48	0.25	22.89	11.87	37.45	19.41	107.16	55.55
八等地	28.99	15.66	0.31	0.17	9.92	5.36	35.13	18.97	110.81	59.85
九等地	57.43	36.57	1.35	0.86	9.04	5.76	17.08	10.88	72.16	45.94
十等地	92	55	0.15	0.09	7.77	4.64	4.84	2.89	62.53	37.38

从 10 个等级的耕地障碍因素分布情况来看，青藏区一等地没有障碍因素。青藏区二等地存在障碍因素的面积合计为 0.003km²，占青藏区该等级耕地面积的 0.04%，占存在障碍因素耕地面积的 0.001%；其主要障碍因素为瘠薄及盐碱。青藏区三等地存在障碍因素的面积合计为 1.36km²，占青藏区该等级耕地面积的 13.62%，占存在障碍因素耕地面积的 0.31%，其主要障碍因素为瘠薄和盐碱，合计面积为 1.19km²，占该等级存有障碍因素耕地面积的 87.82%；瘠薄、盐碱、障碍层次耕地面积分别占该等级存有障碍因素耕地面积的 35.74%、52.08%、12.18%。青藏区四等地存在障碍因素的面积合计为 3.42km²，占青藏区该等级耕地面积的 8.85%，占存在障碍因素耕地面积的 0.77%；其主要障碍因素为障碍层次，面积为 2.47km²，占该等级存有障碍因素耕地面积的 72.20%；瘠薄、盐碱耕地面积分别占该等级存有障碍因素耕地面积的 27.74%、0.06%。青藏区五等地存在障碍因素的面积合计为 23.25km²，占青藏区该等级耕地面积的 19.36%，占存在障碍因素耕地面积的 5.23%；其主要障碍因素为瘠薄和障碍层次，合计面积 20.92km²，占该等级存有障碍因素耕地面积的 89.97%；其中，瘠薄、盐碱、障碍层次耕地面积分别占该等级存有障碍因素耕地面积的 38.54%、10.03%、51.43%。青藏区六等地存在障碍因素的面积合计为 66.56km²，占青藏区该等级耕地面积 35.25%，占存在障碍因素耕地面积的 14.98%；其主要障碍因素为障碍层次和瘠薄，合计面积 63.47km²，占该等级存有障碍因素耕地面积的 95.36%；其中，瘠薄、盐碱、障碍层次耕地面积分别占该等级存有障碍因素耕地面积的 38.35%、4.64%、57.01%。青藏区七等地存在障碍因素的面积合计为 85.73km²，占青藏区该等级耕地面积的 44.45%，占存在障碍因素耕地面积的 19.30%；其主要障碍因素为瘠薄和障碍层次，合计面积 62.36km²，占该等级存有障碍因素耕地面积的 72.73%；瘠薄、酸化、盐碱、障碍层次耕地面积分别占该等级存有障碍因素耕地面积的 29.06%、0.56%、26.70%、43.68%。青藏区八等地存在障碍因素的面积合计为 74.35km²，占青藏区该等级耕地面积的 40.15%，占存在障碍因素耕地面积的 16.73%；其主要障碍因素为瘠薄和障碍层次，合计面积 64.12km²，占该等级存有障碍因素耕地面积的 86.23%；瘠薄、酸化、盐碱、障碍层次耕地面积分别占该等级存有障碍因素耕地面积的 38.99%、0.42%、13.34%、47.25%。青藏区九等地存在障碍因素的面积合计为 84.90km²，占青

藏区该等级耕地面积的 54.06%，占存在障碍因素耕地面积的 19.11%；其主要障碍因素为瘠薄，面积为 57.43km²，占该等级存有障碍因素耕地面积的 67.65%；酸化、盐碱、障碍层次耕地面积分别占该等级存有障碍因素耕地面积的 1.58%、10.65%、20.12%。青藏区十等地存在障碍因素的面积合计为 104.75km²，占青藏区该等级耕地面积的 62.62%，占存在障碍因素耕地面积的 23.58%，其主要障碍因素为瘠薄，面积 92.00km²，占该等级存有障碍因素耕地面积的 87.83%；酸化、盐碱、障碍层次耕地面积分别占该等级存有障碍因素耕地面积的 0.14%、7.41%、4.62%。

六、障碍类型划分与改良措施

（一）瘠薄型

1. 主要生产问题

①地处深切中山峡谷下部，坡度陡峭。

②陡坡地多，施肥不足，土壤结构不良，产量低。

③土层浅薄，多数含砾石。

④土壤养分含量失调。

2. 改良利用措施

①加大绿肥种植。绿肥种植是我国农业生产的优良传统，种植绿肥既能增加饲料供应，又能有效培肥土壤，增加土壤有机质含量，改善土壤结构。应大力推广种植或间套种植大豆、豌豆、光叶紫花苕子、毛叶苕子等经济效益较高的绿肥作物，做到既培肥地力，又增加农民收入。

②聚土垄作保墒技术。聚土垄作固土保墒技术就是沿山坡地等高线横向耕作、横向开沟，切断地表水流，把一道垄沟变成小蓄水沟，使之既蓄拦径流水，又排水水田。同时采取聚土作垄，增加耕地耕层，既可提高土壤蓄水保墒能力，又可有效减少土壤冲刷和水土流失，也可有效改善山区坡耕地土壤生态环境，提高土地的生产能力，提高农作物产量和品质。

一般地面坡度＜5°的，实行横向聚土垄作，逐年培肥；坡度 5°～15°的，实施坡改梯，根据自然台位，确定梯级高度，地块长度不限，地块大弯随弯，小弯取直；坡度 15°～25°的，有砌硬材料的可规划成窄幅梯地，梯面宽度 1.5～2.0m 左右或逐年改成隔坡梯地；在有水源产量较低的地方，可以加修地埂，平整田面，实行旱改水，水旱轮作。

③秸秆还田覆盖技术。秸秆还田能改善土壤团粒结构，提高土壤有机质含量，改善土壤物理性状，提高土壤保水保肥能力。作物收获后，通过机械粉碎，化学和微生物催腐，稻麦高留茬还田等技术的示范推广，建立经济高效秸秆还田新模式，增加土壤覆盖，提高土壤有机质含量和水分含量，营造土壤蓄水能力，充分利用有限水资源。

④测土配方施肥技术。测土配方是在传统农业平衡施肥基础上，具有现代农业标志的科学施肥新技术。它通过测土、配方、施肥，大幅度提高肥料利用率，避免滥施化肥，减少农业面源污染，降低农业生产成本，提高农产品品质，实现农民增产增收，节本增效。

⑤改土培肥。改土不结合培肥地力，不能促进增产。耕地土壤部分营养元素缺乏，地块间养分含量差异大，养分失调是粮食产量低或不稳的原因之一。因此在改土中必须因土改土，因土培肥，不断提高农家肥的数量与质量，配合化肥施用，大力提倡种植和施用绿肥，

结合耕作制度的改进，轮作、间作或套作绿肥，以协调土壤养分，提高土壤肥力。实行深耕深松，加深耕层，同时增施有机肥，种植绿肥，培肥地力。

（二）酸化土壤

1. 主要生产问题 青藏区耕地土壤酸化主要受大气酸沉降作用以及长期施用化肥的影响，已成为影响农作物产量和品质提高的主要障碍因素之一。科学研究证实，适宜大多数农作物茁壮成长的土壤是中性、微酸性或微碱性的，其 pH 值在 7.0 左右。当土壤酸性过强时，其中含有的氢离子浓度过高，经测量 pH 值一般在 5.5 以下，作物根系土壤养分的吸收利用率就会随之降低，就容易出现施肥多但作物依然长不好的现象。

①土壤酸化抑制根系发育。

②土壤酸化容易造成作物缺素症。

③土壤酸化导致作物病害频发，从而加大种植成本。

④降低肥料利用率，提高重金属元素活化能力，对作物产生毒害。

2. 改良利用措施

①大力提倡冬种紫云英，推广秸秆腐熟还田，施用有机无机复混肥、商品有机肥或生物有机肥。大量腐熟的农家肥等有机肥料的施入，可增加耕地土壤有机质的含量，提高土壤对酸化的缓冲能力，使土壤 pH 升高。有机肥料可以增加土壤的有效养分，改善土壤结构，并能提高土壤有益微生物的活性，抑制作物病害的发生。所以应大力推广农家肥、有机肥、有机无机复合肥等，使养分协调，抑制土壤的酸化倾向。

②科学施用化肥，合理选择化肥品种，控制化肥施用量。适度减施酸性过磷酸钙和生理酸性肥料，推广施用碱性钙镁磷肥、中性或生理碱性化肥。

③根据土壤的酸性程度，采取科学合理的酸性土壤改良技术措施，施用适量生石灰、石膏、碱渣、氯化钙、腐殖酸钙、土壤改良剂等物品调节土壤的酸碱度，配合土壤培肥技术，合理调控耕地土壤酸性，提高作物产量和品质。

④推广施用碱性生物炭调理剂，既可改良土壤酸性，又可增加土壤碳和无机矿质养分的输入，达到改良土壤酸性、改善土壤结构、平衡土壤矿质养分供给以及促进土壤微生物繁殖等多重目的。